"合成生物制造系列教材"编委会名单

主　　任：郑裕国

副 主 任：郑仁朝　薛亚平　程　峰　汤晓玲　胡永红

　　　　　陈可泉　方　正

委员名单：（按姓氏笔画排序）

　　　　　方　正　汤晓玲　余志良　陈可泉　陈翰驰

　　　　　郑仁朝　郑裕国　胡永红　柳志强　音建华

　　　　　高海春　程　峰　蔡　雪　薛亚平

化学工业出版社"十四五"普通高等教育规划教材

合成生物制造系列教材

酶工程：
原理与技术应用

Enzyme Engineering:
Principles and Technical Applications

程 峰 郑仁朝 主编

化学工业出版社

·北京·

内容简介

本书主要介绍酶工程的基础理论、基本技术和生产应用及酶工程领域的最新进展和发展趋势。全书共9章，内容包括绪论，酶的认识，酶的发现，酶的改造，酶的分离、纯化与制剂制备，酶的固定化，酶催化，酶反应器与过程技术，酶的应用。本书可供高等院校酶工程、生物工程、生物化工、生物技术、合成生物学等专业的本科生和研究生作为教材使用，也可供相关专业的教师和工程技术人员参考。

图书在版编目（CIP）数据

酶工程：原理与技术应用 / 程峰，郑仁朝主编.

北京：化学工业出版社，2025.6. -- ISBN 978-7-122

-47991-4

Ⅰ. Q814

中国国家版本馆 CIP 数据核字第 2025LS5886 号

责任编辑：王　琰　　　　文字编辑：刘悦林　丁海蓉

责任校对：李　爽　　　　装帧设计：韩　飞

出版发行：化学工业出版社

　　　　（北京市东城区青年湖南街 13 号　邮政编码 100011）

印　　装：北京建宏印刷有限公司

880mm×1230mm　1/16　印张 17　字数 389 千字

2025 年 7 月北京第 1 版第 1 次印刷

购书咨询：010-64518888　　　售后服务：010-64518899

网　　址：http://www.cip.com.cn

凡购买本书，如有缺损质量问题，本社销售中心负责调换。

定　　价：69.00 元　　　　　版权所有　违者必究

《酶工程：原理与技术应用》编写人员名单

主　　编： 程　峰　郑仁朝

副 主 编： 徐沈远　李树芳　宋晓菲

参编人员：（按姓氏笔画排序）

李树芳　宋晓菲　郑仁朝　段鑫宇　徐沈远

徐　鉴　翁春跃　高炬灿　程　峰　熊　能

薛　斌

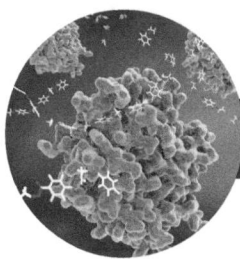

序

　　酶存在于各类生物体中，对生命活动起着十分重要的作用。利用工程学的原理和方法发现酶、表征酶、改造酶、设计酶、生产酶、利用酶，形成了一门酶学与工程学的融合交叉学科——酶工程。酶工程的发展为资源开发利用、化工原材料生产、医药健康品开发使用、环境生态修复保护等提供技术支撑，使得人类能够以前所未有的方式加速化学反应、实现分子高效合成与精准转化，并推动绿色低碳产业体系快速形成。特别是在全球绿色化和可持续发展的背景下，酶工程以其高效、环保的特点，正成为现代工业技术转型的中坚力量。从大宗化学品的生物制造到手性药物合成，从食品加工到污染物治理，酶工程已然融入我们的生产和生活。

　　浙江工业大学酶工程教研组编写的教材《酶工程：原理与技术应用》系统阐述了分子结构表征、分离纯化、设计和性能改造及工业应用等酶工程关键内容，全面展示了酶工程的核心理论与实践方法，能够帮助更多的读者了解并掌握酶工程这一领域的基础知识与应用技巧，同时启发读者对生物制造未来发展的思考。该书不仅是生物工程相关专业的教材，也可以作为从事合成生物制造的科技人员的工具书和参考书。

　　酶工程的未来充满了机遇与挑战。我希望本书不仅是知识的传递者，更是激发创新的动力源泉，能够助力教研人员、专家学者、技术人员，共同推动酶工程事业的发展，为建设绿色、可持续的未来贡献力量。

郑裕国

中国工程院院士

2025 年 7 月

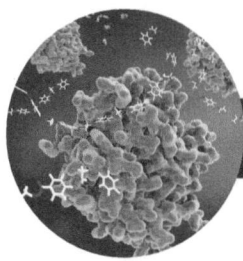

前　言

在当今科技飞速发展的时代，生物科技正以前所未有的速度改变着我们的生产方式和生活方式。其中，酶工程作为现代生物科技的重要分支，不仅在学术研究中占据核心地位，更在医药、农药、化工、食品、能源和环境保护等多个领域展现出广阔的应用前景。本书的编写旨在为读者提供系统、全面的酶工程知识，帮助其理解并掌握酶从分子水平优化到工业规模应用的全过程。

酶工程不仅是一门学科，更是一座跨学科的桥梁，它结合了生物化学、分子生物学、化学工程和材料科学等多领域的前沿知识，为解决复杂的工业和环境问题提供了绿色、可持续的解决方案。通过学习本书，读者不仅能够了解酶催化反应的基础知识，还能够掌握酶分子的改造策略、生产技术、反应器设计以及工业化应用方法，从而对酶工程的发展前景形成更清晰的认识。

本书由长期从事酶工程研究和教学的学者编写，基于浙江工业大学酶工程教研组的讲义内容，兼顾理论与实践，注重结合前沿研究成果与产业化案例，旨在激发读者在酶工程领域的创新思维。本书由浙江工业大学程峰、郑仁朝主编，徐沈远、李树芳、宋晓菲任副主编。在编写过程中，熊能、段鑫宇、薛斌、翁春跃等老师做了辛勤细致的工作，并得到了清华大学、北京大学、浙江大学、华南理工大学、北京化工大学、华东理工大学、江南大学等兄弟院校及化学工业出版社的大力支持和全力合作，在此表示诚挚的感谢。

无论您是生物科技领域的研究人员、工程技术人员，还是对酶工程感兴趣的初学者，我们希望本书能够为您打开探索酶工程领域的窗户，为您指引通向绿色未来的道路。

我们期望本书的内容能为广大读者提供帮助，并为酶工程的教学与研究贡献力量。由于编者水平有限，书中难免存在不足之处，还请广大读者指正。

编者

2025 年 7 月

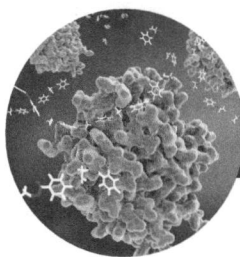

目 录

第 3 章　酶的发现 　45

第6章　酶的固定化　136

第 7 章 酶催化 160

第 8 章 酶反应器与过程技术 174

第9章　酶的应用　　　185

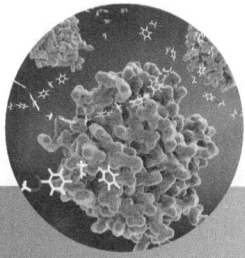

第1章

绪　论

1.1　酶工程概述

1.1.1　酶工程的学科背景

酶工程是一门融合生物化学、分子生物学、化学工程和材料科学等多学科知识的交叉学科。其核心在于对酶这一类天然的生物催化剂进行优化和改造，使其能够在多种复杂的环境下表现出优异的催化效率。酶的特性使其成为生物体内化学反应的催化中心，在各种代谢途径中起到了降低活化能、加速反应的关键作用。

酶工程不仅关注酶的分子改造，还涵盖了酶的生产技术、分离纯化、反应放大以及在工业中的应用。与传统化学催化剂相比，酶具有更高的选择性和较低的副产物生成量，这使得酶在现代工业生产中成为一种重要的绿色催化剂。酶催化反应通常比化学催化更加温和，对环境的友好性更强。同时，酶的立体选择性使其特别适合手性化合物的生产，通过高效且精准的催化，避免了复杂的化学分离步骤；在手性药物、手性材料合成等领域，酶催化合成已经成为主流技术之一。此外，随着系统生物学和合成生物学的兴起，酶工程在设计与改造细胞天然合成途径以达到可控生物合成方面，展现出了极大的潜力，这进一步推动了酶工程在医药、农药、食品、材料、能源、环保等领域的应用。

1.1.2　酶工程的内涵与外延

酶工程的内涵首先体现在对酶分子本身的优化与改造（酶的工程）上。蛋白质工程技术和定向进化等手段可以在基因水平上对酶进行改造，从而优化其催化效率、底物选择性及热稳定性。在许多情况下，酶的天然性能可能不完全符合工业化条件，因此通过这些技术对酶进行优化是酶工程的核心任务之一。

酶工程不仅包括酶的分子改造与定向进化，还包括对酶的生产和应用技术的研究。在工业规模上，大量生产高效酶制剂需要优化微生物发酵工艺、酶的提取和纯化方法，并进一步研究酶的稳定性及对反应条件的控制。生物反应器设计和反应条件优化也是酶工程的重要内容。通过调控反应环境中的 pH、温度以及溶液中的离子浓度，能够提高酶的催化活性并延长其使用寿命。例如，在制药行业，酶被用于合成复杂的手性化合物，这些化合物的合成通常是通过传统的化学催化难以实现的。通过生物催化，化学品的生产过程变得更加高效、环保。在食品行业，酶被广泛应用于食品加工过程中，以改善食品的口感、保质期以及营养成分。随着生物技术的进步，酶工程的应用范围还扩展到了环境治理。可以利用酶对废水中的有机污染物进行降解，或者通过酶催化转化二氧化碳制备有用的化学品，这些作用展示了酶工程在环境保护领域的巨大潜力。

1.1.3　酶工程与现代工业的联系

酶工程与现代工业有着密切的联系，尤其是在可持续发展和绿色制造方面。酶作为一种高效且环境友好的催化剂，正在替代传统的化学催化剂，推动着各个行业的转型。以下几个方面展示了酶工程对现代工业的贡献：

① 医药行业　酶在药物合成中的应用极大地提高了医药行业的生产效率。例如，使用酶催化可以实现高度选择性的反应，减少不必要的副产物，提高产物的纯度。通过生物转化方法制备的手性药物，具有优异的药效和较低的毒副作用。

② 食品行业　酶被广泛应用于食品加工中，如乳制品的发酵、淀粉的水解和蛋白质的降解等。酶技术提高了食品的加工效率，降低了生产成本，改善了食品的风味和质地。

③ 能源行业　在生物燃料生产中，酶被用于降解纤维素生物质，生产出可再生的生物燃料。此外，酶还被用于开发燃料电池中的酶电极，提高能量转换效率。

④ 环境行业　酶在环境治理中的应用尤为重要，能够降解有害化合物、处理废水和废气。例如，某些酶可以高效降解多环芳烃、二氧化硫等污染物，在环境修复中具有广阔的应用前景。

酶工程为现代工业提供了强大的技术支持，同时也为绿色化工和可持续发展贡献了关键的推动力。

1.2　酶工程的发展概况

1.2.1　酶工程的研究简史

19 世纪，当时的科学家如法国化学家路易斯·巴斯德（Louis Pasteur）和德国化学家爱德华·比希纳（Eduard Buchner）发现了酶的催化特性。比希纳通过无细胞酵母提取物的发酵实验，证明了酶是一种能够独立于活细胞外进行催化反应的物质，这一发现为现代酶学的发展奠定了基础。比希纳的开创性工作为他赢得了 1907 年的诺贝尔化学奖，标志着酶学作为一个独立研究领域的诞生。

20 世纪初，随着物理学和化学的进一步发展，科学家们逐渐掌握了酶催化过程的基本原理，并首次尝试将酶应用于工业发酵过程中，推动了酶在啤酒酿造、面包发酵、奶酪生产等传统食品工业中的应用。

20 世纪中叶，分子生物学的兴起和 DNA 双螺旋结构的发现为基因工程的诞生铺平了道路。20 世纪 80 年代，定向进化技术的出现使科学家们能够模拟自然进化过程，通过多轮突变和筛选大幅度优化酶的催化性能。基于这一技术，酶的结构和功能可以在人为控制下进行调整，这不仅提升了酶在工业应用中的适应性，还显著扩展了酶在新领域的应用潜力。现代酶工程由此进入了一个飞速发展的时代。同时，定向进化技术的发明者之一弗朗西斯·阿诺德（Frances H. Arnold）获得了 2018 年诺贝尔化学奖，该技术是酶工程研究领域的巨大成就。

酶工程的发展与蛋白质结构解析技术的进步密切相关。X 射线晶体学技术使得科学家们能够解析酶的三维结构，详细了解其活性位点、底物结合口袋等关键功能区。这为定向进化、理性设计提供了重要的理论依据。此外，计算机模拟/预测技术的引入使得酶改造与设计的效率进一步提升，科学家们可以通过分子动力学模拟、分子对接、人工智能预测等手段，进一步解析酶与底物之间的相互作用，从而在结构层面对酶进行精确设计。

1.2.2 全球酶工程的发展概况

全球酶工程领域发展迅速，特别是在欧美和日本等工业发达国家。欧美国家在酶的应用技术开发和蛋白质工程领域始终保持领先地位。例如，丹麦的诺维信公司（Novozymes）和荷兰的帝斯曼集团（DSM）等全球领先企业通过不断的技术创新，在酶制剂生产和应用领域占据主导地位。诺维信公司是全球最大的酶制剂生产商之一，其产品广泛应用于纺织、食品、酿酒和生物能源等多个行业。

20 世纪后期，基因工程技术逐步成熟，在美国催生了大量的生物技术公司。这些生物技术公司通过基因克隆技术生产出大量的重组酶产品，并将这些产品成功应用于制药和环境领域。美国的科学研究机构，如加州理工学院、麻省理工学院等在酶的结构生物学和理性设计方面作出了重要贡献。日本在酶工程领域同样取得了显著成就，尤其在工业生产和食品加工方面更是有悠久的应用历史。日本的科学家致力于开发适合大规模生产的酶制剂，并在环保酶的开发方面有突出表现。例如，将酶应用于洗涤剂，使得洗衣过程更加环保，并减少了化学清洁剂对环境的影响。

近年来，随着合成生物学的迅速崛起，酶工程与这一新兴领域的结合日益紧密。合成生物学为酶的功能改造提供了新的工具，科学家们可以通过设计全新的代谢途径，实现以前难以完成的化学反应。基于此，酶被用于合成高附加值的化学品，如药物中间体、手性化合物、绿色能源和生物基材料等。

1.2.3 我国酶工程的发展概况

我国的酶工程研究尽管起步较晚，但在近年来发展迅速，特别是在国家政策的支持下，科研水平和产业规模均取得了显著进步。国家在"十三五"和"十四五"规划中对生物技术的重视，为酶工程的发展提供了良好的政策环境。在国家重点研发计划和创新工程的支持下，酶在能源、环保、制药等领域的应用逐渐扩展。科研机构和高校在酶工程领域的研究取得了重大突破。国内酶制剂生产企业在全球市场上也逐步占据一席之地，这些企业在医药、农药、饲料添加剂、食品加工、纺织品处理等方面广泛推广酶制剂的应用，推动了相关行业的绿色转型。以赛莱默（中国）有限公司为例，其生产的生物酶广泛应用于饲料添加剂中，替代了原本使用的抗生素，大大提高了饲料的利用效率，推动了畜牧业的健康发展。

与此同时，我国积极参与全球酶工程领域的国际合作，与欧美、日本等国家的科研机构和企业展开深入的技术交流与合作，共同推动酶技术的创新与应用。在未来，随着中国在生物技术领域的持续投入，酶工程有望在全球范围内进一步发挥其重要作用，推动更多创新性应用的实现。

1.3　酶工程的研究方法

1.3.1　酶工程的模块化研究

酶工程的研究方法具有高度的模块化特征，通常分为以下几个关键模块：

① 认识与发现　这一模块的核心是通过基因组挖掘和代谢工程技术，发现具有潜在应用价值的新型酶。近年来，基因组学和代谢组学的发展，使得科学家能够从不同生物体中挖掘出多样性极为丰富的酶库。通过高通量筛选，可快速鉴定这些酶的催化活性和应用潜力，再结合酶的三维结构分析，科学家能够更深入理解酶活性与其结构之间的关系，为后续的酶改造提供理论基础。

② 酶的改造　在酶的分子改造方面，蛋白质工程技术、定向进化和理性设计等方法是关键工具。定向进化通过随机突变和高通量筛选，对酶的氨基酸序列进行迭代改造，进而提高其催化活性、稳定性和选择性。理性设计则基于对酶结构和机制的深入了解，通过精确地改动特定氨基酸位点，优化其性能。近年来，人工智能和计算生物学的发展也促进了酶改造的自动化和智能化。

③ 酶的生产　为了实现酶在工业规模上的应用，发酵工程和细胞工厂技术是核心手段。通过基因工程技术，科学家能够将目标酶基因导入微生物或植物细胞中，从而利用这些宿主进行高密度发酵。为了提高酶的产量，还需优化发酵条件，如碳源、氮源、温度、pH 值等，确保宿主细胞能在最佳状态下生产酶。

④ 制备与纯化　酶的纯化是确保其应用效果的关键步骤。在工业上，常用的纯化技术包括液相色谱、离子交换、凝胶过滤等。纯化的难度取决于酶的理化性质和目标纯度要求。近年来，免疫亲和纯化技术也逐渐成为酶纯化中的重要工具，尤其在需要高纯度和高活性酶的应用领域，如医药和食品行业。

⑤ 酶催化　在实际生产中，酶的催化反应往往需要优化反应条件，如反应温度、pH 值、溶剂、底物浓度等，以提高催化效率和产物产量。此外，固定化酶技术的应用显著提高了酶的使用寿命和重复利用率，从而降低了生产成本。

1.3.2　酶工程的模块集成

酶工程的模块化不仅体现在单个酶的优化，还涉及多酶体系和催化系统的整体集成设计。近年来，科学家通过将多个酶串联在同一反应体系中，显著提高了复杂有机合成反应的效率。这种多酶串联反应能够通过一步反应路径完成多个化学步骤，减少了中间产物的提取和处理步骤。模块集成的另一个重要方向是酶与化学催化相结合的混合催化体系。在某些情况下，化学催化剂相较于生物酶展现出更优异的高温耐受性和反应速率，而酶催化则具有更高的选择性和绿色环保的优势。通过合理设计化学与生物催化的协同反应系统，可以实现两者优势互补，进一步提高生产效率。同时，发酵与下游加工过程的集成设计也越来越受到关注。通过优化整个生产链条中的每个环节，科学家们能够实现更高效、更经济的生产过程。例如，将酶的发酵生产与下游纯化、固定化以及反应体系无缝衔接，能够显著缩短生产周期并减少能源消耗。

1.3.3　酶工程经济学

酶工程的经济学分析是该领域发展的重要推动力。酶的生产成本、应用价值和市场前景直接影响着其在工业中的推广和应用。近年来，随着酶生产技术的进步，酶的生产成本已显著下降。然而，仍需进一步优化生产工艺，如采用廉价的原料和更高效的发酵体系来降低成本。

此外，通过提高酶的催化效率、稳定性以及在不同环境条件下的适应性，可以减少酶的使用量并延长其使用寿命。这些改进不仅能降低生产成本，还能提高酶在工业应用中的竞争力。在特定的高附加值领域，如医药、精细化工和绿色制造等，酶催化具有巨大的市场潜力和经济效益。

1.3.4　酶工程环境影响分析

酶工程的环境效益与其经济效益同样重要。相比传统化学催化工艺，酶催化具有绿色环保的优势。首先，酶催化在温和条件下进行，避免了高温高压的能耗问题，减少了工业生产中的碳排放。其次，酶的高度专一性能够减少副产物的生成，降低了废物处理的难度和成本。

生命周期分析是一种常用的评估酶工程环境影响的研究方法。通过对酶催化工艺在生产、使用和废弃过程中产生的碳排放、水资源消耗、能耗以及废物生成等方面进行全面评估，可以为工业生产提供更具可持续性的解决方案。随着全球对环保要求的日益提高，酶催化在绿色制造中的应用将进一步扩大。

1.4　酶工程的应用领域

酶工程技术的应用已经渗透到多个行业，包括能源、医药、食品、环境和材料等领域。其在现代工业中的重要性日益凸显，推动了许多绿色工艺的开发。

1.4.1　能源领域

在能源领域，酶催化技术为生物燃料的生产提供了革命性的方案。通过酶催化生物质转化，特别是纤维素酶的应用，科学家能够有效地将植物纤维素转化为可发酵糖类，进而生产乙醇等生物燃料。这一过程不仅减少了对化石燃料的依赖，而且大幅度降低了温室气体排放。此外，脂肪酶和酯酶还被用于生产生物柴油，通过催化动植物油脂中的酯键断裂生成生物柴油，替代传统的柴油燃料。

当下，前沿研究聚焦于开发适配复杂生物质转化的多酶协作系统，以提高纤维素和木质素的降解效率。通过优化酶的稳定性和底物适应性，未来有望实现更高效的生物燃料生产，使其在全球能源市场中占据更大的比重。

1.4.2 医药领域

酶工程在制药工业中的应用范围极其广泛。酶的高度立体选择性使其成为合成复杂药物分子的重要工具。例如，L-氨基酸、抗生素、降糖药物、调血脂药物、抗癌药物和抗病毒药物的合成常常依赖于酶催化的立体选择性反应。在一些药物的生产过程中，酶不仅能够减少化学试剂的使用，还能够提高产物的纯度和收率。

此外，酶在生物制药领域也发挥着重要作用。重组酶类药物正在改变着现代医学的治疗方式。通过酶工程技术，可以设计出更加稳定和高效的酶，适用于临床治疗和诊断。例如，基因编辑技术的多维度突破，推动了以 CRISPR-Cas9 为代表的核酸酶工具系统在基因治疗领域的广泛应用。

1.4.3 食品领域

食品领域是酶工程技术的早期应用领域之一。通过酶工程，科学家能够生产出在各种食品加工过程中稳定且高效的酶。比如，乳糖酶被广泛应用于乳制品中，帮助分解乳糖，解决乳糖不耐受症患者无法摄取奶制品的问题。而纤维素酶和木瓜蛋白酶等酶被用于果汁提取、面包发酵以及肉类嫩化。

食品行业的未来趋势是开发更加专一和定制化的酶，以满足不同消费者的需求。例如，通过定向进化技术，能够设计出在不同温度、pH 条件下都能保持高活性的酶，用于处理多种复杂食品基质，进一步提升食品的质量和营养价值。

1.4.4 环境保护领域

酶工程技术在环境保护领域中的应用尤为显著，特别是在废水处理、固体废弃物降解和空气污染控制方面。通过工程化改造的酶，能够高效降解有机污染物。例如，脂肪酶和纤维素酶被广泛应用于工业废水处理，用于分解水中的脂肪和其他有机废物，从而减少环境污染。

在塑料污染治理领域，酶催化降解塑料废物的研究取得了显著进展。科学家们已经开发出能够快速降解聚对苯二甲酸乙二醇酯等难降解塑料的酶，使塑料垃圾可以被分解成无害的小分子，实现再循环。这项技术有望从根本上解决全球塑料污染问题，促进循环经济的发展。

1.4.5 材料领域

酶工程技术还在材料领域中发挥着重要作用，尤其是在功能性材料的合成和可降解材料的开发中。酶促聚合反应是合成生物聚合物的重要手段，这些聚合物由于其良好的生物相容性和可降解性，广泛应用于生物医学领域，如可降解的伤口缝合线、药物输送载体和组织工程支架。

未来，酶工程技术有望推动智能材料的开发。例如，科学家正在研究酶催化下能够根据外界环境变化而改变性能的材料，这些智能材料在医学、环境监测和传感器领域具有广阔的应用前景。

1.5　酶工程的挑战与前景

1.5.1　当前面临的挑战

尽管酶工程技术已经在多个领域取得了突破性进展，但在实际应用中仍面临若干挑战：

① 生产成本高　酶的工业生产通常依赖于复杂的发酵工程和纯化过程，这导致酶的生产成本较高，限制了其在大规模工业中的推广应用。如何通过基因工程和优化发酵工艺降低生产成本，仍然是酶工程领域的关键难题。

② 稳定性与催化性能　许多工业过程要求酶在高温、高压、极端 pH 值或有机溶剂中工作。然而，天然酶在这些条件下的稳定性和催化活性往往不足。提高酶的热稳定性、溶剂耐受性等特性，是提升酶工程应用潜力的必要途径。

③ 酶筛选与改造的复杂性　虽然高通量筛选技术和定向进化技术大大加快了新型酶的开发效率，但这些技术依然需要大量的实验和时间。此外，在设计和改造过程中如何预测和控制酶的立体结构变化，也是一个复杂的科学问题。

1.5.2　酶工程的未来发展方向

酶工程的未来前景十分广阔，随着生物技术、计算机科学、人工智能和材料科学的交叉融合，酶的设计与开发将进入一个全新的阶段。

① 合成生物学与基因编辑　合成生物学的进展使得科学家能够通过基因编辑技术，更高效地开发定制化酶。通过 CRISPR 等基因编辑工具，可以将特定酶基因插入宿主生物中，实现高效表达。此外，合成代谢途径的构建也为生产复杂化合物开辟了新途径。

② 人工智能与计算机辅助设计　人工智能和计算机辅助设计的应用，使得酶结构预测、功能优化和定向改造的效率大大提高。借助于计算机模拟，科学家能够在实验之前预测酶的结构和性能，从而减少实验的盲目性和周期。

③ 绿色化学与可持续发展　随着全球对环境保护和可持续发展的重视，酶催化技术在减少工业污染、降低能源消耗和开发可再生资源方面具有巨大的应用潜力。未来，酶工程有望在清洁能源、生物材料合成和环境修复等领域取得更多突破，助力绿色制造业的发展。

④ 个性化医疗与精准治疗　酶在个性化医疗中的应用也将在未来取得更多进展。通过基于患者基因组的个性化酶设计，科学家能够开发出专门针对个体疾病的酶类药物，实现精准治疗。此外，酶催化在基因编辑、药物合成和诊断工具中的应用，也将进一步推动个性化医学的发展。

1.6　酶工程的学习意义

生物工程是当今时代的朝阳产业。生物技术不断取得科学突破，推动了生物产业的快速发展，使得生物工程与人类美好未来息息相关。酶工程是生物工程等相关专业本科生的核心课程。

酶工程以研究酶及其应用为主，通过有效获取酶、改造酶和应用酶的催化特性，为自然和人工环境中的物质化学反应定向加速，使其更好地为人类社会和生产生活服务。酶工程具有综合性、理论性、实践性和前沿性等特点，在学科交叉中起着桥梁和纽带作用，因此，酶工程可以被建设成为知识传授、能力培养与价值引领的重要载体。学习酶工程可以培养同学们的科学思维方式、科学探索精神，为未来的学习和工作奠定坚实的理论和实践基础。

酶工程的教学可以在"知识传授、能力培养、价值塑造"的"三位一体"思想指导下进行，同学们应当掌握生物科学的基本知识、基础理论和专业实践技能，使自己成为熟悉生物科学和技术发展现状和趋势的领军人才。在知识方面，同学们应能够综合运用所掌握的知识，发现、提出、分析和解决酶工程相关问题。在能力培养方面，同学们要注意联系实际，掌握酶工程应用于生产实践的途径；具备一定的创新能力，能够把握酶工程的发展方向，并对未来酶工程可能产生突破的领域和方向有自己的理解。在价值塑造方面，同学们要能够辩证地看待酶工程发展的过程，尤其是要深刻理解我国老一辈科研人员刻苦钻研和无私奉献的精神，从中汲取精神力量，重点培养家国情怀、专业能力、全球视野和领导力，塑造正确的世界观、科学观、价值观和人生观。通过从酶工程课程体系、酶学研究进展、酶工程相关专业领域前沿研究成果及我国在酶学研究领域的贡献等方面挖掘思政元素，激发自身的学习热情，培养科学创新思维、求真务实精神以及对祖国悠久历史和传统民族文化的热爱，树立共产主义远大理想。

我国对酶作用的认识比国外早了1300多年。在4000多年前的夏禹时代就掌握了酿酒技术，在3000多年前的周朝开始酿造酱油，春秋战国时期用曲治疗消化不良等疾病。通过介绍酶在我国应用的悠久历史，引导学生感悟中华民族的勤劳与智慧，让学生对中华民族悠久的历史文化产生认同感和自豪感。通过讲解1965年无锡酶制剂厂的建立，让学生深刻体会新中国成立初期酶制剂领域走过的艰难发展历程，激发学生刻苦学习、奋发图强的精神。在介绍人工结晶牛胰岛素时，讲述我国科学家在1965年于世界上首次用人工方法合成了结晶牛胰岛素。这一科学成果标志着人类在认识生命、探索生命奥秘的征途中迈出了非常关键性的一步，极大地促进了生命科学的发展，开辟了人工合成蛋白质的新时代。勉励学生学习老一辈科学家吃苦耐劳、攻坚克难、勇攀高峰的科研精神，勉励学生珍惜当下优越的学习生活环境，努力学有所成，为祖国的繁荣昌盛和民族的兴旺发达贡献力量。

在酶学研究历程中，除了上文提到的Frances H. Arnold外，还有多位科学家获得诺贝尔奖。如1896年，德国化学家Eduard Buchner经过大量实验证实酵母的无细胞抽提液能将糖发酵成酒精，质疑酶催化必须在活细胞中进行的权威观点，强调发酵是酶作用的结果，因此获得1907年诺贝尔化学奖。在酶学研究过程中，诺贝尔奖的获得者们坚持不懈，求真务实，比如James B. Sumner、Thomas Cech、Sidney Altman等，都是同学们学习的榜样。人工智能是今后发展的趋势，David Baker、Demis Hassobis和John M. Jumper因为在"计算蛋白质设计"和"蛋白质结构预测"方面的贡献获得了2024年诺贝尔化学奖。

我国科学家自主研发的研究成果，亦为酶工程领域做出了一流的贡献，同学们要深刻领悟我国科学家的家国情怀，学习他们爱国、奉献的精神，深刻理解"把论文写在祖国的大地上"的真正含义。张树政院士是中国酶工业领域的先驱，在分离纯化酶方面取得了卓越的成就。她的研究成果在学术界和工业界都产生了广泛的影响，推动了中国酶工业的发展。她选育出的黑曲霉菌种在生产酶制剂方面的应用，每年为国家节约了大量资金和粮食，这一成果也荣获了国家科学技术进步奖一等奖。沈寅初院士在世界上首先发现了高效催化丙烯腈水合的新型微生物，经过多年攻关，完成了工业化的一系列研究，建成了数套采用酶催化技术生产大宗化工原料丙烯酰胺的万吨级生产装置，被同行誉为生物技术在化工领域中应用的开创性工作。郑裕国院士发明了系列生物催化剂筛选、改造和工业应用新技术，开发了多种工业酶制剂以及生物催化合成和化学-酶法合成新路线，建立了医药、农药和营养化学品生产过程重构、强化和替代新技术，实现了治疗心脑血管疾病、重症感染、精神类疾病、糖尿病等重大药物以及氨基酸、维生素、功能性糖和糖醇等的工业化。

希望同学们能以这些科学家为榜样，秉持科学精神，勇于探索未知，关注学科前沿，培养创新意识，提高自身科学素养。同时，希望大家能够将所学知识与现实生活和社会需求紧密结合，善于发现问题并解决问题，不断提升专业能力，为社会发展和科学进步贡献自己的力量。

1.7　总结

酶工程作为现代生物技术的一个重要分支，涵盖了从酶的识别、发现、设计、改造到生产、纯化及其在生物催化中的广泛应用。通过对酶结构与功能的深入理解，科学家们得以开发出适应性强、效率高、稳定性优越的工业酶。这些酶在多个行业中发挥了关键作用，推动了各领域的绿色化、智能化升级。

在能源领域，酶催化技术促进了生物质转化和可再生能源的开发，减少了对化石燃料的依赖和温室气体的排放。在医药领域，酶工程推动了生物制药的发展，通过立体选择性催化反应合成复杂药物中间体，使得药物生产更加高效、环保。在食品领域，酶技术的应用提升了食品加工的质量和效率，改善了产品的风味和营养价值。在环境保护领域，酶在废水处理、塑料降解等方面表现出卓越的生物降解能力，为环境治理提供了绿色解决方案。在材料领域，酶催化合成的生物材料具备优异的生物相容性与可降解性，应用前景广阔。

尽管酶工程取得了巨大进展，但在技术与经济层面仍面临一些挑战。酶的高生产成本和在部分应用环境中的性能局限，制约了其在大规模工业中的推广。同时，筛选和优化新型酶的过程较为复杂且耗时。为了克服这些挑战，科学家们正在积极探索合成生物学、基因编辑和人工智能辅助设计等新兴技术，推动酶的快速定制化开发与优化。

未来，随着生物科技的不断进步，酶工程将继续在多个行业中发挥更大的作用，尤其是在绿色化学和可持续制造领域。酶工程技术不仅将在减少工业污染、降低能源消耗方面发挥作用，还将为新药研发、个性化医疗和新材料合成等前沿领域带来新的突破。酶工程技术将成为实现工业可持续发展的关键动力，进一步推动全球社会向更绿色、更智能的未来迈进。

思考题

1. 酶工程在推动工业绿色化和智能化升级中的具体作用是什么？请结合能源、医药、食品和环境保护领域的应用实例进行分析。

2. 在酶工程的未来发展中，合成生物学和人工智能技术将如何推动酶的设计与优化？这将对传统酶工程研究方法带来怎样的改变？

3. 酶工程的经济与技术挑战有哪些？如何通过降低生产成本和提升酶在极端条件下的稳定性来促进其在工业中的广泛应用？

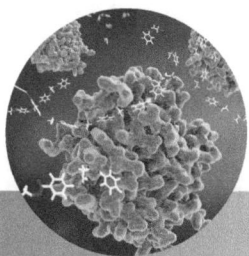

第2章

酶的认识

2.1 酶的命名和分类

2.1.1 酶的命名

自然界中酶的种类繁多，功能各异。为了准确地识别某一种酶，免致发生混乱或误解，在酶学和酶工程领域，要求每一种酶都有准确的名称和明确的分类。酶的命名通常有习惯命名法与系统命名法两种方法。

1961年以前使用的酶的名称都依赖习惯命名，被称为习惯名称。习惯命名法主要依据以下四个原则。①根据酶催化的底物命名。如水解蛋白质的酶称为蛋白酶，水解淀粉的酶称为淀粉酶。②有些酶的命名，除了根据所催化的底物外，还要再加上酶的来源。如胃蛋白酶、木瓜蛋白酶等。③根据酶催化的反应性质命名。如脱氢酶、脱羧酶、转氨酶、氧化酶等。④有些酶的命名，除了根据所催化的底物外，还根据所催化的反应性质。如琥珀酸脱氢酶，其作用物是琥珀酸，催化的反应是脱氢。

系统命名法能够更详细、更准确地反映出该酶催化的反应。每一种酶有一个系统名称和一个习惯名称。酶的系统名称由两部分组成，即底物加反应类型。例如乳酸脱氢酶的反应为：

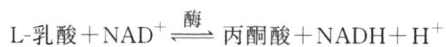

$$\text{L-乳酸} + \text{NAD}^+ \xrightarrow{\text{酶}} \text{丙酮酸} + \text{NADH} + \text{H}^+$$

底物是 L-乳酸和 NAD^+，反应类型是氧化还原。因此这个酶的系统名称为 L-乳酸：NAD^+ 氧化还原酶。

2.1.2 酶的分类

根据酶催化反应的性质，2018年8月，国际生物化学和分子生物学联盟（IUB-MB）更改了酶的分类规则，把酶分为七大类。

① 氧化还原酶类　催化作用物氧化和还原的酶类，如乳酸脱氢酶、琥珀酸脱氢酶、细胞色素氧化酶、过氧化氢酶、过氧化物酶等。

② 转移酶类　催化不同物质分子间某种基团转移的酶类，如转甲基酶、转氨酶、

己糖激酶、磷酸化酶等。

③ 水解酶类　催化水解反应的酶类，如淀粉酶、胃蛋白酶、脂肪酶等。

④ 裂解酶类　亦称裂合酶类，是一类催化一种化合物分裂为两种化合物，或由两种化合物合成一种化合物的酶类，如碳酸酐酶、醛缩酶等。

⑤ 异构酶类　催化同分异构体的相互转化的酶类，如磷酸葡萄糖异构酶、消旋酶等。

⑥ 连接酶类　亦称合成酶类，是一类催化两分子化合物相互结合，同时使 ATP 分子（或其他三磷酸核苷）中的高能磷酸键断裂的酶类，如谷氨酰胺合成酶、谷胱甘肽合成酶等。

⑦ 易位酶类　催化离子或分子跨膜转运或在细胞膜内易位反应的酶类，如泛醇氧化酶、ABC 型硫酸转运酶、抗坏血酸铁还原酶等。

国际生物化学和分子生物学联盟命名委员会给每一个酶进行分类和编号，编号由 4 个数字组成，数字之前加 "EC"（Enzyme Commission，国际酶学委员会）。分类的原则如下。①按照酶催化反应的性质，将酶分为七大类。②每个大类中，按照酶作用的底物、化学键或基团的不同，分为若干亚类。③每一亚类中再分为若干小类。④每一小类中包含若干个具体的酶。因此，编号中第一个数字表示酶属于哪一大类，第二个数字表示类以下的大组，第三个数字表示小组，第四个数字是流水编号。例如 EC 1.1.1.1，这个编号表示：这个酶属于氧化还原酶类，电子供体为 CH—OH，质子受体为 NAD^+，流水编号为 1，即乙醇脱氢酶。又如胰蛋白酶的编号为 EC 3.4.21.4，第一个数字表示该酶属于水解酶大类，第二个数字表示此酶是作用于肽键，第三个数字表示它主要作用于肽-肽键而不是两端的肽键，第四个数字是小组中酶的流水编号。

2.2　酶结构的解析

2.2.1　晶体学解析方案

X 射线晶体衍射至今仍然是蛋白质结构测定的最主要方法。20 世纪 70 年代以来，由于同步辐射光源在蛋白质晶体学研究中的广泛应用，以及在基因工程技术及重组蛋白生产、提纯等方面的突破，生物大分子及其复合物的晶体结构解析工作日臻成熟。现在晶体结构解析工作已经基本上成为常规技术，让大批没有晶体学理论背景的生物学家也能够顺利解析出晶体结构。

蛋白质晶体结构测定主要包括以下几个步骤。

第一步，克隆、表达、纯化。解析蛋白质晶体结构的前提是制备均一的蛋白质样品并获得晶体。因此获得表达量高、纯化效果好的蛋白质对后续步骤，特别是结晶起到非常重要的作用。

第二步，结晶。在大多数情况下，蛋白质结晶是工作的瓶颈，需要通过大量的条件筛选和优化使蛋白质分子间的弱相互作用促使蛋白质分子形成高度有序的晶体，而不是随机聚合形成沉淀。尽管已有相当数量的论文和专著在研究这个问题，但采用标准方案并不能保证长出所需的单晶。蛋白质晶体作为一种有序的分子聚集，受到诸如 pH、温度、沉淀剂、缓冲液类型、添加剂及本身分子结构等众多因素的影响。

第三步，数据收集及处理。数据收集及处理通常利用（单波长）X 射线光束照射在一定角度范围内旋转的蛋白质晶体，同时记录晶体对 X 射线衍射的强度。这些强度可转换为结构测定中的结构因子的振幅（$|F(hkl)|$）。此外，在劳厄（Laue）法中，晶体通常保持静止而使用连续 X 射线波长（白光）收集数据。

第四步，相角的测定。结构因子的振幅（$|F(hkl)|$）及相角 $\alpha(hkl)$ 是物理上相对独立的量。由于结构因子相角的全部信息在收集数据时丢失，必须通过其他途径来得到它们的信息。除结晶外，相角的测定在结构分析中仍然是一个问题最多的部分。

第五步，相角的改进（优化）。电子密度图的质量及其可解释性主要决定于相角的准确性。有的情况下采用晶胞中不对称单位中的等同部分（例如一个以上的等同分子）的电子密度平均，有可能大大改善误差较大的起始相角。

第六步，电子密度图的解释。相位确定后，可开始计算电子密度图。若从电子密度图能跟踪出肽链走向和分辨出蛋白质的二级结构（如基于高分辨率的数据，通常这意味着衍射数据的分辨率至少达到 3.5Å，$1Å=10^{-10}$ m），则可能推出多肽链的三维折叠方式。进而根据氨基酸序列，就可能构建出原子坐标形式的蛋白质结构模型。

第七步，修正。考虑到已建立的立体化学资料（如键长、键角等）的限制，根据 X 射线衍射数据对初始的蛋白质分子模型进行修正。

第八步，结构分析与展示。识别活性中心配体结合位点或蛋白质相互作用界面。与已知结构比对，分析保守性或构象变化，使用 PyMOL 等软件生成三维结构图。

2.2.2　波谱学解析方案

目前，核磁共振（nuclear magnetic resonance，NMR）技术已成为结构生物学研究中非常重要的分析手段。由于生命现象复杂多变的功能是在溶液状态下完成的，测定蛋白质在溶液中的三维结构非常重要。自从 Wüthrich 及其同事们首次成功地用二维核磁共振（2D-NMR）技术测定了溶液中蛋白质结构，结合 NMR 和计算机模拟技术在测定蛋白质分子在溶液中的三维结构方面取得了迅速发展。核磁共振测定蛋白质三维结构的精度取决于实验数据的质量，高质量的核磁结构精度相当于 2.0～2.5Å 的 X 射线晶体结构。目前核磁共振波谱测定蛋白质结构大部分分子质量是 10～30kDa。横向弛豫优化谱（TROSY）方法的出现使得 NMR 测定蛋白质结构在原则上不受分子质量的限制，但是在实际工作中仍然有很大困难。研究生物大分子的结构需要先进的 NMR 谱仪，其质子共振频率多在 500MHz 以上，目前商品谱仪已高达 1.2GHz。NMR 技术除了可以解析结构，还可以研究生物大分子动力学性质以及生物大分子的柔性与运动性。在蛋白质折叠的研究中，NMR 可以捕捉和鉴定折叠中间物的产生、结构和演变。

用多维核磁共振波谱结合计算机模拟测定蛋白质在溶液中的三维结构一般按下述步骤进行。第一步，选择最适的温度、pH 值及溶剂条件，在 90% H_2O/10% D_2O 中收集一系列异核（^{15}N，^{13}C，^1H）三维核磁共振波谱。第二步，根据蛋白质的一级结构进行主链与侧链的化学位移归属。第三步，根据核奥弗豪泽效应，得到核与核之间距离的信息。第四步，确定二级结构单元，根据 NOESY 谱的交叉峰强度，转化为原子间距离约束，用计算机图像系统或距离几何法搭出模型。第五步，用能量优化法或分子动力学

（molecular dynamics，MD）模拟进行结构修正。实验结果表明，绝大多数情况下，大部分生物大分子的晶体结构与其用核磁共振技术测得的溶液结构是一致的。

2.2.3　冷冻电镜解析方案

目前，冷冻电镜解析生物样品的结构是研究热点。生物大分子都是高度水化的，蛋白质体积的 50％是水。当蛋白质脱水时，分子会变性而失去活性，结构也会被破坏。20 世纪 80 年代出现的低温电镜技术，使保持生物大分子在含水状态下进行电镜观察成为可能。当水分子低速冷冻时，会缓慢结冰形成有序结晶态冰，在结晶态冰形成的过程中，溶质会从水中析出而成为悬浮颗粒，溶质的析出导致溶液浓度的改变，会严重影响生物大分子的结构。而当水分子被快速冷冻时，会形成无序态冰，避免溶质析出的方法就是快速冷冻使得水保持在无序状态结冰。在实际操作中，将溶液状态的样品加到电镜铜网上，用滤纸条吸取多余溶液后立即降低温度，一般是采用自由落体方式使样品浸入己烷（在液氮中），这样样品中的水分子迅速冷冻成为无序态冰。然后将样品从己烷转入液氮中，这以后的样品要始终保持在低温状态并最终转移到电镜的低温冷台中。

所谓电镜图像的三维重构是指由样品的一个或多个投影图得到样品中各组成部分之间的三维关系。利用电子显微图像进行三维结构重建有若干种不同的计算方法，其中傅里叶变换方法是目前国际上使用最广泛的一种。这种方法的理论依据是中心截面定理，即由实空间的投影像的变换逐个平面地得到物体在倒易空间的频率分布，并由反变换来重构物体的实空间三维结构。将电子显微图像进行傅里叶变换，一张显微图像的傅里叶变换对应于成像物体的三维傅里叶变换的一个中心截面，通过改变生物样品在电镜下的倾斜角度，就可以得到相当于傅里叶变换的其他中心截面像。收集在不同倾斜角度下样品的显微图像，就可以获得一套完整的三维倒易空间数据。利用这套数据进行傅里叶逆变换运算就可以获得样品结构的三维图像。对于具有螺旋对称性的生物大分子复合体系，一个图像就代表各个方向的投影，所以理论上一个图像的傅里叶变换可以提供三维重构的全部信息。对于非螺旋对称性的粒子，必须由不同的投影图获得足够多的数据，而且还要对数据进行插值处理。

生物大分子的三维重构过程目前已有比较成熟的流程：电镜照片的数字化；傅里叶变换；谱峰的指认、晶格参数的优化；振幅和相位信息的提取；相位原点的确定；判定晶体的空间群特征；按对称性进行平均；傅里叶逆变换；重构的大分子电子密度投影结构。

与三维晶体的 X 射线衍射晶体学比较，生物大分子的二维结晶及电镜重构技术有几个显著优点。①许多蛋白质（特别是膜蛋白）可能更容易形成二维晶体。对于蛋白质难以长出适合于 X 射线晶体分析的三维晶体的情况，二维晶体及电镜的三维重构无疑是对生物大分子结构的重要补充。②由电子显微图像的傅里叶变换可以直接测定结构因子的相位，所以不需要制备蛋白质的重原子衍生物。而且，由电镜显微图像得到的相位质量高于由同晶置换法得到的 X 射线晶体学中的相位。③蛋白质二维晶体的组装是一个比三维晶体更便于人工控制的进程。二维晶体的形成过程甚至可以原位监测。蛋白质-蛋白质之间的相互作用力利于二维晶体的形成，因此，二维晶体可以揭示这些相互作用力。④二维结晶化技术更适合生物大分子复合体系的结构研究。

2.2.4　酶结构与功能的关系

酶的化学本质是蛋白质或核糖核酸，在此以蛋白类酶为例讨论酶蛋白的结构与功能。酶与其他蛋白质一样，由氨基酸构成，具有一级结构、二级结构、三级结构和四级结构。酶蛋白的结构，包括一级结构和高级结构，与酶的催化功能密切相关，结构的改变会引起酶催化作用的改变或者丧失，因此研究酶结构与功能的关系是酶工程的核心课题之一。

2.2.4.1　酶的一级结构与催化功能的关系

酶的一级结构是酶的基本化学结构，是酶的空间结构和催化功能的基础。酶一级结构的改变会使酶的催化功能发生相应的改变。酶的一级结构的改变主要是指酶分子主链的断裂。不同的酶蛋白具有不同的氨基酸数目。例如，牛胰核糖核酸酶只有一条肽链，由 124 个氨基酸残基组成。当用枯草杆菌蛋白酶在限制水解的条件下，使它的第 20 号和第 21 号氨基酸残基之间的肽键断裂，就形成了含 20 个残基的 S-肽和含 104 个残基的 S-蛋白，这两个部分单独测试都无活性，但是只要在中性溶液中将两个肽段合在一起，酶的活性又会恢复。牛胰核糖核酸酶用羧酸酶在其 C-末端去掉三个氨基酸残基时，对酶的活性几乎没有影响，而若用胃蛋白酶去掉 C-末端的四个氨基酸残基时，则酶活性全部丧失。

酶原的激活机制又充分说明了结构和功能的关系，酶原是活性酶的前体，它们需要经过激活后才能显示出酶的活性。由前体转变为活性酶，可通过酶或氢离子的催化而实现。例如，胰蛋白酶原本没有催化活性，但在胰蛋白酶或肠激酶的作用下，可以使酶原变为活性酶。就氨基酸的组成来说，胰蛋白酶原和胰蛋白酶二者仅仅只有微小的差别，就是这样微小的差别使无活性的酶原转变为有活性的胰蛋白酶。经研究发现，酶原转变成酶时，一级结构仅仅发生微小的变化，在肽链的 N-末端失去了一个六肽（Val-Asp-Asp-Asp-Asp-Lys），从而使胰蛋白酶的催化活性显示出来，形成了新的活性部位。

2.2.4.2　酶的二级、三级结构与催化功能的关系

酶的二级、三级结构是所有酶都必须具备的空间结构，是维持酶的活性部位所必需的构象。决定酶的空间结构的因素，主要是氨基酸各种侧链之间的相互作用，如疏水键、氢键、离子键、二硫键、配位键、范德华力等。此外，也受到外界的各种环境因素的影响，如溶剂、其他溶质、pH、温度、离子强度等。许多酶都存在着二硫键（—S—S—）。对于酶而言，二硫键的断裂，特别是肽链之间的二硫键的断裂，一般将使酶变性而丧失催化功能。但是某些情况下，二硫键断开而酶的空间构象不受破坏时，酶的活性并不会完全丧失，如果使二硫键复原，则酶又会重新恢复其原有的生物活性。

酶蛋白的二级和三级结构彻底改变，就可使酶遭受破坏而丧失其催化功能。然而可以使酶的二级和三级结构发生改变，以使酶形成正确的催化部位而发挥其催化功能。由于底物的诱导而引起酶蛋白空间结构发生某些精细的改变，与适应的底物相互作用，从而形成正确的催化部位，使酶发挥其催化功能，这就是诱导契合学说的基础。

2.2.4.3　酶的四级结构与催化功能的关系

酶的四级结构是由多个亚基联结而成的。具有四级结构的酶，按其功能可分为两类：一类与催化作用有关，另一类与调节作用有关。

（1）四级结构与催化作用的关系

只与催化作用有关的具有四级结构的酶，由数个相同的亚基组成，每个亚基都有一个催化中心。只有四级结构完整时，酶的催化功能才会充分发挥出来，当四级结构被破坏时，亚基会被分离，一般情况下酶便失去活性。但若采用的分离方法适当，被分离的亚基可以仍然保留各自的催化功能。例如，天门冬氨酸氨基转移酶是由两个相同的具有催化功能的亚基组成的，当用温和的方法使其四级结构分解、解离时，分离的亚基仍各自保留催化功能；当用强烈的条件如酸、碱、表面活性剂等破坏其四级结构时，得到的亚基便没有催化活性了。

（2）四级结构与调节作用的关系

与代谢调节有关的具有四级结构的酶称为调节酶，主要是指别构酶。别构酶只有在四级结构完整时才显示其调节作用，分开的调节亚基不具有调节功能。

2.2.4.4　酶的活性中心和必需基团

酶蛋白上只有少数氨基酸残基参与酶对底物的结合和催化，这些相关氨基酸残基在空间上比较靠近，形成一个与酶蛋白活性直接有关的区域，称为酶的活性中心（active center）。构成活性中心的化学基团实际上就是酶蛋白氨基酸残基的侧链，有时也包括肽链末端的氨基酸残基。这些基团在一级结构上并不互相毗邻或靠近，往往分散在相距较远的氨基酸顺序中，甚至分散在不同的肽链上，如胰凝乳蛋白酶活性中心含有 Ile16、His57、Asp102、Asp194、Ser195（序号以酶原为准），其中，Ser195、His57、Asp102 构成催化三联体，它们在酶原形式时分散在一条肽链上，但酶原经激活后，形成 A、B、C 三条肽链。前三个残基在 B 链，后两个在 C 链。依靠酶分子的二级、三级结构，即肽链的折叠，包括肽链间的二硫键，才使这些互相远离的基团靠近，集中在酶分子表面上具有三维结构的特定区域，故活性中心又称活性部位（active site），以表示其占有一定空间体积。

酶活性中心的一些化学基团为酶发挥催化作用所必需，故称为必需基团。但在酶活性中心以外的区域，尚有不和底物直接作用的必需基团，称为活性中心外的必需基团。这些基团与维持整个酶分子的空间构象有关，可使活性中心的各个有关基团保持最适的空间位置，间接地对酶的催化活性发挥其必不可少的作用。

Koshland 将酶分子中的氨基酸残基或其侧链基团分成四类。

① 接触残基（contact residues）　接触残基和底物直接接触，参与底物的化学转变，是活性中心的主要组成部分。这些残基中的一个或几个原子与底物分子的一个或多个原子接触的距离都在一键距离（即 0.15～0.2nm）之内。当然它们中间的一些也起着第二类辅助残基的作用。

② 辅助残基（auxiliary residues）　辅助残基虽未直接与底物接触，但在使酶与底物相互结合以及在辅助接触残基发挥作用上起着一定的作用，因而称其为辅助残基。辅助残基也是活性中心一个不可缺少的组成部分。

辅助残基和接触残基组成酶的活性中心。从功能上说，接触残基的侧链中，有的可能担负和底物结合的作用，有人称其为结合基团；也有的可能参与使底物转变成产物的催化作用，有人称之为催化基团。但有时结合基团并非单纯结合，也可参与催化作用，不能绝对区分。至于辅助残基，因不与底物接触，所以只能参与辅助催化基团的作用，如质子的供给或接受等。

③ 结构残基（structural residues）　结构残基在维持酶蛋白形成一种有规则的空间

构象方面起着重要作用。如果这些结构残基被破坏，则接触残基及辅助残基各个基团的相对位置将发生较大的变动，酶将丧失活性。故这类残基对酶活性的显示也有一定贡献，但离底物分子较远，不能列入活性中心的范围，属于活性中心以外的必需基团。

④ 非贡献残基（non-contributing residues）　在酶的活性中心外，尚有一些非必需残基存在，它们不参与酶的催化功能，对酶活性的显示不起作用，甚至把它们去掉也不会对酶的构象和功能产生重大改变，这类残基占据整个酶分子相当大的比例。故除了酶的必需基团以外，酶蛋白其余部分中的氨基酸残基都可称为非贡献残基或非必需残基。

综上所述，接触残基、辅助残基和结构残基对酶的催化作用都是重要的。这些对酶功能起到关键作用的氨基酸可以被称为热点，包括活性位点、通道位点、柔性位点、与活性中心偶联的远端位点和界面位点。突变这些热点可以有效地提升酶的催化性能，如催化活性、立体选择性、稳定性等。

2.3　酶作为生物催化剂的特点

2.3.1　酶-底物复合物

酶与底物是如何结合进行催化反应的？得到广泛支持的答案是酶与底物结合形成中间复合物。复合物的形成是专一性决定的过程，也是变分子间反应为分子内反应的过程，同时又是诱导契合过程。由于中间复合物的形成，酶和底物的结构都将发生有利于催化反应进行的变化。

2.3.1.1　酶-底物复合物存在的证据

早在 1903 年 Henri 研究蔗糖的底物浓度和反应速率的关系时，就发现反应速率 v 随底物浓度 [S] 增加而增加，直至达到最大速率。v 对 [S] 作图是一条矩形双曲线，提示呈饱和效应，也即 [S] 达到一定浓度时，可使酶（E）和底物（S）的结合达到饱和，而非催化反应则不显示这种饱和效应，这是存在酶-底物（ES）复合物最原始的证据。

光谱技术也是证明 ES 复合物存在的有效手段，如醇脱氢酶（alcohol dehydrogenase，ADH）的辅酶 NADH 在游离状态下，于 340nm 处有一吸收峰，但加入 ADH 后，吸收峰移至 328nm 处，再加入巯基试剂对氯汞苯甲酸后又使吸收峰回到 340nm 处，证明 NADH 和 ADH 的结合是通过 ADH 的巯基介导的。又如催化丝氨酸和吲哚合成色氨酸的色氨酸合成酶含有磷酸吡哆醛辅基，后者能在激发下发出荧光。当单加入丝氨酸而尚无吲哚时，其荧光强度显著增加，再加入吲哚，就使荧光淬灭，低于单独酶的荧光，这就证明酶-丝氨酸复合物和酶-丝氨酸-吲哚复合物的存在。

研究者们通过 X 射线衍射法已经获得了很多酶-底物复合物的结构信息，如羧肽酶 A 是通过哪些残基和底物甘氨酰-L-酪氨酸结合，溶菌酶的最小六糖底物是怎样"躺"在酶分子表面的狭长凹穴中，目前都已研究清楚。有些双底物的酶可在只有一种底物的情况下加以提纯或结晶，如 3-磷酸甘油醛脱氢酶需要加入一定量的 NAD^+ 才能结晶，这也是酶-底物复合物的直接证据。

现已充分证明：底物是通过酶的活性中心和酶结合的。

2.3.1.2 酶与底物的相互作用力

酶与底物结合的相互作用力与稳定酶分子的三维结构的力应该是相同的。

（1）离子键

离子键又称离子间吸引力，是指底物分子上的电荷和酶分子上相反的电荷之间的作用。例如乙酰胆碱酯酶有一个带阴离子的活性中心，底物就必须有一个阳离子的中心才能和它结合。离子键受溶剂、盐浓度、酶活性部位的微环境以及酶活性部位的侧链基团等因素的影响。

（2）氢键

许多底物虽然不具有负电荷，但和酶结合得比较牢固，氢键是其中一种重要的相互作用力。酶分子的主链或侧链的原子可以与底物之间形成氢键。氢键在水中仍然可以保持，但强度减弱，极端 pH 可能破坏氢键网络。在高温或各种变性剂的作用下，氢键会被破坏。

（3）范德华力

范德华力是一种非专一性的相互作用力，比离子键和氢键都弱。酶与底物之间的有效范德华力作用，只有在它们相互之间处于立体互补的情况下才能发生作用。在酶和底物的结合过程中，许多原子基团间的范德华力的总和将会产生相当大的作用。

2.3.2 酶作用的专一性机制

酶催化反应的高度专一性是酶最重要的特性之一，也是酶与其他非酶催化剂最主要的不同之处。酶的专一性也是酶在各个领域广泛应用的重要基础。酶的专一性是指在一定的条件下，一种酶只能催化一种或一类结构相似的底物进行某种类型反应的特性，即对其催化的反应类型和底物都有严格选择性。

酶的专一性按其严格程度的不同，可以分为绝对专一性和相对专一性两大类。

① 绝对专一性　一种酶只能催化一种底物进行一种反应，这种高度的专一性称为绝对专一性。当酶作用的底物含有不对称碳原子时，酶只能作用于异构体的一种。这种绝对专一性被称为立体异构专一性。例如，乳酸脱氢酶 [EC 1.1.1.27] 催化丙酮酸进行加氢反应生成 L-乳酸（图 2-1）。

$$
\begin{array}{c}
CH_3 \\
| \\
C=O \\
| \\
COOH
\end{array}
\quad \xrightarrow[\text{NADH} \quad \text{NAD}^+]{\text{乳酸脱氢酶}} \quad
\begin{array}{c}
CH_3 \\
| \\
H-C-OH \\
| \\
COOH
\end{array}
$$

丙酮酸　　　　　　　　　　L-乳酸

图 2-1　乳酸脱氢酶催化丙酮酸生成 L-乳酸

而 D-乳酸脱氢酶 [EC 1.1.1.28] 却只能催化丙酮酸加氢生成 D-乳酸（图 2-2）。

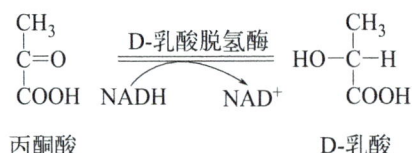

$$
\begin{array}{c}
CH_3 \\
| \\
C=O \\
| \\
COOH
\end{array}
\quad \xrightarrow[\text{NADH} \quad \text{NAD}^+]{\text{D-乳酸脱氢酶}} \quad
\begin{array}{c}
CH_3 \\
| \\
HO-C-H \\
| \\
COOH
\end{array}
$$

丙酮酸　　　　　　　　　　D-乳酸

图 2-2　D-乳酸脱氢酶催化丙酮酸生成 D-乳酸

核酸类酶也同样具有绝对专一性。如四膜虫 26S rRNA 前体等催化自我剪接反应的核酶（ribozyme），只能催化其本身 RNA 分子进行反应，而对于其他分子一概不作用。再如 L-19 IVS 是含有 395 个核苷酸的核酸类酶，该酶催化底物 GGCCU̲CUAAAAA 与鸟苷酸（G）反应生成产物 GGCCUCU＋GAAAAA。但是对寡核苷酸 GGCCU̲GUAAAAA 以及 GGCC̲GCUAAAAA 等一概不作用。

② 相对专一性　一种酶能够催化一类结构相似的底物进行某种相同类型的反应，这种专一性称为相对专一性。相对专一性又可分为键专一性和基团专一性。

键专一性的酶能够作用于具有相同化学键的一类底物，如酯酶可催化所有含酯键的酯类物质水解生成醇和酸。

基团专一性的酶则要求底物含有某一相同的基团。如胰蛋白酶［EC 3.4.21.4］选择性地水解含有赖氨酸或精氨酸的羧基端肽键，所以，凡是含有赖氨酸或精氨酸羧基端肽键的物质，不管是酰胺、酯或多肽、蛋白质都能被该酶水解。

再如核酸类酶 M1 RNA（核糖核酸酶 P 的 RNA 部分），能催化 tRNA 前体 5′端的成熟。该酶要求底物核糖核酸 3′端部分是一个 tRNA，而对其 5′端部分的核苷酸链的顺序和长度没有要求，催化反应的产物为一个成熟的 tRNA 分子和一个低聚核苷酸。

2.3.3　酶作用的高效性机制

酶催化作用的另一个显著特点是酶催化作用的效率高。许多酶催化的转换数大于 $10^3 \ \mathrm{min}^{-1}$，半乳糖苷酶的转换数为 $1.2 \times 10^6 \mathrm{min}^{-1}$，碳酸酐酶的转换数最高，达到 $3.6 \times 10^7 \mathrm{min}^{-1}$。

酶的催化反应速率比非酶的催化反应速率高 $10^7 \sim 10^{13}$ 倍。例如，过氧化氢（H_2O_2）可以在铁离子或过氧化氢酶的催化作用下分解成为氧和水。在一定条件下，1mol 铁离子可催化 10^{-5}mol 过氧化氢分解；在相同条件下，1mol 过氧化氢酶可以催化 10^5mol 过氧化氢分解，过氧化氢酶的催化效率是铁离子的 10^{10} 倍。

酶催化反应的效率之所以这么高，是由于酶催化反应可以使反应所需的活化能显著降低。底物分子要发生反应，首先就要吸收一定的能量成为活化分子。活化分子再进行有效碰撞才能发生反应，形成产物。在一定的温度条件下，1mol 的初态分子转化为活化分子所需的自由能称为活化能，其单位为焦/摩尔（J/mol）。酶催化和非酶催化反应所需的活化能有显著差别。

从图 2-3 中可以看到，酶催化反应比非酶催化反应所需的活化能要低得多。例

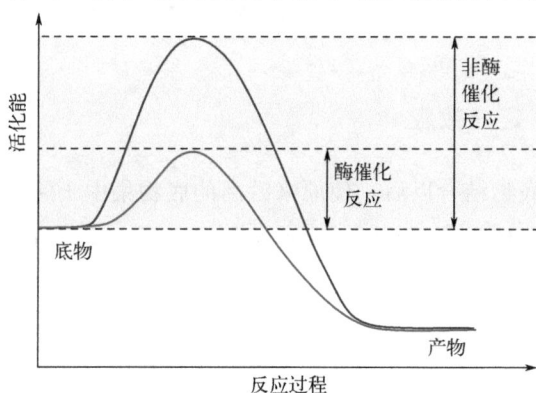

图 2-3　酶与非酶催化所需的活化能

如，双氧水（H_2O_2）分解为水和氧气的反应，无催化剂存在时，所需的活化能为75.24kJ/mol，以钯为催化剂时，催化所需的活化能为48.94kJ/mol，而在过氧化氢酶的催化作用下，活化能仅为8.36kJ/mol。

2.3.4 辅助因子

在催化反应中，酶蛋白与辅助因子所起的作用不同，酶反应的专一性取决于蛋白质本身，而辅助因子则直接对电子、原子或某些化学基团起传递作用。酶的辅助因子包括无机辅助因子和有机辅助因子。它们本身无催化作用，但一般在酶促反应中能运输转移电子、原子或某些功能基，如参与氧化还原或运载酸基作用。有些蛋白质也具有此种作用，称为蛋白辅酶。

与酶蛋白结合松散的辅助因子称为辅酶（coenzyme）。与酶蛋白通过共价键结合的辅助因子称为辅基（prothetic group）。一般来说，辅基不易用透析等方法除去；而辅酶可用透析等方法除去，使酶丧失活性。一种辅酶可以和多种酶蛋白结合构成不同的酶，例如转氨酶类的辅酶均为磷酸吡哆醛，脱氢酶类的辅酶都是 NAD^+ 或 $NADP^+$ 等。因此，辅基与辅酶的区别只在于它们与酶蛋白结合的牢固程度不同，并无严格的界限。

2.3.5 酶的稳定性

在工业生产中，酶具有良好的稳定性是非常重要的。酶蛋白的稳定性通常指的是酶蛋白在特定条件下（如温度、pH、离子强度等）保持其结构和功能的能力。酶蛋白的热稳定性是指在高温下蛋白质分子不发生变性的能力。热稳定性与其结构密切相关，小范围序列突变或单个氨基酸残基的改变都可能影响蛋白质的热稳定性。酶蛋白的热稳定性可以通过多种方法来衡量，包括热力学稳定性和动力学稳定性。热力学稳定性通常使用自由能变化（ΔG）、解折叠平衡常数（K_u）或熔化温度（T_m）来衡量，可通过圆二色光谱仪、差示热量扫描仪、荧光分光光度计等来测量。动力学稳定性涉及蛋白质在不同时间尺度上的折叠和解折叠的动力学。最常见的动力学稳定性的指标是变性半衰期，除此之外还包括失活常数（k_d）、最适温度（T_{opt}）和 T_{50}（孵育一段时间酶活性损失1/2时所需要的温度）。动力学稳定性的测量通常依赖于对酶残余活性的测定，与热力学稳定性的量化方式不同。

2.4 酶催化机制

2.4.1 邻近效应与定向效应

邻近效应指酶与底物结合以后，使原来游离的底物集中于酶的活性部位，从而减小底物之间或底物与酶的催化基团之间的距离，使反应更容易进行，是增加反应速率的一种效应。

定向效应指底物的反应基团之间、酶的催化基团与底物的反应基团之间的正确定位与取向所产生的增进反应速率的效应。所谓正确定位与取向，指的是两个发生作用的化学基团以最有利于化学反应进行的距离和角度分布，化学基团的正确定位与取向通过限制化学基团的自由度、拉近化学基团之间的距离、调整化学基团之间的角度，使化学基团能够更有效地相互作用，从而提高反应速率。

邻近效应与定向效应在酶促反应中所起的促进作用可以累积，两者共同作用可使反应速率升高 10^8 倍左右。邻近效应与定向效应对反应速度的影响：①使底物浓度在活性中心附近很高；②酶对底物分子的电子轨道具有导向作用；③酶使分子间反应转变成分子内反应；④邻近效应和定向效应对底物起固定作用。

2.4.2　底物形变与诱导契合

底物形变是诱导契合产生的主要效应。当酶遇到其专一性底物时，酶中某些基团或离子可以使底物分子内敏感键中的某些基团的电子云密度增高或降低，产生"键张力"，使底物分子发生形变，底物比较接近它的过渡态，降低了反应活化能，使反应易于发生。同时，酶活部位的构象也在底物的作用下发生改变，可更好地与底物过渡态结合。酶与底物过渡态的亲和力要远大于酶与底物或产物的亲和力。

1958 年，Koshland 提出了诱导契合学说。该学说认为，酶分子的构象与底物原来并非恰当吻合，只有底物分子与酶分子相碰时，才可诱导酶分子的构象发生改变，以利于酶的催化基团与底物的敏感键正确地契合，然后结合成中间络合物，进而引起底物分子发生相应的化学变化。

2.4.3　酸碱共同催化

根据布朗斯特的酸碱定义，酸是能够释放质子的物质，碱是能够接受质子的物质。酸碱催化（acid-base catalysis）是指催化剂通过向反应物提供质子或从反应物接受质子，从而稳定过渡态、降低反应活化能、加速反应的一类催化机制。狭义的酸碱催化指水溶液中通过质子和氢氧根离子进行的催化；广义的酸碱催化指通过质子、氢氧根离子以及其他能提供质子或接受质子的物质进行的催化，广义的酸碱催化可提高反应速率 $10^2 \sim 10^5$ 倍。

在生理条件下，因质子和氢氧根离子的浓度太低，所以生物体内的反应以广义的酸碱催化为主，由酶活性部位的一些功能基团来完成提供质子或接受质子的任务，这些功能基团包括谷氨酸/天冬氨酸残基侧链的羧基、赖氨酸残基侧链的氨基、精氨酸残基侧链的胍基、组氨酸残基侧链的咪唑基等，这些侧链基团能在接近中性 pH 值的生理条件下，作为催化性的质子供体或受体，参与酸碱催化作用。组氨酸咪唑基的 pK 值约为 6，在生理条件下既可作为质子供体，又可作为质子受体，同时咪唑基接受质子和供出质子的速率相当大，因此组氨酸残基在酶的催化功能中占据重要地位。

2.4.4　共价催化

共价催化（covalent catalysis）指催化剂通过与底物形成相对不稳定的共价中间复合物，改变反应历程，使活化能降低，进而加快反应速率。其具体机制分亲核催化与亲电催化两种。亲核催化指催化剂作为提供电子的亲核试剂攻击反应物的缺电子中心，与反应物形成共价中间复合物；亲电催化指催化剂作为吸取电子的亲电试剂攻击反应物的负电中心，与之形成共价中间复合物。

参与共价催化的基团主要包括组氨酸残基侧链的咪唑基、半胱氨酸残基侧链的巯基、丝氨酸残基侧链的羟基等，它们一般作为亲核试剂攻击底物的缺电子中心，形成共价中间复合物。例如在甘油醛-3-磷酸脱氢酶的催化机制中，其半胱氨酸的巯基攻击底物的酰基形成酰基-酶共价中间复合物，所形成的不稳定的共价中间复合物被第二种底物攻击后，迅速分离出游离的酶并给出反应产物。

2.4.5　疏水环境的影响

酶的活性部位往往处于酶分子表面向内部的凹穴处或裂缝中，被非极性或疏水性环境包围，此类环境的介电常数通常较低，因此带电基团间的静电作用相较极性环境中有显著提升，这有助于底物与酶催化基团间的反应，可以加速底物生成产物，所以非活性部位对酶的催化作用也是必不可少的。这种活性部位的非极性或疏水环境显然是一般非酶催化剂所不具有的。

2.4.6　金属催化

金属离子可通过多种途径参加酶促反应过程：①提高水的亲核性能，如碳酸酐酶活性部位的锌离子可与水分子结合，使其离子化产生羟基，与金属离子结合的羟基是强的亲核试剂，可进攻 CO_2 分子的碳原子而生成碳酸根。②通过静电作用屏蔽负电荷，如多种激酶的真正底物是 Mg^{2+}-ATP复合物，Mg^{2+} 静电屏蔽 ATP 磷酸基的负电荷，使其不会排斥亲核基团的攻击。③利用其所带的正电荷稳定反应时形成的负电荷，利于底物进入过渡态。④通过结合底物为反应定向。⑤在氧化还原反应中起传递电子的作用等。

2.4.7　多元催化

酶的多元催化，也称酶的协同效应，是指一种酶的催化作用常常是以上多种催化机制的综合作用，这也是酶具有高效性的重要原因。

2.5　酶催化反应动力学

2.5.1　快速平衡法推导动力学方程

酶催化反应动力学主要是研究酶催化反应的速率问题，即研究各种因素对酶催化反应速率的影响。酶动力学理论在推断酶催化反应的机制、研究酶的总反应速率、定量解析影响总反应速率的各种因素、建立可靠的总反应速率方程式，进而用于计算反应时间、最佳反应条件，以设计出合理的反应器指导实际应用等方面有十分重要的作用。

从 19 世纪末开始，人们就致力于对酶催化反应机理的研究。酶动力学的研究可以追溯到 1903 年，Victor Henri 在巴黎得出结论：酶与底物结合成酶-底物中间络合物是酶催化作用的基本步骤。在此基础上，德国的 Leonor Michaelis 和加拿大的 Maud Lenora Menten 在 1913 年数字化地表述了酶作用的普遍理论，发表了著名的米氏方程，即现在应用的 Michaelis-Menten 方程，常简称为 M-M 方程。1925 年，C. E. Briggs 和 J. B. S. Haldane 发表了"拟稳态"解析方法，对 M-M 方程的推导方法进行了修正。后来又有许多学者对酶催化反应动力学进行了多方面的探索，使酶催化反应动力学的研究有了很大的发展。

单底物酶催化反应包括异构酶以及大部分裂合酶催化的反应，本节将介绍单底物酶催化反应动力学。1850 年，Wilhelmy 发现蔗糖酸解时，若固定酶浓度，其反应速率正比于蔗糖浓度，该反应对蔗糖而言为一级反应。1902 年 Brown 用转化酶催化同一反应，发现在低蔗糖浓度下，反应为一级；在高蔗糖浓度下，则为零级。在固定的酶浓度条件下，酶催化反应初始速率（v_0）对底物浓度（$[S_0]$）对应关系如图 2-4 所示。

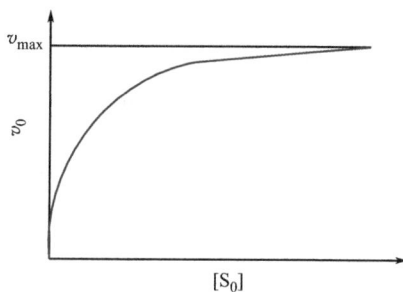

图 2-4　单底物酶催化反应初始底物浓度与反应初始速率的关系

这一曲线具有如下特点：①当底物浓度很低时，酶催化速率与底物浓度成正比，即符合一级反应动力学。②当底物浓度很高时，反应速率将不随底物浓度的继续升高而改变，即符合零级反应动力学。

而此时，酶催化反应速率与酶浓度成正比，根据上述实验现象，Henri 提出了如下的经验公式(2-1)：

$$v_0 = \frac{a[S_0]}{[S_0] + b} \tag{2-1}$$

式中，a 为 v_0 的最大值，即 v_{max}；b 为当 $v_0 = v_{max}/2$ 时的 $[S_0]$ 值。

在酶浓度固定的条件下，要达到最大初速率必须增加底物浓度，这是大多数反应的特征。而一般情况下酶催化反应机制被认为是酶与底物先结合，形成酶-底物络合物，再进一步发生分解，形成酶和产物。

根据上述实验现象，Michaelis 和 Menten 提出了如下反应机理，对酶催化的单底物反应：

$$S \xrightarrow{E} P$$

其反应机理可表示为：

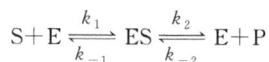

$$S + E \underset{k_{-1}}{\overset{k_1}{\rightleftharpoons}} ES \underset{k_{-2}}{\overset{k_2}{\rightleftharpoons}} E + P$$

式中，E 为游离酶；ES 为酶-底物络合物；S 为底物；P 为产物；k_1、k_{-1}、k_2、k_{-2} 为相应各步的反应速率常数。

根据化学动力学，反应速率通常以单位时间、单位反应体系中某一组分的变化量来表示。对均相酶催化反应，单位反应体系常用单位体积表示。因此，上述反应的速率可表示为产物在单位时间内的增加量，为式(2-2)：

$$v_p = \frac{d[P]}{dt} \tag{2-2}$$

式中，v_p 为产物 P 的生成速率，mol/(L·s)；$[P]$ 为产物 P 的浓度，mol/L；t 为时间，s。

P 的生成速率还可以表示为式(2-3)：

$$v_p = k_2[ES] - k_{-2}[E][P] \tag{2-3}$$

在米氏方程的推导过程中引入了以下假设：①没有考虑 E+P ⟶ ES 这个逆反应。米氏方程只适用于酶促反应的初速率，在初速率的范围内，产物 P 生成量极少，所以 E+P ⟶ ES 这个反应可以忽略不计。②在反应体系中，酶和底物结合形成 ES 复合物，因底物浓度远远大于酶的浓度，所以 [S]−[ES] 约等于底物浓度 [S]。③在初速率范围内，ES 复合物分解生成产物的速率不足以破坏 E 和 S 之间的平衡，即 ES 复合物保持动态的平衡。因此，方程可以被简化为：

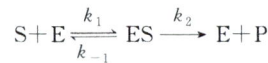

$$S + E \underset{k_{-1}}{\overset{k_1}{\rightleftharpoons}} ES \overset{k_2}{\longrightarrow} E + P$$

则 P 的生成速率还可以简化为式(2-4)：

$$v_p = k_2[ES] \tag{2-4}$$

Michaelis 和 Menten 认为酶催化反应机理中，酶和底物生成的络合物 ES 分解生成产物的速率要慢于底物与酶生成络合物的可逆反应的速率，即 $k_2 \ll k_{-1}$。因此，生成产物的速率决定整个酶催化反应的速率，而生成络合物的可逆反应很快达到平衡状态，因此又称为"快速平衡"假设，即 E+S ⟶ ES 是一个快速平衡反应。而实际上底物与酶的结合力很弱，假设其反应速率很快也是合理的。

根据上述假定，有式(2-5)：

$$v_p = \frac{d[P]}{dt} = -\frac{d[S]}{dt} = k_2[ES] \tag{2-5}$$

和

$$k_1[E][S] = k_{-1}[ES] \tag{2-6}$$

由式(2-6)推导，有式(2-7)：

$$[E] = \frac{k_{-1}}{k_1} \times \frac{[ES]}{[S]} = K_s \frac{[ES]}{[S]} \tag{2-7}$$

式中，[E] 为游离酶的浓度，mol/L；[S] 为底物的浓度，mol/L；[ES] 为酶与底物络合物的浓度，mol/L；K_s 为解离常数，mol/L。

根据酶的物料平衡有式(2-8)：

$$[E_0] = [E] + [ES] \tag{2-8}$$

可得

$$[E_0] = K_s \frac{[ES]}{[S]} + [ES] = [ES]\left(1 + \frac{K_s}{[S]}\right)$$

即

$$[ES] = \frac{[E_0][S]}{[S] + K_s} \tag{2-9}$$

将式(2-9)代入式(2-4)，可以得到式(2-10)：

$$v = \frac{k_2[E_0][S]}{K_s + [S]} = \frac{v_{max}[S]}{K_s + [S]} \tag{2-10}$$

式中，v_{max} 为产物的最大生成速率，mol/(L·s)；$[E_0]$ 为酶的总浓度，亦为酶的初始浓度，mol/L；[S] 为底物的浓度，mol/L。

式中有两个动力学参数，即 K_s 和 v_{max}。v_{max} 可以表示为 $v_{max} = k_2[E_0]$；K_s 可以表示为式(2-11)：

$$K_s = \frac{k_{-1}}{k_1} = \frac{[E][S]}{[ES]} \tag{2-11}$$

式中，K_s 的单位与 [S] 的单位相同。当 $v = v_{max}/2$ 时，根据 M-M 方程，存在

$K_s = [S]$ 关系。K_s 表示酶与底物相互作用的特性，因而是一个重要的动力学参数。

在很高的底物浓度时，全部的酶几乎都呈络合物状态，此时产物生成速率已达到最大反应速率 v_{max}。

k_2 又称酶的转换数，它表示单位时间内一个酶分子所能催化底物发生反应的分子数，因此它表示酶催化反应能力的大小，不同的酶反应，其值不同。

在实际应用中常将 k_2 和 $[E_0]$ 合并为一个参数 v_{max}。假设初底物浓度 $[S_0]$ 远高于初酶浓度 $[E_0]$，则酶-底物络合物的形成对底物浓度的变化可以忽略，所以米氏方程可表示为式(2-12)：

$$v = \frac{v_{max}[S_0]}{K_s + [S_0]} \tag{2-12}$$

这一关系式可以解释一些实验事实，但无普遍的适用性，因为其中假设条件 $k_2 \ll k_{-1}$ 在一些酶催化反应中并不成立，即由酶-底物络合物形成产物的反应足以破坏米氏方程的前提条件，即"快速平衡"假设。为了消除这种影响，有了以下的基于"拟稳态"假设的 Briggs-Haldane 方程（简称为 B-H 方程）。

2.5.2　拟稳态法推导动力学方程

正如前面所述，当中间络合物生成产物的速率与其分解成酶与底物的速率相差不大时，Michaelis-Menten 的快速平衡假设不适用。1925 年，Briggs 和 Haldane 针对米氏方程引入了更为普遍的假设：由于反应体系中底物的浓度要比酶的浓度高得多，中间络合物浓度很低，除了反应的最初期，其浓度维持不变，即中间络合物生成速率与解离速率相同，$[ES]$ 不随时间而变化（图 2-5），这就是"拟稳态"假设。

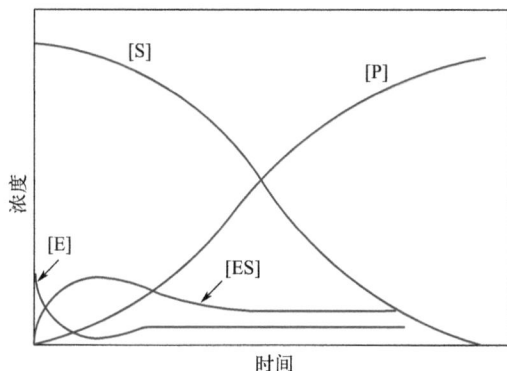

图 2-5　酶催化反应中各浓度随时间的变化

根据反应机理和上述假设，有下述方程式(2-13) 和式(2-14)：

$$v_p = \frac{d[P]}{dt} = k_2[ES] \tag{2-13}$$

$$v_p = -\frac{d[S]}{dt} = k_1[E][S] - k_{-1}[ES] \tag{2-14}$$

对 ES 络合物采用"拟稳态"假设，为公式(2-15)：

$$\frac{d[ES]}{dt} = k_1[E][S] - k_{-1}[ES] - k_2[ES] = 0 \tag{2-15}$$

有式(2-16)：

$$[E] = \frac{k_{-1} + k_2}{k_1} \times \frac{1}{[S]} \times [ES] = K_m \frac{1}{[S]}[ES] \tag{2-16}$$

其中
$$K_m = \frac{k_{-1} + k_2}{k_1}$$

又因为有质量守恒，有式(2-17)：
$$[E_0] = [E] + [ES] \tag{2-17}$$

可得式(2-18)：
$$[ES] = \frac{[E_0]}{K_m \dfrac{1}{[S]} + 1} \tag{2-18}$$

将式(2-18)代入式(2-13)，可以得到式(2-19)：
$$v = \frac{k_2[E_0][S]}{K_m + [S]} = \frac{v_{max}[S]}{K_m + [S]} \tag{2-19}$$

式中，K_m 为米氏常数，mol/L。

K_m 与 K_s 的关系为：
$$K_m = \frac{k_{-1} + k_2}{k_1} = K_s + \frac{k_2}{k_1} \tag{2-20}$$

式(2-20)中 k_{-1} 和 k_2 表示中间络合物 ES 解离的速率常数，k_1 则表示的是生成中间络合物 ES 的速率常数，因此 K_m 值的大小与酶、反应物系的特性以及反应条件有关。它是表示某一特定的酶催化反应性质的一个特征参数。当 $k_2 \ll k_{-1}$ 时，$K_m = K_s$。此时"快速平衡"假设成立，因此可以说"快速平衡"假设的米氏方程只是"拟稳态"假设方程的一种特殊情况。

在上述简单的酶催化反应中，$v_{max} = k_2[E_0]$，其中 k_2 可表示为式(2-21)：
$$k_2 = \frac{v_{max}}{[E_0]} \tag{2-21}$$

而 k_2 在此动力学方程中反映的是每个酶分子将底物转换为产物速率的最大值。

酶催化反应动力学中，假设每个酶分子仅含有一个活性中心，则有式(2-22)：
$$k_{cat} = \frac{v_{max}}{[E_0]} \tag{2-22}$$

对 M-M 和 B-H 动力学，$k_{cat} = k_2$。k_{cat} 表示酶的活性中心在单位时间内能转化底物分子为产物的最大数，称为酶的转换数。

2.5.3　对米氏方程的讨论

将米氏方程写为一般形式 $v = \dfrac{v_{max}[S]}{K_m + [S]}$。如图 2-6 所示：当 [S] 很大时，$v \approx v_{max}$，当反应速率达到最大反应速率1/2时，$[S] = K_m$。所以，$K_m$ 定义为反应速率达到 $v_{max}/2$ 时的底物浓度，其单位为浓度单位。

v 随 [S] 增加有三个特征区：一级动力学区、过渡区和零级动力学区。如果将一级动力学区（$[S] \ll 0.1 K_m$）放大，则 v-[S] 主要是线性的，根据实验测得的酶催化反应速率与 [S] 成正比。

在一级动力学区，由于 $[S] \ll K_m$，所以 $v = \dfrac{v_{max}[S]}{K_m + [S]}$ 可化为 $v = \dfrac{v_{max}[S]}{K_m}$。从此方程可知一级速率常数 $k = \dfrac{v_{max}}{K_m}$。

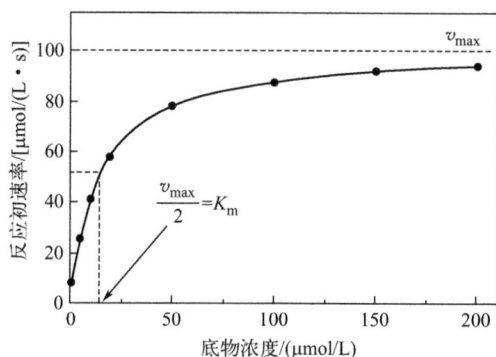

图 2-6　米氏方程反应初速率对底物浓度作图

而在零级动力学区，$[S] \gg K_m$，此时 $v = \dfrac{v_{max}[S]}{K_m + [S]}$ 可化为 $v = v_{max}$，酶催化反应速率不再随着底物浓度的提高而增加。

2.5.4　酶催化反应动力学参数求取

仅从实验数据中得到的 v-$[S]$ 曲线确定 v_{max} 较为困难，而且 K_m 也不容易用该法求得，为了克服这些困难，可以将米氏方程重排变为不同的线性方程，然后将所得的初速率数据根据各线性方程作图，从而求得各动力学参数。

2.5.4.1　Lineweaver-Burk 法

将米氏方程取其倒数得式（2-23）：

$$\frac{1}{v} = \frac{1}{v_{max}} + \frac{K_m}{v_{max}} \cdot \frac{1}{[S]} \tag{2-23}$$

以 $1/v$ 对 $1/[S]$ 作图可以得到一直线［图 2-7(a)］，该直线斜率为 K_m/v_{max}，直线与纵轴交于 $1/v_{max}$，与横轴交于 $-1/K_m$。此法又称双倒数图解法。

该法要想获得较准确的结果，实验时必须注意底物浓度范围，一般所选底物浓度需在 K_m 附近。如图 2-7(a) 是根据 $[S]$ 在合理浓度范围（例如 $[S]$ 在 $0.3 \sim 2.0 K_m$ 范围内）时的实验结果而作的双倒数图，从此图可准确地测量出 K_m 和 v_{max}。

如果所选底物浓度比 K_m 大得多，则所得双倒数图的直线基本上是水平的。这种情况虽可测得 $1/v_{max}$，但由于直线斜率近乎零，$-1/K_m$ 的误差较大。例如，图 2-7(b) 是根据 $[S]$ 所取浓度较大时的实验结果而作出的双倒数图，从图中无法正确求得 $-1/K_m$。

如果所选底物浓度比 K_m 小得多，则所得双倒数图的直线与两轴的交点基本接近原点，从而 K_m 和 v_{max} 都无法测准。例如，图 2-7(c) 是根据 $[S]$ 所取浓度过小时的

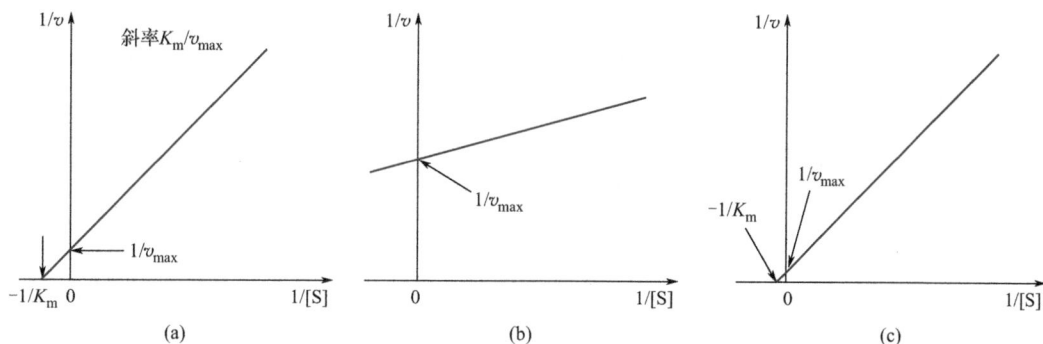

图 2-7　Lineweaver-Burk 作图法

实验结果而作出的双倒数图。

2.5.4.2 Hanes-Woolf 法

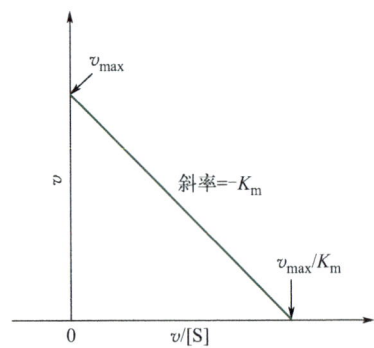

Hanes-Woolf 法即 Langmuir 作图法，将双倒数作图法方程两边均乘以 [S]，得到式(2-24)：

$$\frac{[S]}{v} = \frac{K_m}{v_{max}} + \frac{[S]}{v_{max}} \tag{2-24}$$

以 [S]/v 对 [S] 作图，得斜率为测得 $1/v_{max}$，截距为 K_m/v_{max} （图 2-8）。

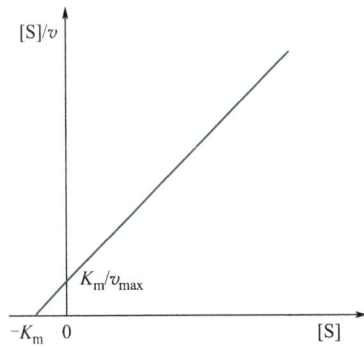

图 2-8　Hanes-Woolf 作图法　　　　图 2-9　Eadie-Hofstee 作图法

2.5.4.3 Eadie-Hofstee 法

将米氏方程重排为式(2-25)：

$$v = v_{max} - K_m \frac{v}{[S]} \tag{2-25}$$

以 v 对 $v/[S]$ 作图，得斜率为 $-K_m$ 的直线 （图 2-9），它与纵轴的交点为 v_{max}，与横轴的交点为 v_{max}/K_m。

2.5.4.4 Eadie-Scatchard 法

将米氏方程重排为线性方程式(2-26)：

$$\frac{v}{[S]} = -\frac{1}{K_m} v + \frac{v_{max}}{K_m} \tag{2-26}$$

以实验数据 $v/[S]$ 对 v 作图，可直接测得为 v_{max} 和 v_{max}/K_m。

2.5.4.5 积分法

米氏方程是一个微分方程，根据从米氏方程重排得到的线性方程求取 K_m 和 v_{max} 时，在实验过程中所取数据必须限于初速率阶段，即只能是小于 5% 的底物转变为产物的阶段，而且要进行多次不同初始底物浓度的酶催化试验，才可以得到用以线性化的数据。而在产物浓度增加对反应速率不产生影响的前提下，如用积分法就可以不受这种限制，并且通过对单——一个固定酶浓度的催化反应进行全过程底物浓度的检测便可以得到所需数据。积分法方程推导如下：

由底物浓度变化表示反应速率为式(2-27)：

$$v = -\frac{d[S]}{dt} \tag{2-27}$$

由米氏方程得到式(2-28)：

$$v = \frac{v_{max}[S]}{K_m + [S]} \tag{2-28}$$

合并式（2-27）与式（2-28）得到式（2-29）：

$$-\frac{d[S]}{dt}=\frac{v_{max}[S]}{K_m+[S]}$$

(2-29)

变量分离，积分并结合初始条件 $t=0$，$[S]=[S_0]$ 可得式（2-30）：

$$v_{max}t=([S_0]-[S])+K_m\ln\frac{[S_0]}{[S]}$$

(2-30)

整理，得到式（2-31）：

$$\frac{\ln[S_0]/[S]}{[S_0]-[S]}=\frac{v_{max}}{K_m}\times\frac{t}{[S_0]-[S]}-\frac{1}{K_m}$$

(2-31)

$\dfrac{\ln[S_0]/[S]}{[S_0]-[S]}$ 与 $\dfrac{t}{[S_0]-[S]}$ 对应作图，即可求取动力学参数。

随着数学与计算技术的发展，现在可用非线性最小二乘法来回归处理实验数据，直接求取动力学参数。

2.6 酶催化反应的抑制动力学

2.6.1 竞争性抑制动力学

若在反应体系中存在有与底物结构相类似的物质，且该物质能在酶的活性部位上结合，从而阻碍酶与底物的结合，使酶催化底物的反应速率下降，这种抑制称为竞争性抑制，该物质称为竞争性抑制剂。其主要特点是，抑制剂与底物竞争酶的活性部位，当抑制剂与酶的活性部位结合之后，底物就不能再与酶结合，同样与底物结合的酶也不能再与抑制剂结合。竞争性抑制的机理如下：

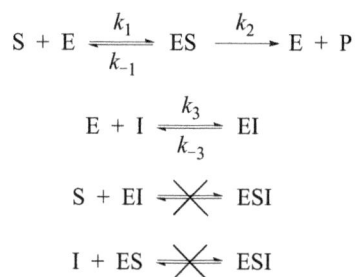

$$S + E \underset{k_{-1}}{\overset{k_1}{\rightleftharpoons}} ES \xrightarrow{k_2} E + P$$

$$E + I \underset{k_{-3}}{\overset{k_3}{\rightleftharpoons}} EI$$

$$S + EI \xrightarrow{\quad\times\quad} ESI$$

$$I + ES \xrightarrow{\quad\times\quad} ESI$$

其中 I 为抑制剂，EI 为非活性络合物。

根据"拟稳态"假设，推导竞争性抑制作用速率方程步骤如下：

上述反应中底物的反应速率方程为式（2-32）：

$$v=k_2[ES]$$

(2-32)

对酶-底物络合物、酶-抑制剂络合物分别采用"拟稳态"假设：

$$\frac{d[ES]}{dt}=k_1[E][S]-(k_{-1}+k_2)[ES]=0$$

(2-33)

$$\frac{d[EI]}{dt}=k_3[E][I]-k_{-3}[EI]=0$$

(2-34)

由式（2-33）和式（2-34）分别有式（2-35）和式（2-36）：

$$[E]=\frac{(k_{-1}+k_2)[ES]}{k_1[S]}$$

(2-35)

$$[EI] = \frac{k_3[E][I]}{k_{-3}} = \frac{k_3[I]}{k_{-3}} \times \frac{(k_{-1}+k_2)[ES]}{k_1[S]} \tag{2-36}$$

又有质量守恒式(2-37)：

$$[E_0] = [E] + [ES] + [EI] \tag{2-37}$$

其中 $K_m = \dfrac{k_{-1}+k_2}{k_1}$，$K_I = \dfrac{k_{-3}}{k_3}$，$K_I$ 定义为抑制剂的解离常数。

则有式(2-38)：

$$[ES] = \frac{[E_0][S]}{K_m\left(1+\dfrac{[I]}{K_I}\right)+[S]} \tag{2-38}$$

式中，[I] 为抑制剂浓度；[EI] 为非活性络合物浓度。

将 [ES] 表达式代入式(2-32) 得到式(2-39)：

$$v = \frac{v_{max}[S]}{K_m\left(1+\dfrac{[I]}{K_I}\right)+[S]} = \frac{v_{max}[S]}{K_{m,app}+[S]} \tag{2-39}$$

式中，$K_{m,app}$ 为有竞争性抑制时的米氏常数，mol/L。

将上面方程与米氏方程对比可知，在竞争性抑制剂存在下，表观 K_m（$K_{m,app}$）变为 $K_m\left(1+\dfrac{[I]}{K_I}\right)$，$K_{m,app} > K_m$，而 v_{max} 不变，即 $v_{max,app} = v_{max}$。有、无竞争性抑制剂存在下的 v-[S]曲线对比如图 2-10 所示。

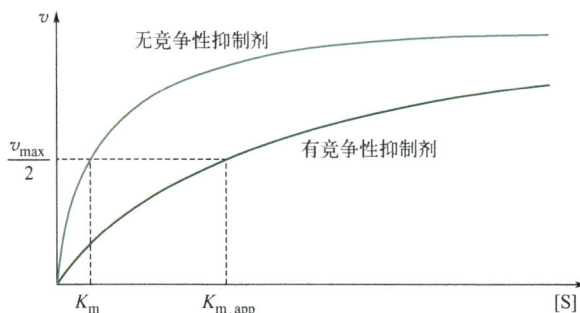

图 2-10　有、无竞争性抑制剂存在下的 v-[S] 曲线对比

从公式(2-39) 可以看出，竞争性抑制动力学的主要特点是米氏常数值的改变。当 [I]增加，或 K_I 减小，都将使 $K_{m,app}$ 值增大；[I]增加，抑制剂浓度增大，底物与酶结合减少，因而使底物反应速率下降。

由 K_I 的定义 $K_I = \dfrac{k_{-3}}{k_3}$ 可以看出，K_I 愈小，表明抑制剂与酶结合愈牢固，不易解离，阻止了酶与底物的结合，因此造成反应速率减慢。

对竞争性抑制方程同样可以采用前面所述的求取动力学参数的方法，通过式(2-40) 和式(2-41) 得到表观米氏常数 $K_{m,app}$ 与 v_{max}。

$$\frac{1}{v} = \frac{1}{v_{max}} + \frac{K_m}{v_{max}}\left(1+\frac{[I]}{K_I}\right)\frac{1}{[S]} \tag{2-40}$$

$$\frac{1}{v} = \frac{1}{v_{max}} + \frac{K_{m,app}}{v_{max}}\frac{1}{[S]} \tag{2-41}$$

对同样抑制剂浓度[I]数据，以 $1/v$ 对 $1/[S]$ 作图，可得到一条直线，其斜率为

$K_{m,app}/v_{max}$，纵轴交点为 $1/v_{max}$，横轴交点为 $-1/K_{m,app}$。

又有式(2-42)：

$$K_{m,app} = K_m\left(1+\frac{[I]}{K_I}\right) = K_m + \frac{K_m}{K_I}[I] \tag{2-42}$$

改变抑制剂浓度[I]得到一系列 $K_{m,app}$ 数据，随后以 $K_{m,app}$ 对[I]作图，可得一条直线，其斜率为 K_m/K_I，在 $K_{m,app}$ 轴截距为 K_m。由此可以求取 K_m 与 K_I。

线性竞争抑制指的是当一个抑制剂分子结合到酶的活性部位时，$K_{m,app}$ 与[I]的关系为一直线。抛物线型的竞争抑制指的是两个以上的抑制剂分子与酶的活性部位结合时，$K_{m,app}$ 与[I]的关系为一抛物线。

下面通过引入"活性分数"与"抑制分数"两个概念来讨论底物浓度范围对竞争性抑制剂抑制程度的影响。

有竞争性抑制剂存在时，酶促反应的相对速率 $a = \dfrac{v_I}{v}$，a 又称酶的活性分数，可以通过式(2-43)得到；定义 $i = 1-a$ 为抑制分数，为式(2-44)。

$$a = \frac{K_m+[S]}{K_m\left(1+\dfrac{[S]}{K_I}\right)+[S]} \tag{2-43}$$

$$i = \frac{[I]}{[I]+K_I\left(1+\dfrac{[S]}{K_m}\right)} \tag{2-44}$$

在相同抑制剂浓度下，可以看出随着[S]的增大，抑制分数 i 减小，所以高的底物浓度可以减小竞争性抑制带来的影响。

2.6.2 非竞争性抑制动力学

若抑制剂可以在酶的活性部位以外与酶相结合，并且这种结合与底物的结合没有竞争关系，这种抑制称为非竞争性抑制。此时抑制剂既可与游离的酶相结合，也可以与络合物[ES]相结合，生成底物-酶-抑制剂的络合物[ESI]。绝大多数的情况是络合物[ESI]为一无催化活性的端点络合物，不能分解为产物。

非竞争性抑制的普遍机理式可表示为：

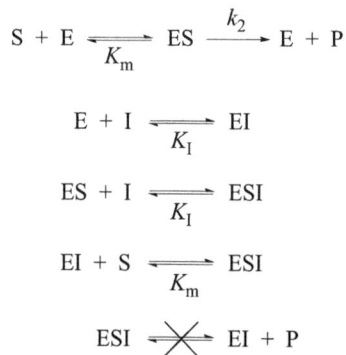

$$S + E \underset{K_m}{\rightleftharpoons} ES \xrightarrow{k_2} E + P$$

$$E + I \underset{K_I}{\rightleftharpoons} EI$$

$$ES + I \underset{K_I}{\rightleftharpoons} ESI$$

$$EI + S \underset{K_m}{\rightleftharpoons} ESI$$

$$ESI \xrightarrow{\quad\times\quad} EI + P$$

以上反应机理中假设酶与底物的结合不影响其进一步与抑制剂结合，两反应速率常数相同；同样，酶与抑制剂的结合也不影响其进一步与底物的结合，底物与抑制剂之间不存在竞争性关系，而且有相同解离常数。

非竞争性抑制用"快速平衡"假设推导其动力学方程步骤如下：

同样有产物生成速率为：

$$v = k_2[\text{ES}]$$

对酶-底物络合物、酶-抑制剂络合物、酶-抑制剂-底物络合物分别采用"快速平衡"假设，为式(2-45)和式(2-46)：

$$K_\text{m} = \frac{[\text{E}][\text{S}]}{[\text{ES}]} = \frac{[\text{EI}][\text{S}]}{[\text{ESI}]} \tag{2-45}$$

$$K_\text{I} = \frac{[\text{E}][\text{I}]}{[\text{EI}]} = \frac{[\text{ES}][\text{I}]}{[\text{ESI}]} \tag{2-46}$$

同样有酶物料平衡，式(2-47)：

$$[\text{E}_0] = [\text{E}] + [\text{ES}] + [\text{EI}] + [\text{ESI}] \tag{2-47}$$

则可以推导出非竞争性抑制机理反应速率表达式为式(2-48)：

$$v = k_2[\text{ES}] = \frac{v_\text{max}[\text{S}]}{\left(1 + \frac{[\text{I}]}{K_\text{I}}\right)(K_\text{m} + [\text{S}])} = \frac{v_\text{max,app}[\text{S}]}{K_\text{m} + [\text{S}]} \tag{2-48}$$

非竞争性抑制剂对反应速率的影响见图 2-11。

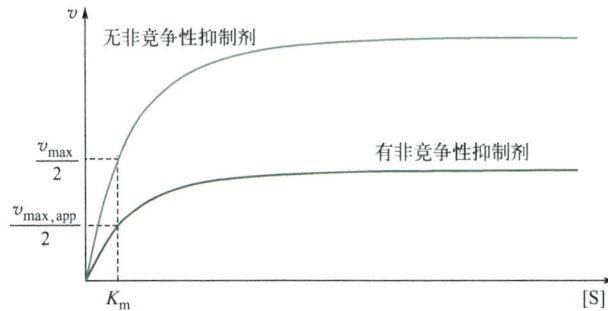

图 2-11 非竞争性抑制剂存在时的 v-[S] 曲线

同样引入"活性分数"与"抑制分数"概念：

$$a = \frac{[\text{S}]v_\text{max}}{K_\text{m} + [\text{S}]} \times \frac{1}{1 + [\text{I}]/K_\text{I}} \Big/ \frac{[\text{S}]v_\text{max}}{K_\text{m} + [\text{S}]} = \frac{1}{1 + [\text{I}]/K_\text{I}} \tag{2-49}$$

$$i = 1 - a = \frac{[\text{I}]}{K_\text{I} + [\text{I}]} \tag{2-50}$$

从式(2-49)和式(2-50)中可以看出，对非竞争性抑制，抑制剂存在作用使最大反应速率 v_max 降低了 $\frac{[\text{I}]}{K_\text{I} + [\text{I}]}$ 倍，并且[I]增加和 K_I 减小都使其抑制程度增加。抑制剂对 K_m 没有影响，增加[S]对消除抑制作用没有效果，这是由于在增高底物浓度、提高 E 与 S 生成有效络合物 ES 量的同时，EI 与 S 结合生成无效络合物 ESI 的速率也得到了提高，因此对消除抑制剂的影响没有效果。此时 v 对[S]的关系如图 2-11 所示。

同样可以通过上节中所述的求取方法对非竞争性抑制动力学方程各动力学参数进行求取，可求取 K_m 与 $v_\text{max,app}$，对于 v_max 与 K_I 可以通过实验测得不同 [I] 下的 $v_\text{max,app}$，通过式(2-51)确定：

$$v_\text{max,app} = \frac{v_\text{max}}{1 + [\text{I}]/K_\text{I}} \tag{2-51}$$

化为式(2-52)：

$$\frac{1}{v_\text{max,app}} = \frac{1}{v_\text{max}} + \frac{1}{v_\text{max}K_\text{I}}[\text{I}] \tag{2-52}$$

通过多个抑制剂浓度下得到数据作 $\dfrac{1}{v_{\text{max,app}}}$-[I] 直线，在 $\dfrac{1}{v_{\text{max,app}}}$ 轴截距为 $\dfrac{1}{v_{\text{max}}}$，直线斜率为 $\dfrac{1}{v_{\text{max}}K_{\text{I}}}$，进而求得 v_{max} 与 K_{I}。

2.6.3　反竞争性抑制动力学

反竞争性抑制的特点是抑制剂不能直接与游离酶相结合，而只能与络合物 ES 相结合生成 ESI 络合物。ESI 不能分解成产物，因此有反竞争性抑制剂存在时，其反应机理可以用下面的方程表示：

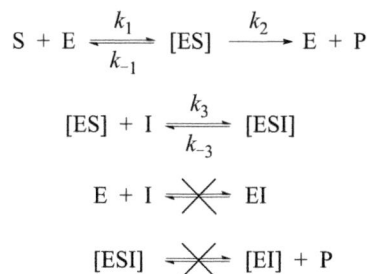

$$S + E \underset{k_{-1}}{\overset{k_1}{\rightleftharpoons}} [ES] \overset{k_2}{\longrightarrow} E + P$$

$$[ES] + I \underset{k_{-3}}{\overset{k_3}{\rightleftharpoons}} [ESI]$$

$$E + I \;\cancel{\longrightarrow}\; EI$$

$$[ESI] \;\cancel{\longrightarrow}\; [EI] + P$$

应用"拟稳态"假设推导其动力学方程，反应速率表示为：

$$v = k_2[ES]$$

对酶-底物络合物、酶-抑制剂-底物络合物分别采用"拟稳态"假设，为式（2-53）和式（2-54）：

$$\frac{\text{d}[ES]}{\text{d}t} = k_1[E][S] - (k_{-1} + k_2)[ES] = 0 \tag{2-53}$$

$$\frac{\text{d}[ESI]}{\text{d}t} = k_3[ES][I] - k_{-3}[ESI] = 0 \tag{2-54}$$

可推得式（2-55）和式（2-56）：

$$[E] = \frac{K_{\text{m}}[ES]}{[S]} \tag{2-55}$$

$$[ESI] = \frac{[ES][I]}{K_{\text{I}}} \tag{2-56}$$

其中：

$$K_{\text{m}} = \frac{k_{-1} + k_2}{k_1}$$

$$K_{\text{I}} = \frac{k_{-3}}{k_3}$$

根据式（2-57）：

$$[E_0] = [E] + [ES] + [ESI] \tag{2-57}$$

可以推出式（2-58）：

$$[ES] = \frac{[E_0]}{1 + \dfrac{K_{\text{m}}}{[S]} + \dfrac{[I]}{K_{\text{I}}}} \tag{2-58}$$

则可以推出反竞争抑制动力学方程为式（2-59）：

$$v = \frac{v_{\text{max}}[S]}{K_{\text{m}} + [S]\left(1 + \dfrac{[I]}{K_{\text{I}}}\right)} \tag{2-59}$$

或式（2-60）：

$$v = \frac{v_{\max,\text{app}}[S]}{K_{\text{m,app}} + [S]} \tag{2-60}$$

其中 $v_{\max,\text{app}}$ 和 $K_{\text{m,app}}$ 为式(2-61) 和式(2-62)：

$$v_{\max,\text{app}} = \frac{v_{\max}}{1 + [I]/K_I} \tag{2-61}$$

$$K_{\text{m,app}} = \frac{K_m}{1 + [I]/K_I} \tag{2-62}$$

以 v 对 [S] 作图得到如图 2-12 所示曲线。

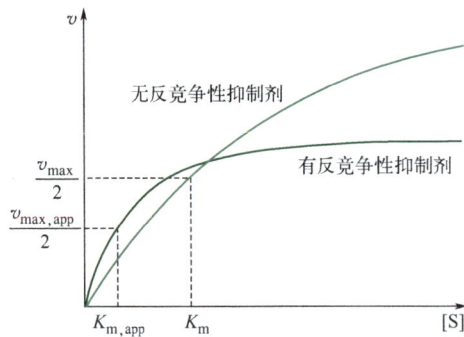

图 2-12 反竞争性抑制剂存在时的 v-[S] 曲线

在反竞争性抑制剂存在下，酶促反应的活性分数为式(2-63)：

$$a = \frac{v_i}{v} = \frac{K_m + [S]}{K_m + [S]\left(1 + \dfrac{[I]}{K_I}\right)} \tag{2-63}$$

抑制分数为式(2-64)：

$$i = 1 - a = \frac{[I]}{[I] + K_I\left(1 + \dfrac{K_m}{[S]}\right)} \tag{2-64}$$

由此可以看出有反竞争性抑制剂存在时，对酶促反应的抑制程度决定于 [I]、[S]、K_I、K_m。它的抑制程度随底物浓度的增加而增加。

2.6.4　线性混合抑制动力学

按可逆抑制剂对酶-底物结合的影响不同，可分为竞争型抑制剂、非竞争型抑制剂及反竞争型抑制剂等类型，但它们的反应机理都可以用同一反应式表示，可以推导一个通用的动力学方程。

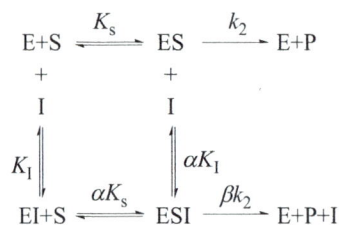

$$
\begin{array}{ccccc}
\text{E+S} & \xrightleftharpoons{K_s} & \text{ES} & \xrightarrow{k_2} & \text{E+P} \\
+ & & + & & \\
\text{I} & & \text{I} & & \\
K_I \big\Updownarrow & & \alpha K_I \big\Updownarrow & & \\
\text{EI+S} & \xrightleftharpoons{\alpha K_s} & \text{ESI} & \xrightarrow{\beta k_2} & \text{E+P+I}
\end{array}
$$

注意：在线性混合抑制动力学中，参数 α 表示抑制作用的强度，即抑制项对系统动态的影响程度。参数 β 表示不同抑制机制或成分的混合比例，决定各机制在系统中的相对贡献。

通过"快速平衡"假设推导其动力学方程：

催化反应速率为式(2-65)：

$$v = k_2[ES] + \beta k_2[ESI] \tag{2-65}$$

对各步反应应用"快速平衡"假设：

$$K_s = \frac{[S][E]}{[ES]} \tag{2-66}$$

$$K_I = \frac{[I][E]}{[EI]} \tag{2-67}$$

$$\alpha K_I = \frac{[I][ES]}{[ESI]} \tag{2-68}$$

由式(2-66)～式(2-68) 可得到：

$$[E] = \frac{K_s}{[S]}[ES] \tag{2-69}$$

$$[EI] = \frac{[I]}{K_I}[E] = \frac{[I]}{K_I} \times \frac{K_s}{[S]}[ES] \tag{2-70}$$

$$[ESI] = \frac{[I]}{\alpha K_I}[ES] \tag{2-71}$$

又根据酶的物料平衡有：

$$[E_0] = [E] + [ES] + [EI] + [ESI] \tag{2-72}$$

将式(2-69)～式(2-71) 代入式(2-72) 可得：

$$[ES] = \frac{[E_0]}{\dfrac{K_s}{[S]} + 1 + \dfrac{K_s}{[S]} \times \dfrac{[I]}{K_I} + \dfrac{[I]}{\alpha K_I}} = \frac{[E_0][S]}{K_s\left(1 + \dfrac{[I]}{K_I}\right) + [S]\left(1 + \dfrac{[I]}{\alpha K_I}\right)} \tag{2-73}$$

$$[ESI] = \frac{[I]}{\alpha K_I}[ES] = \frac{[I]}{\alpha K_I} \times \frac{[E_0][S]}{K_s\left(1 + \dfrac{[I]}{K_I}\right) + [S]\left(1 + \dfrac{[I]}{\alpha K_I}\right)} \tag{2-74}$$

将式(2-73)、式(2-74) 代入式(2-65) 可以得到式(2-75)：

$$v = \frac{k_2[E_0][S]\left(1 + \dfrac{\beta[I]}{\alpha K_I}\right)}{K_s\left(1 + \dfrac{[I]}{K_I}\right) + [S]\left(1 + \dfrac{[I]}{\alpha K_I}\right)} = \frac{v_{max}\left(1 + \dfrac{\beta[I]}{\alpha K_I}\right) \bigg/ \left(1 + \dfrac{[I]}{\alpha K_I}\right)[S]}{K_s\left(1 + \dfrac{[I]}{K_I}\right) \bigg/ \left(1 + \dfrac{[I]}{\alpha K_I}\right) + [S]} = \frac{v_{max,app}[S]}{K_{s,app} + [S]}$$

$$\tag{2-75}$$

前面所讲述的竞争机制、非竞争机制、反竞争机制，其实就是式(2-75) 中 α、β 取不同值时的特殊情况（表 2-1）。

表 2-1　公式中 α、β 取不同值时的特殊情况

类型	α	β	特殊情况
竞争性抑制	∞	—	不存在 ESI 络合物；v_{max} 不变，K_m 增大为 $K_{m,app}$
非竞争性抑制	1	0	v_{max} 降低到 $v_{max,app}$，K_m 不变
反竞争性抑制	0	0	$K_I = \infty$；v_{max}、K_m 分别降低到 $v_{max,app}$、$K_{m,app}$

对于不同于上述三种机制的 α、β 取值，又可以表述为不同类型的抑制机制（表 2-2）。α、β 取值不同，混合型抑制作用还有多种，这些机制都可以用公式所表示的通式来表示，这里就不一一介绍了。

表 2-2　不同类型的抑制机制

类型	α	β	抑制机制
线性混合抑制机制	$\alpha > 1$ 或 $\alpha < 1$	0	相当于纯非竞争性和部分竞争性抑制作用线性组合，这个抑制机制特征为：①EI 对 S 的亲和力比 E 对 S 的亲和力低或高，相对应 $\alpha > 1$ 或 $\alpha < 1$。②ESI 不能分解成产物
部分竞争性抑制	$\alpha > 1$	1	EI 与 S 亲和力小于 E 与 S 的亲和力，如果 $\alpha \gg 1$ 则与竞争性抑制接近，而如果 $\alpha < 1$ 则可以说它是酶的一种激活机制
部分非竞争性抑制	1	$1 > \beta > 0$	ESI 可分解为产物但不如 ES 分解快，如果 $\beta > 1$ 则也可以看作是一种激活机制
部分反竞争性抑制	$0(K_I = \infty)$	$1 > \beta > 0$	只有 ES 可以与 I 结合，ESI 可分解为产物，只是分解速率慢，同样如果 $\beta > 1$ 可以看作是激活机制

2.6.5 底物抑制与产物抑制

2.6.5.1 底物抑制

有些酶催化反应，在底物浓度增加时，反应速率反而会下降，这种由底物浓度增大而引起反应速率下降的作用称为底物抑制作用。

此时的反应机理为：

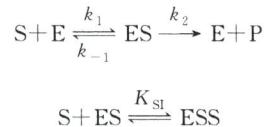

$$S+E \underset{k_{-1}}{\overset{k_1}{\rightleftharpoons}} ES \overset{k_2}{\longrightarrow} E+P$$

$$S+ES \overset{K_{SI}}{\rightleftharpoons} ESS$$

其中 ESS 代表不具有催化反应活性、不能分解为产物的三元络合物。

应用"快速平衡"假设推导其反应速率方程可得到式(2-76)：

$$v=\frac{v_{\max}[S]}{K_m+[S]+\dfrac{[S]^2}{K_{SI}}} \tag{2-76}$$

其中 $K_m=\dfrac{[S][ES]}{[ES]}$；$K_{SI}=\dfrac{[S][ES]}{[ESS]}$。

在低底物浓度下，$[S]/K_{SI}\ll1$，底物的抑制作用不明显，则上面的方程转变为普通的米氏方程，为式(2-77) 和式(2-78)：

$$v=\frac{v_{\max}[S]}{K_m+[S]} \tag{2-77}$$

$$\frac{1}{v}=\frac{1}{v_{\max}}+\frac{K_m}{v_{\max}}\times\frac{1}{[S]} \tag{2-78}$$

此时 $1/v$ 对 $1/[S]$ 作图可以得到一条直线，其斜率为 $K_m/v_{\max}$，截距为 $1/v_{\max}$。

当高底物浓度时，$K_m/[S]\ll1$，此时抑制作用明显，底物抑制动力学方程可简化为式(2-79)：

$$v=\frac{v_{\max}}{1+\dfrac{[S]}{K_{SI}}} \tag{2-79}$$

或式(2-80)：

$$\frac{1}{v}=\frac{1}{v_{\max}}+\frac{[S]}{K_{SI}v_{\max}} \tag{2-80}$$

作 $1/v$-$[S]$ 图可以得到一条直线，其斜率为 $1/K_{SI}v_{\max}$，截距为 $1/v_{\max}$。

在某些有底物抑制的酶催化中，反应初速率与底物浓度的对应关系中有一最大值（注意与 $v_{\max}$ 不同），为最大初始反应速率，相对应的底物浓度值 $[S]_{opt}$ 定义为最适底物浓度。

$[S]_{opt}$ 可通过对式(2-80) 求 $dv/d[S]=0$ 得式(2-81)：

$$[S]_{opt}=\sqrt{K_m K_{SI}} \tag{2-81}$$

底物抑制的活性分数与抑制分数分别为式(2-82) 和式(2-83)：

$$a=\frac{K_m+[S]}{K_m+[S]+\dfrac{[S]^2}{K_{SI}}} \tag{2-82}$$

$$i = 1 - a = \frac{\dfrac{[S]^2}{K_{SI}}}{K_m + [S] + \dfrac{[S]^2}{K_{SI}}} = \frac{1}{\dfrac{K_m K_{SI}}{[S]^2} + [S] K_{SI} + 1} \tag{2-83}$$

与反竞争性抑制比较，底物浓度的提高不仅使其抑制分数增大，活性分数减小，而且还造成反应速率的下降；而反竞争性抑制虽然也造成其抑制分数的增大，但其反应速率随着底物浓度的增加仍是增加的。两者是有区别的，特别是在极高浓度下，底物抑制的反应速率与 [S] 几乎成反比关系，从式(2-80)也可以看出这一点。

前面仅从动力学上说明了底物抑制的特征，并没有阐述产生底物抑制的机理，一般来说产生底物抑制的原因有以下几种：①高浓度底物中含有的高浓度杂质可能起到抑制性作用，抑制酶催化反应速率。②高浓度底物对溶剂浓度的影响而产生的抑制作用。由于大部分酶催化反应都在水溶液中进行，极高 [S] 意味着降低了水的浓度，因而使反应速率降低。特别是以水作为底物之一的反应会产生这种效应。③高浓度底物降低酶催化反应活化剂浓度，而使酶促反应受到抑制。例如，Mg^{2+} 是许多酶的激活剂，如果极高浓度的底物结合了大部分的 Mg^{2+}，则会使得酶催化反应速率大大降低，甚至完全被抑制。

2.6.5.2　产物抑制

产物对酶催化反应的抑制在生化生产过程中是经常见到的，为了消除严重的产物抑制作用，生化生产当中往往采用生产过程中移除产物的方法。产物抑制从机理上来说可表示为：

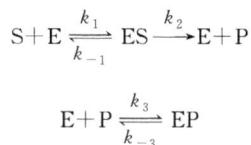

$$S + E \underset{k_{-1}}{\overset{k_1}{\rightleftharpoons}} ES \overset{k_2}{\longrightarrow} E + P$$

$$E + P \underset{k_{-3}}{\overset{k_3}{\rightleftharpoons}} EP$$

所生成的 [EP] 为无活性的络合物。

产物抑制可以说是一种特殊的竞争性抑制，因此其推导出的动力学方程与竞争性抑制的动力学方程类似，为式(2-84)：

$$v = \frac{v_{max}[S]}{K_m \left(1 + \dfrac{[P]}{K_P}\right) + [S]} \tag{2-84}$$

仅是将竞争性抑制动力学中的抑制剂改为产物 P，因此在此就不对其作深入讨论了。

2.6.6　多底物酶催化反应动力学

大多数酶催化反应不只包括一种底物，往往包括两种或两种以上的底物，按照反应动力学机制，酶催化多底物反应可分为顺序反应（sequential reaction）和乒乓反应（pingpong reaction）两类。前者是所有底物与酶结合之后再释放产物。后者是酶先与一种底物结合后即释放一种产物，酶发生了必要的变构，然后再结合另一种底物，再释放一种产物，释放产物之后酶一般恢复为最初状态。

2.6.6.1　顺序反应机制

顺序反应包括有序顺序反应（ordered sequential reaction）和随机顺序反应（random sequential reaction) 两种。有序顺序反应指的是酶与各底物的结合是严格按顺序进行的；随机顺序反应指的是酶与各底物的结合顺序是可以随意变化的。

考虑如下反应：

$$A+B \Longrightarrow P+Q$$

其中，A 和 B 表示反应中的底物（起始物质），P 和 Q 表示反应中的产物（最终生成物）。

分别考虑顺序反应机制与乒乓反应机制两种情况，而对于顺序反应机制分为有序顺序反应、随机顺序反应讨论，不论对于哪种情况都可以推导出动力学方程，为式(2-85)：

$$\frac{[E_0]}{v}=\Theta_0+\frac{\Theta_1}{[A]}+\frac{\Theta_2}{[B]}+\frac{\Theta_{12}}{[A][B]} \tag{2-85}$$

式中，Θ_i 为包含反应动力学参数的常数项（$i=0$，1，2，12）。

有序顺序反应可以用下面的反应方程表示：

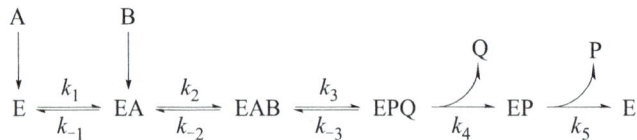

$$\text{E} \underset{k_{-1}}{\overset{k_1}{\rightleftarrows}} \text{EA} \underset{k_{-2}}{\overset{k_2}{\rightleftarrows}} \text{EAB} \underset{k_{-3}}{\overset{k_3}{\rightleftarrows}} \text{EPQ} \overset{Q}{\underset{k_4}{\longrightarrow}} \text{EP} \overset{P}{\underset{k_5}{\longrightarrow}} \text{E}$$

反应方程中，EA 为酶与第一个底物 A 结合的复合物，EAB 为酶与两个底物 A 和 B 结合的三元复合物，EPQ 为酶与两个产物 P 和 Q 结合的复合物。

这个反应中，在底物 A 和 B 与酶结合之前没有产物释放，底物 A 和 B 与酶结合的顺序、产物 P 和 Q 的释放顺序都是固定的，因此是一种有序顺序反应。

通过"拟稳态"假设推导其动力学方程。

产物生成速率为式(2-86)：

$$v=k_5[\text{EP}] \tag{2-86}$$

对各酶-底物络合物、酶-产物络合物应用"拟稳态"假设，见式(2-87)~式(2-90)：

$$\frac{\mathrm{d}[\text{EA}]}{\mathrm{d}t}=k_1[\text{E}][\text{A}]-k_{-1}[\text{EA}]-k_2[\text{EA}][\text{B}]+k_{-2}[\text{EAB}]=0 \tag{2-87}$$

$$\frac{\mathrm{d}[\text{EAB}]}{\mathrm{d}t}=k_2[\text{EA}][\text{B}]-(k_{-2}+k_3)[\text{EAB}]+k_{-3}[\text{EPQ}]=0 \tag{2-88}$$

$$\frac{\mathrm{d}[\text{EPQ}]}{\mathrm{d}t}=k_3[\text{EAB}]-(k_{-3}+k_4)[\text{EPQ}]=0 \tag{2-89}$$

$$\frac{\mathrm{d}[\text{EP}]}{\mathrm{d}t}=k_4[\text{EPQ}]-k_5[\text{EP}]=0 \tag{2-90}$$

由此可得式(2-91)~式(2-93)：

$$[\text{EPQ}]=\frac{[\text{EP}]k_5}{k_4} \tag{2-91}$$

$$[\text{EAB}]=\frac{[\text{EP}]k_5(k_{-3}+k_4)}{k_3k_4} \tag{2-92}$$

$$[\text{EA}]=\frac{[\text{EP}]k_5(k_{-2}k_{-3}+k_{-2}k_4+k_3k_4)}{[\text{B}]k_2k_3k_4} \tag{2-93}$$

[E] 可以通过上述方程得到，也可以通过对 [E] 的"拟稳态"分析得到。相比之下对 [E] 的"拟稳态"分析更为简便，为式(2-94) 和式(2-95)。

$$\frac{\mathrm{d}[\mathrm{E}]}{\mathrm{d}t}=k_5[\mathrm{EP}]+k_{-1}[\mathrm{EA}]-k_1[\mathrm{E}][\mathrm{A}]=0 \tag{2-94}$$

$$[\mathrm{E}]=[\mathrm{EP}]\times\left[\frac{k_5}{[\mathrm{A}]k_1}+\frac{k_{-1}k_5(k_{-2}k_{-3}+k_{-2}k_4+k_3k_4)}{[\mathrm{A}][\mathrm{B}]k_2k_3k_4}\right] \tag{2-95}$$

物料平衡为式(2-96)，代入可得到式(2-97)：

$$[\mathrm{E}_0]=[\mathrm{E}]+[\mathrm{EA}]+[\mathrm{EAB}]+[\mathrm{EPQ}]+[\mathrm{EP}] \tag{2-96}$$

$$\frac{[\mathrm{E}_0]}{v}=\frac{[\mathrm{E}_0]}{k_5[\mathrm{EP}]}=\frac{1}{k_5}+\frac{1}{k_4}+\frac{k_{-3}+k_4}{k_3k_4}+\frac{k_{-2}k_{-3}+k_{-2}k_4+k_3k_4}{[\mathrm{B}]k_2k_3k_4}+\frac{1}{[\mathrm{A}]k_1}+$$

$$\frac{k_{-1}(k_{-2}k_{-3}+k_{-2}k_4+k_3k_4)}{[\mathrm{A}][\mathrm{B}]k_1k_2k_3k_4}=\Theta_0+\frac{\Theta_1}{[\mathrm{A}]}+\frac{\Theta_2}{[\mathrm{B}]}+\frac{\Theta_{12}}{[\mathrm{A}][\mathrm{B}]} \tag{2-97}$$

其中各个符号表示为式(2-98)～式(2-101)。

$$\Theta_0=\frac{1}{k_5}+\frac{1}{k_4}+\frac{k_{-3}+k_4}{k_3k_4} \tag{2-98}$$

$$\Theta_1=\frac{1}{k_1} \tag{2-99}$$

$$\Theta_2=\frac{k_{-2}k_{-3}+k_{-2}k_4+k_3k_4}{k_2k_3k_4} \tag{2-100}$$

$$\Theta_{12}=\frac{k_{-1}(k_{-2}k_{-3}+k_{-2}k_4+k_3k_4)}{k_1k_2k_3k_4} \tag{2-101}$$

当底物 A 与 B 都大大过量时，酶催化反应达到最大反应速率，上式中后三项可以忽略，则有式(2-102)：

$$\frac{[\mathrm{E}_0]}{v}=\frac{1}{k_5}+\frac{1}{k_4}+\frac{k_{-3}+k_4}{k_3k_4}=\Theta_0 \tag{2-102}$$

则可以获得最大反应速率表达式，为式(2-103)：

$$v_{\max}=\frac{[\mathrm{E}_0]}{\frac{1}{k_5}+\frac{1}{k_4}+\frac{k_{-3}+k_4}{k_3k_4}}=\frac{[\mathrm{E}_0]}{\Theta_0} \tag{2-103}$$

从式中可以看出，当 k_3、k_4 很大，且 $k_3\gg k_{-3}$，即中间反应步骤迅速，且 [EAB] 向 [EPQ] 的转化几乎不可逆时，其最大反应速率的表达式与单底物酶催化反应相同。如果只有一种底物大大过量，式(2-97) 可以简化为式(2-104)：

$$\frac{[\mathrm{E}_0]}{v}=\Theta_0+\frac{\Theta_1}{[\mathrm{A}]}（\mathrm{B}\ 大大过量） \tag{2-104}$$

或式(2-105)：

$$\frac{[\mathrm{E}_0]}{v}=\Theta_0+\frac{\Theta_2}{[\mathrm{B}]}（\mathrm{A}\ 大大过量） \tag{2-105}$$

对于 B 大大过量和 A 大大过量两种情况，其速率方程也可以得到简化，可以得到与单底物酶催化反应类似的方程。

B 大大过量时有式(2-106)：

$$v=\frac{[\mathrm{E}_0]}{\Theta_0+\frac{\Theta_1}{[\mathrm{A}]}}=\frac{v_{\max}[\mathrm{A}]}{[\mathrm{A}]+\frac{\Theta_1}{\Theta_0}} \tag{2-106}$$

A 大大过量时有式(2-107)：

$$v = \frac{[E_0]}{\Theta_0 + \dfrac{\Theta_2}{[B]}} = \frac{v_{max}[B]}{[B] + \dfrac{\Theta_2}{\Theta_0}} \tag{2-107}$$

在随机顺序反应中，我们必须考虑 A、B 与酶结合的两种不同的途径。形成 EAB 络合物，再反应生成 EPQ 络合物，然后 EPQ 络合物按随机顺序释放出产物 P、Q。以下方程式表示的是"快速平衡"假设下各种酶-底物络合物之间的关系：

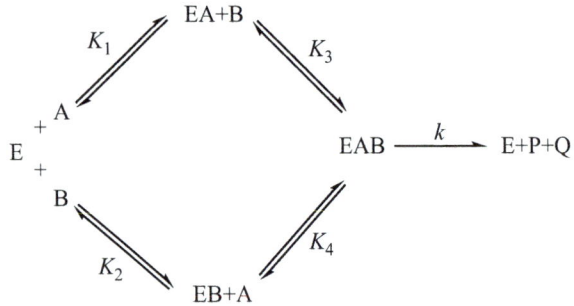

对于上面描述的反应，$v = k[EAB]$ 可以推导出式(2-108)：

$$\frac{[E_0]}{v} = \frac{K_1 K_3}{k[A][B]} + \frac{K_3}{k[B]} + \frac{K_4}{k[A]} + \frac{1}{k} \tag{2-108}$$

同样在底物 A 与 B 都大大过量时，反应速率达到最大，此时可得到式(2-109)：

$$v_{max} = k[E_0] \tag{2-109}$$

同样，在 B 与 A 分别过量的时候，也可以简化为与单底物类似的方程。

B 大大过量时有式(2-110)：

$$v = \frac{v_{max}}{K_4 + [A]} \tag{2-110}$$

A 大大过量时有式(2-111)：

$$v = \frac{v_{max}}{K_3 + [B]} \tag{2-111}$$

通过"拟稳态"假设也可以对上面描述的反应进行分析，但其推导及分析都比较麻烦，必须考虑两种不同分解产物的途径，并且推导出的方程包含 [A]、[B] 的二次项，在此不作分析。

2.6.6.2　乒乓反应机制

在两底物乒乓反应机制中，两种底物不是同时连接在酶的活性中心，因此不存在酶-底物 1-底物 2 的三聚物。这种反应机制一般存在于磷酸转移酶中。其机理可以用下面的反应方程式描述。

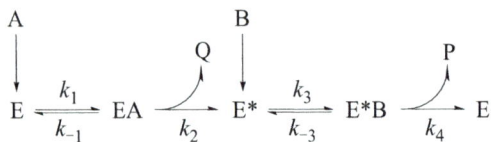

采用"拟稳态"假设推导其动力学方程。

产物生成速率为式(2-112)：

$$v = k_4[E^*B] \tag{2-112}$$

对酶各种存在形式采用"拟稳态"假设，为式(2-113)～式(2-115)和式(2-116)：

$$\frac{d[E]}{dt} = k_{-1}[EA] + k_4[E^*B] - k_1[E][A] = 0 \tag{2-113}$$

$$\frac{d[E*B]}{dt}=k_2[E*][B]-(k_{-2}+k_4)[E*B]=0 \tag{2-114}$$

$$\frac{d[EA]}{dt}=k_1[E][A]-(k_{-1}+k_2)[EA]=0 \tag{2-115}$$

$$\frac{d[E*]}{dt}=k_2[EA]+k_{-3}[E*B]-k_3[E*][B] \tag{2-116}$$

可得式(2-117)~式(2-119)：

$$[E*]=\frac{(k_{-3}+k_4)[E*B]}{k_3[B]} \tag{2-117}$$

$$[EA]=\frac{k_4[E*B]}{k_2} \tag{2-118}$$

$$[E]=\frac{k_4(k_{-1}+k_2)[E*B]}{k_1k_2[A]} \tag{2-119}$$

代入酶的物料平衡公式可以得到式(2-120)：

$$[E_0]=[E]+[EA]+[E*]+[E*B]$$
$$=[E*B]\left[1+\frac{k_4}{k_2}+\frac{k_4(k_{-1}+k_2)}{k_1k_2[A]}+\frac{k_{-3}+k_4}{k_3[B]}\right] \tag{2-120}$$

则有式(2-121)：

$$\frac{[E_0]}{v}=\frac{[E_0]}{k_4[E*B]}=\frac{1}{k_4}+\frac{1}{k_2}+\frac{k_{-1}+k_2}{k_1k_2[A]}+\frac{k_{-3}+k_4}{k_3k_4[B]} \tag{2-121}$$

或者写为式(2-122)：

$$\frac{[E_0]}{v}=\Theta_0+\frac{\Theta_1}{[A]}+\frac{\Theta_2}{[B]} \tag{2-122}$$

其中各个符号表示为式(2-123)~式(2-125)：

$$\Theta_0=\frac{1}{k_4}+\frac{1}{k_2} \tag{2-123}$$

$$\Theta_1=\frac{k_{-1}+k_2}{k_1k_2} \tag{2-124}$$

$$\Theta_2=\frac{k_{-3}+k_4}{k_3k_4} \tag{2-125}$$

A 与 B 大大过量时得到 v_{max} 的表达式为式(2-126)：

$$v_{max}=\frac{[E_0]k_2k_4}{k_2+k_4} \tag{2-126}$$

将底物 B 浓度固定，作 $1/v$-$1/[A]$ 双倒数图，可以得到图 2-13。

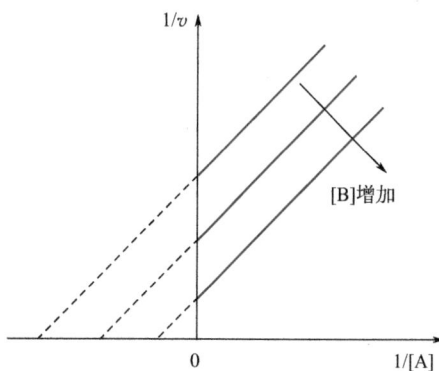

图 2-13　不同 [B] 时，
$1/v$-$1/[A]$ 双倒数图

2.6.7　环境因素对酶催化反应速率的影响

影响酶催化反应速率的环境因素有很多，其中最主要的影响因素是 pH 和温度。

2.6.7.1　pH 对酶催化反应速率的影响

pH 对酶催化反应速率影响的原因是多方面的。一方面过酸过碱可能改变酶空间构象，使酶失活；根据改变程度不同，酶可遭受可逆或不可逆失活。另一方面，也是我们所要仔细研究的，pH 可改变底物的解离状态，影响它与酶的结合，从而影响酶催化的效率。酶反应介质的 pH 可影响酶分子，特别是活性中心上必需基团的解离程度和催化基团中质子供体或质子受体所需的离子化状态。此外，pH 也可影响底物和辅酶的解离程度，从而影响酶与底物的结合。只有在特定的 pH 条件下，酶、底物和辅酶的解离情况最适宜它们互相结合，并发生催化作用，使酶促反应速率达最大值，这种特定的 pH 称为酶的最适 pH。它和酶的最稳定 pH 不一定相同，和体内环境的 pH 也未必相同。

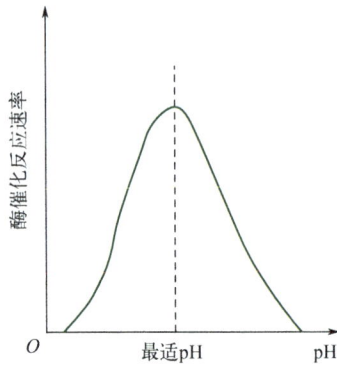

图 2-14 pH 对酶催化反应速率的影响

如图 2-14 所示，我们可以看出 pH 对酶催化反应速率的影响，可以得出此酶催化反应的最适 pH，高于或低于最适 pH 都使酶催化反应速率降低。但从图 2-14 中，我们不能进一步看出酶催化速率降低是因为酶蛋白变性还是因为酶和底物产生了不正常的解离状态。

pH 对酶活性影响的双解离模型：

双解离模型假设酶有两个可解离的控制酶活性的基团（如 H^+），并且底物不解离。双解离模型常用来讨论 pH 对酶催化反应速率的影响。

下面在酶稳定的 pH 范围内，以双解离模型讨论三种不同情况下 pH 影响的酶催化动力学。

① 酶只存在三种解离状态 EH_2、EH^- 及 E^{2-}，只有 EH^- 型具有催化活性。

其反应机理式可表示为：

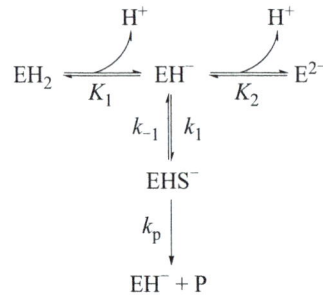

$$EH_2 \underset{K_1}{\rightleftharpoons} EH^- \underset{K_2}{\rightleftharpoons} E^{2-}$$

$$EH^- \underset{k_{-1}}{\overset{k_1}{\rightleftharpoons}} EHS^-$$

$$EHS^- \xrightarrow{k_p} EH^- + P$$

推导其动力学方程过程如下：

产物生成速率为式（2-127）：

$$v = k_p[EHS^-] \tag{2-127}$$

对 $[EHS^-]$ 作拟稳态分析，为式（2-128）：

$$\frac{d[EHS^-]}{dt} = k_1[EH^-][S] - k_{-1}[EHS^-] - k_p[EHS^-] = 0 \tag{2-128}$$

有式（2-129）：

$$[EH^-] = [EHS^-]\left(\frac{k_{-1}+k_p}{k_1[S]}\right) = \frac{K_m}{[S]}[EHS^-] \tag{2-129}$$

对 EH_2、EH^- 及 E^{2-} 分析式（2-130）和式（2-131）：

$$[E^{2-}] = \frac{K_2}{[H^+]}[EH^-] = \frac{K_m K_2}{[H^+][S]}[EHS^-] \tag{2-130}$$

$$[EH_2] = \frac{[H^+]}{K_I}[EH^-] = \frac{K_m[H^+]}{K_1[S]}[EHS^-] \tag{2-131}$$

酶物料平衡为式(2-132)：

$$[E_0]=[EH_2]+[EH^-]+[E^{2-}]+[EHS^-] \tag{2-132}$$

则有式(2-133)：

$$[EHS^-]=\cfrac{[E_0]}{\cfrac{K_m}{[S]}\left(1+\cfrac{[H^+]}{K_1}+\cfrac{K_2}{[H^+]}\right)+1} \tag{2-133}$$

可得到式(2-134)：

$$v=k_p[EHS^-]=\cfrac{k_p[E_0]}{\cfrac{K_m}{[S]}\left(1+\cfrac{[H^+]}{K_1}+\cfrac{K_2}{[H^+]}\right)+1}=\cfrac{k_p[E_0][S]}{K_m\left(1+\cfrac{[H^+]}{K_1}+\cfrac{K_2}{[H^+]}\right)+[S]}$$

$$=\cfrac{v_{\max,app}}{K_{m,app}+[S]} \tag{2-134}$$

② 酶只有一种形式 EH^-，不能解离为其他形式；而酶与底物络合物 EHS^- 则有不同的解离方式，反应机理可以用以下方程式表示：

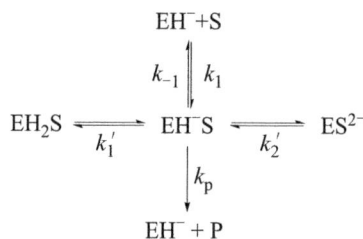

$$
\begin{array}{c}
EH^-+S \\
{\scriptstyle k_{-1}}\Big\Updownarrow{\scriptstyle k_1} \\
EH_2S \underset{k_1'}{\overset{}{\rightleftharpoons}} EH^-S \underset{k_2'}{\overset{}{\rightleftharpoons}} ES^{2-} \\
\Big\downarrow{\scriptstyle k_p} \\
EH^- + P
\end{array}
$$

同式(2-134) 可类似推导出式(2-135)：

$$v=\cfrac{v_{\max}[S]\Big/\left(1+\cfrac{[H^+]}{K_1'}+\cfrac{K_2'}{[H^+]}\right)}{K_m\Big/\left(1+\cfrac{[H^+]}{K_1'}+\cfrac{K_2'}{[H^+]}\right)+[S]}=\cfrac{v_{\max,app}}{K_{m,app}+[S]} \tag{2-135}$$

③ 酶与酶-底物络合物都存在不同的解离方式，而只有 EHS 能有效地分解为产物，反应机理如下方程式：

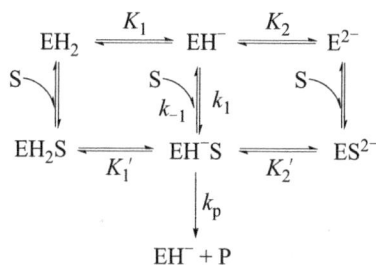

$$
\begin{array}{ccc}
EH_2 \overset{K_1}{\rightleftharpoons} EH^- \overset{K_2}{\rightleftharpoons} E^{2-} \\
{\scriptstyle S}\big\downarrow\quad\quad {\scriptstyle S}\ {\scriptstyle k_{-1}}\big\Updownarrow{\scriptstyle k_1}\quad\quad {\scriptstyle S}\big\downarrow \\
EH_2S \underset{K_1'}{\rightleftharpoons} EH^-S \underset{K_2'}{\rightleftharpoons} ES^{2-} \\
\big\downarrow{\scriptstyle k_p} \\
EH^- + P
\end{array}
$$

按上述方法推导其速率方程为式(2-136)：

$$v=\cfrac{v_{\max}[S]\Big/\left(1+\cfrac{[H^+]}{K_1'}+\cfrac{K_2'}{[H^+]}\right)}{K_m\Big/\left(1+\cfrac{[H^+]}{K_1}+\cfrac{K_2}{[H^+]}\right)\Big/\left(1+\cfrac{[H^+]}{K_1'}+\cfrac{K_2'}{[H^+]}\right)+[S]}=\cfrac{v_{\max,app}}{K_{m,app}+[S]}$$

$$\tag{2-136}$$

2.6.7.2 温度对酶催化反应速率的影响

在一定的温度范围内，酶催化反应的速率随着温度的升高而升高，但一旦超过这个

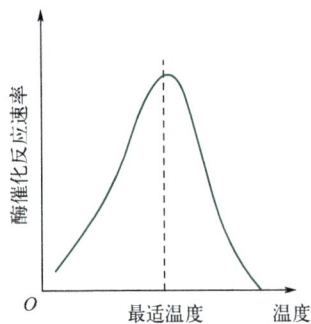

图 2-15 温度对酶催化
反应速率的影响

范围，酶的活力会由于热变性随着温度升高而降低。图 2-15 描述了最普遍的酶活力与温度的关系，图中显示了最适酶催化温度。

对于图 2-15 中酶活力随温度上升而增大的部分有式 (2-137) 和式 (2-138)：

$$v = k_2[E] \tag{2-137}$$

$$k_2 = Ae^{-E_a/(RT)} \tag{2-138}$$

式 (2-138) 中，E_a 为反应活化能。

而酶活力随温度上升而减小部分有式 (2-139)：

$$k_d \frac{d[E]}{dt} = k_d[E] \tag{2-139}$$

或

$$[E] = [E_0]e^{-k_d t} \tag{2-140}$$

式 (2-140) 中，$[E]$ 为酶初始浓度；k_d 为酶失活常数，k_d 根据 Arrhenius 等式确定，为式 (2-141)。

$$k_d = Ae^{-E_d/(RT)} \tag{2-141}$$

其中 E_d 为失活能，因此有式 (2-142)：

$$v = Ae^{E_a/(RT)}[E_0]e^{-k_d t} \tag{2-142}$$

在酶催化反应中酶的活化能范围为 16.7～83.7kJ/mol，而失活能为 167.5～544.3kJ/mol。酶由于温度升高产生的失活效果变化比其由于温度升高而活化的变化要快得多。例如，反应温度从 30℃ 升高到 40℃，酶的活力升高 1.8 倍，而酶的失活速率也增加了 41 倍。

思考题

1. 酶分为哪几大类？分别包括哪些酶？

2. 酶作为一种生物催化剂具有哪些一般理化性质和特性？

3. 解释酶具有高活性和高选择性的机理。

4. 对单底物酶催化反应，采用"快速平衡"假设推导 M-M 方程，注意给出假设条件。

5. 以单底物、单产物且符合米氏方程的酶催化反应为例，推导竞争性抑制、非竞争性抑制、反竞争性抑制动力学方程。

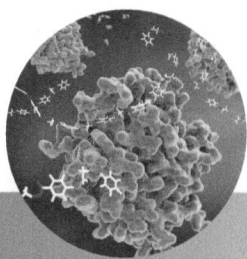

第3章

酶的发现

3.1 酶的发现和筛选

3.1.1 酶的来源与特点

酶主要来源于微生物、动物、植物等。来源于微生物的酶占绝大多数，约为80%以上，以动物和植物为来源的酶分别只占到了8%和4%。随着现代分子生物学的发展和重组DNA技术的应用，微生物作为新酶的主要来源愈加显示出巨大的潜力和优势，因此我们通常所说的酶的筛选，是要寻找包含所需酶活性的特殊微生物菌株或者基因。

和高等动植物相比，微生物的种类繁多，分布极其广泛，这也造成了新酶来源和种类的多样性。从来源上讲，微生物可以分为细菌、真菌、病毒、藻类和原生动物，其中细菌包括真细菌、放线菌、蓝细菌、支原体、立克次氏体、衣原体等多种类别。微生物的分布可以说是无处不在的，普通生物所不能生存的极端环境，如高温、低温、强酸、强碱、高盐等区域都有微生物的分布。微生物为了适应环境对其生存所造成的压力，进化出了许多特殊的生理活性物质，包括酶。而且从人类认知的角度来讲，大型动植物被我们人类了解认知并做研究的种类占到了60%～90%，而我们所知道的微生物的种类仅占估计种类的0.1%～10%。微生物过去、现在、将来都是人类获取生物活性物质的丰富资源，也是新酶的主要来源，而且这种来源也是自然界中取之不尽、用之不竭的宝贵自然资源。

微生物新酶主要可以从下面几个途径获得：市场供应的酶库、微生物菌种保藏库、研究者采集筛选的菌种、基因克隆库等，这些资源是筛选新酶的物质基础。

3.1.2 自然界产酶微生物筛选的一般流程

自然界中微生物分布非常广泛，可以说是无处不在，凡是有高等生物生存的地方，都有微生物存在，甚至某些没有其他生物生存的地方，也有微生物存在，例如在冰川、温泉、火山口等极端环境条件下也有大量微生物分布。土壤是微生物的大本营，尤其是耕作的土壤中，微生物的含量很大，每克沃土中含菌量高达几亿甚至几十亿个。一般土壤越肥沃，其含菌量越高，表层土要比深层土中的含菌量高。土壤中微生物的种类繁多，几乎所有的微生物都能从土壤中分离筛选得到。要分离筛选某种微生物，多数情况都是从土壤中采集样品。

一般产酶微生物分离筛选步骤见图 3-1。

样品采集 → 增殖培养 → 纯种分离 → 纯培养 → 菌种产酶性能的检定

图 3-1　一般产酶微生物分离筛选步骤

3.1.2.1　样品采集

采样的地点要根据选菌目的、微生物分布状况、菌种的特征与外界环境的关系等，进行综合、具体的分析来决定。自然界中，特定微生物会因为其所在环境中的化学或者物理压力进行富集。因此，菌株的筛选通常从搜寻与酶功能相关的特殊环境中开始，如热泉、冰川、化工厂的废水池等。由于特定选择压力的存在，适合这些环境的微生物得到了富集。一个很有代表性的例子是美国黄石国家公园，由于其有丰富的地热和温泉资源，研究人员从黄石公园中分离出了很多耐酸、耐碱、耐高温的菌株。在有蝙蝠居住的洞穴底部，沉积着大量蝙蝠粪便，在这种特殊的环境中，研究人员分离出了耐碱、产几丁质酶的菌株。此外，工业废水处理厂也是一个丰富的菌种来源。人们已经从食品加工厂的排污口附近分离出了产淀粉酶的菌株，从化工厂的废水中分离出了降解乙二胺四乙酸的菌株。从特殊环境中获取具有一定理化特性的产酶菌株一直是最简单、有效筛选菌株的方法之一。

3.1.2.2　增殖培养

从自然界分离菌株通常需要经过一个增殖培养的过程。增殖培养又称富集培养，采集样品后，为使目标菌在样品中成为优势菌、增加其分离概率，根据目标菌的特性设计培养基或培养条件，以增加目标菌在混杂菌体系中的比例。这种培养方法即为增殖培养。进行增殖培养时，可根据所需的技术方法和菌种特性，增加待分离微生物特定的养分和控制一定的培养条件，使所需微生物增殖后在数量上占绝对优势。例如，在筛选可利用或降解某种化合物的菌株时，该化合物常作为培养基中唯一的碳源；筛选在特定 pH 下生长的菌株时，培养基的 pH 会做相应的调整等。利用碱性培养基可以从不同的环境中筛选出多种嗜碱性的菌株。这些菌株可生产各种嗜碱酶，包括蛋白酶、淀粉酶、纤维素酶、脂肪酶、木聚糖酶等。这些耐碱性酶在洗涤、造纸、食品加工等领域有巨大的应用价值。同样利用酸性培养基也可以筛选出一系列嗜酸性的菌株。

3.1.2.3　纯种分离

通过增殖培养获得的微生物通常是具有某一理化特征的各种菌的混合物。为了获得具有所需理化特征的单菌种，就必须对其进行纯种分离。常用的纯种分离法有稀释涂布分离法、划线分离法和组织分离法三种。无论采取何种方法，分离的基本原则都是使培养物生长出彼此分离的单个菌落。培养后的单一菌落通常具有可供筛选的直观标志，常用的筛选方法有透明圈法、变色圈法等。

（1）稀释涂布分离法

稀释涂布分离法与微生物生长量的测定方法类似，是将样品进行梯度稀释，然后将稀释液涂布于固体培养基上进行培养，待长出独立的单个菌落，再进行挑选分离。

（2）划线分离法

划线分离法基本过程是用灭菌的接种针（接种环）挑取样品，在固体培养基上划线。一般从培养基的边缘开始，以直线或曲线的方式向培养基的中心方向划线。划线时应尽量使线条密集、均匀，不要划破培养基。待长出独立的单个菌落，再进行挑选分离。

（3）组织分离法

组织分离法主要适用于食用菌种的分离，是以食用菌的子实体等作为原料进行分离的方法。分离时，首先用 10％漂白粉水或 75％酒精对食用菌的子实体进行表面消毒，再用无菌水洗涤数次后，切取一小块组织，移置于固体培养基表面上进行培养，数天后就可以看到从组织块周围长出向外扩展的菌丝，随后进行挑选分离。

3.1.2.4 纯培养

纯培养是将分离得到的目的菌种接种到试管斜面上进行扩大培养的培养方法。经过分离培养，在平板上出现很多单菌落，通过观察菌落形态，选出可能的目标菌落。取一半菌落进行形态学鉴定，记录目标菌的菌落特征、菌体形态等，另一半菌落转接到试管斜面纯培养后编号保存。

3.1.2.5 菌种产酶性能的检定

分离得到的纯种只是筛选的第一步，所得菌种是否确定为分离的目标对象，还需进一步检定其产酶性能。产酶性能的检定主要通过初步筛选（初筛）和重复筛选（复筛）来确定。

初筛是从已分离出来的菌种中挑选出具备产酶性能的菌株的方法，一般要求检出方法快捷、简便。对产水解酶的菌株的初筛多采用平板培养透明圈法（见表 3-1），筛选时，通常会将底物添加在培养基里，当某些筛选菌株产生了水解酶时，便能将培养基中的底物降解，并呈现出透明的透明圈。可以根据透明圈的大小来初步判断菌株产酶性能的强弱。如果透明圈不明显，可向平板培养基中添加显色剂，使分解的底物显色，以更清晰地衬托出显色圈。此外，还可以在制备平板培养基时加入"色原底物"，当筛选菌株产酶时可将其周围的"色原底物"降解，从而释放出有色物质，形成光亮的有色圈。

表 3-1　常见胞外酶的产酶微生物初筛方法

酶	底物	试剂	备注
淀粉酶	淀粉/糖原	碘溶液	红色透明圈
纤维素酶	蓝色纤维素		浅蓝色光环
α-淀粉酶	蓝色淀粉		浅蓝色光环
几丁质酶	几丁质		滤纸崩解
α-葡糖苷酶	对硝基-α-D-葡萄糖苷		黄色菌落与透明圈
α-葡聚糖酶	1,3-α-/1,6-α-葡聚糖		不溶性葡聚糖的透明圈
1,3-β-葡聚糖酶	凉薯	苯胺蓝	浅蓝色透明圈
β-1,3-1,4-葡聚糖酶	大麦葡聚糖	刚果红	透明圈
脱支酶	菊粉	乙醇或丙酮	透明圈
果胶酯酶	果胶或多聚半乳糖醛酸	十六烷基三甲基溴化铵	透明圈
蛋白酶	脱脂乳		透明圈
	胶原	硫酸铵	透明圈

续表

酶	底物	试剂	备注
DNA 酶	DNA	HCl	透明圈
	DNA	甲基绿	粉红色光环
RNA 酶	RNA	HCl	透明圈
	RNA	吖啶橙	紫外线下荧光绿背景,菌落暗
脂肪酶	吐温		不透明斑
β-内酰胺酶	青霉素	聚乙烯醇/I_2	暗绿背景下呈蓝色

复筛是在初筛的基础上进一步筛选产酶量高、性能更优的菌株的方法，一般要求其测定方法准确、可靠。复筛多采用摇瓶发酵的方式进行，即将初筛获得的产酶能力强的菌株接种到发酵摇瓶中进行培养，随后直接测定发酵产物的酶催化活力，并结合菌株的生理生化特性和培养特点等指标综合考虑挑选出产酶量最高、性能更优的目标菌株。

以蛋白酶菌株的筛选为例，蛋白酶可根据最适 pH 的不同分为嗜碱性蛋白酶、中性蛋白酶、嗜酸性蛋白酶三种类型。因此，初筛时可在分离培养基中分别添加一定量的碱性、中性、酸性酪蛋白。如果样品中含有相应的产蛋白酶菌株，培养后会在菌落周围形成透明的水解圈。再向平板中加入一定浓度的三氯乙酸等蛋白质沉淀剂，就可以从乳白色背景上显示出清晰的透明圈。该菌株产酶能力越强，其透明圈的直径就越大。高卜渝等用在含有脱脂乳粉平板上点种培养的方法，从分属 93 个属、492 个种的 2129 个酵母菌株中进行筛选，发现有分属 27 个属、87 个种的 165 个酵母菌株可分泌不同酶活力的蛋白酶。于宏伟等从养牛场附近的土壤中分离筛选产蛋白酶的菌株，初筛获得 8 株性状较好的菌株，再分别摇瓶发酵 12h、24h、36h、48h 复筛考察菌株的产酶能力，最终选定菌株 N19 为最优良菌株，初步鉴定其为芽孢杆菌。黄志强等从福建海域的海水、海泥及海藻样品中分离到 3 株产碱性蛋白酶的海洋细菌菌株 3B、6CW 和 15E，采用 16S rDNA 分子生物学鉴定结合细菌的常规鉴定方法，确认分离得到的 3 株产碱性蛋白酶的海洋细菌菌株分别是荧光假单胞菌（*Pseudomonas fluorescens*）、黏质沙雷菌（*Serratia marcescens*）和氧化短杆菌（*Breoibacterium oxydans*）。张晶等筛选出 5 株具有产碱性蛋白酶能力的菌株 N1、N2、N3、N4 和 N5。通过形态学观察和生理生化指标对这 5 株菌株进行鉴定，初步鉴定菌株 N1 属于漫游菌属（*Vagococcus collinsetal*）、N2 属于芽孢八叠球菌属（*Sporosarcina*）、N3 属于肠杆菌属（*Enterobacteria*）、N4 属于黄色杆菌属（*Xanthobacter*）、N5 属于脂肪杆菌属（*Pimelobacter*）。再经复筛后，5 株菌株在 25℃条件下测得的酶活均超过 200U/mL，其中以 N1 的酶活最高，达到 280U/mL。

3.1.3 基因数据库中挖掘新酶基因

随着测序方法的飞速发展，对微生物基因组或宏基因组的测序已经非常经济快捷。目前，可以从 NCBI 的网站（https://www.ncbi.nlm.nih.gov）上获得超过 100 万个基因组和 10 亿个蛋白质序列。目前，其中绝大多数酶的功能只能通过生物信息学的方法进行预测。根据酶的结构、功能及序列信息，研究人员建立了多个酶的数据库以促进酶基因的发掘和筛选工作，包括 BRENDA、MEROPS、MetaCyc、REBASE、CAzy、ESTHER、PeroxiBase、KinBase、ExplorEnz、IntEnz。BRENDA 是一个综合数据库，收集了各个酶家族的各方面的信息，而 MEROPS、MetaCyc、REBASE、

CAzy、ESTHER、PeroxiBase、KinBase 是更加细化的数据库，主要针对某个生物体、某个特定酶家族或者某个特定的代谢过程中的酶（表 3-2）。

表 3-2 酶的数据库

数据库	对象	网址
BRENDA	各个酶家族的信息汇总	http://www. brenda-enzymes. org/
MEROPS	蛋白酶	http://merops. sanger. ac. uk/
MetaCyc	代谢途径中的酶	http://metacyc. org/
REBASE	限制性内切酶	http://rebase. neb. com
CAzy	以糖类为底物的酶	http://www. cazy. org/
ESTHER	α/β 水解酶超家族	http://bioweb. supagro. inra. fr/esther
PeroxiBase	过氧化物酶	http://peroxibase. toulouse. inrae. fr/
KinBase	激酶	http://kinase. com/kinbase
ExplorEnz	IUBMB 酶命名法列表	http://www. enzyme-database. org
IntEnz	酶的分类信息	http://www. ebi. ac. uk/intenz/

BRENDA 数据库包含了超过 270 万个附有说明的酶基因信息，包括酶的分布、动力学、分子性质及其底物特征。BRENDA 是一个手动标注的酶数据存储库。最初，该数据库的信息是为了出版系列丛书收集的，后来被开发成了一个公共数据库。其内容包含了 IUBMB（国际生物化学和分子生物学联盟）酶分类系统中所有酶的分类信息。每个单独的条目都与酶的来源（生物体名称、组织、蛋白质序列）和参考文献相关联。数据查询可以由许多不同的方法来实现，包括 EC 编号搜索栏、浏览器分类学树、综合搜索栏和 20 个参数的复合查询。FRENDA（full reference enzyme data）是 BRENDA6.2（2006 年 6 月）的一个补充的数据库。FRENDA 旨在提供一个包含生物体特定酶信息的详尽参考文献索引数据库。截至 2014 年 7 月，FRENDA 包含了从 2400 万个 PubMed 摘要中提出来的 800 万个酶/生物体/文献的组合。FRENDA 使用一个基于拼写的方法识别标题和摘要中的条目（酶、生物体）。这个方法是从 BRENDA 和 NCBI 分类方法中发展而来。

3.1.4 利用宏基因组技术发掘新酶基因

宏基因组学（metagenomics）又称元基因组学，是一门研究直接从环境样品中提取所有微生物的遗传物质的科学。宏基因组技术可以利用可培养和未培养微生物的遗传物质，因此其具有较大的技术优势。基于宏基因组学的筛选方法包括以下几个步骤。①从环境样品中提取微生物 DNA，克隆到合适的表达载体中。②将表达载体转化到易于培养的细菌中。③分离效果理想的克隆，对酶活性进行鉴定和表征。基于宏基因组学的筛选方法通常依赖两种策略：基于功能的筛选和基于序列的筛选。迄今为止，这两种策略都发现了相当数量具有新颖功能的酶。

3.1.4.1 基于功能的筛选

基于功能的筛选是指以酶的活性作为筛选的依据。在基于宏基因组学的筛选方法中，这种策略是应用最广泛的一种。在一个典型的例子中，研究人员用奶牛瘤胃中的微生物构建了一个宏基因组噬菌体文库，然后通过筛查水解酶的活性来检验瘤胃中酶的多样性。他们共筛选出了 22 个具有水解活性的克隆，其中 4 个水解酶和公共数据库中的序列相似度不高。而且，这 4 个克隆中的催化氨基酸残基和同类酶中的催化氨基酸残基不相同。同样，研究人员用两种不同品种的蚯蚓体内的可降解纤维素的微生物群落构建了宏基因组文库。通过基于活性的筛选方法，研究人员发现了 10 个可以修饰碳水化合物的酶。有趣的是，其中 2 个糖水解酶可以水解 2 个新的 β-半乳糖苷酶亚家族。在另一项研究中，从工业废水活性污泥中提取的宏基因组 DNA 被用来构建 F 黏粒（cosmid）文库，然后以邻苯二酚为底物，筛选有雌二醇双加氧酶活性的克隆，最终找到了 38 个没有报道过的双加氧酶。除此之外，基于活性的检测方法还可以应用到其他很多种酶的筛选中，比如脱卤酶、糖水解酶、木聚糖酶、羧基酯酶和脂肪酶等。

3.1.4.2 基于序列的筛选

基于序列的筛选方法是指用 DNA 探针或者简并引物 PCR 的方法从宏基因组文库中获取目标基因。基于序列的筛选方法需要根据蛋白质家族的保守区域来设计 PCR 引物。大规模 DNA 测序和宏基因文库的建立为发掘新酶序列提供了原始数据序列。但是，基于同源序列的方法只有当信息参考序列准确率很高的时候才有效，而且这种方法依赖现有的基因组注释和数据库的质量及完整性。

目前，DNA 合成技术的发展进一步促进了这种筛选策略的应用。通过基因合成及序列的筛选策略可以充分揭示自然进化赋予的同一功能的序列多样性。然而，这种方法局限于对序列同源性比较高的酶家族的研究。迄今为止，研究人员用基于序列的筛选方法发现了多种酶，如二甲基磺基丙酯降解酶、甘油脱水酶、双加氧酶、亚硝酸盐还原酶、肼氧化还原酶、几丁质酶、糖苷水解酶、腈水解酶、预苯酸脱氢酶和半纤维素酶等。

3.1.5 高通量筛选方法

近年来，酶分子改造及菌种进化研究和应用领域发展迅猛，利用一系列突变或诱变技术能够在较短的时间内产生大量酶分子突变体，然后使用合理的筛选方法可以快速从突变文库中筛选出具有优势的突变酶或菌株。酶分子改造和菌种进化被应用于提高酶分子和微生物的多种特性，如催化活性、立体选择性、环境耐受性以及代谢物生产等。

酶分子和菌种进化成功的关键有两部分：一是通过突变或诱变等方法构建酶分子或菌种的突变体文库；二是构建高通量筛选方法。目前，构建数目庞大的突变体文库的技术已日趋成熟，其最大瓶颈是缺乏与之很好匹配的高通量筛选方法。因此，高通量筛选方法作为一个研究领域，越来越受到人们的重视，也变得越来越成熟。高通量筛选的核心思想是将待检测的生物学信号精确、高效、灵敏地转化为荧光信号、吸光度信号等可检测且通量高的信号。随着多年来的发展创新，多种高通量筛选方法被开发，按照转化成的信号种类不同分类，可分为三部分（见图 3-2）：①基于颜色或荧光的高通量筛选技术；②基于细胞生长的高通量筛选技术；③基于生物传感器的高通量筛选技术。另外，按照信号转化后的检测方式不同分类可分为四类：①孔板筛选技术；②荧光激活细胞分选技术；③液滴微流控技术；④噬菌体展示技术。当然，还包括飞速发展但不完善的各种智能化机器筛选平台以及计算机虚拟筛选等，下面将基于以上高通量筛选类别分别进行概述。

3.1.5.1 高通量筛选的不同筛选技术

（1）基于颜色或荧光的高通量筛选技术

基于颜色或荧光的高通量筛选技术是一种最直观的高通量筛选方法，颜色和荧光可

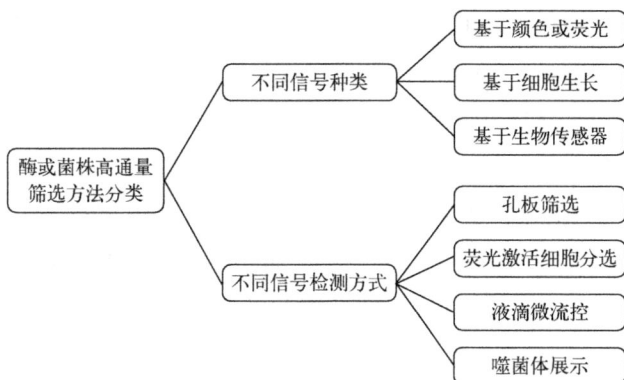

图 3-2　高通量筛选方法分类

以直接用肉眼观测。基于颜色或荧光的高通量筛选技术根据被检测物本身是否具有颜色或荧光以及信号转化方式不同，可分为三类（见图 3-3）：直接检测（被检测物本身带有颜色或荧光）；染料染色（被检测物本身不带有颜色或荧光，通过染料染色转化成带颜色物质）；酶转化染色（被检测物本身不带有颜色或荧光，通过引入酶转化成带颜色物质）。

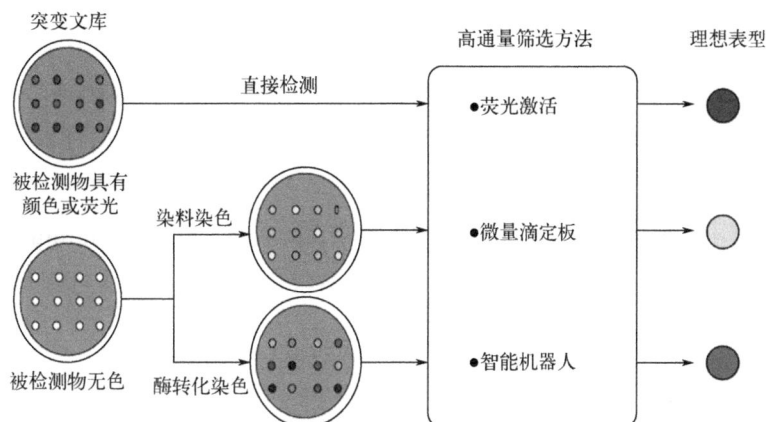

图 3-3　基于颜色或荧光的高通量筛选技术

① 直接检测　酶定向进化中的底物或产物本身具有颜色、荧光或吸光度，可直接进行检测，硝基酚类、伞形酮、试卤灵、肾上腺素及还原型烟酰胺腺嘌呤二核苷酸磷酸（NADPH）等都能成为其相应酶的发光或荧光底物（见图 3-4）。

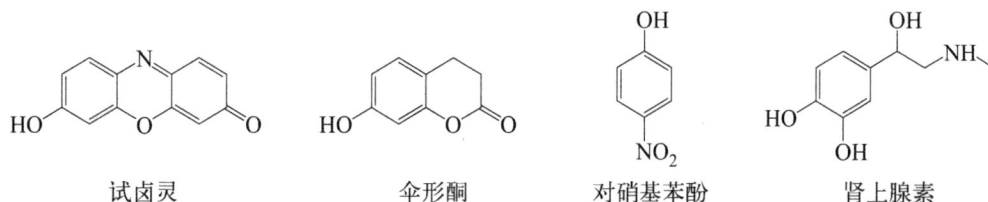

试卤灵　　　　伞形酮　　　　对硝基苯酚　　　肾上腺素

图 3-4　高通量筛选中常用到的发光和荧光物质

最早应用于对映体高通量筛选的是对硝基苯酚，Reetz 等以 2-甲基葵酸对硝基苯酯作为底物，被酯酶催化后，硝基苯酚释放，便可以在 410nm 处存在吸光度信号。通过这种方式进行筛选，成功地筛选出了具有高对映选择性的突变株。菌种进化过程中有一些带有颜色的产物，如番茄红素、β-胡萝卜素和虾青素等，根据其产物颜色可以初步判断酶分子各种特性以及反应代谢物的种类和产量高低，筛选效率可达每次 10^7 个突变体。

② 染料染色　酶催化反应的底物或产物本身不可直接检测时，需要借助其他试剂

反应后才可进行检测筛选，即染料染色筛选。比如肾上腺素容易被高碘酸钠快速氧化，生成深红色的肾上腺色素。Reymond 等利用肾上腺素反向滴定高碘酸钠的方法，建立了一种肾上腺素高通量筛选方法。将过量高碘酸钠加入酶促反应结束后的体系中与反应产生的还原性产物作用，接着再在剩余体系中加入肾上腺素，体系中剩余的高碘酸钠会与其产生深红色的显色反应，最终通过颜色变化便可以检测到酶对某一底物的活性，无色代表活性较高。同样，菌种改造时，如果代谢物本身无色或者缺乏荧光，可以使用可与代谢物反应产生颜色或荧光的添加试剂。例如，Lee 等使用聚-3-羟基丁酸酯与氟硼二吡咯反应产生荧光，成功检测到了灵敏度更高的聚-3-羟基丁酸酯。

③ 酶转化染色　当酶催化反应的底物、产物或其他辅助因子等不可直接进行荧光等检测时，也可以引入外源酶将产物催化转化成能产生光谱信号的二级产物，这种方法被称作酶偶联分析法。如四唑氮蓝（nitroblue tetrazolium，NBT）/吩嗪硫酸甲酯（phenazin methosulfate，PMS）系统已成功用于酶的筛选。该方法需要一种脱氢酶作为偶联酶，NBT 和 PMS 为显色剂，NADH 与氧、NBT、PMS 反应生成可溶性带颜色的产物。Willianms 等利用酶偶联分析法以 1,6-二磷酸塔罗糖为底物定向进化醛缩酶，最终筛选到的醛缩酶催化效率提高了 180 倍。Truppo 等利用辣根过氧化物酶（HRP）/2,2'-联氮-双-3-乙基苯并噻唑啉-6-磺酸（ABTS）/H_2O_2 检测法，反应中催化剂是 NADPH 依赖性酮还原酶，通过检测 340nm 处吸光度值，来检测不对称酮还原反应的效率。反应结束后，加入已知的对映选择性的醇氧化酶，在催化醇生成酮的过程中会同时产生 H_2O_2。H_2O_2 和 ABTS 在 HRP 催化下产生绿色产物，该产物在 400nm 处有一个吸收峰，即可测定酮还原酶的对映选择性。酶联免疫法（enzyme-linked immunosorbent assay，ELISA）利用抗原与抗体的特异反应将酶与待检测物连接，通过酶与底物产生的颜色或荧光反应的强度来定性测定。

（2）基于细胞生长的高通量筛选技术

营养型缺陷型菌株丧失了合成某一种自身生长必需物质的能力，必须补充某种特定营养成分才可以正常生长，因此可用来对合成该必需成分的酶进行高通量的筛选，如甲苯甲酰甲酸脱羧酶、脂肪酶 A 等。该技术使用营养缺陷型菌株作为报告系统，可应用于特定酶或代谢物高产菌株的筛选。Pfleger 等构建了甲羟戊酸缺陷型的报告菌株突变文库，通过细胞的荧光强度来监测甲羟戊酸的产量，最终获得了提高 20 倍的高产突变菌株。

（3）基于生物传感器的高通量筛选技术

在酶催化及代谢相关产物中，只有少数可通过颜色或荧光直接进行筛选。大部分化学物质本身不具有颜色或荧光，也难以转化为易染色的物质。在微生物细胞内广泛存在一类蛋白质，它们可以识别并响应细胞内或酶催化的特定物质，并转化为特定的输出信号，通过信号强度可以检测细胞代谢物或酶催化产物浓度。基于此现象，一系列生物传感器的筛选方法被开发用于酶分子或菌种进化的高通量筛选。转录因子通过结合在基因启动子等区域，单独或与其他蛋白质组合成复合体，从而阻断或促进 RNA 聚合酶参与转录过程来调控基因表达。在自然界中，广泛存在着响应小分子的天然转录因子，其中在大肠杆菌中发现了 340 多种转录因子，它们能够感知各种各样的代谢物，包括糖类、磷酸、氨基酸和脂质等。

大多数基于转录因子的生物传感器主要依赖于天然转录因子，这些天然转录因子通常具有很高的特异性，在实际应用中若不存在天然响应的转录因子，则可以通过改造来改变转录因子响应代谢物的特异性。例如，通过改造大肠杆菌中响应 L-阿拉伯糖的天然转录因子，使其特异性发生改变，响应的代谢物谱变大，已经能够特异性响应三乙酸内酯、甲羟戊酸、D-阿拉伯糖和四氢嘧啶等。

3.1.5.2　高通量筛选的不同检测技术

（1）孔板筛选技术

1951 年深孔板（deep-well plate）被设计出来，主要用于血清学检测，后逐渐应用于高通量筛选。深孔板常用规格有 24 孔、48 孔、96 孔等，培养孔以方形和圆形为主。使用 96 孔深孔板进行筛选是最常规的高通量筛选方法，主要应用于基于吸光度和荧光强度建立的高通量筛选中。其优势是，相较于摇瓶，筛选通量更大且培养检测相对精准；不足在于，和荧光激活细胞分选技术、液滴微流控技术以及噬菌体展示技术等相比，通量较小。总之，无论是哪种信号检测方式的高通量筛选技术，最终都要用孔板筛选技术再次进行复筛验证。

（2）荧光激活细胞分选技术

荧光激活细胞分选技术（fluorescence activated cell sorting，FACS）是指对于细胞内带有荧光的代谢物或者可以被荧光染色的物质，可以设置特定波长的激发光激活细胞内荧光信号，根据荧光强度对细胞进行分选，每次筛选通量能够达到 10^9 个突变体。构建 FACS 的筛选方法，关键在于将酶活性或菌株代谢物转化为可检测的荧光信号。因此，怎样将易扩散的荧光产物偶联在细胞（或酶基因）上，是建立 FACS 筛选的核心问题。Ukibe 等发现发射光 675nm 处，细胞内虾青素含量与荧光强度的相关性较好，于是利用荧光激活细胞分选技术，仅用 1h 就从超过 198 个突变体的文库中成功分离出虾青素生产改良的菌株细胞，并成功分离出比原细胞虾青素产量高 $1.9\sim3.8$ 倍的突变体。

大部分被检测物不自带颜色或荧光，也很难转化，因此以转录因子为代表的生物传感器被用来构建荧光细胞分选筛选系统。Regina 等在谷氨酸棒杆菌体内利用该菌的天然转录调节因子 Lrp 设计构建了一种专一性响应 L-缬氨酸的生物传感器，这种生物传感器能够将 L-缬氨酸的浓度转化为不同强度的荧光信号，利用这一传感器，Regina 等最终成功获得了优良的突变体，这些突变体表现出更快的生长速率并将 L-缬氨酸的产量提升了 25%。这一研究成果表明天然转录因子可以应用在生物传感器中，同时为菌种进化工程改善微生物菌株的生长和生产效率提供了更加高效的筛选方法。

（3）液滴微流控技术

液滴微流控（droplet microfluidics）技术可将单细胞分隔在只有皮升（pL）级体积的大小均一的液滴反应器中，对细胞及其酶等物质进行检测。液滴微流控技术可以作为微反应器进行细胞的恒化培养、代谢物检测和组学分析，通量可达每天 10^9 个克隆，为酶进化高通量筛选提供了有力的技术支撑。与常规分析体系相比，基于液滴微流控技术的高通量筛选体系具有两个独特的优势。①极大提升了大规模样品的分析能力，处理微液滴的速度可高达每天 10^8 个克隆；②每个微液滴的体积只有皮升级，相比于常规孔板的毫升级反应体系，检测试剂用量减少到了原来的千万分之一以下。

现有的液滴微流控筛选体系主要使用荧光信号来对代谢产物进行定量分析，这主要是由于荧光检测具有很高的灵敏度。利用液滴微流控技术进行高通量筛选的关键问题是生物活性能否转换为可检测的荧光信号。Agresti 等对辣根过氧化物酶进行突变改造，将荧光底物和酵母菌株一起封装在微液滴中，利用液滴微流控技术对突变文库进行高通量筛选，在 12h 内，筛选了 10^9 个突变体，但只消耗了 $150\mu L$ 反应试剂。与最先进的机器人筛选系统相比，液滴微流控技术筛选速度提高了 1000 倍，这一成果展现了液滴微流控技术在高通量筛选领域的巨大潜力。

（4）噬菌体展示技术

1985 年，Smith 将限制性内切酶上的一段基因片段插入丝状噬菌体的衣壳蛋白基因中，使其成功在噬菌体表面表达且能够被特异性抗体所识别。Smith 将该技术命名为"噬菌体展示"。此后，融合 ABAO 荧光染料的 M13 噬菌体展示技术成功用于检测醛类物质。1990 年，Winter 等通过在噬菌体展示技术，筛选了一种溶菌酶的抗体，开创了噬菌体展示定向进化抗体技术。治疗类风湿性关节炎的阿达本单抗（adalimumab）是第一个基于该技术研发的单抗药物。

3.2 酶基因的异源表达

由于生物催化剂在工业生产中的广泛应用，人们对酶的需求量也越来越大。虽然个别的酶种可从其原有的生物体里提取，但大部分酶的生产都依赖于异源表达。酶的异源表达实现了其高效、廉价的大规模生产，异源表达系统的效能直接决定了酶的产量和品质。按照细胞类型来分，酶的表达系统可以分为原核表达系统和真核表达系统两大类。原核表达系统包括大肠杆菌、芽孢杆菌、链霉菌等，真核表达系统主要包括酵母菌、丝状真菌、动植物细胞等。不同的表达系统有各自的优点，也有各自的不足。通常原核表达系统具有较短的生产周期和较低廉的成本，但是对来源于真核生物的蛋白质往往表达得不好；真核表达系统生产周期较长、成本较高，但是它具有转录后修饰系统，因此表达真核来源的蛋白质具有较大的优势。选择合适的工程菌是生物催化剂生产过程中至关重要的一步。对各种不同表达系统特性的研究不仅具有一定的科研意义，还有很高的应用价值。

3.2.1 原核工程菌产酶

3.2.1.1 大肠杆菌表达系统

在酶的众多表达系统中，大肠杆菌表达系统一直占据着主导地位。无论是在实验室的研究工作中，还是在商业化的产品开发过程中，大肠杆菌表达系统都是首选的蛋白质表达系统。而且，由于这个系统具有简单、高效的特点，它常被作为衡量其他表达系统效率的标准。

大肠杆菌工程菌的构建常通过质粒系统来实现。常用的大肠杆菌表达质粒有 pET 系列质粒、pQE 系列质粒、pGEX 系列质粒等。这些质粒系统的共同特征是都具有复制起始位点、选择性标签（氨苄霉素、卡纳霉素、氯霉素抗性）、多克隆位点以及启动子序列（T7、T5 或者 Tac 启动子）。常见的大肠杆菌菌株有 BL21（DE3）、Rosetta（DE3）、Tuner（DE3）、AD494（DE3）、Origami（DE3）。这些菌株都是 λ 噬菌体 DE3 的溶原菌。DE3 上携带 T7 RNA 聚合酶基因。这些工程菌可以用来过量表达由 T7 启动子控制的目标蛋白。T7 RNA 聚合酶基因由 lacUV5 启动子控制，因此其表达需要异丙基硫代半乳糖苷（IPTG）诱导。

3.2.1.2 乳酸乳球菌表达系统

乳酸乳球菌是近年来开发的最重要的革兰氏阳性菌表达系统之一。相较于大肠杆菌，它具有安全无毒和无内毒素等特征，是医药生产和食品生产中的重要工程菌。作为一种革兰氏阳性菌，它具有较好的分泌蛋白质的能力。NICE（nisin-inducible controlled gene expression）是乳酸乳球菌中使用最广泛的可诱导蛋白表达系统之一。除乳酸链球菌素（nisin）诱导的启动子外，NICE 还包括乳酸乳球菌 nis 操纵子的调控元件。这个系统可以用于表达相对大量的蛋白质，产量可高达 300mg/L。由于食品级表达系统对产品的安全性要求很高，所以在表达系统中应该尽量避免采用抗生素选择标记物。近年来，研究人员也开发出了其他的诱导表达系统。Sirén 等开发了一种磷酸饥饿诱导系统，用 β-半乳糖苷酶作为目标产物，使用磷酸饥饿诱导系统可以获得和 NICE 系统类似的表达水平。另一种启动子 P170 也显示了良好的特性。P170 基因表达系统不需要诱导，在到达指数期后，当其 pH 值降至 6 以下就能被启动。利用这个表达系统，重组金黄色葡萄球菌核酸酶（NUC）的表达可以达到 300mg/L。在中间性试验中，P170 系统的产率与 NICE 系统类似，这表明它可以作为 NICE 的替代系统。

3.2.1.3 假单胞菌表达系统

荧光假单胞菌是一种生物安全水平一级的生物体。用荧光假单胞菌生产的蛋白质已在一些国家进入临床试验阶段。当其被用于医疗和食品行业时，荧光假单胞菌的安全性尤为重要。在假单胞菌属中有一些自主复制的质粒。这些质粒不仅可以对目标蛋白进行表达，还能表达一些调控蛋白，从而实现对目标蛋白质表达水平的调控。目前已有两种质粒被用于荧光假单胞菌表达平台：RSF1010 和 pCN51。中等拷贝数的质粒 RSF1010（每细胞 30～40 个）最早被用于目标基因的克隆。经过改造以后，研究人员又用这一质粒表达重组蛋白。RSF1010 的骨架包括四环素抗性标记基因 *tetR* 和 *tetA*，这使其可以选择荧光假单胞菌和大肠杆菌作为宿主细胞进行克隆，并在这些宿主之间穿梭。然而，直接克隆到荧光假单胞菌细胞具有多种优势，包括可省去大肠杆菌中间体的步骤以加快克隆宿主菌株的构建等。荧光假单胞菌可使用电转化，转化步骤和其他革兰氏阴性菌（如大肠杆菌）相似。另一个质粒 pCN51 是假单胞菌质粒 pPS10 和克隆载体 pBR325 的杂合体。通过卡那霉素抗性标记选择，pCN51 能够在大肠杆菌和荧光假单胞菌中复制。

3.2.1.4 芽孢杆菌属表达系统

① 枯草芽孢杆菌（*Bacillus subtilis*） 枯草芽孢杆菌是一个有效的外源基因表达系统，具有很强的分泌蛋白的能力。研究人员用枯草芽孢杆菌构建了不同的异源蛋白表达系统。其中，基于枯草菌素调控基因（SURE）的表达系统是最有效的一个，适合表达各种膜蛋白复合物。枯草芽孢杆菌也被用来表达其他蛋白质，如重组酶。在枯草芽孢杆菌中，多个调控子控制着分泌系统的表达，形成了复杂的调控网络。异源蛋白质的分泌可以通过调控分泌系统来增强。在枯草芽孢杆菌中表达来源于嗜热脂肪芽孢杆菌（*Bacillus stearothermophilus*）的 α-淀粉酶时，分子伴侣 PrsA 的过表达可以使 α-淀粉酶的分泌量提高 4 倍。此外，枯草芽孢杆菌中的启动子系统也是影响蛋白质表达量的一个重要因素。为了增强 Pglv 启动子系统，研究人员对其转录原位点下游的核苷酸进行了定点诱变。用突变的 Pglv-M1 启动子表达 β-半乳糖苷酶的产量是野生型启动子的 1.8 倍。

② 巨大芽孢杆菌（*Bacillus megaterium*）　巨大芽孢杆菌是一种遗传背景清晰的微生物，可用于异源蛋白的表达。作为表达宿主，它有几个有利的特性，包括低蛋白酶活性、质粒的结构稳定性和在多种基质上生长的能力。十多个不同的异源蛋白质［如绿色荧光蛋白（GFP）、糖修饰酶和水解酶］已经成功地在巨大芽孢杆菌中表达。例如，角蛋白酶已经在 PxylA 和 PamyL 的启动子作用下在巨大芽孢杆菌中表达，而青霉素 G 酰基转移酶基因（*pac*）也在巨大芽孢杆菌 *pac*（一）突变株中实现了过量表达。然而，在巨大芽孢杆菌中酶生产过程对酶的降解使用差异调整机制，在指数增长期，胞外酶的表达是被调控因子抑制的。为了抵消抑制，调节子 DegSU 可以用于促进巨大芽孢杆菌中外源蛋白质的大量分泌。

③ 短芽孢杆菌（*Bacillus brevis*）　短芽孢杆菌是一种有效的异源蛋白表达菌株。异源表达的酶是直接分泌到培养基中的，并在相对单一的状态下高水平积累。由此分泌的酶通常是能够正确折叠的，从而具有较好的生物活性。因为短芽孢杆菌具有很低的细胞外蛋白酶活性，所以分泌出的蛋白质不容易产生明显的降解。例如，来自嗜热菌（*Pyrococcus horikoshii*）的嗜热纤维素酶和磷脂酶在短芽孢杆菌中已经成功地表达。此外，异源蛋白质的大量分泌可以通过蛋白质工程的方法实现。例如，短芽孢杆菌的分泌系统可以通过真菌蛋白二硫化物异构酶（PDI）来增强。采取和 PDI 构建融合蛋白的策略，短芽孢杆菌中香叶酰焦磷酸合成酶的产量可以得到显著的提高。

3.2.2　真核工程菌产酶

3.2.2.1　酶在毕赤酵母中的表达

虽然原核表达系统有生长迅速、成本低廉等优点。但是在表达很多真核细胞蛋白的时候还是没法达到期望的效果。因此研究人员开发了一些真核表达系统来对这些蛋白进行异源表达，其中使用最广泛的是毕赤酵母系统。

甲基营养型毕赤酵母是用于生产重组蛋白的标准工程菌之一。毕赤酵母在大规模发酵生产重组蛋白中得到了广泛的应用。20 世纪 60 年代末 70 年代初毕赤酵母作为一个将甲醇转换为动物饲料蛋白的生物系统已发展成为今天的两个重要生物工具：①用于细胞生物学研究的真核模式生物。②用于重组蛋白生产的表达系统。在毕赤酵母中异源表达的酶很多，各种脂肪酶在其中的表达效果都不错。但在原核表达系统中脂肪酶却很难正确折叠，因此大多数都存在于包涵体中。此外，在毕赤酵母中能成功表达的还有漆酶、果糖苷酶、弹性蛋白酶、甾醇酯酶、阿魏酸酯酶、纤维二糖水解酶、羟基腈裂解酶等多种酶。

3.2.2.2　丝状真菌表达系统

许多丝状真菌细胞不经过改良就可以生产大量的胞外酶，在工业上常被选作酶制剂生产的宿主。丝状真菌如曲霉和木霉属真菌可以分泌很高水平的蛋白质。例如，黑曲霉能够产生 25～30g/L 的葡糖淀粉酶，里氏木霉能生产 100g/L 的胞外蛋白。

目前，丝状真菌有 4 种常见的转化策略：①由原生质体介导的方法，该方法涉及使用降解细胞壁的酶以及通过聚乙二醇和氯化钙来吸收外源 DNA。这种方法的不足之处在于转化效率受分解酶的影响。②借助农杆菌介导转化。③需要原生质体的制备，包括利用电脉冲介导的可逆膜透化作用促进 DNA 吸收。④将包裹 DNA 的高速金属颗粒射入真菌细胞，从而实现不需要去细胞壁的转化。

丝状真菌表达系统的缺点是转化频率相对较低、由蛋白酶活性产生的蛋白质易降解等。人们观察到，大多数非真菌（哺乳动物、细菌、鸟类、植物等）重组蛋白质的表达水平在丝状真菌中普遍较低，而真菌的蛋白质表达水平较高。可能的瓶颈在转录和翻译水平，也可能在翻译后水平（即低效的折叠、运输、处理或分泌）。

3.2.3　动植物细胞培养产酶

（1）植物细胞产酶工艺

虽然酶制剂并不是植物细胞表达系统常见的表达对象，但是近年来人们开始尝试着用植物细胞表达一些人源的蛋白质以用于医疗目的。研究人员报道了在拟南芥里面表达人类透明质酸酶 PH20（hPH20）的工作。hPH20 的 cDNA 被克隆到 pOTBar 载体里，在这个载体的表达框中有一个拟南芥的油质蛋白基因和 hPH20 组成的融合蛋白，此表达框受菜豆素种子特异性的启动子和终止子的控制，因此，目标蛋白可以在拟南芥的种子中特异性表达。研究人员还用植物的表达载体 pE8BACE 在番茄果实中表达 Beta-分泌酶（BACE1）。BACE1 是治疗阿尔茨海默病药物的重要靶点。pMBP1 载体被用于 BACE1 的表达，其中含有番茄的乙烯催熟基因启动子 E8。在转化到番茄基因组里面后，此启动子可介导 BACE1 基因在番茄果实中的表达。在实验过程中，不同的调控元素被用于构建表达框，结果表明，表达框的组成对酶的表达量至关重要。

虽然植物细胞表达酶有生长快、费用低等优点，但是积累水平低一直是植物细胞重组蛋白生产的主要瓶颈。然而，过去几年中技术上的突破允许植物细胞重组蛋白积累到比较高的水平，其主要策略是通过叶绿体转化和短暂表达，再加上亚细胞定位和蛋白质融合。另一个影响植物重组蛋白生产能的重要因素是快速而简单的蛋白质纯化方法。最近的研究表明，使用油脂蛋白（oleosin）、玉米蛋白、弹性蛋白多肽（ELP）和疏水蛋白（hydrophobin）融合标签，可以开发一种便宜、有效的非色谱分离方法。

（2）昆虫细胞产酶工艺

自 20 世纪中期以来，昆虫细胞的体外培养系统已经建立。当时，建立连续的昆虫细胞系的主要动机是昆虫生理学的研究和体外生产杆状病毒用于害虫的生物防治。然而在 20 世纪 80 年代早期，当基因修饰杆状病毒成为可能时，昆虫细胞培养就成了生物技术的主流。杆状病毒作为载体使外源蛋白在鳞翅目昆虫细胞系中表达，这一表达系统被称为昆虫细胞杆状病毒表达载体系统（IC-BEVS）。如今，IC-BEVS 已经发展成为一个主要的技术平台，被应用到病毒粒子的生产、重组蛋白的生产、生物农药、动物和人类的疫苗治疗以及酶制剂的生产等各个领域。

昆虫细胞主要用来表达抗体等具有高附加值的生物制品，但是在某些情况下昆虫细胞也用来表达酶，特别是具有医用价值的酶。精子特异性甘油醛-3-磷酸脱氢酶（GAP-DHS）是一种很有前途的避孕药作用靶标，因为它只在雄性生殖细胞里面表达，与精子运动能力和男性生育能力息息相关。然而，GAPDHS 很难从精子细胞里面分离，在细菌中的重组表达经常导致不溶性酶的产生。但是在昆虫 Sf9 重组病毒感染的细胞内 GAPDHS 可以实现可溶性表达，酶的产量大于 35mg/L 培养液。质谱和色谱检验证实了 GAPDHS 以四聚物的形式存在。与细菌产生的混合四聚物不一样，昆虫细胞表达的 GAPDHS 是单一的四聚物。这个单一四聚物的大量表达可以促进相应靶向药物的开发。

（3）哺乳动物细胞产酶工艺

现在市场上销售的工业用酶绝大多数都用大肠杆菌、酵母、丝状真菌等微生物来生产。由于哺乳动物细胞高昂的成本，其很少用来表达酶制剂。但是有一类酶制品除外，即用于医疗用途的酶制品。这类产品要求有和人类蛋白质相似的翻译后修饰，只有在哺乳动物细胞内才能实现。这类产品的售价很高，即使用哺乳动物细胞表达成本上也可行。因此哺乳动物细胞表达的酶主要用于医疗用途。

哺乳动物蛋白表达系统的主力是中国仓鼠卵巢细胞（CHO）。在实验室中，人类胚胎肾293（HEK）细胞也是常用的细胞系。HEK细胞系和其他新细胞系可能为酶生产提供以往所没有的属性。其中，来自大鼠脑胶质细胞的C6细胞系和来自羊水细胞的Cap-T细胞系，能够在非常高的密度下培养，这有助于提高目标蛋白质的产量并减少培养成本。而且，通过细胞类型的选择或设计，可以改变翻译后修饰，如糖基化、脂化、磷酸化等作用，从而达到调节目标蛋白质活性的目的。

由于哺乳动物细胞能提供翻译后的修饰，哺乳动物细胞系是生产重组尿激酶的首选。尿激酶（urokinase）是一种丝氨酸蛋白酶。它的功能是切割胞浆素来生成纤溶酶，进而降解纤维蛋白凝块。尿激酶是一种重要的抗血栓药物。CHO细胞是生产重组尿激酶最合适的宿主。尿激酶的市场需求近年来大幅增加，但目前的生产水平并没有保持相同的步伐，尿激酶在市场上处于供不应求的状态。在动物细胞里表达的其他酶还包括人源葡糖脑苷脂酶、α-葡萄糖苷酶、半乳糖苷酶等。

3.3 产酶微生物菌种

酶最早来源于动、植物原料，如木瓜蛋白酶、菠萝蛋白酶、胃蛋白酶等。随着酶制剂的广泛应用和酶工程技术的发展，单纯依赖动、植物来源的酶已不能满足生产要求。由于微生物的多样性，几乎所有被发现的酶都能从微生物当中找到。与动、植物相比，微生物具有独特的生物学优势：①微生物种类繁多，迄今我们认识到的微生物约有10万种，并且微生物的营养类型多样，代谢类型各异，相对于动、植物具有极高的产酶能力，而且生产的酶更具多样化，有利于满足各个领域的需求。②微生物生长周期短、繁殖快、培养条件相对简单，还可通过调控培养条件来提高酶的产量，适用于工业规模化生产，能降低成本，产生更大的经济效益。③微生物适应不同环境的能力较强，可设法改变微生物的遗传性质，以筛选出新的、更理想的菌株，从而大大提高微生物产酶的能力。

早在19世纪，微生物就被用来生产商品酶，最初的生产方法是固体培养法和表层培养法。自第二次世界大战以来，随着微生物纯培养技术、发酵工艺和设备的进一步发展，深层通气液体发酵技术被创立，并得到广泛的应用。以微生物为来源生产酶制剂已形成了规模化的产业，并在工业、农业，特别是在医药业等各个领域得到了广泛应用。用于酶制剂工业生产的微生物种类繁多，可分为细菌、放线菌、霉菌、酵母菌四大类。

3.3.1 产酶微生物种类

3.3.1.1 细菌

细菌（bacteria）是一大类单细胞原核微生物，其结构简单，主要以二均分裂方式进行繁殖。按其形状不同，细菌可分为近球形的球菌、近圆柱形的杆菌和近螺旋形的螺旋菌三种。在酶制剂工业上主要用的是球菌和杆菌，尤其以杆菌为多。

（1）无芽孢杆菌

① 埃希氏菌属（*Escherichia*）　大肠埃希氏菌可用来制备多种酶，如门冬酰胺酶（用于抗肿瘤、治疗白血病）、青霉素酰化酶（用于生产半合成青霉素）、氨基酰化酶（用于拆分 DL-氨基酸，制备 L-氨基酸）、溶菌酶（用于消炎、抗菌等）、谷氨酸脱羧酶（在味精工业中，用于谷氨酸的定量分析）等。

② 假单胞菌属（*Pseudomonas*）　假单胞菌为革兰氏阴性菌，能用来制备多种酶，如 β-酪氨酸酶（用于合成 L-多巴治疗帕金森病）、葡萄糖异构酶、溶菌酶、青霉素 G 酰化酶和脂肪酶等。

（2）芽孢杆菌

枯草芽孢杆菌（*Bacillus subtilis*）能够用来生产各种酶制剂，如 α-淀粉酶、蛋白酶、青霉素酶、5'-磷酸二酯酶（用于水解 RNA，生产核苷酸和核苷等）、溶菌酶和纳豆激酶等。嗜热脂肪芽孢杆菌（*Bacillus stearothermophilus*）产生 α-半乳糖苷酶等。果糖芽孢杆菌（*Bacillus fructoses*）产生异构酶、溶菌酶等。环状芽孢杆菌（*Bacillus circulans*）产生环糊精葡糖基转移酶，用于由淀粉生产环状糊精。巨大芽孢杆菌（*Bacillus megaterium*）产生头孢菌素酰化酶，用于酶法半合成生产各种头孢菌素衍生物，如先锋霉素 Ⅰ～Ⅴ 等。

（3）球菌

① 微球菌属（*Micrococcus*）　微球菌属中溶壁微球菌（*Micrococcus lysodeikticus*）和玫瑰色微球菌（*Micrococcus roseus*）用于生产青霉素酰化酶和溶壁酶等多种酶类。

② 链球菌属（*Streptococcus*）　链球菌属中 β-溶血性链球菌（*β-hemolytic Streptococcus*）在工业上用于生产氨基酸脱羧酶、链激酶、链道酶、双链酶，有溶解血栓、血块，加速伤口愈合等作用。另外明串珠菌属（*Leuconostoc*）可产生葡萄糖异构酶，用于制造果葡糖浆。

3.3.1.2　放线菌

放线菌（*Actinomycetes*）是一种原核生物，但放线菌能形成菌丝，并以产生孢子形式繁殖，所以放线菌是介于细菌和丝状真菌之间的一类原核微生物。放线菌能产生各种胞外酶，如蛋白酶、葡萄糖异构酶、溶菌酶等，而且放线菌还是生产抗生素的主要微生物。

链霉菌属（*Streptomyces*）中的委内瑞拉链霉菌（*Streptomyces venezuelae*）、灰色链霉菌（*Streptomyces griseus*）、白色链霉菌（*Streptomyces albus*）和不产色链霉菌（*Streptomyces achromogenes*）等，可产生葡萄糖异构酶。灰色链霉菌和白色链霉菌可产生溶菌酶。横须贺链霉菌（*Streptomyces yokosukanensis*）、密执安链霉菌（*Streptomyces michiganensis*）和锦葵色链霉菌（*Streptomyces mauvecolor*）等能产生 L-天冬酰胺酶，可抑制食管癌和乳腺癌的发生以及抑制烧伤疼痛和水泡形成等。金色链霉菌（*Streptomyces aureus*）和淡紫灰叶链霉菌（*Streptomyces lavendofoliae*）用于产生青霉素 Ⅴ 酰化酶。弗氏链霉菌（*Streptomyces fradiae*）产生角蛋白酶。橄榄色链霉菌（*Streptomyces olivaceoviridis*）产生木聚糖酶。高温紫链霉菌（*Streptomyces thermoviolaceus*）产生酸性耐热几丁质酶。诺卡氏菌属（*Nocardia*）又称为原放线菌属，

可产生单加氧酶、双加氧酶，用于炔类、脂类物质的降解等。

3.3.1.3 酵母菌

酵母菌（yeast）是一类单细胞真核微生物。目前已知的酵母菌有 490 多种，比发现的细菌种类要少得多，但其在现代发酵工业中，具有重要的经济价值。食用酵母和饲料酵母等除了可以生产酶制剂和有机酸外，还可用其酿酒，生产甘油、强力味精、核苷酸、肌苷等。酿酒酵母（*Saccharomyces cerevisiae*）是糖酵母属中最主要的酵母种，也是发酵工业上最常用、最重要的菌种之一，用于生产凝血激酶、尿激酶等药用酶。球拟酵母（*Torulopsis yeast*）可制取青霉素酰化酶、谷氨酸脱羧酶和酸性蛋白酶等。假丝酵母（*Candida yeast*）可产生单加氧酶、双加氧酶，用于石油产品的降解。

3.3.1.4 霉菌

霉菌（mold）是人们早就认识的微生物，由于霉菌的菌体呈丝状，发育成菌丝体后肉眼可见，在日常生活中，常见到食品霉变时，表面长出絮状物即是霉菌的菌丝体。霉菌在自然界中分布极为广泛，具有较强、较完整的酶系，可以直接用于发酵生产糖化酶、蛋白酶、脂肪酶、纤维素酶、果胶酶等多种酶类，在近代发酵工业中有着重大的作用。

（1）曲霉（*Aspergillus*）

曲霉属是目前产酶能力最强的种属之一，用其制成的酶制剂广泛应用于食品工业、发酵工业和医药工业。曲霉菌可生产的酶品种丰富多样，主要包括：①淀粉酶：主要是 α-淀粉酶和糖化型淀粉酶，其中尤以黑曲霉（*A. niger*）的糖化酶活性最强。有的淀粉糖化酶高产菌株酶活力高达 20000U/mL 以上，广泛用于酶法生产葡萄糖、淀粉水解糖、酒精工业和医药上的抗菌消炎剂。②蛋白酶：其中黄曲霉（*A. flavus*）、黑曲霉、米曲霉（*A. oryzae*）、栖土曲霉（*A. terricola*）和海枣曲霉（*A. phoenicis*）等产生酸性或中性蛋白酶，可以应用于蛋白质的分解、食品加工、药用消化剂、化妆品研制、纺织工业上除胶浆等。③果胶酶：米曲霉、黄曲霉和黑曲霉等均可产生果胶酶，用于果汁和果酒的澄清、制酒、酱油和糖浆的生产、精炼植物纤维等。④葡萄糖氧化酶：用于食品脱糖、氧化葡萄糖生产葡萄糖酸、除氧防锈、医疗诊断用的检糖试纸等。主要生产菌有亮白曲霉（*A. candidus*）、黄柄曲霉（*A. flavipes*）和黑曲霉等。⑤其他酶类：如纤维素酶和半纤维素酶、β-葡萄糖苷酶、脱氧核糖核酸酶、α-半乳糖苷酶、葡萄糖异构酶、酰化氨基酸水解酶、右旋糖酐酶、脂肪酶、过氧化氢酶（用于加工食品、防腐杀菌、分解除去 H_2O_2）、溶栓酶（用于消除动脉及静脉血栓）等。

（2）根霉（*Rhizopus*）

根霉中的米根霉（*R. oryzae*）、黑根霉（*R. nigricans*）、少根根霉（*R. arrhizus*）和代氏根霉（*R. delemar*）等都是淀粉糖化酶的主要生产菌种，其中少根根霉和代氏根霉还被用于生产脂肪酶，匍枝根霉（*R. stolonifer*）主要用于生产果胶酶，微孢根霉（*R. microsporus*）可用于生产凝乳酶，其他根霉还可产生酸性蛋白酶和 α-半乳糖苷酶等。

（3）毛霉（*Mucor*）和犁头霉（*Absidia*）

毛霉能生产多种酶系，如高大毛霉（*M. mucedo*）和总状毛霉（*M. racemosus*），产生用于腐乳发酵的蛋白酶和淀粉糖化酶等，其中高大毛霉还可产生脂肪酶，爪哇毛霉（*M. javanius*）可用于产生果胶酶，微小毛霉（*M. pusillus*）、灰蓝毛霉

（*M. griseocyanus*）和刺状毛霉（*M. spinosus*）可生产凝乳酶等。

犁头霉中的蓝色犁头霉（*A. coerulea*）可生产糖化酶，李克犁头霉（*A. lichtheimi lendner*）等用于生产 α-半乳糖苷酶，伞枝犁头霉（*A. corymbjfera*）可产生 β-甘露糖苷酶、新型乙酰酯酶等。

（4）青霉（*Penicillium*）

青霉也是多种酶制剂的主要生产菌种之一，如葡萄糖氧化酶，可由产黄青霉（*P. chrysogenum*）、点青霉（*P. notatum*）、产紫青霉（*P. purpurogenum*）等产生。产黄青霉还能产生中性、碱性蛋白酶和青霉素 V 酰化酶。由橘青霉（*P. citrinum*）产生的 5'-磷酸二酯酶可水解 RNA，生产 4 种 5'-单核苷酸、肌苷酸和鸟苷酸助鲜剂。环青霉（*P. cyclopium*）可用于产生脂肪酶。草酸青霉（*P. oxalicum*）可产生凝乳酶，属于干酪生产中形成质构和特殊风味的关键性酶。

（5）木霉（*Trichoderma*）

木霉菌是产生纤维素酶、半纤维素酶等多种酶的重要菌种，它们在木质纤维素原料的降解当中起着非常重要的作用。如绿色木霉（*Trichoderma viride*）和康氏木霉（*Trichoderma koningii*）均可产生活性很强的纤维素酶（C1 酶和 Cx 酶）、纤维二糖酶、淀粉酶、乳糖酶、真菌细胞壁溶解酶和青霉素 V 酰化酶等。里氏木霉（*Trichoderma reesei*）也是木质纤维素降解酶的优良生产菌种之一，它还能产生内切葡聚糖酶和环氧化物水解酶等。棘孢木霉（*Trichoderma asperellum*）能直接利用棕榈叶并发酵产生纤维素酶和木聚糖酶。

目前，已有 60 余种酶制剂实现了规模化生产，并在多个领域得到广泛应用。酶制剂所属种类多以糖苷水解酶为主，其中各类蛋白酶约占总量的 60%，糖酶（如淀粉酶等）占 30%。常见的一些重要工业酶制剂的相关信息总结如下（表 3-3）。工业应用中的酶制剂，以在食品工业中的应用最多，它们在淀粉加工、酿造、乳品制造、焙烤中合计消耗的酶制剂量约占总量的 60%，其中约有 81.7% 的食品酶用于碳水化合物、蛋白质和乳品等原料中，应用最广的酶是 α-淀粉酶、蛋白酶、糖化酶、脂肪酶、纤维素酶、半纤维素酶、果胶酶和植酸酶等；洗涤剂用酶约占总量的 35%，其中最典型的酶包括 α-淀粉酶、蛋白酶和纤维素酶等；而在饲料加工等领域所需的酶制剂约占总量的 5%，主要应用的酶包括植酸酶和非淀粉多糖酶。

表 3-3 常见的工业酶制剂的种类、用途及其产酶微生物

酶的名称	相应的产酶微生物	用途
α-淀粉酶 （EC 3.2.1.1）	解淀粉芽孢杆菌、嗜热脂肪芽孢杆菌、地衣芽孢杆菌、枯草芽孢杆菌、米曲霉、黑曲霉	织物退浆、酒精及其他发酵工业液化淀粉、果糖、酿酒、消化剂
β-淀粉酶 （EC 3.2.1.2）	巨大芽孢杆菌、多粘芽孢杆菌、蜡状芽孢杆菌、吸水链霉菌	麦芽糖制造、蒸饼、防止老化
葡萄糖淀粉酶 （EC 3.2.1.3）	根霉、黑曲霉、内孢霉、红曲霉	制造葡萄糖，发酵工业、酿酒中用作糖化剂
异淀粉酶 （EC 3.2.1.33）	假单胞杆菌、产气杆菌属	制造麦芽糖（与 β-淀粉酶合用）、制造直链淀粉，用于淀粉糖化
纤维素酶 （EC 3.2.1.4）	木霉（绿色木霉、里氏木霉、康氏木霉等）、曲霉、青霉	消化植物细胞壁，饲料添加剂，抽提植物成分
半纤维素酶 （EC 3.2.1.78）	曲霉、根霉、解淀粉芽孢杆菌、枯草芽孢杆菌	消化植物细胞壁，饲料添加剂，抽提植物成分

续表

酶的名称	相应的产酶微生物	用途
海因酶 （EC 3.5.2.2）	假单胞菌、杆菌	不对称水解 DL-对羟基苯海因，用于生产半合成抗生素的一些重要侧链
肝素酶 （EC 4.2.2.7）	肝素黄杆菌、棒杆菌	降解肝素，研究和医疗价值高
右旋糖酐酶 （EC 3.2.1.11）	青霉、曲霉、赤霉	分解葡聚糖，防止龋齿，制造麦芽糖
蜜二糖酶 （EC 3.2.1.22）	橄榄色链霉菌、玫瑰多刺链霉菌、紫红被包霉	提高甜菜糖回收率
柚苷酶 （EC 3.2.1.40）	黑曲霉、米曲霉、青霉	去除橘汁苦味
橙皮苷酶 （EC 3.2.1.40）	黑曲霉	防止蜜橘汁浑浊
花色素酶 （EC 3.4.22.2）	米曲霉、黑曲霉、寄生曲霉、青霉	桃子、葡萄脱色
菊粉酶 （EC 3.2.1.7）	霉菌、酵母菌、细菌	水解菊粉，生产高果糖浆和低聚果糖
果胶酶 （EC 3.2.1.15）	木质壳霉、黑曲霉（与果胶质共存）	果汁澄清，果实榨汁，植物纤维精炼

3.3.2　高产菌种的选育和基因工程菌的构建

3.3.2.1　产酶菌种的诱变育种

从自然界分离所得的野生型菌种，不论是产量还是质量，均难满足工业化生产的需求。微生物育种就是经由改变和操纵微生物的基因，进而选育出适合工业化生产的菌种的一种综合技术。基因突变是微生物变异的主要途径，人工诱变又是加速基因突变的重要手段。以人工诱发突变为基础的微生物诱变育种，具有速度快、收效大、方法简单等优点，是菌种选育的一个重要途径，在发酵工业菌种选育上具有卓越的成就。

迄今为止，国内外发酵工业中所使用的生产菌种绝大部分是人工诱变选育出来的。诱变育种在抗生素工业生产上的作用更是无可比拟，几乎所有的抗生素生产菌都离不开诱变育种的方法。我国抗生素、酶制剂工业的发展，是与菌种选育工作的开展紧密相关的。菌种选育取得重要成就，使发酵工业生产得以发展、扩大和提高。

诱变育种的基本工作流程如图 3-5 所示。

（1）出发菌株的选择

出发菌株是用于诱变育种的原始菌株。选择应用合适的出发菌株对提高诱变育种的效果有着极其重要的意义。经常用作出发菌株的有以下三类：第一类是新从自然界分离的野生型菌株，这类菌株的特点是对诱变因素敏感，容易发生变异，而且容易向好的方向

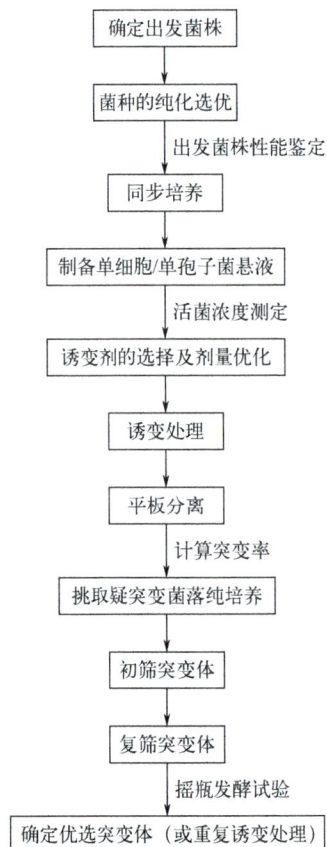

确定出发菌株
↓
菌种的纯化选优
↓ 出发菌株性能鉴定
同步培养
↓
制备单细胞/单孢子·菌悬液
↓ 活菌浓度测定
诱变剂的选择及剂量优化
↓
诱变处理
↓
平板分离
↓ 计算突变率
挑取疑突变菌落纯培养
↓
初筛突变体
↓
复筛突变体
↓ 摇瓶发酵试验
确定优选突变体（或重复诱变处理）

图 3-5　诱变育种的基本工作流程

变异，产生正向突变。第二类是诱变育种中经常采用的，对在生产中由于自发突变而经筛选得到的菌株进行诱变，这类菌株类似野生型菌株，容易得到好的结果。第三类是对已经诱变过的菌株进行再诱变，这也是诱变育种工作中经常采用的，这类菌株情况比较复杂，须区别情况对待。

（2）同步培养

在诱变育种中，一般均采用生理状态一致的单细胞或单孢子，诱变处理前，菌悬液的细胞应尽可能达到同步生长状态，这种培养生理活性一致的细胞的方法，称同步培养法。

（3）单细胞（或单孢子）菌悬液的制备

在诱变育种中要求待处理的菌悬液呈分散的单细胞或单孢子状态，这样一方面可以均匀地接触诱变剂，另一方面是由于突变的独立性决定的，在同一诱变环境中，不同细胞发生基因突变是彼此独立的，为防止突变菌株在筛选过程中互相干扰，避免长出不纯菌落，有利于突变菌株的筛选。

供诱变菌悬液的制备方法：一般处理霉菌孢子或酵母菌细胞悬浮液的浓度大约 10^6 个/mL，放线菌或细菌密度大些，可在 10^8 个/mL 左右。悬浮液的细胞数可用平板活菌计数，也可用血球计数器或光密度法测定，但以平板活菌计数更为准确。

（4）诱变剂的选择及其剂量的确定

常用的诱变剂主要分为两大类：物理诱变剂和化学诱变剂。

① 物理诱变剂　物理诱变主要是采用辐射，包括紫外线、X 射线、γ 射线（^{60}Co）、快中子、α 射线、β 射线和超声波等，其中以前三种的应用最多。它们主要是通过引起核酸分子中四种脱氧核苷酸，尤其是脱氧鸟苷酸、脱氧胸苷酸发生氧化，从而造成 DNA 的损伤或畸变。

由于紫外线无需特殊贵重设备，只需有一根用于灭菌的普通紫外灯管就能实现，而且诱变效果也很显著，因此它是目前使用最广泛的一种诱变剂。为了避免光复活作用，紫外诱变应在暗室的红光下操作，处理完毕后，应用黑布将盛有菌悬液的器皿包起来培养，之后再进行分离筛选。X 射线和 γ 射线二者都属于高能电磁波，两者性质相似。生物学上应用的 X 射线一般由 X 光机产生，而 γ 射线来自放线性元素钴、镭、氡等。X 射线和 γ 射线诱发的突变率和射线剂量直接相关，而与时间长短无关。

② 化学诱变剂　化学诱变剂的种类很多，根据它们对 DNA 的作用机制，可分为三大类：第一类直接与核苷酸碱基起化学变化，引起核苷酸碱基发生改变，因而引起 DNA 复制时碱基配对的置换而发生变异。例如亚硝酸、硫酸二乙酯、甲基磺酸乙酯等。第二类是一些核苷酸碱基类似物，它们在核酸复制过程中替代相应碱基渗入 DNA 分子中，这些碱基类似物在不同条件下配对碱基发生改变，从而引起变异。例如，5-溴尿嘧啶、5-氨基尿嘧啶、2-氨基嘌呤、8-氮鸟嘌呤等。第三类是吖啶类染料，例如三氨基吖啶、吖啶黄、吖啶橙、5-氨基吖啶。吖啶类化合物的诱变机制目前还不是很清楚。现普遍认为，由于吖啶类化合物是一种平面型三环分子结构，与一个嘌呤-嘧啶碱基对相似，因此能够嵌入两个相邻的 DNA 碱基对之间，造成双螺旋的部分解开，从而在 DNA 复制过程中，会使链上插入或缺失一个碱基，结果引起移码突变。

决定化学诱变剂剂量的因素主要有诱变剂的浓度、作用温度和作用时间，化学诱变剂的处理浓度通常是在微克级至毫克级范围内，但这个浓度不仅取决于药剂、溶剂及微生物本身的特性，还受水解产物的浓度、某些金属离子以及特定情况下诱变剂延迟作用的影响。一般对于一种化学诱变剂来说，处理浓度对不同微生物有一个大致范围，在进行预试验时，也通常是将浓度、处理温度确定后，测定不同时间的致死率来确定适宜的诱变剂量。化学诱变剂处理需要有合适的方法来终止反应。一般采取稀释法、解毒剂或改变 pH 等方法来中止反应。

诱变剂的选择主要看具体实验条件，一般对于重复诱变处理，多采用不同诱变剂交替使用的方法，以避免回复突变。也有选择物理诱变剂和化学诱变剂同时处理的方法，以取得较理想的诱变效果。

（5）变异菌株的初步筛选

近十几年来，人们为了缩短筛选周期，往往对筛选方法加以简化，以代替大量的摇瓶培养工作，并将初筛与复筛两个阶段结合在一起进行，其效果甚佳。筛选方法的简化主要从两方面着手：一是利用形态突变体直接淘汰低产变异菌株；二是利用平皿反应直接挑取高产变异菌株。

所谓平皿反应是指每个变异菌落产生的代谢产物与培养基内的指示物在培养皿平板上作用后表现出的生理效应（如变色圈、透明圈、生长圈和抑菌圈等）的大小，这些效应的大小表示了变异菌株生产活力的高低，所以可以作为筛选的标志。常用的方法有纸片培养显色法、透明圈法、琼脂块培养法等。

（6）变异菌株的特性研究与鉴定

高产菌株选育之后，为了实现其在工业化生产中的应用，需要研究菌种的纯度、遗传稳定性、菌落类型、群体形态、生活能力、产孢子量、保藏培养基及保藏方法；研究菌种碳源和氮源利用情况、菌丝生长速度、菌丝量、发酵液浓度、过滤难易状况；还需要研究最适移种期、移种量、通气搅拌、温度、pH 等。菌株的发酵参数一般先在摇瓶中进行研究，再在小型发酵罐上摸索其与大型发酵罐之间一些重要参数的相关性，为工业化生产提供更为接近的发酵条件。

高产菌株选出后，要及时妥善保藏，然后进行中间试验，最后投入生产。一种高产菌株不仅要具有高产性能，还要具有遗传性状稳定、生活能力强、产孢子丰富、发酵性能好、周期短、能广泛适应环境条件等优良特性。优良菌株选育后，还应从分子水平上进一步对变异菌株的生理生化特性加以鉴定，以全面了解菌株的各种属性，这是考核菌株基因突变的重要指标，也可为菌株进一步的研究和应用提供有指导意义的参考数据。

3.3.2.2 基因工程菌的构建

基因工程的诞生为微生物育种带来了重大变革。与传统育种方法不同的是，基因工程育种不但可以完全突破物种间的障碍，实现真正意义上的远缘杂交，而且这种远缘既可跨越微生物之间的种属障碍，还可实现动物、植物、微生物之间的杂交。同时，利用基因工程方法，人们可以在一定范围内进行自然演化过程中不可能发生的新的遗传组合，创造出具有新性状的生物。这是一种自觉的、能像工程一样事先进行设计和控制的育种技术，是最新、最有前途的育种方法。

酶基因的克隆和表达的基本原理如图 3-6 所示，首先制备含有目的酶的 DNA 片段，同时选择合适的载体（如质粒、λ 噬菌体等）。选用只有一个切点的限制性内切酶切割环状质粒 DNA 或者其他载体 DNA 分子，形成具有黏性末端的线状分子。用同种限制性内切酶切割外源 DNA，形成相同的黏性末端。在连接酶作用下，线状的载体 DNA

分子与外源 DNA 片段重组。再用重组 DNA 分子转化大肠杆菌。转化之后，根据载体上的筛选标记进行阳性克隆的筛选。大肠杆菌克隆载体 pUC 系列、表达载体 pET 系列一般采用抗生素和蓝白斑筛选，一旦筛选出能高效表达的菌株，就可以发酵工程菌株，大量生产所需要的酶（克隆酶）。由于这种克隆酶在宿主细胞中可以有较高的拷贝数，而且宿主细胞（常是微生物）的生长周期短，适合用发酵工程技术大规模培养，因而可以极大地降低生产成本和酶制剂的销售价格，扩大其应用。

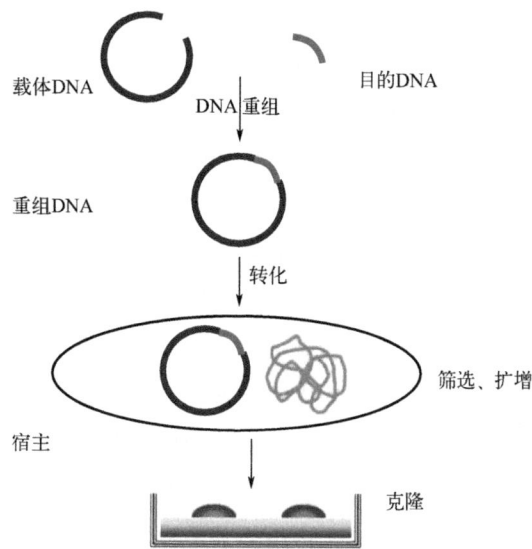

图 3-6　基因克隆和表达的原理示意图

近年来，随着基因工程技术在酶工程中的应用和发展，越来越多的酶基因都已克隆和表达成功。目前，已克隆的酶基因超过了 100 种，部分酶基因已得到转化和生产，成为具有商业价值的基因工程酶（表 3-4）。

表 3-4　商品化酶

酶	来源菌	用途	公司
枯草杆菌蛋白酶	枯草芽孢杆菌（*Bacillus subtilis*）	洗涤剂	Genencor
α-淀粉酶	曲霉素（*Aspergillus* sp.）	洗涤剂	Novo
淀粉酶	枯草芽孢杆菌（*Bacillus subtilis*）	淀粉加工	Enzyme Bioystems
凝乳酶	大肠杆菌（*Escherichia coli*）	奶酪生产	Pfizer
凝乳酶	马克斯克鲁维酵母 （*Kluyveromyces marxianus*）	奶酪生产	Gist-Brocades
凝乳酶	黑曲霉变种泡盛曲霉 （*Aspergillus niger* var. *awamori*）	奶酪生产	Genencor

重组 DNA 技术不仅可以将外源酶基因导入受体菌构建新的工程菌，以高效表达目的产物酶，还可以用来对酶基因或相关基因进行体外定向突变，将他们按人们所希望的目标加以改造。基因体外定向突变的基本方法是先克隆待突变的目的 DNA 片段，并将它与载体重组，然后在体外对环状重组体进行定位突变，再将突变后的 DNA 片段导入受体细胞使其表达目标产物。利用特定的鉴别手段可以将克隆子挑选出来。这是一种人为定向地改造菌种的方法，和传统育种方法比较目的性更强，性质更为优良。

3.4　发酵产酶过程控制

3.4.1　发酵产酶过程中的主要控制参数

培养基是指经人工配制而成的适合微生物生长繁殖和积累代谢产物所需要的营养基质。培养基不但需要根据不同产酶微生物菌种的营养要求，加入适当种类和数量的营养物质，并要注意一定的碳氮比（C/N），还要调节适宜的酸碱度，保持适当的氧化还原电位和渗透压。

培养基的主要营养物质有水分、碳源、氮源、无机元素、生长因子、产酶促进剂等。培养基的营养成分对发酵产酶具有重要的影响。根据营养成分的来源划分，培养基可以分为天然培养基（natural medium）、合成培养基（synthetic medium）、半合成培养基（semi-synthetic medium）。根据物理状态划分，培养基可以分为液体培养基（liquid medium）、固体培养基（solid medium）。

培养基浓度对酶的形成同样具有重要影响。培养基营养成分过低，不能满足菌体细胞生长代谢物质和能量的需要，就会影响菌体生长和酶的形成。培养基营养成分过于丰富，有时会使菌体生长过盛，发酵液非常黏稠，传质状况差，菌体细胞不得不花费较多的能量来维持其生存环境，即用于非生产的能量大大增加，这对酶的合成非常不利，同时高浓度的培养基会引起碳分解代谢物阻遏现象，并阻遏产物的形成。

在酶的发酵生产中，为了解除培养基过浓的抑制、产物反馈抑制和葡萄糖分解阻遏效应，以及避免在分批发酵过程中因一次投糖过多造成细胞大量生长，耗氧过多而供氧不足等状况，必须控制培养基的浓度。发酵过程中培养基浓度控制可通过中间补料的方法来实现。

补料培养包括补料分批培养（fed-batch cultivation，FBC）和连续培养。补料分批培养又称半连续培养，是指在分批培养过程中，间歇或连续地补加新鲜培养基的方法，它属于分批培养和连续培养之间的一种过渡方式。同连续培养相比，补料分批培养无须严格的无菌条件，也不会产生菌种老化和变异问题，适用范围也比连续培养广泛，因此广泛应用于发酵工业。

在补料分批培养中，补料的内容主要包括：①碳源和能源，如在发酵液中添加葡萄糖、饴糖和液化淀粉等。发酵中作为消泡剂的天然油脂类物质，同样也起了补充碳源的作用。②氮源，如在发酵过程中添加蛋白胨、豆饼粉、花生饼、玉米浆、酵母粉和尿素等有机氮源。有些发酵过程中还会通入氨水来补充发酵所需的氮源。③微生物生长和合成需要的微量元素或无机盐，如磷酸盐、硫酸盐和氯化钴等。④酶的诱导底物，如乳糖等。

目前，补料分批培养的类型很多，所用的术语也未统一。就补料方式而言，有连续流加和变速流加。每次流加又可分为快速流加、恒速流加、指数速率流加和变速流加。从补加的培养基成分来区分，又可分为单一组分补料和多组分补料。从反应器中发酵体积分，可分为变体积流加和恒体积流加等。

补料分批培养技术自20世纪初始用于酵母生产以来，已广泛应用于抗生素、氨基酸、酶制剂和有机酸等生产领域。可以预见，随着研究工作的深入，随着计算机在发酵过程自动控制中的应用发展，补料分批培养技术必将在发酵工业中得到更为广泛的应用，发挥更大的经济效应。

3.4.2 发酵条件对产酶的影响

酶制剂的发酵生产，除菌种的生产性状和发酵培养基对产量有显著影响外，发酵条件对酶的产量也有很大的影响，主要包括发酵温度、发酵液的pH、溶氧等发酵条件。

3.4.2.1 发酵温度

（1）发酵温度对发酵产酶的影响

发酵过程中除了要满足生产菌种的营养需求外，还需要维持菌的适当培养条件。培养条件其中之一就是保持菌体生长和产物合成所需的最适温度。微生物的生长和产物合成都是在各种酶的催化下进行的，温度是保证酶活性的重要条件，温度对细胞膜状态也有影响，进而影响到细胞膜透性而影响物质运输，因此发酵系统中必须保证稳定且合适的温度环境。不同的细胞有各自不同的最适生长温度，如枯草芽孢杆菌的最适生长温度为 34～37℃，黑曲霉的最适生长温度为 28～32℃，植物细胞的最适生长温度在 25℃左右。

温度的变化对发酵过程可产生两方面的影响。一方面是影响各种催化酶反应的速率和蛋白质的性质。另一方面是影响发酵液的物理性质，如发酵液的黏度、基质和氧在发酵液中的溶解度和传递速率以及某些基质的分解和吸收速率等。

（2）影响发酵温度变化的因素

在发酵过程中温度的变化主要是由于发酵过程中既存在产生热能的因素，又存在散失热能的因素。产热因素有生物热（$Q_{生物}$）和搅拌热（$Q_{搅拌}$），散热的因素有蒸发热（$Q_{蒸发}$）、辐射热（$Q_{辐射}$）和显热（$Q_{显}$）。产生的热能减去散失的热能，所得的净热量就是发酵热（$Q_{发酵}$），即 $Q_{发酵}＝Q_{生物}＋Q_{搅拌}－Q_{蒸发}－Q_{辐射}－Q_{显}$。发酵热是发酵温度变化的主要因素。

由于 $Q_{生物}$、$Q_{蒸发}$ 和 $Q_{辐射}$ 会随着发酵条件的变化而波动，特别是 $Q_{生物}$ 还会随着发酵时间的变化而波动，因此发酵热在整个发酵过程中也随时间变化，从而会引起发酵温度发生波动。为了使发酵能维持在一定温度下进行，需要设法对其进行控制。

（3）最适温度的选择与控制

细胞发酵产酶的最适温度与菌株的最适生长温度有所不同，而且往往低于菌株的最适生长温度，这是由于在温度较低的条件下，酶的稳定性较高，细胞产酶时间相对延长。例如，用酱油曲霉生产蛋白酶，在 28℃条件下发酵，其蛋白酶的产量比在 40℃条件下高 2～4 倍，在 20℃条件下发酵，则其蛋白酶产量会更高。但并不是温度越低越好，若温度过低，生化反应速度很慢，反而会降低酶产量，延长发酵周期。故必须通过试验研究，以确定最佳产酶温度。

对于细胞生长与发酵产酶适合温度不同的微生物，要实现酶的高效生产，须在不同发酵产酶阶段控制不同的温度条件。在生长繁殖阶段控制在细胞生长最适温度范围内，以利于细胞生长繁殖，而在产酶阶段，则需控制在产酶的最适温度范围内。

温度控制一般采用热水升温、冷水降温的方法。因此，在发酵罐上均设计有足够传热面积的热交换装置，如排管、蛇管、夹套、喷淋管等，以保证能较好地控制发酵过程中的温度。对于微生物来讲，其最适生长温度与最适产酶温度稍有差异，故在发酵工艺温度控制时，应在微生物生长期和产酶期做相应的调整，以提供相应的最适温度。在刚接种的初期，微生物尚未大量生长起来，此时主要是通过供热和保温来保持发酵液温度的恒定。当大量微生物生长起来以后，由于微生物细胞的代谢旺盛，发酵液的热量来源主要有细胞的代谢热、通气带入的热量和发酵液机械搅拌产生的机械热，这些热能足以使发酵液的温度上升，所以，这个时期发酵液的温度控制主要通过降温冷却来实现。

3. 4. 2. 2　发酵液的 pH

（1）pH 对发酵产酶的影响

发酵过程中发酵液的 pH 是微生物在一定条件下代谢活动的综合指标，是一项重要的发酵参数。它对菌体的生长和产物的积累有很大影响。因此必须掌握发酵过程中 pH

的变化规律，及时监测并加以控制，使它处于最佳的状态。

不同细胞生长繁殖的最适 pH 有所不同。一般细菌和放线菌的生长最适 pH 为中性或微碱性（pH 6.5～8），霉菌和酵母菌的生长最适 pH 为偏酸性（pH 4～6），植物细胞生长的最适 pH 值为 5～6。微生物对 pH 的适应范围取决于其生态学特性，每种微生物都有自己的生长最适 pH，如果发酵液的 pH 不合适，则微生物的生长就要受到影响。因此，合理控制好发酵液的 pH，不仅是保证微生物生长的主要条件之一，而且是防止杂菌污染的一个重要措施。

pH 对微生物代谢活性产生影响的主要原因有以下几方面：a. 细胞外的 H^+ 或 OH^- 离子能够影响细胞外酶蛋白的解离度和电荷情况，改变酶的结构和功能，引起酶活性的改变。b. pH 影响细胞对基质的利用速度和细胞的结构，以致影响菌体的生长和产物的合成。c. pH 影响细胞膜的电荷状况，引起膜通透性发生改变，从而影响细胞对营养物质的吸收和代谢产物的形成。

（2）影响 pH 变化的因素

在发酵过程中，发酵液的 pH 变化仍是细胞产酸和产碱代谢反应的综合结果。一方面，当培养基中含有丰富的碳源时，碳源氧化不完全就会使有机酸（如苹果酸、柠檬酸和丙酮酸等）大量积累，从而引起培养基 pH 下降。此外，一些生理酸性盐，如 $(NH_4)_2SO_4$ 中 NH_4^+ 被菌体利用后，残留的 SO_4^{2-} 会使发酵液的 pH 下降。另一方面，当培养基中的氮源物质占很大比例时，蛋白质和其他含氮有机物被水解后会释放出氨，导致培养液的 pH 迅速上升，而且一些生理碱性盐，如 $NaNO_3$ 中 NO_3^- 被菌体利用后，也会导致发酵液的 pH 上升。再者，通气量的大小也影响着 pH 的变化，当通气量充足时，细胞的有氧代谢占主导地位，糖和脂肪的氧化进行较为彻底，其最终产物是二氧化碳和水，pH 的变化就相对慢些。反之，当通气量不足时，碳源物质的氧化不彻底，大量有机酸中间产物积累，pH 降低较快。

由上可知，发酵液 pH 的变化是细胞代谢的综合结果，因而我们从代谢曲线中的 pH 变化就可以推测发酵罐中的各种生化反应的进展和 pH 变化异常的可能原因，由此提出改进措施。在发酵过程中，要选择好发酵培养基的成分及其配比，并控制好发酵工艺条件，才能保证 pH 不会产生明显的波动，使 pH 维持在最佳的范围内，得到良好的结果。

（3）发酵最适 pH 的确定和控制

① 发酵最适 pH 的确定　由于微生物不断地吸收、同化营养物质和排出代谢产物，因此在发酵过程中发酵液的 pH 不断在变化。pH 的变化不但与培养基的组成有关，而且与微生物的生理特性有关。各种微生物的生长和发酵都有各自最适的 pH，最适 pH 需根据实验结果来确定。将发酵培养基调节成不同的出发 pH 进行发酵，在发酵过程中，定时测定和调节 pH，以分别维持出发 pH，或者利用缓冲液来配制培养基以维持之，到时观察菌体的生长情况，以菌体生长达到最高值的 pH 为菌体生长的最适 pH。采用同样的方法，可测得微生物产酶的最适 pH。但对于同一产品的最适 pH，先后报告的数值会有一定的差异，这可能是所用的菌株、培养基组成和发酵工艺不同引起的。在确定最适发酵 pH 时，还要考虑培养温度的影响，若温度提高或降低，最适 pH 也可能发生变动。

② pH 的控制　微生物本身具有一定调节周围 pH 的能力，以建成最适 pH 的环

境。如地中海诺卡氏菌在发酵过程中，分别采用 6.0、6.8、7.5 三个 pH 出发值，结果发现 pH 值在 6.8 和 7.5 时，最终发酵 pH 值都达到 7.5 左右，而且菌丝生长和发酵产酶都达到正常水平，这说明菌体具有一定的自调能力。但是，菌体自生调节周围 pH 的能力是非常有限的。酶制剂的液态发酵生产中，我们必须采取合理的方法来控制发酵液 pH 的变化，才能使其恒定在最适 pH 左右。首先应考虑和试验发酵培养基的基础配方，通过获得合适配比的培养基组分，使发酵过程中的 pH 变化控制在合适的范围内。因为培养基中含有代谢产酸［如葡萄糖、$(NH_4)_2SO_4$ 等］和产碱（如 $NaNO_3$、尿素等）的物质以及缓冲剂（如 $CaCO_3$）等成分，它们在发酵过程中会影响 pH 的变化，特别是 $CaCO_3$，能与酸等反应而起到缓冲作用，所以它的用量比较重要。如果利用上述方法仍达不到 pH 调节的要求，便可在发酵过程中直接补加酸或碱，以便实现发酵 pH 的有效调控，而且整个调控过程都是自动完成的，这主要是借助安装在发酵罐里的 pH 敏感电极来实现自动化调控。pH 调控时，以往都是直接加入酸（如 H_2SO_4）或碱（如 NaOH），但现在常用生理酸性物质 $(NH_4)_2SO_4$ 和碱性物质氨水来控制。这种方法既可以达到稳定 pH 的目的，又可以不断补充营养物质，特别是对于能产生阻遏作用的物质，少量多次补加还可解除对产物合成的阻遏作用，提高产物产量。当发酵的 pH 和氨氮含量都低时，可通过补加氨水来达到调节 pH 和补充氨氮的双重目的；反之，当 pH 较高，而氨氮含量偏低时，可补加 $(NH_4)_2SO_4$。可见，采用补料的方法可以同时实现补充营养、延长发酵周期、调节 pH 和培养液的特性（如菌体密度等）等几个目的。

3.4.2.3　溶氧

（1）溶氧对发酵产酶的影响

细胞的生长繁殖以及酶的生物合成过程需要大量的能量，这些能量一般是由 ATP 等高能化合物来提供。为了获得足够的能量，满足细胞生长和发酵产酶的需要，培养基中的能源（一般由碳源提供）必须经过有氧分解才能合成大量的 ATP。因此，发酵过程中必须供给大量的氧气。

在培养基中生长和发酵产酶的细胞，一般只能利用溶解在培养基中的氧气——溶解氧。氧是一种难溶的气体，在 25℃和 $1×10^5 Pa$ 时，空气中的氧在纯水中的溶解度仅为 $0.25 mol/m^3$ 左右。培养基中含有大量有机物和无机盐，因而氧在培养基中的溶解度就更低。对于菌体浓度为 10^5 个/mL 的发酵液，假设细胞的呼吸强度为 $2.6×10^3 mol/(kg·s)$，菌体密度为 $1000 kg/m^3$ 时，含水量为 80%，则每立方米培养液的需氧量为 $187.2 mol/(m^3·h)$，即每小时在 1mL 培养液中需要的氧是溶解量的 750 倍。如果中断供氧，菌体就会在几秒钟内把溶解氧耗尽，所以在发酵过程中需要连续不断地供给无菌空气，使培养基中的溶解氧保持在一定水平，以满足细胞生长和产酶的需要。

微生物的耗氧速率受发酵液中溶氧浓度的影响。各种微生物对发酵液中溶氧浓度有一个最低要求，这一溶氧浓度称作"临界氧浓度"，以 $c_临$ 表示。发酵过程中，当溶氧速率低于耗氧速率时，就会引起发酵液中溶氧浓度下降，当溶氧浓度降至低于 $c_临$ 时，细胞得不到所需的供氧量，必然影响其生长和产酶。然而，溶氧速率过高，有时对发酵也是不利的，一则会造成浪费，二则在高溶氧速率下会抑制某些酶的生成。此外，为获得高溶氧速率而采用的大量通气和快速搅拌等措施会使某些细胞（如霉菌、放线菌、植物细胞、动物细胞和固定化细胞等）受到损伤。所以培养过程中不需要使溶氧浓度达到或接近饱和值，而只要超过某一临界氧浓度即可。

（2）溶氧的控制

发酵液的溶氧浓度变化，是由供氧和需氧两方面所决定的。控制发酵液中的溶氧浓度，需从以下两方面着手：

① 从供氧方面考虑　根据气液传递速率方程 $N = K_L(c' - c)$。

式中，N 为单位时间内培养溶液氧浓度的变化，$kmol/(m^3 \cdot h)$；c' 为在罐内氧分压下培养液中氧的饱和浓度，$mmol/L$；c 为测定的氧浓度，$mmol/L$；K_L 为传质系数，h^{-1}。

由上式可知，氧的供应主要受到 K_L 和 c' 的制约，增加 K_L 和 c' 均能使发酵液的供氧改善。因此增加培养液中的氧浓度可采用如下一些办法：

a. 提高氧分压：增加空气压力，或提高空气中氧的含量，均能提高氧的分压，从而提高溶氧速率。

b. 增加通气量：通气量是指单位时间内流经培养液的空气体积（L/min）。通常用通气比（即通气量与培养液体积之比）表示。增加通气量可以提高溶氧速率。

c. 延长气液接触时间：气液两相接触时间延长，可增加氧的溶解，从而提高溶氧速率。可以通过增加液层高度和在反应器中增设挡板等方法延长气液接触时间。

d. 增加气液比表面积：氧气溶解到培养液是通过气液两相的界面进行的。气液比表面积的大小取决于截留在液体中的气体体积以及气泡的大小。截留在液体中的气体越多，气泡的直径越小，那么气液比表面积就越大，越有利于提高溶氧速率。为了增大气液接触面积，应使通过培养液的空气尽量分散。在发酵容器底部安装空气分配管，使分散的气泡进入液层，是增加气液接触的主要方法。装设搅拌装置或增设挡板等可使气泡进一步打碎和分散，也可有效地增加气液两相的接触面积，从而提高溶氧速率。

e. 改变培养液的性质：液体的性质如密度、黏度、表面张力、扩散系数等的变化，都会对 K_L 带来影响。在同样的发酵罐中和同样的操作条件下进行通气搅拌，如果液体性质有较大的不同，则 K_L 也不相同。液体的黏度对 K_L 影响很大。液体的黏度增大时，由于滞流液膜厚度增加，产生气泡多，传质阻力就增大，同时扩散系数降低，不利于氧的溶解。通过改变培养液的组分或浓度，可有效地降低培养液的黏度。加入适宜的消泡剂或设置消泡装置，消除泡沫的影响，都可提高溶氧速率。

f. 添加氧载体：氧载体是一种与水不互溶、对微生物无毒且具有较高溶氧能力的有机物。它与发酵液形成的体系具有氧传递速度快、能耗低、气泡生成少、剪切力小等特点，这些优点使得它越来越受到人们的重视。如在利用大肠杆菌发酵生产 L-天冬酰胺酶的过程中，加入 5% 正十二烷作为氧载体，可以明显提高发酵介质中的溶氧水平，改善供氧条件，增大菌体浓度，提高 L-天冬酰胺酶发酵水平，在优化条件下，可使发酵液最终酶活力提高 21% 左右。

② 从需氧方面考虑　菌的需氧量可用公式 $r = Q_{O_2} c_c$ 表示。

式中，r 为摄氧率，指的是单位体积培养液中的细胞在单位时间内所消耗的氧气量，$mmol/(L \cdot h)$；Q_{O_2} 为细胞呼吸强度，是指单位细胞量在单位时间内的耗氧量，$mmol/(g \cdot h)$；c_c 为细胞浓度，指的是单位体积培养液中细胞的量，g/L。

细胞的呼吸强度与细胞种类和细胞生长期有关。不同细胞的呼吸强度各不相同，同一种细胞在不同的生长阶段，其呼吸强度也有差别。一般细胞在对数生长期时，呼吸强度较大，在产酶高峰期时，由于大量进行酶的合成，需要很多的能量，也就需要大量的氧气，呼吸强度大。

根据上式，可采用以下两种手段来提高发酵液中的溶氧速率：

a. 限制培养液中的营养成分，减少细胞生长速率。此方法看似有"消极作用"，但从效果来看，在设备供氧条件不足的情况下，控制细胞数量，使发酵液中有较高的氧浓度，从而有利于代谢产物的合成。

b. 降低培养温度，由于氧传质的温度系数比生长速率的温度系数低，降低培养温度可得到较高的溶氧值。当然，采用降低温度而偏离酶生物合成的最适温度以求得较高的溶氧值是不值得的。

以上各种方法可根据实际情况选择使用，以便根据耗氧速率的改变而有效、快捷地调节溶氧速率。

3.4.2.4　泡沫和泡沫的控制

（1）泡沫对发酵产酶的影响

在发酵过程中，由于培养基中存在蛋白质类表面活性剂，通气后的培养液很容易形成泡沫。发酵过程中形成的泡沫主要分为两种：一种是发酵液液面泡沫，由于通气和搅拌使得发酵液表面形成大量泡沫，这种泡沫持久性很强，它们会阻碍发酵过程中产生的 CO_2 的排除以及发酵液对 O_2 的吸收，从而严重影响酶的产生；另一种是发酵液中的泡沫，又称流态泡沫。起泡会给发酵和酶制剂生产带来许多不利因素，如减少发酵罐的装料系数、减少氧传递系数等。泡沫过多，会造成发酵液从排气管路或轴封处逃出，产生大量的逃液，而且还会增加染菌的机会等。起泡严重时甚至会影响通气和搅拌，进而影响菌体的呼吸，导致菌体代谢异常或自溶。因此，控制泡沫是保证正常发酵的基本条件之一。

（2）泡沫的控制

在发酵过程中，必须采取有效措施来消除泡沫，泡沫的控制主要采用以下三种途径：①通过菌种选育，筛选出不产流态泡沫的菌种。②调整培养基中的营养成分（如减少或缓加易起泡的原材料），或改变某些物理化学参数（如 pH、温度、通气和搅拌等），或者改变发酵工艺（如采用分批补料等）来控制，以减少泡沫的形成机会。③采用机械消泡或消泡剂消泡来消除已形成的泡沫是目前公认较好的方法。机械消泡通过在发酵罐的搅拌轴的上端（在发酵液面以上）装搅拌桨，在发酵搅拌的同时，消泡搅拌桨打击泡沫，起到消除泡沫的作用。该法的特点为节省原料和减少染菌机会，但消沫效果不理想，仅可作为消泡的辅助方法。由于机械消泡是难以满足生产需求的，所以必须配合消泡剂才能起到充分消除泡沫的作用。

消泡剂消泡是通过外界加入消泡剂，使泡沫破裂的方法，添加的消泡剂必须具备以下条件：①表面张力较低，并且难溶于水或不溶于水；②不会对发酵微生物的正常代谢产生阻碍作用；③无毒无害，尤其是生产食品工业酶制剂，此项要求更为严格；④价格便宜、取材方便。

目前，已获得认可并被使用的消泡剂主要有矿物油类、脂肪酸类、脂肪酸酯类、酰胺类、醚类、磷酸酯类、聚硅氧烷等。我国酶制剂生产最常用的是聚氧丙烯甘油醚和泡敌（聚环氧丙烷环氧乙烷甘油醚），前者属于非电离性高分子表面活性剂，呈淡黄色油状，难溶于水，易溶于乙醇和苯等有机溶剂，消泡能力强，用量少，并且性能稳定，耐高压灭菌，在酶制剂发酵应用中，无不良影响，但对人体有无慢性中毒问题尚无定论。

3.4.2.5 发酵终点的判断

微生物发酵产酶的趋势通常和菌株生长趋势相一致，一般菌株停止生长时其产酶量也几乎达到最大，继续发酵酶产量往往会有不同程度的降低。因此，想要准确判断发酵的终点，就必须在实验阶段严格地操作，获取稳定的菌株生长产酶曲线，以为酶制剂的工业生产提供可靠数据。发酵终点的判断对于酶的生产能力和经济效益至关重要，生产不能只片面追求高生产力，而不顾及产品的成本，必须把二者结合起来，既要有高产量，又要有低成本。比如，使用 5L 发酵罐培养重组大肠杆菌发酵生产木糖苷酶时（图 3-7），一方面，当发酵至 12h 时该菌的产酶水平趋于最高，继续发酵至 24h 时达到最高产酶量，但是这段时间酶产量提高的水平非常有限。另一方面，虽然发酵至 12h 以后菌株仍在继续生长，但是其产酶水平基本趋于平缓，因此继续进行发酵的意义也不大。综合以上因素，选定 12h 为该菌发酵生产木糖苷酶的最佳终止时机。

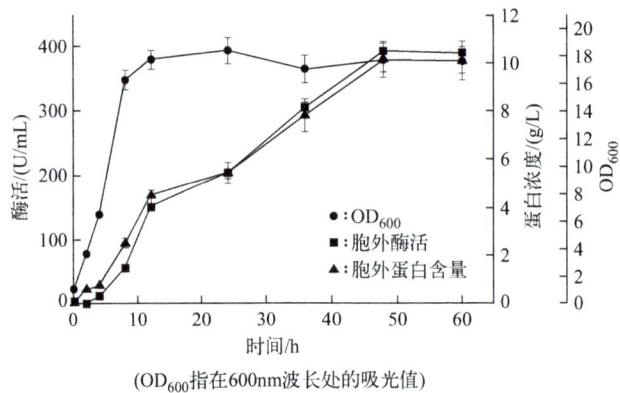

(OD$_{600}$指在600nm波长处的吸光值)

图 3-7 重组大肠杆菌发酵生产木糖苷酶的产酶曲线和菌株生长曲线

3.4.3 染菌的防治

从种子制备到发酵结束这一全过程中，应定时取样进行无菌检验，以及早发现染菌并及时处理，避免染菌带来的损失进一步加重。

3.4.3.1 无菌检查

从培养基灭菌后到放罐前，应每隔 8h 取样一次进行无菌检查。无菌检查主要通过肉汤培养法和双碟培养法，辅以显微镜观察，确定是否染菌，并将样品保存并观察至本罐放罐后 12h，确认无杂菌污染后才可弃去。

3.4.3.2 染菌的处理

杂菌污染的处理方法应根据染菌的时间和杂菌的危害而定。

① 若是种子罐染菌，则不能接入下一步，只能高压蒸汽直接灭菌后放掉。

② 发酵罐前期染菌的，若污染菌株危害大，也应灭菌后放掉；若危害不大，可重新灭菌和接种。如杂菌量很少且生长缓慢的，可继续进行发酵，但要时刻注意杂菌的数量变化。

③ 发酵中后期染菌的，可以加入适量杀菌剂以抑制杂菌生长，也可通过降低温度和降低补料量来减缓杂菌生长速度。如不奏效，应提前放罐。

④ 遭遇染菌的发酵罐放罐后，应用甲醛等化学物质处理，再用蒸汽灭菌，并进行严密检查，防止渗漏，这样才能保证下一批发酵免于染菌。

3.4.3.3 染菌的原因

根据对染菌原因分析的统计资料，空气带菌为最主要的原因，其次还包括种子带菌、夹套穿孔以及设备泄漏。染菌时应首先从以上几方面着手找出原因再及时补救。

3.5 提高酶发酵生产的方法

3.5.1 酶合成的调控

酶和其他蛋白质一样，它的合成可在复制（replication）、转录（transcription）和翻译（translation）等各种水平上进行调节控制。对于原核生物来说，由于其转录和翻译过程紧密关联，因此，只要控制转录，就可以控制酶的合成。原核生物的转录调节机制现在普遍接受的是操纵子模型。

3.5.1.1 操纵子

操纵子（operon）包括结构（structure）基因、启动子（promotor）和操纵（operator）基因三个部分。结构基因荷载着有关酶的结构密码，决定酶的结构和性质。在代谢功能上相互关联的酶，其结构基因常集中在操纵子 DNA 链的一个或几个特定区段内，组成多顺反子（polycistron）。操纵基因和启动子等组成操纵子的调控部分。

图 3-8 展示了大肠杆菌的乳糖操纵子（lac 操纵子）的模型结构示意图。这是个较简单的操纵子模型，其中 Z、Y 和 A 分别代表与乳糖代谢有关的三种酶的结构基因；它们和操纵基因等共同组成一个基因表达调控单位。操纵基因在操纵子中起"开关"作用，当开关"开启"时，附着在启动基因上的依赖于 DNA 的 RNA 聚合酶（DNA dependent RNA polymerase，DDRP）就能通过这一开关，沿着结构基因移动，并以结构基因为模板进行转录，合成相应的 mRNA；而后 mRNA 再转入翻译，合成有关的蛋白质或酶。反之，当操纵基因"关闭"时，DDRP 无法从起始点滑向结构基因，转录无法进行，当然也就不能合成相应的蛋白质或酶。操纵基因的开和关又受调节基因（regulatory gene）的控制。调节基因编码调节蛋白，调节蛋白是一类别构蛋白，大多表现为阻遏作用（repression），故称为阻遏蛋白（repressor）。在某些酶的合成调节机制中，阻遏蛋白直接和操纵基因结合，阻遏转录的进行。而在另一些酶的合成调节机制中，阻遏蛋白本身不能直接和操纵基因结合，只有在相应的效应物存在的条件下，两者结合形成阻遏蛋白-效应物络合物以后，才能进一步与操纵基因结合，使之关闭，这种效应物称为辅助阻遏物（co-repressor）。

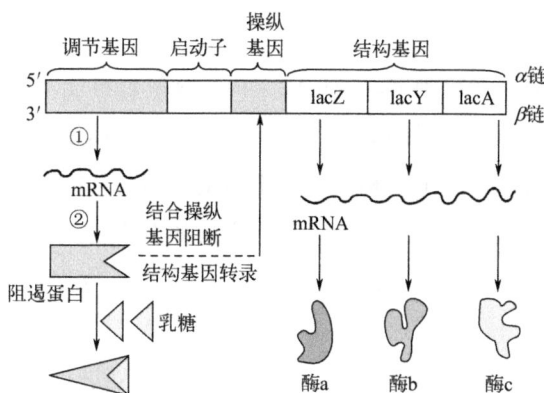

图 3-8　大肠杆菌乳糖操纵子模型结构示意图

操纵子是酶合成调控的结构基础。结构基因决定酶的结构和性质，但不影响酶的合成速度和水平。对特定的酶而言，其合成水平的调节要通过控制结构基因以外的其他基因部分（如操纵基因等）实现。调节方式有两种：诱导和阻遏。

3.5.1.2　诱导和阻遏

某些酶在通常情况下不能合成或者合成很少，但加入"诱导物"（inducer）后，就能大量合成，这种现象称为诱导（induction）。在酶的诱导中，调节蛋白就是阻遏物，诱导物就是效应物。在没有诱导物时，调节蛋白直接和操纵基因结合，阻遏酶的合成；当诱导物出现时，它们能和诱导物结合，发生变构效应，失去和操纵基因结合的能力，使"开关"打开。因此，加入诱导物时能诱导酶大量合成。参与分解代谢的酶，如淀粉酶、纤维素酶等受这种方式调节。

另一种调节方式称为阻遏。阻遏有两种类型：末端代谢产物（反馈）阻遏和分解代谢产物阻遏。在生物的生长发育过程中，原以一定速度合成某些酶，当这些酶催化生成的产物过量积累时，这些酶的合成就会受到阻遏，这就称作末端代谢产物阻遏（end product repression），也称为反馈阻遏（feedback repression）。末端代谢产物阻遏的机制可能是阻遏蛋白本身没有和操纵基因结合的能力，因而在通常情况下不会构成阻遏；但是，这种阻遏蛋白能以酶反应的末端代谢产物为效应物，即辅阻遏物，与之结合，产生别构效应，形成能和操纵基因结合的阻遏蛋白-末端产物络合物，阻遏酶的合成。参与合成代谢的酶受这类调节方式控制。某些参与分解代谢的酶也可能受末端产物阻遏调控。末端代谢产物阻遏在微生物代谢调节中有重要作用，它保证了细胞内各种物质维持适当的浓度，当微生物已合成足量的产物，或从外界加入了该物质，就停止有关酶的合成，而缺乏该物质时，又开始合成有关的酶。

分解代谢产物阻遏（catabolite repression）是指有些酶，特别是参与分解代谢的酶，当细胞在容易被利用的碳源（如葡萄糖）上生长时，其合成受到阻遏，这种现象也称为葡萄糖效应（glucose effect）。分解代谢产物阻遏的机制较复杂，原因之一可能和启动基因与 DDRP 的结合有关。因为转录速度取决于启动基因的强弱以及它和 DDRP 的结合速度，而它和 DDRP 的结合又与某些因子，例如环磷酸腺苷（cAMP）有关。cAMP 是"分解代谢产物（基因）活化蛋白（catabolite activation protein，CAP）"或"cAMP 受体蛋白"（camp receptor protein，CRP）活化的必要因子。某些实验表明，在进行转录时，只有当 CAP 被 cAMP 活化并一起进入启动基因的某结合位点以后，DDRP 才能附着到启动基因上，催化转录的进行。葡萄糖等碳源的某种中间代谢产物能阻止 ATP 环化形成 cAMP，同时还能促进 cAMP 分解成腺苷-磷酸（AMP），导致 cAMP 浓度下降，无法形成有效的 cAMP-CAP 络合物，继而阻遏转录的进行。反之，如果加入 cAMP，阻遏就能得到减轻或解除。但这种解释可能不是分解代谢产物阻遏的全部机制，因为也有一些例证说明分解代谢产物阻遏与 cAMP 无关。

真核生物的蛋白质合成调节结构和原核生物基本相同，但更加复杂。图 3-9 所示为真核生物的蛋白质合成调节结构示意图。不同之处如下所述。

① DNA 和组蛋白等结合在一起，以染色质形式存在，组蛋白等对复制和转录过程起调控作用。

② 每个结构基因都有自己的启动子等调控系统，独立进行转录，不形成多顺反子，其结构基因中包含不编码氨基酸的插入序列（intervening sequence），称为内含子（intron)，相对应的编码序列称为外显子（exon）。

③ 似乎没有和操纵基因相对应的"开关"，一种称为增强子（enhancer）的 DNA 序列调控着 DDRP 和启动子的结合，一旦两者结合就能开始转录。

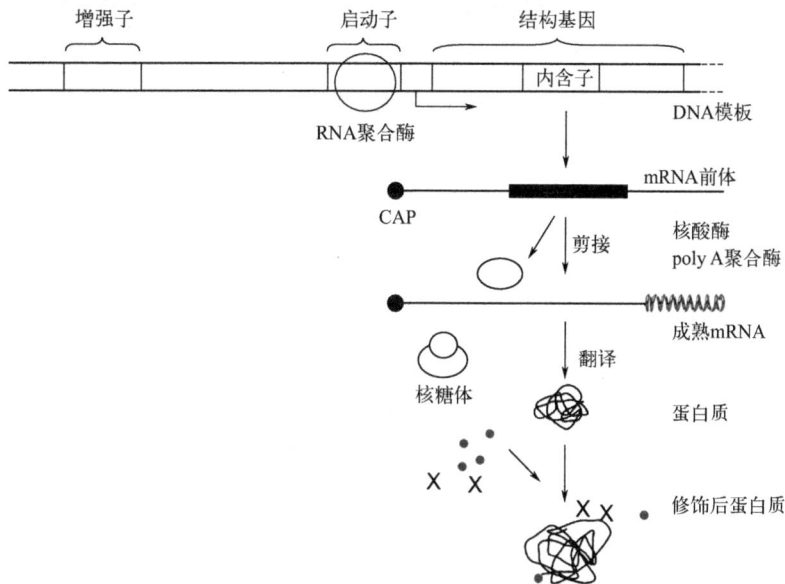

图 3-9　真核生物的转录、翻译调节结构示意图

④ 形成的 mRNA 要在 $5'$-端接上 m^7GpppN（即"戴帽"），在 $3'$-端加多聚腺苷酸（poly A）序列（即加尾），中间还有修剪（trimming 和 clipping）以及剪接（splicing，移除内含子）等转录后加工过程。

⑤ 翻译后形成的蛋白质通常还需要活化、添加辅基、糖苷化以及形成多亚基结构等翻译后加工程序才具有相应的生物活性。

3.5.1.3　打破酶合成调节机制限制的方法

酶的合成调节机制保证了生物机体能将体内的原料与能量最经济有效地用于合成生命最需要的物质。但是，从应用目的出发，则应设法打破这种调节控制，以期使某些酶的产量大幅度地提高。事实上，已有的报道表明，在采取相应的措施后，参与分解代谢的酶类，其产量可有上千倍的变化，而参与合成代谢的酶类，其产量也能有百倍悬殊。打破这种调节可从以下几个方面入手：①条件控制，如添加诱导物、降低阻遏物浓度；②遗传控制，如利用基因突变和基因重组等技术；③其他方法。

3.5.2　通过条件控制提高酶产量

3.5.2.1　添加诱导物

添加诱导物这种办法仅适用于诱导酶类，且效果十分显著。该方法关键在于选择适宜的诱导物和诱导物浓度。以前常将底物作为诱导物的首选对象，但事实上底物不一定都有诱导作用，而不能作为底物者有时却能诱导酶大量生成。现在认为，强有力的诱导物首先是那些难以代谢的底物类似物。例如，异丙基-β-D-硫代半乳糖（IPTG）不易被 β-半乳糖苷酶作用，是极好的诱导物，可使该酶的产量提高近千倍，甚至达到细胞合成蛋白质总量的百分之几。其次，底物或诱导物的前体及其衍生物也可作为有效的诱导剂。例如，将纤维素或蔗糖做成棕榈酸酯或醋酸酯，就能分别诱导纤维素酶和蔗糖酶，使这些酶的产量增加几十倍甚至上百倍。此外，对于许多分泌到细胞外发挥作用的分解代谢酶来说，它们催化生成的产物也往往具有强的诱导能力。例如，以纤维素作为唯一碳源可诱导纤维素酶，但是真正起诱导作用的似乎还是它的分解产物纤维二糖。

值得指出的是，诱导和阻遏之间没有绝对的界限，许多诱导物在某些情况下也可能导致阻遏，问题的关键在于诱导物的浓度。这种浓度效应也同样反映在底物及其类似物上，当培养基中的底物浓度很高而且易被分解时，往往会引起酶的分解代谢产物阻遏。反之，如果将底物以十分缓慢的速度逐渐加入，常可有效地诱导酶的生成。诱导物浓度对酶诱导形成的速度也有一定影响，在一定的浓度范围内，酶的诱导生成速度与诱导物的浓度成正比。但是，浓度继续增大到一定值时，酶的诱导生成速度的上升趋势就会逐渐减缓，最后达到一饱和值。

在加入诱导物后，目标酶并不是立刻产生的，通常要经过一个短暂的潜伏期（例如几分钟，甚至十几小时），诱导才会出现。当诱导物被除去后诱导则会立即停止，这种现象称为"去诱导"。诱导和其他培养条件一般没有直接关系，但是，在诱导培养时，通过控制培养的 pH 有时也可选择性地诱导某种酶的生成。

3.5.2.2 通过降低阻遏物浓度提高酶的产量

阻遏可由分解代谢产物引起，也可由酶反应的末端产物引起，因此控制这两种产物的生成与积累常常能提高酶的产量。其基本原则是，应避免使用过于丰富的培养基和易被利用的碳源；并设法阻止效应物的形成，降低培养基中效应物的浓度。

某些酶能够在细胞生长过程中合成，但随着代谢途径中终端产物的积累或在培养介质中加入该物质，酶的合成将受到阻遏。对于此类酶，有两种办法可以解决终端产物阻遏，一种是在培养基内添加终端产物类似物或添加阻止终端产物形成的抑制剂。例如，在微生物培养基中加入 α-噻唑丙氨酸，可使细胞中参与组氨酸合成的 10 种酶的产量提高约 30 倍。另外一种更为有效地避免终端产物在胞内积累的方法是采用营养缺陷型突变株（auxotrophic strain），这样，只要限制其生长必需因子的供应，就能够降低胞内末端产物的浓度。例如，采用限制组氨酸营养缺陷型突变株并限制组氨酸供应，可使其与组氨酸合成有关的 10 种酶解除阻遏，产量提高 25 倍左右。又如，采用大肠杆菌硫胺缺陷型变异株并限制硫胺供应，同样可解除与硫胺合成有关的 4 种酶的阻遏，其中磷酸硫胺素焦磷酸酶的产量可提高约 1000 倍。类似地，让营养缺陷型突变株在基本培养基上缓慢生长，也能显著提高酶的产量。例如，Moyed 等人曾经用一株部分嘧啶缺陷型菌种生产天冬氨酸转氨甲酰酶，产量比原菌株提高了 500 倍。此外，还可给营养缺陷型突变株供应较难同化的生长因子前体或衍生物。例如，在大肠杆菌尿嘧啶缺陷型突变株的培养基中不加尿嘧啶而供应二氢乳清酸，结果使与嘧啶生物合成有关的 6 种酶避免了终端产物阻遏。

通过条件控制提高酶产量是一种比较直接、有效的途径，但是往往不易找到适宜的诱导物和降低（辅）阻遏物浓度的有效方法与条件，即使可以实现成本也较高，因此人们更倾向于从遗传控制着手，以期从根本上改造菌种（株）。

3.5.3 通过基因突变提高酶产量

突变是指生物的遗传性状发生变异，以致影响了生物的正常遗传。这种变异是突然发生并可遗传的。基因突变（gene mutation）发生在结构基因上时，往往导致酶的结构和性质改变；基因突变发生在操纵子其他部位上时，则通常引起酶产量的升高或降低。根据酶的合成调节机制，基因突变后有两种情况可使酶的产量提高，一是从诱导型（inductive 或 adaptive）转变为组成型（constitutive），即获得的突变株在没有诱导物存在条件下，酶产量也能达到诱导的水平，这种突变称为"组成型突变"；二是从阻遏型（repressive）转变为去阻遏型，这种情况下，突变株在通常引起阻遏的条件下，酶产量也能达到没有阻遏的水平。

基因突变由于能较经济地从根本上改造菌的特性并引入新的生物学性状，因此在 20 世纪 60～70 年代成为提高酶等发酵产品产量的常用手段。但它也有缺点，即预见性小、工作量大。

与基因突变不同，基因重组（gene recombination）根据的原理是：如果酶的基因拷贝数越多，控制其表达的启动子越强，表达越有效，那么这种酶的量也应该越高。因此，如果设法增加目标酶的基因拷贝数，并将其置于强的表达控制系统之下，那么就可以定向地培育成高产菌株。基因重组包括体内基因重组和体外基因重组两种类型。

3.5.4　通过体内基因重组提高酶产量

3.5.4.1　转化

某些细菌，例如枯草芽孢杆菌，能从培养基中吸收外源 DNA 片段，如果这些 DNA 片段和细菌 DNA 有高度同源性，那么两者间就可能发生重组，从而改变受体的遗传性状，这种现象称为"转化"（transformation）。DNA 间的同源性越高，形成的转化子一般也越稳定。

根据已有报道，在体内基因重组方法中，转化可能是提高酶产量最为有效的一种方法。这种方法在 α-淀粉酶产酶菌株的选育中获得了显著的成功。以枯草芽孢杆菌为例，野生型菌株 Marberg 的淀粉酶基因在处于调节基因 amyR1 的控制下时，酶产量为 10U/mL。通过转化分别导入高产突变株的调节基因 amyR3 和与分泌有关的基因 pap 后，得到的菌株淀粉酶产量分别为野生型的 5 倍和 3 倍；而引入 pap 基因的菌株，其蛋白酶的产量也为野生型的 3 倍；如果通过转化将这两个基因导入同一菌株，那么产生的效果将不是简单的相加，而是接近相乘，提高产量约 14 倍。通过转化将各种突变基因组合起来，最后得到的转化菌株的淀粉酶产量甚至可达到原始菌株的 1500 倍，即 15000U/mL。

接合、转导和转化实际上都是一种基因转移过程，如果将基因突变和基因转移结合起来，那么不仅可以获得大量的新菌株，而且也可能使目标酶的产量大幅度提高。

3.5.4.2　原生质体融合

从技术本身而言，基因突变和基因转移都能构建出高产菌株，但并非对所有生物都行之有效，因此又发展了原生质体融合（protoplast fusion）技术。如图 3-10 所示，这是一种将异种细胞染色体相互融合形成新的杂种细胞的技术。和动物细胞不同，微生物细胞和植物细胞具有细胞壁，因此，必须先用相应的酶处理，使之形成裸露的原生质体，然后在聚乙二醇和 Ca^{2+} 等存在的条件下进行融合。融合后，如果两个染色体有高的同源性，那么将发生基因重组；有时甚至可将多种来源的染色体或基因进行重组。由于是两个或多个完整的基因组汇在一起，因而重组的频率很高，提高的潜力很大。原生质体还可以和脂质体进行融合，从而有效地导入大分子 DNA。

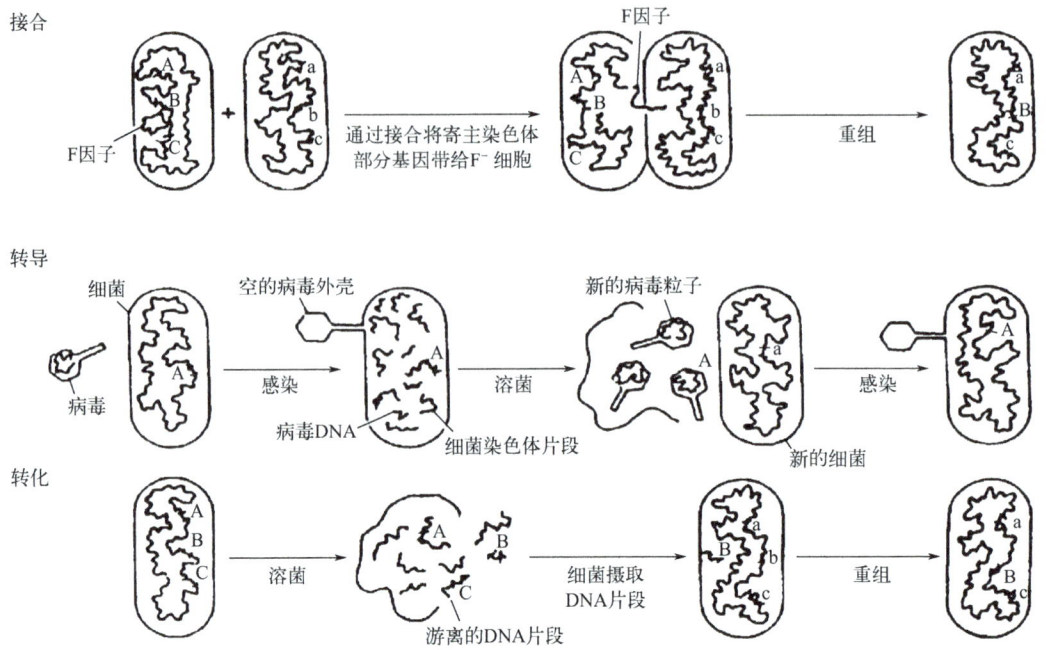

图 3-10 体内基因重组提高酶产量

（F 因子又称致育因子，是一种环状的双链 DNA 分子，其上含有决定细菌细胞表面形成性伞毛的基因，

能在细菌的接合中起重要作用。F⁻ 菌株指细胞中没有 F 质粒的菌株，

细胞表面也无性菌毛，为受体菌或雌性菌株）

3.5.5　通过体外基因重组提高酶产量

体外基因重组（gene recombination in vitro），简称 DNA 重组技术（recombinant DNA technique）或基因工程（gene engineering）。它是外源基因与载体 DNA 通过酶学方法在体外进行重组，然后将形成的重组子转化到受体细胞中，使所需的外源基因在受体细胞中得到复制和表达，从而达到改造生物遗传特性目的的一种技术与方法。与基因突变相比，它具有更大的预见性和主动性，而且也不像体内基因重组那样易受种间不相容性的限制，可在远源的 DNA 分子间进行杂交，并能选择适宜的载体和受体系统，合理的重组设计，高效表达目标基因，因此人们特别重视这项技术。应用这项技术时应考虑以下问题。

3.5.5.1　目标基因

目标基因获得方法主要有：基因片段物理分离法、DNA 片段单链化酶切除法、目标基因片段亲和保护酶切法、DNA 片段转化分离法、mRNA 亲和分离法、mRNA 反向转录法和 DNA 片段化学合成法等。其中前三种方法仅限于特殊情况应用，第四种也被称为鸟枪（shot gun）法，它和第五种方法具有较大的普遍适用性。不过，为使真核基因能在原核细胞中表达，一般认为最好采用 mRNA 反向转录法，此法如果与特殊的载体质粒结合，将 cDNA 直接掺入载体中，则更为有效。但是，近年来随着人工合成 DNA 技术的进步，人们更倾向于选择 DNA 片段化学合成法，因为 mRNA 反向转录法也有一些缺点：①要获得十分纯净的 mRNA 很难；②合成 cDNA 往往缺少 5′-末端；③反转录过程常常可能出现随机终止；④有时还需要外加某些接头序列（linker）。人工合成法则可以根据受体细胞转录、翻译系统的特点，选择最佳的密码子，合成人们所需要的任何序列，包括重组需要的接头序列在内的全序列。

（第 3 章 酶的发现）

3.5.5.2 载体

载体可将异源基因引入受体细胞，并使之能在其中进行复制和表达。载体应符合下述要求：对一种限制性内切核酸酶只有少数（1～2 个）切点；载体应带有特殊标记，能指示重组子的转入；在重组后，即连接了异源 DNA 后，载体不失去扩增能力；拷贝数目多（即"松弛型"）的载体更容易分离且通常更安全，同时也是高效表达的理想选择。常用载体有质粒和噬菌体。

3.5.5.3 工具酶

在基因工程中最常用的工具酶包括限制性内切核酸酶、脱氧核苷酸末端转移酶、反转录酶、核酸酶 S1 和 DNA 连接酶等。限制性内切核酸酶是一类能识别特定核苷酸序列并能专一地切断双链 DNA 的内切核酸酶。根据其专一性（专一识别序列和酶切点）及对辅助因子的要求特点可分为三类：Ⅰ 型、Ⅱ 型、Ⅲ 型。用于基因工程的是 Ⅱ 型限制性内切核酸酶，它们能识别 4～6 个核苷酸组成的回文结构序列，或通过"错切"方式产生具有黏性末端（sticky 或 cohesive end）的 DNA 片段，或通过"平切"的方式形成平头末端的 DNA 片段。

脱氧核苷酸末端转移酶催化脱氧核苷酸连接到 DNA 的 3'-OH 末端，在基因工程中用以形成人工黏性末端。当以 Co^{2+} 为辅助因子时，该酶不仅能催化脱氧核苷酸转移到 3'-OH 的末端，还能对平头的 DNA 和 5'-端突出的 DNA 发挥作用。

DNA 连接酶催化 DNA 的 3'-OH 与 5'-磷酸端之间形成磷酸二酯键，是 DNA 重组工作中不可缺少的关键酶。通常应用 T4 DNA 连接酶，因为它既能催化黏性末端连接，又能催化平头末端连接，而且只要求 ATP 作为辅助因子。

3.5.5.4 基因重组

基因重组包括直接黏结法和加尾黏结法。前者简便，但易产生自身连接，无效重组率较高，特别是外源 DNA 片段大于 18kbp（碱基对）时更是如此。后者无效重组率低，但要用到多种工具酶。为了提高直接黏结法的有效重组率，可以采用两种在识别和切割 DNA 序列上具有部分共同特异性的限制性核酸内切酶。

3.5.5.5 重组子转化

进行重组子转化时，首先要选择适宜的受体细胞，这种受体细胞具有以下特点：能接受外源 DNA、在标记上与载体相对应且有利于表达安全。最常用的受体细胞是大肠杆菌，它的优点是遗传背景清楚，有成套的载体、受体系统可供各种基因进行稳定、高效的克隆、表达。缺点是该菌属于革兰氏阴性菌，表达产物除少数能分泌到培养介质和细胞周质外，通常都积累于胞质内，有时还可能形成无活力的不溶性包涵体（inclusion body），给产物的分离纯化带来困难。

其次是枯草芽孢杆菌，它们已被广泛用于许多工业酶的生产，枯草芽孢杆菌的优点是它们属非病原性的土壤微生物，没有热原物质等问题，表达产物可直接分泌到培养介质中。但是其遗传背景不如大肠杆菌清楚，而且往往包含大量蛋白水解酶，常导致表达产物的降解。近年来，也通过改造获得了一些蛋白酶缺陷型菌株。

最后是酵母，它的优点是无热源物质等的污染，也可构建成分泌型受体菌株，而且能进行翻译后加工，如糖苷化等，适用于真核基因的表达，但是表达水平一般较低（其中毕赤酵母目前的表达水平较高）。

除此之外，近年来人们的注意力也开始转向动植物细胞，因为它们能有效地进行翻译后加工，以天然构象形式将表达产物分泌出来，同时不会产生微生物表达后可能带来的各种问题，但动植物细胞不易培养，产量较低且成本高。此外，要选取易被感受的生理状态，并增加适宜的处理以提高转化效率。对大肠杆菌、假单孢杆菌来说，常用 $CaCl_2$ 处理法，这种情况下 $1\mu g$ 的 DNA 一般可获得 10^7 个左右的转化子。对于枯草芽孢杆菌来说，由于其转化率普遍较低，并且转化率随单体占有的百分比不同而不同，同时开环的和线性的 DNA 都不具有转化能力，因此仅选取感受态往往不够，一般先用溶菌酶处理使之变为原生质体，然后再在聚乙二醇存在条件下进行转化。

3.5.5.6　基因表达及相关问题

重组子进入受体细胞后，先通过 DNA 依赖的 DNA 聚合酶（DDDP）、DDRP 进行复制和转录，形成 mRNA，然后 mRNA 在核糖体上进行翻译，合成蛋白质，完成基因克隆和表达的过程。但是，要使引入的基因得到高效表达，在构建重组子时必须考虑以下几个问题。

（1）外源基因高效表达

为使外源基因得到高效表达，首先应在适当的位置上放置一个强的启动基因（启动子），即一个能被受体细胞 DDRP 转录识别的起始信号序列。其次，还应在 mRNA 的起始密码子上游端 3～12 个碱基处放置一个能被受体细胞核糖体识别的 SD 序列（shine-dalgarno sequence，原核生物中 mRNA 的 $5'$-端含有的一段特殊的核苷酸序列），该序列由 3～9 个碱基组成，能与 30S 亚基形成络合物，引发蛋白质合成。各种受体细胞要求的启动子与 SD 序列可能不同。如图 3-11 显示了如何调整外源 SD 序列间的距离，从而达到能在大肠杆菌中高效表达的一般方法。其中，关键的一步是借助一种外切核酸酶进行修剪，以便在两者间形成一个不同核苷酸长度的混合体系。

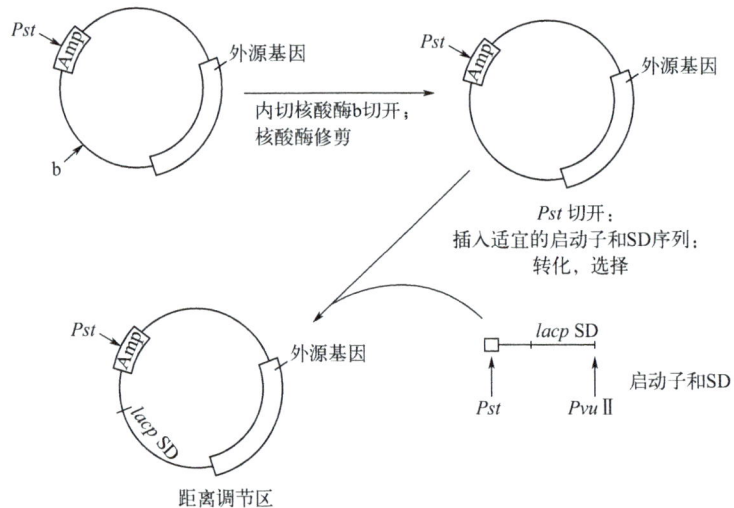

图 3-11　调整启动子、SD 与外源基因起始密码之间的距离

（2）选择适宜的表达方式

外源基因可采用两种方式表达。一种是以"天然蛋白"（native protein）形式直接表达，即将目标基因直接连接于适宜的启动子与 SD 序列后进行表达，表达产物无须后续加工就是天然蛋白。但是在构建重组子时，起始密码子 AUG 前端必须有一适宜的序列能被限制性内切核酸酶作用，并须保证 AUG 和启动子与 SD 序列间有适宜的距离。

另一种是以"融合蛋白"（fusion protein）的形式表达，即将目标基因连接于受体细胞（或载体）的某基因下游，或该基因 N-端部分序列的下游，然后借助该基因的表达带动目标基因的表达，因而得到的表达产物是一融合蛋白，即在目标蛋白的 N-端前面还附有别的蛋白质或肽段。这种表达方式的优点是：目标基因处于受体或载体基因调节系统的控制之下，表达效率较高、产物较稳定且表达产物是分泌型；同时外加的肽段还可作为"标签"（tag）用于进行产物的亲和纯化。采用融合基因表达方式的一个重要问题就是如何将目标蛋白从表达产物中分离出来。一般来说，如果目标蛋白内部不含有甲硫氨酸（methionine），那么，可以采用溴化氰（CNBr）化学断裂法；否则就必须在目标基因前插入一段适当的接头，以便在表达后借助位点专一的或序列专一的肽酶从接头处切出目标蛋白。

（3）保持载体的稳定性

载体，特别是重组质粒，常易出现载体（基因）丢失现象。有两种情况：一种是质粒在细胞分裂过程中产生了不等分配，称为"分离不稳定性"。这种情况可采用抗生素选择压力法解决，也就是在培养基中添加载体"标记"抗生素，使质粒丢失的菌体无法生存。另一种是质粒基因结构发生了改变，即"结构不稳定性"。这种情况较复杂，据报道可通过控制培养条件，调整菌体的生长速度加以解决。

（4）表达产物的分泌

基因表达产物合成后，或停留于细胞质中，或结合于质膜，组成胞内酶或穿过质膜外输到细胞周质或培养介质中成为胞外酶，这就是所谓的"分泌"（secretion）。革兰氏阳性菌（如金黄色葡萄球菌）和革兰氏阴性菌（如大肠杆菌）不同，后者细胞外有一层细胞壁屏障，分泌蛋白一般止于周质，不能进入培养介质，成为"周质酶"或"周质蛋白"。而前者则由于没有细胞壁的阻碍，表达产物可直接进入培养介质，称为"外泌"（excretion）。从生产角度考虑，外泌显然最为有利，这也是人们倾向于采用芽孢杆菌等作为生产菌的原因之一。要使表达产物能够分泌，通常应该在产物的 N-末端添加一段由 10 个左右亲水氨基酸和相继 20～30 个疏水氨基酸组成的信号肽。

为了获得外泌蛋白，有三种办法可供考虑：一是突变，即通过突变筛选出影响细胞壁结构的抗生素，如环丝氨酸、新生霉素、氨苄青霉素和多烯类抗生素等具有抗性的突变株，这些菌株一般是超产、高分泌型的，但是应注意其中许多外膜"渗漏型"（leaky）的突变株，其物理性能往往太弱；二是与外膜蛋白如 OmpF 做成融合蛋白；三是引入能诱发大肠杆菌细胞壁通透性增大的 kil 基因。值得一提的是，分泌实际上是蛋白质合成后的一种定域运转方式；DNA 重组技术既可赋予表达产物以分泌性质，同时也是研究运转机制的有效手段。

（5）保证异体蛋白在受体细胞内的稳定性

现在已知在大肠杆菌内有八种以上的蛋白酶可以分解酪蛋白、胰岛素等异体蛋白，外源基因表达产物作为异体蛋白也同样面临这一问题。解决的办法有三种：一是选择蛋白酶基因缺失的变异株作为受体细胞；二是同时克隆蛋白酶的抑制剂基因；三是促进基因表达产物的加速分泌。

3.5.5.7　体外基因重组在酶生产中的应用

体外基因重组在酶生产中可以发挥以下几个方面的作用：①提高微生物中原有酶的产量；②用微生物合成动物或植物来源的酶；③构建"多酶复合体"或"多酶系统"；④通过移除、添加或置换基因中的某些碱基，克隆表达进行酶分子改造。

思考题

1. 培养基为微生物生产和产酶提供养分，进行培养基设计时，我们需要考虑哪些因素？

2. 简述一下从土壤中筛选酶的一般步骤。

3. 为什么大肠杆菌是最常用的表达系统？

4. 毕赤酵母表达系统的优势是什么？

5. 酶生产的发酵类型有哪些？各具有什么特点？

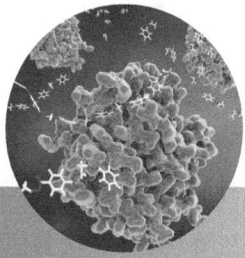

第4章

酶的改造

酶不仅参与生物制造过程，其本身也是生物制造的重要产品。对酶蛋白进行分子设计和改造，是创造高性能工业酶、降低生产成本、提升产业竞争力的关键。以定点突变为起点的蛋白质工程技术目前已发展成为两个分支。一是根据蛋白质一维的氨基酸序列，进行随机突变、定向筛选，获得性能提高的突变体。二是根据蛋白质三维结构和催化机制，以理性的方式选取拟改造活性位点并构建突变体来提高酶的性能。随着计算技术和人工智能技术的发展，目前这两个分支正在呈现合二为一的趋势。近年来出现的从DNA序列到蛋白质功能的新酶设计策略和人工智能新算法，在先进算法指导下进行计算机虚拟筛选及从头设计，更是显著提高了蛋白质改造的效率。同时，X射线晶体学的不断发展，为快速、准确、深入了解相关工业蛋白质的构效关系，重塑重要催化反应和创建优化合成路径提供了重要的结构生物学知识。通过生物学与化学、结构生物学、数据科学、计算科学和工程学等学科的交叉与融合，精简密码子设计与精准定位拟突变位点技术，包括理性聚焦迭代突变技术、镜像设计技术、脯氨酸诱导设计技术等理性设计技术不断建立和发展。这些技术正在解决生物催化剂活性低、工业环境下应用性能差等问题。

4.1 酶的化学修饰

通过主链的"切割"或"剪接"以及侧链基团的"化学修饰"对酶蛋白进行分子改造，以改变其理化性质及生物活性。这种应用化学方法对酶分子施行种种"手术"的技术，称为酶的化学修饰。自然界本身就存在着酶分子的改造修饰过程，如酶原的激活、可逆的共价调节等，这是自然界赋予酶分子的特异功能。从广义上说，凡涉及共价部分或部分共价键的形成或破坏的转变都可看作是酶的化学修饰。从狭义上说，酶的化学修饰则是指在较温和的条件下，以可控的方式使一种蛋白质同某些化学试剂发生特异反应，从而引起单个氨基酸残基或其功能基团发生共价的化学改变。

目前，酶化学修饰的位点选择主要分为两类：一类是通过天然的氨基酸侧链，如赖氨酸、半胱氨酸、丝氨酸及酪氨酸等或者肽链的末端进行修饰；另一类是通过基因编辑手段在目的蛋白中引入一些非天然的基团，如叠氮基、炔基、四嗪等。酶蛋白分子中可被修饰的基团主要有氨基、羧基、巯基等。这些修饰技术已广泛应用于提高酶的稳定性、耐受性和催化活性。

4.1.1　酶化学修饰的目的和原理

酶化学修饰的目的在于人为地改变天然酶的一些性质，创造天然酶所不具备的某些优良特性，甚至创造出新的活性，从而扩大酶的应用领域，促进生物技术的发展。通常酶经过化学修饰后，会产生各种各样的变化，包括生物活性提高、在不良环境中的稳定性增强、对各种底物的反应特异性变化以及与辅酶、调控蛋白结合性质的改变等。可以说，酶化学修饰在理论上为生物大分子结构与功能关系的研究提供了实验依据和证明，是改善酶学性质和提高其应用价值的一种非常有效的措施。

酶化学修饰的原理是指通过引入或者去除一些化学基团使得酶结构发生改变，进而改变其催化特性。通过化学反应将某种特定的基团或者化学物质引至酶分子上，或者使酶分子表面的某种基团被去除或者代替，以改造酶分子的天然结构，进而改良酶的固有性能。酶的生物化学特性，如等电点、稳定性、催化效率、酶动力学等可能会随着酶分子的化学修饰而发生直接的变化。此外，酶蛋白质分子的极性、空间结构以及表面电荷量等相互作用因素，使得酶分子外周产生一个微环境，这种微环境的改变也会对酶分子的催化性能产生影响。而当酶经过化学修饰之后，可能在酶分子表面形成一层"保护膜"，能够改变酶分子的外部微环境，或者形成额外的包覆层，从而抵御外界极性以及电荷的变化，维持酶催化环境的相对稳定，使得酶的应用更加适应实际的要求。

酶的化学修饰涉及多种化学反应，这些反应包括酰化、磷酸化、烷基化、糖基化、交联、金属离子置换、固定化、氧化还原以及卤化等。酰化如乙酰化，可以通过添加乙酰基团来影响酶的活性中心、改变酶对底物的亲和力和催化效率；磷酸化可以影响酶的活性、调节酶的底物特异性、改变酶的分子大小和电荷分布；烷基化可以改变酶的疏水性和电荷特性；甲基化可以调节酶的底物亲和力和催化效率；糖基化可以改变酶的分子大小、调节酶的溶解性和稳定性、保护酶免受细胞外酶的降解；金属离子置换可以改变酶的电荷状态和溶解性；氧化还原可以改变氨基酸残基的氧化状态。

这些修饰可以增强酶的稳定性、改变活性、调节底物特异性或改善其在特定环境中的应用性能，是生物技术领域中用于优化酶性能的重要工具。

4.1.2　酶的化学修饰方法

酶的化学修饰是一种通过化学反应改变酶分子结构的方法，旨在调节其活性、稳定性、底物特异性或改善其在特定环境中的应用性能。酶的化学修饰的主流方法包括乙酰化、酸酐化、磷酸化、烷基化、甲基化、金属离子置换和辅酶置换等，每种修饰方法都能以不同的方式影响酶的特性。

4.1.2.1　乙酰化修饰

乙酰化修饰是在酶的分子上添加乙酰基团的过程。这种修饰通常影响酶的活性中心，改变酶对底物的亲和力和催化效率。乙酰化修饰的具体过程是将乙酰基转移到酶分子中的特定氨基酸侧链基团（特别是氨基），或者多肽链的氨基末端上。这种修饰可以通过特定的化学方法（酰化反应）实现，通常使用的乙酰化试剂有乙酰氯、乙酸酐或冰醋酸等。在修饰过程中，这些试剂与酶分子发生反应，将乙酰基引入酶分子中。乙酰化修饰可以改变酶的活性和稳定性。通过改变酶分子上的氨基酸侧链基团的性质，可以影响酶与底物的相互作用，从而改变酶的催化效率。此外，乙酰化修饰还可以增强酶在不良环境（如非生理条件）中的稳定性，使酶能够在更广泛的条件下保持其活性。除了改变酶的性质和功能外，乙酰化修饰还可以用于调控酶的底物结合亲和力和催化活性。通过对酶分子进行精确的乙酰化修饰，可以实现对酶活性的精细调控，以满足特定的生物化学反应需求。

4.1.2.2　酸酐化修饰

酸酐化修饰是一种使用酸酐作为酰化剂的化学修饰方法，它可以将酰基转移到酶分子的氨基酸残基上，特别是羟基（—OH）或氨基（—NH$_2$）。通过中和其阳离子特性赋予 ε-氨基额外的亲水基团，尤其是赖氨酸残基（Lys）的 ε-氨基，这可以将蛋白质的总电荷从正电荷变为负电荷，从而提高其在水溶液环境中的稳定性和溶解性。酸酐化的修饰效果与乙酰化类似，都是通过调节酶的电荷状态来影响其在细胞内的定位或与底物的相互作用。酸酐化不仅能够增强或降低酶的催化活性，有时还能提高其在有机溶剂中的溶解性和稳定性，这在非水相催化反应中尤为重要。此外，酸酐化还可能引起酶分子立体结构的微妙变化，这些变化可以调节酶的底物亲和力和催化特性，从而影响酶的动力学和热力学性质。

4.1.2.3　甲基化修饰

甲基化修饰是一种生物体内常见的化学修饰过程，主要涉及在特定的生物分子上添加一个甲基（—CH$_3$）基团。在酶的甲基化修饰中，甲基通常会被共价连接到酶的特定氨基酸残基上，如赖氨酸的 ε-氨基。甲基化过程通常由甲基转移酶催化，利用 S-腺苷甲硫氨酸（SAM）或其他甲基供体作为甲基来源。负责酶甲基化的酶被称为甲基转移酶，它们能够特异性地识别并修饰目标酶上的特定位点。甲基供体通常是 SAM 或其他含甲基的化合物，这些供体在甲基转移酶的催化下，将甲基转移到目标酶的氨基酸残基上。

酶的甲基化通常发生在特定的氨基酸残基上，这些残基通常是酶活性中心或调节区域的组成部分。甲基化可以改变酶的空间构象或电荷分布，进而影响其催化活性或与其他分子的相互作用。甲基化会导致酶的结构发生微妙的变化，这些变化可能涉及酶的活性中心、底物结合位点或调节区域的构象调整，而这些结构变化可能直接影响酶的催化效率、底物特异性或调节响应。在某些情况下，甲基化可以增强酶的催化能力，使其更有效地催化底物转化，在活性位点的甲基化对酶的催化活性有显著的影响。然而，在其他情况下，甲基化也有可能导致酶活性降低或完全失活，这取决于甲基化位点和酶的功能性质。甲基化修饰还可以调控酶对底物的亲和力，通过改变底物结合位点的构象或电荷状态，影响酶与底物之间的相互作用，从而影响底物结合的稳定性和效率。

4.1.2.4　烷基化修饰

烷基化修饰是一种通过将烷基基团共价结合到酶分子的特定氨基酸残基上的化学修饰方法，这种修饰可以显著改变酶的溶解性、稳定性和催化特性。烷基化通常由特定的烷基化试剂实现，这些试剂能够选择性地作用于半胱氨酸（Cys）的巯基（—SH）、赖氨酸（Lys）的氨基（—NH$_2$）或天冬氨酸（Asp）和谷氨酸（Glu）的羧基（—COOH）等。这种修饰不仅可以提高酶在有机溶剂中的稳定性，还可以通过改变酶的电荷状态和立体结构来调整其与底物或抑制剂的相互作用。烷基化对酶活性的影响可能是正面的，也可能是负面的，具体效果取决于烷基化位点与酶活性中心的关系。此外，烷基化反应在某些情况下是可逆的，可以通过特定方法去除烷基基团，恢复酶的原始状态。烷基化修饰技术对深入理解酶的功能机制具有重要意义。

4.1.2.5　金属离子置换修饰

金属离子置换修饰是一种针对含有金属离子的酶的化学修饰方法，这些金属离子通常是酶活性中心的一部分，对酶的催化功能至关重要。通过将酶分子中的金属离子替换为另一种金属离子，可以改变酶的特性和功能。金属离子置换修饰通常使用一价金属离子，因为它们更容易与酶分子中的配位位点结合。金属离子置换修饰的过程包括以下几个步骤：首先对目标酶进行分离和纯化，以去除杂质，获得高纯度的酶溶液。其次，在纯化后的酶溶液中加入金属螯合剂（如乙二胺四乙酸，EDTA），使酶中的金属离子与螯合剂形成稳定的复合物，从而将金属离子从酶分子中移除。最后在去金属离子的酶溶液中加入新的金属离子，使酶蛋白与新金属离子结合，然后去除多余的金属离子，得到经过金属离子置换修饰的酶。金属离子置换修饰的作用包括通过置换可以研究不同金属离子对酶活性的影响；可以提高酶的催化效率及对热或化学变性的抵抗力；置换后的金属离子还可能会影响酶的动力学参数，如 K_m（米氏常数）和 v_{max}（最大反应速率）。

4.1.2.6　辅酶置换修饰

辅酶置换修饰是酶化学修饰中的一种特殊形式。辅酶是酶在催化反应中所必需的非蛋白质小分子有机化合物或金属离子，它们与酶蛋白结合形成全酶，从而发挥催化功能。辅酶置换修饰涉及将酶中的原始辅酶置换为其他辅酶或类似物，以改变酶的催化特性或活性。这种修释可以通过添加或移除特定的官能团来改变辅酶的结构和性质。辅酶置换修饰可以带来一系列的优势。首先，它可能改善酶的催化效率，使其能够在更广泛的条件或底物范围内发挥作用。其次，通过置换辅酶，可以改变酶对特定底物的选择性和特异性，从而实现对特定生物化学反应的精确调控。最后，辅酶置换修饰还可能提高酶的稳定性，延长其使用寿命，降低生产成本。但是辅酶置换修饰也可能带来一些挑战和风险。置换辅酶可能会破坏酶的结构和稳定性，导致酶活性降低或丧失。新的辅酶可能与酶的其他部分发生非特异性相互作用，影响酶的催化功能。因此在进行辅酶置换修饰时，需要进行充分的实验验证和优化，以确保修饰后的酶具有所需的性质和功能。

4.1.2.7　其他修饰方法

此外，酶化学修饰还包括一些技术方法，如将酶改造与化学修饰结合的混合手段，以及酶的交联技术等。天然酶的催化底物非常有限，虽然利用定点突变可以改变酶的底物专一性，但定点突变只用天然氨基酸进行取代，有一定的局限性，仍然无法满足有机合成的需要，可将定点突变所得酶利用化学修饰法对突变的氨基酸残基进行修饰，得到一种化学修饰突变酶。此外，将非天然氨基酸残基引入酶的氨基酸序列也是一种修饰方法。

酶的交联技术则可以通过共价交联增强酶分子的稳定性，扩大其在非水溶剂中的应用范围。酶的交联是一种作用于分子间或分子内部的交联方式，能提高酶的稳定性，防止酶在不良环境中失活。使用交联剂作为中间体，如戊二醛、聚乙二醇、双亚氨酯等，能在分子间发生交联反应形成酶的小聚集体或者小晶体，这些交联酶在储藏和使用时的稳定性有显著提高，而且容易得到纯度更高的产品。

4.1.3　修饰酶的性质特性

修饰酶作为酶的一种，具有一些独特的特性。酶经过化学修饰后，其生物活性可能得到显著提高，包括对效应物的反应性能的改变。此外，修饰酶在不良环境（非生理条件）中的稳定性也会得到增强，这主要得益于修饰剂与酶分子的功能基团之间的相互作用，这些作用可以增加酶分子构象的稳定性。酶化学修饰的条件和过程对修饰效果至关重要。这些条件会影响修饰剂与酶分子的相互作用和反应速率。同时，修饰过程也需要精细控制，以确保修饰剂在酶分子上的均匀分布和高效结合。

4.1.3.1　化学修饰对酶催化活性的影响

酶的化学修饰通过改变其分子结构和性质，对催化活性产生深远的影响。以乙酰化为例，这种修饰通过在酶的赖氨酸（Lys）残基上添加乙酰基团，可以细微调整酶的立体构象和电荷分布。例如，乙酰化组蛋白酶时，这种修饰不仅调控了酶的底物结合特性，还可能影响其在细胞内的定位和与其他蛋白质的相互作用。在催化活性方面，乙酰化可能通过减少酶的灵活性来降低其活性，或者通过稳定活性构象来增强其活性。例如，某些代谢酶在乙酰化后可能对特定底物的亲和力降低，导致催化速率下降；而其他酶则可能因为乙酰化而变得更加稳定，从而在反应中表现出更高的催化效率。磷酸化涉及在丝氨酸、苏氨酸或酪氨酸残基上添加磷酸基团，在细胞信号传导中起着至关重要的作用，能够快速且可逆地调节酶的活性。例如，糖原合成酶在去磷酸化时活性增强，而在磷酸化时活性受到抑制，这种调控对于细胞能量代谢的平衡至关重要。还比如像烷基化修饰，如通过使用丙酸酐将烷基团添加到酶的半胱氨酸残基上，可以提高酶在有机溶剂中的溶解度，同时可能增强其在非水环境中的催化活性。这种修饰对开发适用于非水相催化的生物催化剂具有重要意义。金属离子置换修饰则涉及将酶中的金属辅因子置换为其他金属离子，这可能会改变酶的电子特性和配位几何，进而影响其催化机制和底物转化能力。例如，锌金属酶在去金属化后可能完全失活，而通过置换为其他具有类似配位特性的金属离子，可以恢复甚至优化其催化活性。

4.1.3.2　化学修饰对酶稳定性的影响

酶化学修饰后，其结构稳定性会发生显著变化。修饰剂与酶分子的相互作用能够增强酶分子间的相互作用力，提高酶的结构刚性。此外，修饰剂还可以改善酶分子在极端条件下的稳定性，这种稳定性包括热稳定性、pH 稳定性、化学稳定性以及在各种环境条件下的长期储存稳定性。

化学修饰如交联是通过使用双功能或多功能的交联剂，如戊二醛，将酶分子间或分子内部的氨基酸残基交联起来，形成更稳定的三维结构。这种交联作用可以减少酶在高温或极端 pH 条件下的变性，提高其在工业过程中的耐用性。例如，通过戊二醛交联的过氧化氢酶在有机溶剂中表现出比未交联酶更高的稳定性，使其能够在非水相催化中更有效地催化氧化还原反应。烷基化可以增加酶分子的疏水性，这种疏水性增强有助于提高酶在有机溶剂中的溶解性，同时减少在这些条件下的聚集和失活。例如，通过丁酰化烷基修饰的脂肪酶在有机溶剂中催化酯化反应时，其稳定性得到了显著提高，这使得它们在食品和香料工业中具有潜在的应用价值。金属离子的添加或置换也是提高酶稳定性的一种方法。某些金属离子，如锌、钙或镁，不仅可以作为辅因子直接参与酶的催化机制，还可以通过与酶的氨基酸残基形成额外的配位键，增强其整体结构的稳定性。例如，含锌的金属蛋白酶在去金属化后容易失活，而通过补充或替换锌离子，可以恢复其结构和功能的完整性。

总体而言，酶的化学修饰通过改变其物理化学性质和结构特征，可以显著提高其在各种环境条件下的稳定性，这对于延长酶的使用寿命、提高其在工业和生物技术应用中的性能具有重要意义。然而，化学修饰需要精确控制，以确保在提高稳定性的同时，不会对酶的催化活性产生负面影响。尽管酶化学修饰主要关注稳定性提升，但修饰过程也可能对酶的功能活性产生影响。适度的修饰可能保留甚至提高酶的催化活性，而过度或不恰当的修饰则可能导致酶活性降低或丧失。因此，在修饰过程中需要寻找稳定性与活性之间的平衡点。

4.1.3.3 化学修饰对酶可溶性、表达特性等的影响

酶的化学修饰可以显著影响其溶解性和表达特性。以糖基化修饰为例，在酶的糖基化过程中，通常可以观察到酶溶解性的提高，因为糖基化增加了分子的亲水性，使得修饰后的酶在水性环境中更加稳定。例如，糖基化后的蛋白酶在细胞外液中的溶解性比未修饰的同种酶要高，这有助于它们在生物体内的分布和功能的发挥。此外，糖基化还可以影响酶的表达特性，包括其抗原性、细胞内定位和稳定性。例如，糖基化可以掩盖某些抗原表位，降低酶的免疫原性，这对于降低药物在体内的清除速率和提高疗效具有重要意义。同时，糖基化还可以影响酶在细胞内的运输和定位，确保它们被有效地运输到所需的细胞器或分泌到细胞外。乙酰化通过在酶的赖氨酸残基上添加乙酰基团，可以改变其电荷状态，从而影响其在不同 pH 条件下的溶解性。例如，乙酰化可以提高某些酶在中性或碱性条件下的溶解性，这对于酶在特定生物反应中的应用至关重要。在表达特性方面，乙酰化可以影响酶的稳定性和活性。例如，乙酰化可以保护酶免受蛋白酶的水解，延长其在体内的半衰期。烷基化通过在酶的氨基酸残基上添加烷基，可以提高酶在有机溶剂中的溶解性，这对于开发适用于非水相催化的生物催化剂具有重要意义。烷基化还可以通过增加酶的疏水性来增强其在有机相中的稳定性，从而提高其在特定催化反应中的表达特性。

4.2 蛋白质工程

蛋白质工程是指以蛋白质分子的结构与功能的关系研究为基础，利用基因工程技术，按照人类自身的需要，定向改造天然蛋白质，甚至创造新的、自然界本不存在的、具有优良特性的蛋白质分子的现代生物技术。即：按照特定的需要，对蛋白质进行分子设计和改造，并表达出具有不同功能的蛋白质。蛋白质工程也被称为第二代基因工程。蛋白质工程和基因工程既有区别，又有联系（表 4-1）。基因工程在原则上只能生产自然界中已存在的蛋白质，而这些天然蛋白质是生物在长期进化过程中形成的，它们的结构和功能符合特定物种生存的需要，却不一定完全符合人类生产和生活的需要。但蛋白质工程可以改造出自然界中不存在或者具有新性质的蛋白质。蛋白质工程在酶工程中的应用体现为酶的蛋白质工程，或者通俗称为酶的分子改造。

表 4-1　蛋白质工程和基因工程的区别与联系

项目		蛋白质工程	基因工程
区别	过程	设计预期的蛋白质结构→推测氨基酸序列→找到对应的脱氧核苷酸序列→合成DNA→表达出蛋白质	获取目的基因→构建表达载体→导入受体细胞→目的基因的检测与鉴定
	实质	定向改造或生产人类所需的蛋白质	定向改造生物遗传特性,以获得人类所需的生物类型或生物产品
	结果	生产自然界中没有的蛋白质	生产自然界中已有的蛋白质
联系		蛋白质工程是在基因工程的基础上,延伸出来的第二代基因工程,因为对现有蛋白质的改造或制造新的蛋白质,必须通过基因修饰或基因合成实现	

基因工程操作程序的基本思路遵循中心法则,即从 DNA→mRNA→多肽→折叠产生蛋白质,基本上是生产出自然界中已有的蛋白质。而蛋白质工程是按照相反的思路进行的,确定蛋白质的功能→蛋白质应有的高级结构→蛋白质具备的折叠状态→应有的氨基酸序列→基因中的碱基序列,可以创造自然界中不存在的蛋白质(图 4-1)。

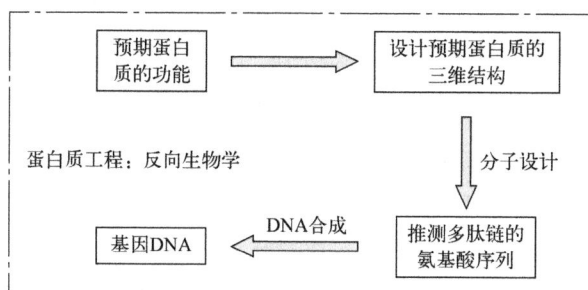

图 4-1　蛋白质工程的基本思路

蛋白质工程的应用广泛,涵盖医药工业、食品工业、日用品工业、农业等多个领域。在医药工业中,蛋白质工程的应用包括研发速效胰岛素类似物、提高干扰素的保存期、改造抗体以降低诱发免疫反应的强度等。例如,通过改造胰岛素基因,将其中一种氨基酸替换为另一种,从而有效抑制胰岛素的聚合,研发出速效胰岛素类似物。在食品工业和日用品工业中,蛋白质工程的应用包括使用经过改造的稳定性好的酶来生产高价值的食品成分,如用价格便宜的棕榈油生产出价格昂贵的可可脂,以及设计具有较高抵抗力的去污酶,使其在洗涤过程中不易被破坏。在农业上的应用包括改造参与调节光合作用的酶以提高植物光合作用的效率,增加粮食产量,以及设计优良微生物农药,通过改造微生物的结构,使它防治病虫害的效果增强。

蛋白质工程开辟了利用多种生物技术来满足工业生物催化和生物转化不断增长的需求的新途径。如酶的分子改造需要实施不同的酶设计策略,例如随机诱变、定点诱变、酶固定化、分子建模、DNA改组和拟肽。最初的蛋白质设计案例中,由于缺少蛋白质结构与机理研究,突变位点的选择完全依靠研究人员的经验,因此是一种初级理性设计策略,适用性较窄。在此背景下,定向进化(directed evolution)策略诞生,该技术通过对蛋白质进行多轮突变、表达和筛选,引导蛋白质的性能朝着人们需要的方向进化,从而大幅缩短蛋白质进化的过程。在这之后,定向进化与理性设计结合,形成了半理性设计(semi-rational design)策略,旨在构建"小而精"的突变体文库,进一步提高效率。蛋白质的分子改造随着对酶结构和功能的逐步深入了解正在步入理性设计(rational design)的领域。

此外,近年来随着结构生物学、计算生物学及人工智能(artificial intelligence,

AI）技术的迅猛发展，计算机辅助蛋白质设计（computer-assisted protein design，CPD）策略为蛋白质工程领域注入了新的学术思想和技术手段，出现了基于结构模拟与能量计算来进行蛋白质设计的新方法，以及使用人工智能技术指导蛋白质改造的新思路。

4.2.1 酶的定向进化

4.2.1.1 酶的定向进化的概念和特点

生物体系之所以能够相对独立地存在于自然界中，并维持其独立性和生命的延续性，都是因为生物体内的一系列酶在发挥着作用。酶保证了生物体内组成生命活动的大量生化反应得以按照预定的方向有序、精确而且顺利地进行，几乎所有生物的生理现象都与酶的作用紧密相关。可以这样说，没有酶的存在，就没有生物体的一切生命活动。然而，天然酶适应于生物体内的环境，其稳定性、活性以及催化效率匹配生物体内的生命活动。而工业上需要一些酶在严苛环境下催化在自然界中并不存在的各种底物来完成特定的反应过程，此时酶的不稳定性、底物单一、反应条件苛刻、缺乏有商业价值的催化功能等缺陷，限制了其在工程和工业上的应用。如北美萤火虫荧光素酶，其最佳反应温度和 pH 限制了其在微生物快速检测领域的使用。

天然酶的局限性源于酶的自然进化过程。天然酶只能满足自然界中生命体（而非人类社会）的需要。自然进化的过程保证了酶对环境改变的适应能力，但是自然进化既没有特定的方向也没有特定的目标，它在整个生物的繁殖和生存过程中自发进行。酶的自然进化主要不是表现为某个酶分子的活力和稳定性的不断提高，而是在于生物整体的适应能力。因此，天然酶通常只要求酶在生物体内对特定的生物学功能有专一性，它们的催化活性不一定很高，而且受到复杂的精确调控。但是在工业酶催化过程的研究和应用过程中，人们总是期望酶的活力和稳定性越高越好，并在人工环境下具备良好的催化性能：比如能在非水溶剂、极端温度和 pH 等特殊条件下催化反应，尤其重要的是能接受自然界中不存在的各种底物。

正是由于天然酶的性质与实际应用过程中人们对酶的期望之间的巨大差距，使得对天然酶在分子水平上进行改造显得十分重要和迫切。为此，研究者发明了一种解决方法，即"酶的定向进化"。酶的定向进化的概念是在 20 世纪 90 年代由美国加州理工学院的化学/生物/工程学家 Frances H. Arnold 教授提出的，并广泛运用于生物技术以及其他交叉领域中，特别是酶工程领域。Arnold 教授在"酶的定向进化"中的开创性贡献，使其获得了 2018 年的诺贝尔化学奖。

酶的定向进化又称为酶的体外分子进化，是在模拟自然进化过程的基础上，在体外进行酶基因的人工随机突变，建立突变基因文库，并在人工控制条件的特殊环境下，定向选择得到具有优良催化特性的酶的突变体的过程。酶的定向进化适应性广、目的性强、效果显著，是蛋白质工程的重要研究方向，它是模拟达尔文选择进化过程在分子水平的实践，为酶的广泛应用提供了新的可能性。酶的定向进化不需要事先了解蛋白质的结构、活性位点、催化机制等因素，而是人为地创造特殊的进化条件，模拟自然进化机制，对酶基因进行改造，产生基因多样性，再结合定向筛选或选择技术获得具有某些预期特征的改造酶。

从流程上来说，酶的定向进化分为两个阶段：①通过技术手段建立蛋白质突变库；

②筛选具备改良特性的蛋白质。酶的定向进化包括三类主要的技术：①通过随机突变和（或）基因体外重组创造基因多样性；②导入适当载体后构建突变文库；③通过灵敏的筛选方法，选择阳性突变子。这个过程可重复循环，直至得到预期性状的酶。酶的定向进化具有几个显著特点：①适应面广，酶的定向进化技术可以广泛应用于各种蛋白类酶（P 酶）和核酸类酶（R 酶）的改性，显示出其广泛的应用范围。②目的性强，酶的定向进化是基于酶在应用过程中展现出的催化效率较低、稳定性较差等弱点进行的。通过基因体外随机突变，在人工控制条件的特殊环境下进行定向选择，从而获取所需的进化酶。这一过程的进化方向明确，显示出极强的目的性。③效果显著，酶的定向进化能够在较短的时间内，如几年、几个月甚至更短，完成自然界需要几万年、几十万年甚至几百万年才能完成的进化历程。这种显著的效果是酶定向进化技术的一个重要优势。酶的定向进化具有适应面广、目的性强和效果显著等特点，这使得它在酶改性领域具有广泛的应用前景。

4.2.1.2　酶定向进化的开发历程

1981 年，B. G. Hall 等定向改变了 *E. coli* K12 中内切葡萄糖苷酶（EBG 酶）的底物专一性，开发出能够对几种糖苷键有水解能力的酶。20 世纪 80 年代末，在 PCR 技术出现的初期，就有人着手利用易错 PCR（error-prone PCR）技术改造蛋白质。1993 年，美国科学家 Frances H. Arnold 首先提出酶的定向进化的概念，并用于天然酶的改造或构建新的非天然酶。1994 年，美国科学家 Stemmer 开创了可以在分子水平上实现家族基因内部序列重组的新技术——DNA 改组（DNA shuffling）技术，可以在一个基因及其 PCR 诱变产物，或一组家族基因的基础上创造新基因。1999 年，Stemmer 把 DNA 改组技术延伸至基因组改组（genome shuffling）技术。

近年来，酶定向进化领域取得了多项重要突破。一方面，高通量筛选技术如荧光激活细胞分选、微流控技术等，使得从大量突变体中快速筛选出具有优良特性的酶成为可能。此外，生物信息学和计算生物学等方法也为酶定向进化提供了理论指导和辅助工具。另一方面，研究者们通过引入人工智能和机器学习等技术，实现了对进化过程的精确控制和优化。此外，酶的定向进化技术在工业、医药和环保等领域的应用也得到了不断拓展。

4.2.1.3　酶定向进化的主要方法和技术步骤

（1）基因突变体库的构建

基因突变体库的构建是酶定向进化的第一步，其核心是通过各种基因突变技术，如随机突变、定点突变和嵌合突变等，在酶的基因序列中引入多样性。这些突变可以是单点的，也可以是多个位点的组合，从而产生一个包含大量不同突变体的库。这一步骤的关键在于确保突变的随机性和广泛性，以覆盖可能的基因序列空间。

构建基因突变体库的主要过程包括：①载体的选择。定向进化中常用到的载体包括质粒载体，即微生物细胞染色体外，闭合环状双链 DNA 分子；噬菌体 DNA 载体，即由噬菌体 DNA 改造而成的具有自我复制能力的载体；黏粒载体，这是一类人工构建的含有 λ 噬菌体 cos 序列和质粒复制子的质粒载体，又称为柯斯质粒；噬菌粒载体，这是一类人工构建的由 M13 噬菌体单链 DNA 的基因间隔区与质粒载体结合而成的基因载体。②基因重组。即在体外通过 DNA 连接酶的作用，将基因与载体连接在一起形成重组 DNA 的技术过程。连接方式包括黏性末端连接，平头末端连接，修饰末端连接。

③形成基因文库。即将突变体克隆到载体中，并转化到宿主细胞中，形成突变文库。在组装过程中，需要确保每个突变体都能被有效地转化和表达，同时保持文库的多样性和代表性。

在基因突变体库构建中，涉及的技术有：

① 易错 PCR（error-prone PCR） 易错 PCR 是一种特殊的 PCR 技术，用于向 DNA 序列中引入随机突变。这种技术通过改变 PCR 反应条件，如提高镁离子浓度、加入锰离子、改变体系中四种脱氧核苷三磷酸（dNTPs）的浓度或运用低保真度 DNA 聚合酶等，来调整 PCR 反应中的突变频率，从而以一定的频率向目的基因中随机引入突变，获得蛋白质分子的随机突变体。易错 PCR 的关键在于选择适当的突变频率，因为突变频率过高可能导致绝大多数突变是有害的，而突变频率过低则可能无法产生足够的多样性。虽然易错 PCR 具有许多优点，但其一般只适用于较小的基因片段，且突变碱基中转换高于碱基转换，因此其应用范围相对有限。

② 连续易错 PCR（sequential error-prone PCR） 连续易错 PCR 是易错 PCR 的发展，其核心在于将一次易错 PCR 扩增得到的有用突变基因作为下一次 PCR 扩增的模板，从而连续反复地进行随机诱变。这种策略有助于对有益突变基因的连续扩增和随机诱变，累积正向突变，产生重要的有益突变。在连续易错 PCR 中，通过使用具有特定特性的 DNA 聚合酶和易错核苷酸补体，能够引入随机突变并降低 PCR 过程中的错误复制风险。例如，引入具有高度校正活性的 DNA 聚合酶（如 Pfu 聚合酶）和易错核苷酸补体（如 dUTP 和 dITP），可以在保证 PCR 扩增效率的同时，提高扩增的准确性，并纠正 PCR 过程中的错误。连续易错 PCR 策略的发展进一步提高了易错 PCR 的应用效果。

③ DNA 改组（DNA shuffling）技术 DNA 改组技术是酶定向进化中的另一种重要方法。该技术通过改变单个基因（或基因家族）原有核苷酸序列，创造新基因，并赋予表达产物以新功能，因此也被称为分子育种。在酶定向进化中，DNA 改组把不同来源的同源酶基因断裂成不同大小的片段，然后对这些片段进行重新拼接和组合，以产生具有新特性的酶基因。重组可以在同一酶基因的不同突变体之间进行，也可以在不同物种的同源酶基因间进行。这种方法能够充分利用自然界中存在的酶基因资源，并通过人工组合创造出具有独特功能的酶。DNA 改组主要依赖于 PCR 技术，具体来说，是将单个基因或相关同源性基因家族的靶序列通过物理或化学方法随机片段化，接着通过无引物 PCR 和有引物 PCR 将这些片段组装成全长的嵌合体基因，即嵌合体文库。随后配合对嵌合体文库进行高通量或超高通量的筛选，选择具有改进功能或全新功能的突变体作为下一轮 DNA 改组的模板，此过程重复多轮，直到获得理想的突变体。

④ 交错延伸重组（stagger extension process）技术 交错延伸重组技术是一种简化的 DNA 改组技术。其主要目的是在一个 PCR 反应体系中，以两个以上相关的 DNA 片段为模板进行 PCR 反应，实现不同模板间的重组，最终获得全长基因片段。这一技术的基本步骤包括：先模板链与引物结合并进行变性；随后进行短暂地延伸形成小片段；在另一轮循环时，这些小片段会随机与模板结合并继续延伸；此过程反复进行直到形成全长基因。

交错延伸重组技术的特点在于它省去了 DNA 酶切割的步骤，使得 DNA 改组的方法得以简化。同时这一技术使得重组发生在单一的试管中，无须分离亲本 DNA 和产生的重组 DNA。交错延伸重组技术的转换模板机制与逆转录病毒所采用的进化机制相类似。此外，交错延伸重组技术已被成功应用于由易错 PCR 产生的突变体的重组中。已有文献报道，通过该技术成功地提高了多种酶的热稳定性，并得到了大量具有高活性、高稳定性的突变株。

⑤　随机引物体外重组（random priming in vitro recombination）技术　随机引物体外重组技术是一种体外 DNA 重组技术，它结合了易错 PCR 与 DNA 重组技术的特点。其核心在于利用一套随机序列引物，产生互补于模板不同位置的短 DNA 片段库。这些短 DNA 片段由于碱基错配，会含有少量的点突变。在实际操作中，首先通过随机引物扩增产生互补于模板不同部位的随机短片段，这些短片段 DNA 由于碱基的错误掺入会含有不同、随机位置的突变点。随后，这些短片段 DNA 随着 PCR 循环互为引物和模板继续延伸，直至获得全长基因，最终形成一个多样性文库。最后，通过合适的高通量筛选方案，可以筛选得到有益突变。所筛选得到的突变体同样可以作为下一轮重组的目的基因，反复循环直至获得理想的突变体。

这一技术具有以下显著优点：首先，可以以单链 DNA 或 mRNA 为模板，且对模板量的要求较少，大大降低了亲本组分，便利了筛选过程；其次，克服了 DNA 重组中 DNA 酶切割所具有的序列偏爱性，保证了子代全长基因中突变和交叉的随机性；再次，片段组装体系与片段合成体系缓冲系统可兼容，组装前无须纯化操作；最后，随机引发 DNA 合成不受模板 DNA 长度的限制，便利了小肽的改造。

（2）突变体的筛选

在构建了突变体库之后，需要通过合适的筛选方法对突变体进行筛选。突变体筛选方法多种多样，包括正向遗传学筛选、反向遗传学筛选以及高通量筛选等。筛选的标准可以是催化活性、稳定性、底物特异性等，具体取决于应用需求。正向遗传学筛选是根据表型差异来筛选突变体，如通过生长速度、形态特征等指标筛选；反向遗传学筛选则是利用已知基因或基因片段进行突变体的筛选；高通量筛选则利用现代生物技术手段，如基因芯片、荧光激活细胞分选、微流控技术、高通量测序等，这些技术能够快速地评估大量突变体的性能，并从中选出具有优良特性的突变体，实现对大量突变体的快速筛选。

传统的突变体筛选方法包括：

①　平板筛选法　平板筛选法依据重组细胞的表型（包括细胞生长情况、颜色变化情况等直观特征）筛选突变基因。该方法在提高酶的热稳定性、抗生素耐受性、pH 稳定性和对其他极端环境条件的耐受能力等方面有广泛应用。

②　颜色筛选法　蓝白斑筛选是重组子筛选的一种方法，是根据载体的遗传特征筛选重组子，主要为 α-互补与抗生素抗性基因。蓝白斑筛选在指示培养基上，未转化质粒的菌落因无抗生素抗性而不能生长，重组质粒的菌落是白色的，非重组质粒的菌落是蓝色的，以颜色不同为依据直接筛选重组克隆。

③　透明圈筛选法　依据透明圈情况筛选突变基因是在平板培养基中加入目的酶的作用底物，然后接种表达酶的重组细胞，并在一定条件下进行培养；培养一段时间后，在一些重组细胞的菌落周围会出现较大的透明圈，即可判断这些重组细胞表达了具有特定功能的酶。

④　荧光筛选法　荧光筛选法利用荧光蛋白或荧光染料标记目标基因或细胞，如构

建绿色荧光蛋白融合蛋白，使得具有特定荧光特性的突变体在特定激发光下发出荧光。通过观察和检测荧光信号，可以实现对突变体的快速筛选和鉴定。

⑤ 噬菌体表面展示法　噬菌体表面展示法是利用丝状噬菌体的外膜结构蛋白与某些特定的外源蛋白或多肽分子形成稳定的复合物，使目标外源蛋白或多肽富集在噬菌体表面的一种分子展示技术。利用这一技术可以将各种自然界或人工合成的 DNA 整合到丝状噬菌体基因中，以融合蛋白的形式表达在菌体表面，利用噬菌体展示文库所固有的基因型和表现型之间的直接关联可以方便检测。噬菌体展示技术是第一个真正用于体外高通量筛选的方法，其筛选可通过将特异性结合分子（如筛选酶，特异性结合分子即为底物）包被至固相载体，使用构建的噬菌体展示文库对特异性结合的噬菌体进行多轮淘洗筛选，当淘洗后的噬菌体达到合适富集程度后进行酶联免疫吸附试验（enzyme-linked immunosorbent assay，ELISA）验证，以排除非特异性结合序列，最后对 ELISA 验证的阳性克隆进行测序，获得相应的突变体序列。

⑥ 细胞表面展示法　细胞表面展示法是通过锚定在细胞表面的特定蛋白质（如酵母细胞的凝集素蛋白）与某些外源蛋白或多肽形成稳定的复合物，使这些外源蛋白或多肽富集在细胞表面的一种分子展示技术，常用的细胞表面展示法有酵母表面展示法等。目的蛋白的功能展示可以通过荧光标记的抗体或配体（底物）进行检测，其筛选方式类似于噬菌体表面展示法。与其他表面展示系统相比，酵母表面展示系统可克服真核蛋白在原核细胞表达时活性降低或失活的缺点，在蛋白质工程中已经成为有价值的筛选工具。

（3）迭代进化策略

迭代进化策略是酶的定向进化中的一种常用方法，是对已筛选出的优良突变体进行的进一步优化。其核心思想是通过多次迭代的方式，不断优化酶的性能。迭代进化包括在突变体基础上进行二次突变、结构域交换和基因融合等操作。在每一轮迭代中，都会对上一轮筛选出的优良突变体进行进一步的突变和筛选，以发现更好的特性，进一步提高酶的性能。通过多轮迭代，可以逐步改进酶的性能，进一步拓展酶的功能多样性，最终得到满足应用需求的酶，还有可能发现已知酶的新的、更优的特性。比较突出的迭代进化方法主要包括 ProSAR、MORPHING 和 KnowVolution，这些方法是我们根据几个成功的定向进化案例提出的。

ProSAR（protein sequence activity relationship，基于方法的蛋白序列活性关系分析）是一种通过迭代过程产生多样性并优化蛋白质功能的方法，通过对从每轮的一个或多个组合库衍生出的序列活性数据集进行统计分析，进而筛选得到突变体。从前面文库中筛选与测序获得的序列活性数据主要用于建立一个统计模型，为每一个取代基分配一个回归系数，分配给每个替换的回归系数与替换体对活性的影响相一致。ProSAR 通过替换的组合能提高酶特性，但实质上不能大幅度提高酶的单个特性。使用所概述的方法，成功地提高了卤代醇脱卤酶的特性，使其在合成阿托伐他汀（立普妥）侧链的容积生产率增强了 4000 倍。一个成功的 ProSAR 分析需要很强的洞察力来评价大量的数据和实验结果进而得到统计学上相关的数据集，不然就比较难以实施。

MORPHING 结合了结构分析和随机突变，将随机突变引入特定的蛋白质片段中，然后通过体内同源重组过程得到突变体文库。该办法对编码特定酶的基因进行分析并将该片段划分为两类：一类为可进行随机突变的片段，另一类为不能突变的片段。为了保证重组片段具有高度的同源性，常采用 PCR 的方法在片段的 $5'-$ 和 $3'-$ 端引入约 50bp 长度的序列。Alcalde 和他的同事采用一个万能型的过氧化物酶（VP）和一个非特异性过氧化酶（UPO）验证了 MORPHING 法。例如，在 VP 中，采用随机突变（突变量：每个片段为 1～5 个突变）的方式对目标域的三个片段进行突变，然后利用一个高保真的聚合酶将三个片段扩增出。随后通过三轮连续不断同源重组将这些区段进行组装，从而筛选得到 3G10 突变株，该突变株在催化 H_2O_2 的反应中稳定性提高了 2.1 倍，T_{50} 升高了 5.5℃。

KnowVolution 对定向进化的认识包括四个阶段。在阶段一，实施一个标准的定向进化实验，通过测序得到至少 20 个有益的突变体（具体数量取决于基因长度和突变率），这些突变体中，约有 12 个可判定为潜在的有益突变体。因此，有益的基因突变体往往聚集在特定蛋白的 2～3 区域范围内。在阶段二，选择阶段一中约 12 个位点进行饱和突变。通常情况下，能提高目标蛋白特性的饱和突变位点不到 50%。由于随机突变在每个氨基酸位点产生的突变体一般为 0～4 个，因而人们认为饱和突变的结果一定会产生更多的有益突变体。但是后者根本不是这样的情况，在 5 个饱和位点中，通常只有 2～3 个能够促进产量的提高。在每个饱和位点处再次进行测序，如果发现有益突变体，一般要对约 16 个克隆子进行测序，如果没有发现，就减少克隆子的测序个数。后续实验对获得的突变氨基酸进行分析，寻找有助于提高目标蛋白属性的化学作用类型（电荷、大小、氢键和疏水性）。定点饱和突变实验应当得到 4～6 个氨基酸位点，被替换后有助于提高目标蛋白属性。在阶段三中，通过 3D 模型对结果进行计算分析，观察替换后的氨基酸是距离接近了，还是对其他氨基酸产生了作用。基于计算机辅助结构分析，研究人员作出了一个决策，该决策包含有如何结合有益的突变；如何将那些位点进行分组以及在选中的位点上替换哪种氨基酸。在阶段四，将阶段三中的结果进行组合。如果一些位点距离比较接近，应该优先进行多位点饱和突变实验。为了确保有效的筛选，应该限制具有针对性位点的数量和氨基酸替换产生的多样性。比如，"只有"在定点饱和突变文库中的有益替换包含在多位点饱和突变中。如果在 4 个位点中只有 1 个氨基酸进行替换，那一个接一个地重组或者按秩序合成包含所有 4 个突变的基因都算是节省时间。阶段二中的饱和突变实验和阶段四中的组合实验尽管在筛选结果上显著减少，但获得的有益突变体都比得上或优于通过整轮定向进化获得的。利用 KnowVolution 策略定向进化的成功例子有葡萄糖氧化酶（GOX）、植酸酶（ymphytase）、碱性蛋白酶（BgAP）、精氨酸脱亚胺酶（PpADI）、碱性枯草杆菌蛋白酶 E（subtilisin E）和纤维素酶（CelA）。KnowVolution 过程的关键是在阶段一到阶段三中确定足够多的有益突变位点，为阶段四的高效组合提供条件。

4.2.1.4　酶定向进化的主要实例

酶定向进化已用于改变一些酶的主要性质。酶的稳定性和半衰期对其实际应用至关重要。通过定向进化可以延长酶的半衰期，提高其稳定性，从而使其在更广泛的条件下保持催化活性。底物专一性是酶催化反应的关键特性之一。通过定向进化，可以显著提高酶对特定底物的识别和催化能力，使得酶在催化反应中更具选择性和高效性，这对于制备高纯度、高活性的产品具有重要意义。在某些情况下，定向进化还可以实现酶的功能转变。例如，通过突变和筛选，可以使得原本负责某种催化反应的酶转变为能够执行完全不同催化功能的酶。这种功能转变可以用来设计具有特定功能的酶，以满足不同生物催化反应的需求。

卡那霉素磷酸转移酶在抗生素的生物合成中起到关键作用。研究者通过定向进化，使得该酶的催化效率和底物特异性得到了显著提高，从而提高了抗生素的产量和纯度。研究者通过对卡那霉素磷酸转移酶基因进行定向进化操作，将得到的基因转化进大肠杆菌中，获得基因突变文库，将突变文库转入可以在高温下生长的耐热菌，即嗜热脂肪芽孢杆菌中，通过在高温下进行筛选获得了一个在 63℃ 下稳定的突变酶（Asp80Tyr）和一个在 70℃ 下稳定的突变酶（Asp80Tyr/Thr130Lys）。

枯草杆菌蛋白酶是洗涤剂合成、鞣革和医药领域的重要工业酶制剂。研究者通过定向进化成功地改善了该酶的稳定性、活性及抗环境胁迫能力，使得其在各种条件下都能发挥高效催化作用。研究者采用易错 PCR 对该酶进行了体外进化研究。通过降低反应体系中脱氧腺苷三磷酸（dATP）的浓度，对编码该酶从第 49 位氨基酸到 C-端的 DNA 片段进行易错 PCR。经筛选得到的几个突变株在高浓度的二甲基甲酰胺（DMF）中的酶活性明显提高，突变体 PC3 在 60% 的 DMF 中，酶活力是野生型的 256 倍。随后，将 PC3 再进行两个循环的定向进化，得到的突变体 M13 酶活力比 PC3 还要高 3 倍。

研究者在微生物拆分泛解酸内酯的实际应用中发现：随着催化反应的进行，反应体系中的中性 D-泛解酸内酯被 D-泛解酸内酯水解酶水解成酸性的 D-泛解酸，导致反应体系中的酸性增强，催化反应速率迅速下降。为了使酶促反应能够顺利进行，必须向反应体系中持续地流加氨水，以使反应体系维持在酶作用的最适 pH 范围内，否则酶促催化反应几乎不再进行。经过分析发现，由于野生型 D-泛解酸内酯水解酶的最适催化 pH 值为 7.0，在 pH 低时耐受能力差，因此酶的催化活力在酸性逐步增强的反应体系中随之下降。另外在正常催化条件下，野生型 D-泛解酸内酯水解酶的酶活力也需进一步提高。为了解决上述问题，使用了易错 PCR 和 DNA 改组组合方法对 D-泛解酸内酯水解酶进行了定向进化，经过三轮易错 PCR 和一轮 DNA 改组，最终获得了一株酶活力高且在低 pH 条件下稳定性好的突变株 Mut E-861。该突变体的酶活力是野生型酶的 5.5 倍，在酸性条件下的酶活损失百分比是野生型的一半以下。这一株突变株应用于工业催化，可以不需要向反应体系中流加氨水，降低了产物的分离难度。

对精氨酸脱亚胺酶（PpADI）进行再改造，提高生理条件下的活性。来源于假单胞菌的 PpADI 不仅是一种精氨酸代谢酶也是一种应用于治疗精氨酸缺陷型肿瘤例如肝细胞癌（HCCs）和黑色素瘤的抗肿瘤酶。Zhu 和 Cheng 等人采用 KnowVolution 法提高了 PpADI 在低精氨酸浓度（在血液的生理条件下为 0.1mmol/L）的特定活性，也通过分子层面的了解改变了最佳的 pH 值、减少了 PpADI 的 K_m 值。阶段一，研究者进行了三轮迭代易错 PCR 和一轮定点饱和突变，总共筛选 9300 个克隆子。筛选得到了 13 个潜在的能够减小 K_m 值或提高 K_{cat} 值的有益突变替换。阶段二，后续的定点饱和突变结果表明有 6 个位点能在生理条件下提高 PpADI 的活性。阶段三的结构检测显示 K30、C37、D44E 和 H404R 位于两个 loops（loop1，R30 到 I46；loop4，393 到 404），这两个 loops 不仅都靠近活性位点，还在精氨酸结合过程中发生了构象变化。L148 和 E296 位于两个 PpADI 单体的交界处。阶段四，研究者采用定点突变法将从定点饱和文库中鉴定的有益替换进行一个个的组合，得到一个 K_{cat} 比野生型高 105.5 倍、K_m 从 1.3mmol/L 减少到 0.35mmol/L、最佳 pH 值由 6.5 变为 7.5 的最终突变体 PpADI M19。计算机分析以及单个替换实验在分子水平上确定了一些结构性因素。例如位于

loop1 和 loop4 的替换体 C37R 不仅增加了盖子残基 R400（破坏了 H38 和 R400 之间的氢键）侧链的灵活性，也对脱亚胺酶的特定活性起重要作用。404 位点的组氨酸突变为精氨酸（H404R）可改变 PpADI 的最优 pH 值。有趣的是，位于 PpADI 二聚体表面的两个氨基酸（L148P 和 E296K）替换后获得的几乎全部是具有低 K_m 值的 PpADI 四聚体。最近，由 KnowVolution 衍生出的一个方法被应用于提高 PpADI 的耐热性，而且还成功地改善了 PpADI 的一些催化特性。

对枯草杆菌蛋白酶 E 进行再改造，提高对离液盐的耐受性。来源于枯草芽孢杆菌中的 subtilisin E（36000）对离液盐具有高耐受性。为了高效提取血液中的 DNA，不得不在高浓度的盐酸胍（GdmCl；1mol/L）中分解蛋白。Li 等人采用 KnowVolution 法提高 subtilisin E 对 GdmCl 的耐受性。阶段一，研究者从三轮随机突变文库中筛选了 3900 个克隆子，确定了 10 个潜在的有益突变位点。阶段二，研究者对野生型 subtilisin E 的每个有益位点都进行饱和突变，成功获得了 4 个对离液盐耐受性提高的位点。这 4 个有益突变位点或十分接近底物结合口袋或在口袋表面。最终，阶段四研究者通过组合每个最佳的氨基酸替换体，产生了突变体 M6，M6 不仅在催化活性上有明显的提高，还提高了在 1mol/L 的 GdmCl 中的耐受性（半衰期从 <2min 延长至 385min，提高了 193 倍）。最后，分子动力学（MD）模拟显示与 Gdm$^+$ 结合发生在两个阶段：第一阶段是与 His64 发生相互作用将其进行取代，第二阶段是与靠近活性位点的 Gdm$^+$ 紧密结合。而获得的替换体 S62I 阻止了 Gdm$^+$ 对 His64 的取代以及对活性位点的干扰。

对纤维素酶（CelA2）进行再改造，提高对离子液体（ILs）、低共熔溶剂（DES）和浓缩海水的耐受性。纤维素酶 CelA2（69000；GenBank：JF826524.1）是由 Srteit 教授的团队从一个宏基因组文库中分离得到的，为了得到能够降解纤维素和半纤维素的酶，他们将离子液体（ILs）、低共熔溶剂（DES）或浓缩海水作为溶剂进行筛选。为了进一步提高 CelA2 对 ILs、DES 和浓缩海水的耐受性。在阶段一，研究者从高突变频率产生的随机突变文库中筛选了 2000 个克隆子，筛选得到一个含有 6 个潜在有益突变位点的突变体 4D1。在阶段二，研究者发现只有 H288 这一个位点对 IL、DES 和浓缩海水的耐受性有明显提高。在阶段三，研究者通过结构分子分析和进一步的定点饱和突变实验获得三个位点（A285、H288 和 S300）。有益的突变位点主要分布在活性口袋进口处，并且十分靠近底物模型。最终的突变体在 30% ChCl：Gly 条件下的活性提高了 7.5 倍（从 0.4U/mg 升至 3.0U/mg），同时，对浓缩海水的耐受能力提高了 1.6 倍（从 5.5U/mg 提高至 9.3U/mg）。实验过程中发现了一个大的亮点，一个 CelA2 突变体在缓冲液中不发生反应，但加入盐后立马被激活。Arg300 氨基酸置换后与 Asp287 形成了一个盐桥，靠近活性位点附近。当盐桥形成后，CelA2 变得几乎不活跃。但补充 IL、DES 和浓缩海水后，中和了盐桥进而激活 CelA2。MD 模拟后再次证明 Arg300 在离子力激活作用中是一个关键的残基。

用定向进化提高生物催化剂的对映体选择性是解决手性物质纯度低的一个很有潜力的方法。乙内酰脲酶/氨基甲酰酶不能大规模地应用于生产对映纯 L-氨基酸的一个主要原因是乙内酰脲酶没有足够的对映体特异性，它的特异性随着底物上的 5′-取代物而变化。当筛选不到较好的 L 型乙内酰脲酶时，可以采用定向进化改造乙内酰脲酶的对映体选择性。研究者结合易错 PCR 和高通量筛选方法，提高了乙内酰脲酶转化底物的对映体选择性，同时催化活性提高了 3 倍，使用这种突变酶，可快速实现手性氨基酸的生物合成。

4.2.2 酶的理性设计

4.2.2.1 酶的理性设计的概念

酶的理性设计是指基于蛋白质的结构与功能关系，采用理性的设计策略对酶进行改造，以提高其热稳定性、酶活力或改变底物选择性等的酶分子改造方式。酶的理性设计与酶的定向进化不同，定向进化不需要了解酶的空间结构和催化机理，而是通过模拟自然进化过程以改善酶的性质；但理性设计需要对酶的空间结构和催化机理有非常充分的了解，在此基础上对酶的结构进行精确地调控，从而获得具有所需催化活性的新酶。与定向进化相比，酶的理性设计目的性更强，从理论上更为高效和快捷。目前，酶的理性设计方法主要分为基于实验结果的设计（experimental design）和计算机辅助设计（computer-aided design）。前者主要针对活性中心进行人工判断和改造，后者借助计算机手段对改造位点进行计算机分析和判断。随着计算机技术的兴起和飞速发展，计算机辅助设计已经成为酶的理性设计的主要发展方向。

酶的理性设计是随着科学技术的发展，特别是随着计算机技术、结构生物学、计算生物学、生物信息学领域的进步，逐渐发展并完善的。在酶工程技术的早期阶段，人们已经开始尝试根据序列的位置信息来设计酶。然而因为对酶的结构和功能的了解还不够深入，这种设计方法的局限性很大。随着计算机运算能力的不断加强，大量的预测酶结构变化及酶与底物相互作用的软件被开发出来，这使得人们对突变体结构和功能变化的掌控程度大大增强。特别是分子模拟力场方法的应用，使得理性设计可以根据原子和分子的相互作用来设计新酶。此外，结构生物学和分子动力学模拟等领域的发展也为酶的理性设计提供了强大的理论支撑。如蛋白晶体学的发展使得蛋白晶体结构的获得更加便利和精确，催化机制也被更清晰地阐明，这都有助于更精确地理解酶的结构与功能关系，进而进行更有效的理性设计。种种新设计方法的出现，使得人们可以更加精准地改造酶，以满足特定的应用需求，从而扩大酶的应用范围。

酶的理性设计通常包括以下几个步骤：首先，需要通过生物信息学手段分析酶的结构和功能特点，确定设计目标；其次，可以利用计算机辅助设计工具进行酶分子建模和模拟，预测设计后的酶性能；再次，通过基因工程技术对酶进行改造，构建突变体或融合酶；最后，通过实验验证设计后酶的催化性能和应用价值。通过理性设计，可以改善酶的稳定性、耐热性、耐酸碱性等性质，使其适应更广泛的工业应用环境；同时，还可以赋予酶新的催化功能，扩展其在生物合成、生物转化等领域的应用范围。此外，酶的理性设计还有助于解决一些传统化学合成方法难以解决的问题，如手性化合物的合成、有毒物质的降解等。

4.2.2.2 酶的构效关系与理性设计

酶的结构与其所表现出的催化活性之间存在着密切的联系，这种关系即为酶的构效关系。酶的构效关系研究是酶学和生物化学领域的重要课题，旨在揭示酶分子结构如何决定其催化功能，并以此为基础进行酶的理性设计与改造。酶的结构通常包括一级结构（氨基酸序列）、二级结构（局部折叠形成的 α-螺旋和 β-折叠）、三级结构（整个多肽链的三维构象）以及四级结构（多亚基酶的空间排布）。这些结构特点共同决定了酶的功能，包括底物特异性、催化效率、调节机制等。其中酶的活性中心是酶催化功能的关键区域，通常由特定的氨基酸残基组成，能够识别并结合底物，进而催化化学反应的进行。

酶的理性设计基于对酶结构和功能的深入理解，通过改变酶的氨基酸序列或空间结构，以达到优化其催化性能或赋予新的催化功能的目的。基于已有的酶的构效关系知识，酶的理性设计应遵循以下基本原则：①保持酶的整体结构和稳定性；②精确调控酶的活性中心；③确保底物识别和结合的特异性；④提高催化效率和选择性；⑤考虑酶在生物体内的调节和表达机制。酶的构效关系研究不仅有助于我们深入理解酶的催化机制和功能特点，还为酶的理性设计和改造优化提供了指导。掌握更多的酶构效关系知识，可以更加精准地调控酶的催化性能和应用价值，并提高酶的理性设计的效率。

4.2.2.3　酶理性设计的开发历程

酶理性设计的开发历程主要有以下阶段：

① 早期序列设计（20 世纪 70 年代起）　酶的理性设计起始于 20 世纪 70 年代，当时科学家们开始尝试通过改变酶的氨基酸序列来优化其催化性能。这一阶段的理性设计主要基于已有的生物化学知识和对酶结构的初步理解，通过定向诱变或定点突变等技术手段，对酶的活性中心或关键区域进行改造。虽然这些尝试取得了一定的成功，但由于缺乏对酶结构和功能关系的深入理解，设计过程往往具有较大的盲目性和不确定性。

② 计算机辅助设计的发展　随着计算机技术的快速发展，计算机辅助设计在酶的理性设计中发挥了越来越重要的作用。通过利用生物信息学工具和数据库，科学家们可以更加系统地分析酶的结构和功能特点，预测酶与底物的相互作用模式，从而指导设计过程。分子模拟技术的发展为酶的理性设计提供了强大的支持。通过分子动力学模拟、量子力学计算等方法，科学家们可以在计算机上模拟酶与底物的相互作用过程，预测设计后的酶性能。这种模拟方法不仅可以节省大量的实验时间和成本，还可以为设计过程提供重要的理论依据和指导。经过计算机辅助设计和分子模拟的预测，并通过实验手段构建设计后的酶，酶的理性设计逐渐在实验中得到验证和体现。

③ 新技术的应用　随着生物信息学、计算机模拟技术和新型基因编辑技术的不断进步，研究者对酶的结构和功能关系理解得更加深入，目前，研究者可以更加精准地预测和设计酶的催化性能。同时，合成生物学和代谢工程等其他生物技术领域快速发展，基于机器学习和人工智能的方法也开始应用于酶的理性设计，酶的理性设计变得更加便捷，设计过程更加精准和高效，功能也越发强大。

4.2.2.4　酶理性设计的主要技术方法

（1）酶功能预测的方法

一些传统方法可以被用于酶功能预测，如基于序列相似性、结构比对、进化关系等。这些方法通常依赖于已知的酶序列、结构和功能信息，通过比对和分析来推断未知酶的功能。

近年来，机器学习算法也被用于酶功能预测。其中，一种名为 CLEAN（contrastive learning-enabled enzyme annotation）的机器学习算法能够准确预测酶的功能。CLEAN 方法采用了对比学习框架，其训练目标是学习欧几里得距离反映功能相似性的酶的表示空间。即具有相同 EC 编号的氨基酸序列具有较小的欧氏距离，而具有不同 EC 编号的序列具有较大的距离。在预测时，CLEAN 首先计算出每个 EC 号的簇中心，然后计算查询序列与所有 EC 号簇中心之间的距离。如果查询序列与某个 EC 号簇的中心距离非常接近，模型就会预测这个查询序列的 EC 号与该簇相同。

此外，另一种基于预训练大语言模型的统一框架 UniKP，能够从蛋白质序列和底物结构直接高精度预测酶的动力学参数，包括酶周转数（K_{cat}）、米氏常数（K_m）和催化效率（K_{cat}/K_m）。这种模型结合了深度学习算法和生物技术，实现了酶动力学参数准确高效地预测，为酶的功能预测提供了新的解决方案。

（2）虚拟突变与虚拟筛选

虚拟突变和虚拟筛选都是计算机辅助的药物设计和生物信息学研究中常用的方法，它们在酶突变文库的构建和高通量筛选过程中发挥着重要作用。

虚拟突变也被称为计算机模拟突变，是一种通过计算机模拟生物分子（如蛋白质或核酸）的突变过程，以预测和分析这些突变对生物分子功能或性质的影响的方法。这种方法可以在不实际改变生物分子的情况下，快速评估大量可能的突变，从而大大加速了突变效应的研究。通过虚拟突变，研究人员可以预测并理解哪些突变可能导致生物分子功能的变化，这对于药物设计、疾病机理研究以及生物工程等领域具有重要意义。

虚拟筛选也称为计算机辅助筛选，是一种利用计算机模拟蛋白质（酶）的活性位点与底物之间的相互作用，计算两者之间的亲和力大小，以判断酶与底物亲和力和反应特性的方法。在酶的理性设计中使用虚拟筛选极大地降低了实际筛选文库的数量，提高了候选突变体的发现效率。虚拟筛选可以分为基于受体的虚拟筛选和基于配体的虚拟筛选。前者主要关注酶蛋白的三维结构及其与化合物的相互作用模式，而后者则侧重于利用已知结构的底物在对多个类似的同源酶的三维结构以及活性位点的筛选。

（3）酶理性设计的改造策略

① 定点突变技术　定点突变技术通过基因工程技术对酶基因的特定核苷酸进行替换、插入或删除，从而改变酶的氨基酸序列，是酶理性设计中一种常用的技术。定点突变一般通过在引物中引入人工突变点，并使用 PCR 技术将突变点重组至酶的编码序列中，进而重组表达获得酶的突变体。定点突变可以精确调控酶的活性中心或其他关键区域，实现对其催化性能的优化。酶的活性中心含有可以结合底物和提供反应基团的关键残基。根据酶的空间结构和催化机理，对这些关键残基进行定点突变即可改变酶的性质，因此，突变点绝大多数选在靠近活性中心的位置。在引入新的催化活性或者改变酶的专一性方面，靠近活性中心的位置突变所产生的影响明显高于远离活性中心的位置。而远离活性中心的突变有时可以起活性微调和增强热稳定性的作用。

② loop 环改造　酶的 loop 环结构通常位于酶的表面，参与底物的识别和结合。通过改变 loop 环的序列或结构，可以调控酶的底物特异性或催化效率。loop 环改造策略为酶的理性设计提供了新的思路。在蛋白质的空间结构中，loop 环通常以特定构象存在，并对蛋白质功能起关键作用，对酶分子而言，许多酶催化反应的关键残基也定位于 loop 环上。因此，对关键 loop 环的改造可以直接影响活性中心的结构以及关键残基的分布。同时 loop 环的构象变化经常参与许多酶的反应通道的调节。

③ 其他改造策略　随着计算生物学和生物信息学的发展，计算机辅助设计在酶的理性设计中发挥着越来越重要的作用。通过分子模拟、量子力学计算等方法，可以预测酶与底物的相互作用模式以及设计后的酶性能，给出酶与底物直接结合力、结合距离等参数以及综合的评分分数等，以指导酶的理性设计。

除了传统的基于 PCR 的定点突变技术外，近年来还发展出了许多新型定点突变手段，如 CRISPR-Cas9 基因编辑技术等，新型基因编辑技术往往具有更高的精确性和灵活性，并可以在生物体内对基因组基因进行直接编辑，为酶的理性设计提供了更多选择。

4.2.2.5　酶的理性设计的主要实例

① 酯酶结构改造　酯酶是一类广泛存在于生物体内的水解酶，能够催化酯类化合物的水解反应。研究者通过酶的理性设计，成功对酯酶的结构进行了改造，改善了其底物特异性和催化效率。例如，通过定向改造酯酶的活性口袋，使其能够更好地容纳特定结构的底物，从而实现了对特定酯类的高效水解。

② 复合物结构预测　在酶的理性设计过程中，复合物结构预测有助于揭示酶与底物或抑制剂的相互作用机制。通过计算机模拟和分子对接技术，可以预测酶与底物或抑制剂的结合模式、亲和力以及可能的催化机制。这些信息对指导突变设计和优化酶的催化性能具有重要意义。

③ 抗性突变体优化　在某些情况下，酶可能会受到特定抑制剂的抑制，从而影响其催化活性。为了克服这一问题，可以通过酶的理性设计来优化酶的抗性突变体。通过改造酶的关键氨基酸残基，降低其与抑制剂的结合能力，从而提高酶的抗性。这种优化方法对开发具有实际应用价值的酶具有重要意义。

④ 糖基转移酶工程　糖基转移酶是一类参与糖基化反应的酶，在生物合成和代谢过程中发挥重要作用。通过酶的理性设计，可以改造糖基转移酶的底物特异性、区域选择性以及催化效率，从而实现对特定糖基化产物的精准合成。这种酶工程方法在药物研发、生物材料合成等领域具有广泛的应用前景。

4.2.3　酶的半理性设计

4.2.3.1　酶半理性设计的概念

酶半理性设计的基本思想是通过改变酶结构中的特定区域来改善酶的活性，简单来说就是理性选择酶的一小部分进行随机突变或者定向进化，这样既可以利用理性设计的针对性，又可以利用定向优化的探索性。酶半理性设计结合了理性设计和定向进化的优点，从而提高了酶改良的效率和成功率。

半理性设计技术结合了理性设计和定向进化的实验方法，以及计算机辅助的结构模拟，对酶结构进行改造，具有计算量小、设计效率高、活性提高显著等优点，尤其适用于不完全了解三维结构，或者未详细解析构效关系的酶。半理性设计已经成为酶改造的一种有效技术，可以更好地满足实际应用的需求，为酶的应用提供了新的可能性。

4.2.3.2　酶半理性设计方法的由来

酶半理性设计的概念最初起源于对传统酶工程方法的反思与改进。研究人员认识到，完全依赖理性设计虽然可以精确控制酶的结构与功能，但受限于对酶作用机制的认知不足；而随机突变方法虽然具有探索性，但筛选过程烦琐且效率低下。研究人员将理性设计和随机突变有效结合，产生了酶半理性设计的概念，有效提高了酶改造的成功率。

在酶半理性设计的早期阶段，研究人员通过一系列实验验证了该方法的可行性。他们选择了具有代表性的酶作为研究对象，结合已知的酶结构和功能信息，设计了一系列突变位点。通过实验验证，这些突变位点确实能够改善酶的性能，从而证明了酶半理性设计的有效性。随着研究的深入，研究人员不断对酶半理性设计的技术方法进行优化。

他们改进了突变位点的选择策略，提高了预测的准确性；同时，优化了突变库的构建方法，提高了筛选的效率。这些技术方法的优化使得酶半理性设计在实际应用中更加高效和实用。

高通量筛选技术的应用极大地加速了酶半理性设计的过程。通过高通量筛选技术，研究人员可以同时对更多的突变体进行筛选，在构效关系尚不明确的酶改造中，快速找出具有优良性能的突变体。这一技术的应用大大提高了酶半理性设计的效率。随着计算机技术的快速发展，计算机辅助设计在酶半理性设计中也发挥着越来越重要的作用。尤其是利用计算机模拟和预测技术，研究人员可以在不进行晶体学研究的情况下，对酶的结构和功能进行比较准确地分析和预测，从而为突变位点的选择和设计提供更加精准的指导。

酶半理性设计已经在多个领域得到了广泛应用和验证。在工业生产中，往往不能对需要改造的酶进行如晶体学研究等花费较高、时间较长的研究，也不能容忍耗时长久的定向进化。因此，酶半理性设计因其高效性和低研发成本的优势，成为改良酶催化剂的理想选择。

4.2.3.3 酶半理性设计中应用的主要技术手段

① 靶向随机化　靶向随机化是一种利用酶的三维结构信息来指导随机突变的方法。通过分析酶的结构特点和功能区域，可以选择部分结构区域，选择性地引入突变，以期望改善酶的性能。这种方法结合了理性设计的精确性和随机突变的探索性，提高了改良的成功率。

② 序列同源性定点突变　序列同源性定点突变是一种基于不同酶之间的序列相似性进行突变设计的方法。通过比对和分析具有相似功能的酶序列，可以识别出保守的氨基酸残基以及潜在的突变位点。然后，在这些位点上引入突变，有望实现对酶性能的优化。

③ 三维结构模拟　三维结构模拟是酶半理性设计中至关重要的步骤。通过同源建模、分子对接等计算机技术手段，可以基于一些已有晶体结构的酶，获取无晶体结构的酶的三维结构信息，进而分析其催化机制和底物相互作用模式。

④ 底物位点与机制分析　底物位点与机制分析是酶半理性设计中不可或缺的环节。通过分析酶与底物的相互作用模式和催化机制，可以确定关键氨基酸残基和潜在的优化区域。这些信息有助于指导突变设计，实现对酶性能的精准改良。

⑤ 量子力学计算模拟　量子力学计算模拟是一种强大的工具，可用于预测酶与底物相互作用的能量变化和反应路径。通过构建酶和底物的量子模型，并计算它们之间的相互作用能，可以评估不同突变对酶性能的影响。这种方法为突变设计提供了理论支持，并有助于筛选出具有潜在优化效果的突变体。

⑥ 分子动力学模拟　分子动力学模拟可以模拟酶在溶液中的动态行为，包括氨基酸残基的振动、构象变化和底物结合过程等。通过模拟不同突变体在溶液中的行为，可以预测它们对酶性能的影响，并筛选出具有优良性能的突变体。这种方法有助于深入理解酶的催化机制，并为突变设计提供指导。

4.2.4　基于计算机辅助的新型酶改造策略

随着计算机运算能力持续提升、先进算法相继涌现，以及蛋白质序列特征、三维结构、催化机制之间的关系不断被挖掘和解析，计算机辅助蛋白质设计策略得到了前所未有的重视和发展。蛋白质计算设计一般以原子物理、量子物理、量子化学揭示的微观粒子运动、能量与相互作用规律为理论基础，也有部分研究以统计能量函数为算法依据。研究者在计算机的辅助下，通过运用分子对接（molecular docking）、分子动力学模拟（molecular dynamic simulation）、量子力学（quantum mechanics）方法、蒙特卡罗（monte carlo）模拟退火（simulated annealing）等一系列计算方法，预测并评估数以千计的突变体在结构、自由能、底物结合能等方面的变化。基于计算结果，研究者从中筛选出可能符合改造要求的突变体并进行实验验证（如突变体能否正常表达、折叠及行使预期功能等）；再根据实验结果制定下一轮计算方案，循环往复直到获得符合需求的酶。与定向进化相比，蛋白质计算设计可提供明确的改造方案，大幅减少建立、筛选突变体文库所需的工作量，目前已在蛋白质从头设计、酶的底物选择性与热稳定性设计等方面取得了众多成果，更有部分成果达到了工业应用水平。

4.2.4.1　蛋白质结构从头预测

蛋白质是一切生命的物质基础，它的骨架由氨基酸链组成，按照特定方式折叠结合成复杂的微观形状，这些独特的结构反过来又引发了生物体内几乎所有的化学过程。*Science* 杂志曾指出，蛋白质折叠问题是人类在 21 世纪需要解决的 125 个科学前沿问题之一。研究蛋白质互作网络，逃不开蛋白质的三维结构。因为蛋白质之间相互作用依赖于结构之间和氨基酸残基之间的化学键结合。然而，确定蛋白质的三维结构一直是一个难题。在过去的几十年中，人类已经能够利用冷冻电子显微镜、核磁共振或 X 射线晶体学等实验技术确定蛋白质的基本结构，但这些技术需要大量试错，往往需花费数年时间，成本也非常高。直到深度学习进场，改写了整个游戏方式。基于深度学习开发的预测工具，如谷歌子公司 DeepMind 开发的 AlphaFold，以及大卫·贝克团队开发的 RoseTTAFold。AlphaFold2 和 RoseTTAFold 等数据和人工智能驱动的蛋白质折叠预测工具在很大程度上降低了蛋白质建模和设计的成本，使得高通量、大规模设计人工建模蛋白成为可能。在图 4-2 中，左为 7DF8 晶体结构（紫色）与 pyrosetta 版 RoseTTAFold 建模结构（绿色，RMSD＝2.366Å）比对；右为 7DF8 晶体结构（紫色）与 AlphaFold2 建模结构（蓝色，RMSD＝1.517Å）比对。

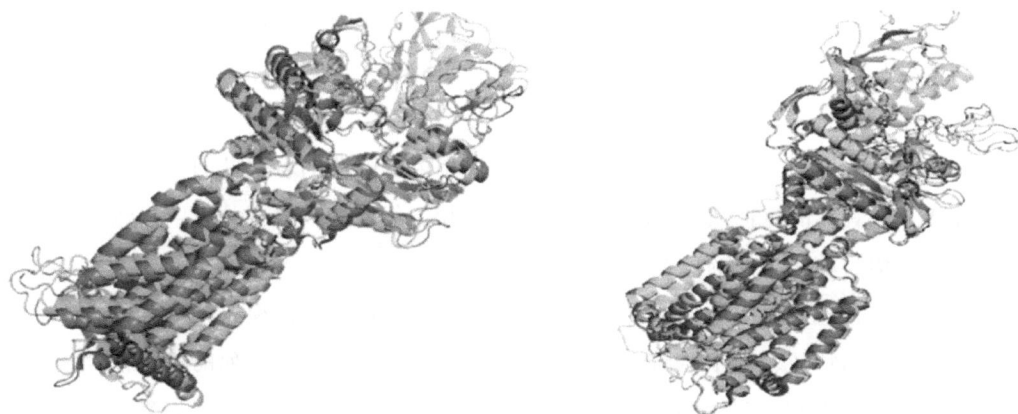

图 4-2　蛋白质从头预测的结构与晶体结构的对比

4.2.4.2　蛋白质能量函数与打分

蛋白质分子作为细胞这所天然工厂中不可或缺的主力，根据周边环境的变化，通过展开与折叠过程的不断转移，实现结构从变性到天然状态下稳定紧凑折叠结构的变化，从而实现蛋白质序列信息的解码，发挥蛋白质的功能。大分子结构预测和设计基于这样一个前提：观察到的折叠大分子的构象总处在自由能最低的状态。蛋白质结构预测问题可用一个数学公式简单表述为：$g = f(s)$。其中，s 表示蛋白质序列，g 表示蛋白质结构，求解蛋白质结构就相当于在求解函数 f 的表达式。函数 f 越精准，预测的蛋白质结构就越准确。显而易见，是否能找到一个"完美"的能量打分函数 f，能够正确表达在折叠过程中各个原子空间之间的能量变化、位置，从而正确区分天然构象和其他构象，是整个蛋白质结构预测问题中的关键。

以现在应用成功的例子最多、使用最广泛的蛋白质设计软件 Rosetta 为例，其能量函数是刻画不同物理相互作用的能量项和部分统计能量项的线性组合。能量函数中的不同能量项是基于对各种分子相互作用以及对蛋白质折叠的重要性的分析和既有认识经验性地提出来的。其中物理能量项主要包括共价结构、范德华力相互作用、静电相互作用和氢键、溶剂化自由能等，还包括从 charmm 力场中搬来的具有物理意义的原子相互作用（范德华力和静电作用等）。Rosetta 的能量函数还加入了大量的基于统计的打分项，或称为统计能量项。在蛋白质结构预测中，侧链及其不同的构象被称作 rotamer，自由度在内坐标空间仅允许侧链自由旋转的二面角进行转动。统计能量项就主要包括主链二面角、rotamer 类型等。

这些能量项分别代表不同的相互作用和结构模式对能量函数（或蛋白质某一物理化学性质）的影响。在预测蛋白质结构时，各项之间的权重会根据不同的应用场景进行优化，使它在不同的测试（benchmark）中取得较好的表现。但由于采样空间被离散化成有限的 rotamer 的组合，采样不充分，打分也需要相应调整，在打包（pack）之后再进行梯度下降的优化微调结构，多次重复这一过程，可以让结构高效地进入能量最低状态，从而确定蛋白质的稳定结构。Rosetta 软件中的杀手应用 packer 可以高效地处理这种排列组合问题。

4.2.4.3 酶的智能改造

酶的智能改造通常指的是在对酶的催化机制、空间结构、物理化学属性等有一定了解的基础上，利用计算手段有目的地对酶的功能进行改造。对于任意的一条酶序列，可能的突变方案数量都是非常庞大的，且无法在实验室逐一验证所有可能的突变方案是否合理有效。采用人工智能技术寻找酶的可能突变位点以及对突变位点组合，能够快速地实现高通量筛选，减少生物化学实验成本。本节仅结合人工智能探讨现有对酶的功能改造相关工作。

利用人工智能解决问题是根据已有的数据挖掘内部隐藏的看不见的模式，即在我们不能深入了解具体的蛋白质构效关系时，基于已知的部分构效对应关系，构建算法来反映序列、结构与功能之间的内在的关系映射（图 4-3）。

第一步是合理地将酶的描述特征提取到并表示成机器识别的模式，一般分为以下几类：基于序列的特征、基于结构的特征、基于嵌入的特征。基于序列的特征包含一些常见的 one-hot 编码（用于将离散的分类标签，如氧化酶，还原酶的分类，转换为 0/1/0 类型的二进制向量）、物理化学特性编码（疏水性、电荷等）、进化保守性、AA-index（氨基酸序列信息）、zScales（数据的标准化）等。基于结构的特征包含一些基于统计的氨基酸残基对之间的接触势、相邻结构域的类型及物理化学性质、骨架扭转角度、键长、距离活性位点的远近等。而基于嵌入的特征是指模型通过在大量蛋白质家族序列或者结构上进行类似于"完形填空"的训练过程中，学习到序列/结构邻居的上下文信息。在此过程中，模型学习氨基酸的有意义的中间表示，并提炼出每个氨基酸位置周围的重要结构环境。

接下来就需要构建合适的模型来预测或者生成目标。利用酶的序列以及功能性指标数据对酶的蛋白质分子构建模型，然后利用模型指导酶分子改造。其构建的模型输入一般是基于序列或者结构提取的描述符，输出则是蛋白质适应性的预测目标，一般对应于要改造的具体功能性指标。一旦模型建立，即可通过预测大量突变序列的性能快速筛选掉不理想的突变体。

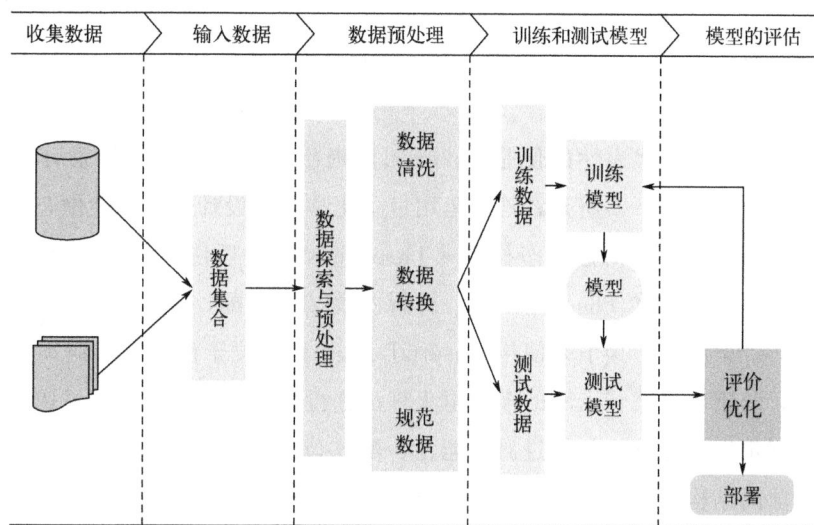

图 4-3　典型的机器学习流程图

4.2.4.4　应用机器学习辅助酶的定向进化

传统的定向进化是在每一个位点进行单点突变，然后在这个突变库中选择最优的突变，并在下一轮突变中将该位点的氨基酸固定，将剩余的位点再次进行突变，然后再次挑选出最合适的氨基酸并将其固定，通过一轮一轮地筛选实现蛋白质的定向进化。

基因重组获得最佳突变体的方法是通过建立突变组合库，对组合库所有位点同时进行随机突变，根据其适应度将突变序列进行排序，选择前几条最好的序列，再将最好序列中所有的氨基酸进行重新组合。该方法可以减少筛选的工作量，但可能会造成某些氨基酸突变的缺失。

计算机辅助蛋白质定向进化的开始步骤与传统的定向进化相同，即对组合库进行随机突变，但是可以根据实验数据训练计算机模型，并且利用该模型能够预测得到突变位点所有组合形式的适应度，根据其预测结果可以作为下一轮的起始序列。从这三种对蛋白质定向进化的过程来看，利用机器学习的方法可以更快地探索序列空间，加速定向进化。

4.2.4.5　应用机器学习辅助新酶设计

新酶设计，顾名思义指的是设计出自然界尚未发现的可以催化特定化学反应的酶。在计算机运算能力不断提高的背景下，酶的从头设计已经成为新酶设计的一个重要方向。根据计算过程中使用策略的不同，酶设计可以分为基于能量函数的新酶设计和基于机器学习的新酶设计。

基于能量函数的酶设计策略主要包括中国科学技术大学开发的 ABACUS 及 SCU-BA 方法和美国华盛顿大学课题组开发的 Rosetta 方法。ABACUS 和 SCUBA 分别基于主链氨基酸和侧链氨基酸采样的统计能量函数，并结合范德华能量项，适用于主链蛋白质序列设计和侧链氨基酸构象采样及设计。ABACUS 以指定的蛋白质结构作为框架输入，使用由已知蛋白质结构训练的统计能量函数对蛋白质结构进行计算取样，最终得到最优的氨基酸残基组合，这种基于统计能量的蛋白质设计方法已经在多个酶的设计和改造中得到了应用。2003 年，华盛顿大学的 David Baker 团队设计并构建了一个非天然结构模板，为蛋白质设计领域开辟了新的方向，其开发的 Rosetta 软件如今已发展为集蛋白质从头设计、酶活性中心设计、配体对接、生物大分子结构预测等功能为一体的生物大分子计算建模与分析软件组合。目前该程序中最常用的工具包括用于设计蛋白质骨架氨基酸序列的 RosettaDesign，以及用于评估序列变化对蛋白质稳定性影响的 RosettaD-DG 等。

蛋白质设计中最具代表性的便是 Baker 团队提出的"Inside-out"设计策略：在催化机理完全明确的前提下，研究者首先运用量子化学方法设计酶的活性中心，确定酶的关键催化基团与底物形成的过渡态构象（Theozyme）；然后使用 RosettaMatch 搜索蛋白质结构数据库，尝试将 Theozyme 与已有蛋白质结构匹配，筛选出能维持 Theozyme 构象的蛋白质骨架结构；接下来使用 RosettaDesign 设计位于活性中心但不直接参与催化的氨基酸，运用基于蒙特卡罗的模拟退火算法进行多轮采样，获得经过优化的完整酶结构；最后制定评分标准，依据过渡态能量、配体位置取向等多项参数评估设计结果，挑选排名靠前的结构开展活性验证实验。近年来，新酶设计在新型跨膜纳米孔蛋白、IL2 及 IL5 模拟结合因子、多肽诊疗因子、非天然 β 折叠片等的设计中体现出了巨大优势，使特定蛋白质结构及催化功能的设计成为了可能。

随着人工智能的发展，使用机器学习（machine learning，ML）生成具有特定功能的全新蛋白质序列已成为新酶设计的另一重要领域。该策略通过学习已有数据中的信息，建立起输入属性（如序列）到输出属性（如功能）的映射关系，不需要详细的物理或生物层面的基础信息。一旦得到足够准确的映射关系（或者说预测模型），就能够通过实验中容易得到的输入值来预测输出值，从而免除大量的重复性实验。机器学习的主要步骤有：①通过数据库、实验和文献等方式收集原始数据，将序列作为输入特征，将蛋白质的功能信息作为标记信息（如用 1 表示该序列对底物有活性，用 0 表示无活性），通过各种分子描述符将序列转换为计算机能够识别的数字形式并拆分为训练集和测试集。②选择合适的算法（回归/分类），利用训练集训练预测模型，建立"序列-活性"映射关系。③将测试集输入训练后的预测模型，得到预测值，通过比较测试集中真实值和预测值的差异，评估预测模型的性能。其中，数据质量、分子描述符、算法是机器学习过程中的研究重点。

目前，机器学习策略已经成功应用在蛋白质工程的很多方面，包括蛋白质分子结构预测，蛋白质分子功能预测，蛋白质分子溶解度预测和指导设计智能组合文库等，作为序列-结构学习最成功的例子，AlphaFold2 和 RoseTTAFold 采用深度学习与结构优化相结合的方法，在 CASP14 大赛中，将蛋白质结构预测的精度提升到近乎晶体结构的水平，为设计特定蛋白质结构的序列提供了可能。通过类似的思路，研究人员成功地设计出了具有多种催化功能的新酶。UniRep 模型是目前应用较为广泛的序列设计和生成模型之一，该模型通过对 UniRef50 中 2400 多万条序列的学习，获得了序列-功能特征，在序列-功能预测和序列设计上具有很高的应用价值。Frances H. Arnold 团队改造一氧化氮双加氧酶（NOD）立体选择性的工作中，先后通过 K 最近邻、线性模型、决策树、随机森林等多个算法构建 NOD 的立体选择性催化模型，将 76%（S）-ee 初始突变体提升至 93%（S）-ee，并反转至 79%（R）-ee。因此，该策略在新酶设计方面具有巨大的潜力，但数据质量差，现有方法针对性差等问题仍需要被逐一解决。

　　数据驱动的人工智能技术正在全球范围内蓬勃兴起，为蛋白质设计注入了新的动能，蛋白质的智能化计算设计是未来发展趋势，目前国内外基本上都处在起步阶段，是我国在蛋白质设计改造领域比肩世界先进水平的难得机会，期待我们能够把握好这一机遇，共同谱写该领域新的光辉篇章。

思考题

1. 酶蛋白的化学修饰主要集中于哪些氨基酸或侧链？
2. 酶蛋白的化学修饰中主要用到哪些化学反应类型？哪些化学试剂？
3. 什么是酶的定向进化？有哪些方法？
4. 什么是酶的半理性设计？有哪些方法？
5. 提高酶稳定性的理性设计方法有哪些？

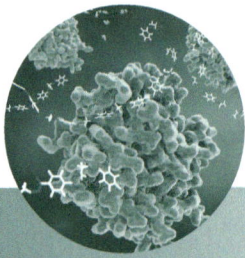

第5章

酶的分离、纯化与制剂制备

酶存在于植物、动物和微生物的各类细胞及组织中普遍存在，为了深入研究酶的酶学机制，首先要将酶从组织中提取出来，再加以分离、纯化。不同的研究目的对酶制剂的纯度要求也不同，对纯度要求较低的常规反应体系，粗酶制剂即可满足要求；而有的精密研究则需要高度纯化的酶。随着酶分离纯化技术的发展，已可以制得纯净的酶。目前，已有60余种酶制剂实现了规模化生产，已广泛应用于食品、纺织、发酵、制革、水产加工、木材加工、日用化工、造纸、医药和农业等各个领域，同时在有机合成、环境保护领域也发挥了重要作用。

5.1 酶的提取

酶的提取就是按酶制剂的质量要求采用合适的方法把酶从发酵液中分离开来。尽管酶成品有时以粗制品形式出售，但绝大多数酶制剂还是要提纯到一定程度的，其目的是除去有毒的和不良代谢物及微生物，保持酶制剂的标准活性和质量。酶的提取步骤简要来说可以分为细胞破碎和酶的抽提。

5.1.1 细胞破碎

细胞破碎在酶制剂工艺上是比较常见的预处理方法。根据酶的分布可将其分为胞内酶和胞外酶。胞外酶，如细菌分泌到培养基中的酶、动植物体液中的酶，则没有细胞破碎的问题。但胞外酶种类很少，且一般多为水解酶类，绝大多数酶都属于胞内酶。要制备胞内酶首先就得破碎细胞，使酶从细胞内释放出来，而且抽提效果往往也与细胞破碎程度有关。细胞破碎的方法很多，包括机械破碎法、化学破碎法、酶解破碎法和物理破碎法。

5.1.1.1 机械破碎法

通过机械运动产生剪切力的作用使细胞破碎的方法称为机械破碎法。按照所使用的破碎机械的不同，可以分为研磨法、捣碎法、高速匀浆法等。

① 研磨法 研磨法通常是利用珠磨机破碎室内填充的玻璃或氧化锆微球，在搅拌桨的高速搅拌下微球高速运动，微球和微球之间以及微球和细胞之间发生冲击和研磨，

使悬浮液中的细胞受到研磨剪切和撞击而破碎。由于破碎过程产生大量的热能，所以在进行操作设计时应充分考虑换热能力问题。研磨法适用于绝大多数微生物细胞的破碎，但与高速匀浆法相比，研磨法影响破碎率的操作参数较多，操作过程的优化设计较复杂。

② 捣碎法　动、植物材料通常用绞肉机做成组织糜，如果需要破碎得更彻底些，则可用高速组织捣碎机捣碎，或者加砂研磨。高速组织捣碎机操作简便、破碎效果好，但易引起局部温度过高，导致酶失活，故必须考虑酶的特点谨慎使用。加砂研磨，特别是用玻璃粉或氧化铝代替砂时，要注意有时可能发生吸附变性。

③ 高速匀浆法　高速匀浆法是利用高速匀浆机破碎细胞，细胞悬浮液在高压作用下从阀座与阀之间的环隙高速喷出后撞击到碰撞环上。细胞在受到高速撞击作用后，急剧释放到低压环境，从而在撞击力和剪切力等的综合作用下破碎。高速匀浆法适用于酵母和大多数细菌细胞的破碎，料液细胞浓度可达到 20％左右。但易成团的细胞容易造成高速匀浆机堵塞，一般不宜使用高速匀浆法。

5.1.1.2　化学破碎法

通过各种化学试剂对细胞膜的作用，使细胞破碎的方法称为化学破碎法。用表面活性剂（如十二烷基硫酸钠、Triton X-100 等）、螯合剂（如乙二胺四乙酸）、盐（改变离子强度）或有机溶剂（丙酮、苯、甲苯等）处理细胞，可增大细胞壁的通透性，使酶更容易释放。有机溶剂可以破坏细胞膜的磷脂结构，从而改变细胞膜的透过性，使胞内酶等细胞内物质释放到细胞外。为了防止酶的变性失活，操作时应当在低温的条件下进行。表面活性剂可以和细胞膜中的磷脂以及脂蛋白相互作用，破坏细胞膜结构，从而增加细胞膜的透过性。表面活性剂有离子型和非离子型之分。离子型表面活性剂对细胞破碎的效果较好，但是会破坏酶的空间结构，从而影响酶的催化活性。所以在酶的提取方面，一般采用非离子型的表面活性剂，如 Tween、Triton 等。

5.1.1.3　酶解破碎法

酶解破碎法是利用溶解细胞壁的酶（如溶菌酶）处理菌体细胞，使细胞壁受到部分或完全破坏。溶菌酶适用于革兰氏阳性菌细胞壁的分解，应用于革兰氏阴性菌时，需辅以 EDTA 使之能更有效地作用于细胞壁。在适当的温度、pH 条件下，将菌体悬液直接保温，或加甲苯、乙酸乙酯或其他溶剂一起保温一段时间，使菌体自溶液化的方法称为自溶。一般认为自溶法不是好方法，其理由是：第一，自溶液中成分十分复杂；第二，有破坏待分离酶的危险。过去多用自溶法处理酵母细胞壁，现在则采用细胞壁溶解酶处理法。

5.1.1.4　物理破碎法

通过温度、压力、声波等各种物理因素的作用使组织细胞破碎的方法，称为物理破碎法。物理破碎法多用于微生物细胞的破碎。具体方法包括渗透压法、冻融法、超声波破碎法。

① 渗透压法　渗透压法是各种细胞破碎法中最温和的一种，适用于易于破碎的细胞，如动物细胞和革兰氏阴性菌。渗透压法是将细胞置于高渗透压的介质（如较高浓度的甘油或蔗糖溶液）中，达到平衡后，将介质突然稀释或将细胞转置于低渗透压的水或缓冲溶液中。在渗透压的作用下，水通过细胞壁和细胞膜进入细胞，使细胞壁和细胞膜膨胀破裂。

② 冻融法 将细胞急剧冻结后在室温缓慢融化，反复进行多次冻结-融化操作，使细胞受到破坏的方法称为冻融法。冻结的作用是破坏细胞膜的疏水键结构，增加其亲水性和通透性。另外，由于胞内水结晶使胞内外产生溶液浓度差，在渗透压作用下会引起细胞膨胀而使细胞破裂。

③ 超声波破碎法 超声波破碎的原理是在超声波作用下液体发生空化作用，空穴的形成、增大和闭合产生极大的冲击波和剪切力，从而使细胞破碎。超声波破碎法是一种很强烈的破碎方法，适用于多数微生物的破碎。超声波破碎法操作过程中产生大量的热，因此操作需在冰水或有外部冷却的容器中进行。因为对冷却的要求相当苛刻，所以该方法的规模放大较为困难，主要用于实验室规模的细胞破碎。

上述各种细胞破碎的方法各有特点，由于材料不同、性质各异，所以选择细胞破碎的方法很有讲究。不同微生物材料处理的方法与难易程度各有差异。一般霉菌材料比较容易破碎，可通过研磨或加细胞壁溶解酶等方法解决。对于细菌等少量材料常用超声波破碎法和加溶菌酶等处理，大量材料通常采用丙酮干粉法。有时这些方法可结合起来使用。例如，有些细菌对超声波有一定抗性，可先用溶菌酶酶解处理，然后再进行超声波处理，效果比单独使用一种方法要好很多。需要注意的是，如果预制备的酶是在细胞器内，最好的方法是先将此细胞器分离纯化，然后再从细胞器中提取酶。这可使酶得到富集并使酶的分离纯化工作变得更简便。因此，必须采用非常温和的细胞破碎方法，以防止细胞器破裂。细胞器的分离纯化常采用离心法。

5.1.2　酶的抽提

酶的抽提是指在一定的条件下，用适当的溶剂或溶液处理含酶原料，使酶充分溶解到溶剂或溶液中的过程。酶提取时首先应根据酶的结构和溶解性质，选择适当的溶剂。一般说来，极性物质易溶于极性溶剂中，非极性物质易溶于非极性的有机溶剂中，酸性物质易溶于碱性溶剂中，碱性物质易溶于酸性溶剂中。

酶都能溶解于水，通常可用水或稀酸、稀碱、稀盐溶液等进行提取，有些酶与脂质结合或含有较多的非极性基团，则可用有机溶剂提取。从细胞、细胞碎片或其他含酶原料中提取酶的过程还受到扩散作用的影响。酶分子的扩散速度与温度、溶液黏度、扩散面积、扩散距离以及两相界面的浓度差有密切关系。一般来说，提高温度、降低溶液黏度、增加扩散面积、缩短扩散距离、增大浓度差等都有利于提高酶分子的扩散速度，从而增大提取效果。为了提高酶的提取率并防止酶变性失活，在提取过程中还要注意控制好温度、pH值等提取条件。

根据酶提取时所采用的溶剂或溶液的不同，酶的提取方法主要有盐溶液提取、酸溶液提取、碱溶液提取和有机溶剂提取等。

5.1.2.1　盐溶液提取

大多数蛋白类酶都溶于水，而且在低浓度盐存在的条件下，酶的溶解度随盐浓度的升高而增加，这称为盐溶现象。而在盐浓度达到某一界限后，酶的溶解度随盐浓度升高而降低，这称为盐析现象。一般采用稀盐溶液进行酶的提取，盐的浓度一般控制在 $0.02\sim0.5mol/L$。例如，固体发酵生产的麸曲中的淀粉酶、蛋白酶等胞外酶，用 $0.14mol/L$ 氯化钠溶液或 $0.02\sim0.05mol/L$ 的磷酸缓冲液提取；酵母醇脱氢酶用 $0.5mol/L$ 的磷酸氢二钠溶液提取；葡萄糖-6-磷酸脱氢酶用 $0.1mol/L$ 的碳酸钠溶液提取；枯草芽孢杆菌碱性磷酸酶用 0.1mol/L 氯化镁溶液提取。有少数酶，如霉菌脂肪酶，用不含盐的清水提取效果较好。核酸酶的提取，一般在细胞破碎后，用 0.14mol/L 的氯化钠溶液提取，得到核糖核蛋白提取液，再进一步与蛋白质等杂质分离得到核酸酶。

5.1.2.2 酸溶液提取

有些酶在酸性条件下溶解度较大且稳定性较好，宜用酸溶液提取。提取时要注意溶液的 pH 值不能太低，以免使酶变性失活。如胰蛋白酶可用 0.12mol/L 的硫酸溶液提取。

5.1.2.3 碱溶液提取

有些在碱性条件下溶解度较大且稳定性较好的酶，应采用碱溶液提取。例如，细菌 L-天冬酰胺酶可用 pH 11.0～12.5 的碱溶液提取。操作时要注意碱液 pH 值不能过高，以免影响酶的活性。同时加碱液的过程要一边搅拌一边缓慢加进，以免出现局部过碱现象，引起酶的变性失活。

5.1.2.4 有机溶剂提取

有些与脂质结合牢固或含有较多非极性基团的酶，可以采用与水可以混溶的乙醇、丙酮、丁醇等有机溶剂提取。如琥珀酸脱氢酶、胆碱酯酶、细胞色素氧化酶等，采用丁醇提取时都能取得良好效果。核酸类酶的提取可以采用苯酚水溶液，即在细胞破碎制成匀浆后，加入等体积的 90% 苯酚水溶液，振荡一段时间后，DNA 和蛋白质沉淀于苯酚层，而核酸类酶溶解于水溶液中。

5.1.3 酶提取的影响因素

在酶的提取，即酶从含酶原料中充分溶解到溶剂中的过程中，受到各种外界条件的影响。其中主要影响因素是酶在所使用的溶剂中的溶解度以及酶向溶剂相中扩散的速度。此外，还受到温度、pH 值、提取液体积等提取条件的影响。

5.1.3.1 温度

提取时的温度对酶的提取效果有明显影响。一般来说，适当提高温度，可以提高酶的溶解度，也可以增大酶分子的扩散速度，但是温度过高，则容易引起酶的变性失活，所以提取时温度不宜过高。特别是采用有机溶剂提取时，温度应控制在 0～10℃ 的低温条件下。有些酶对温度的耐受性较高，可在室温或更高一些的温度条件下提取，例如，酵母醇脱氢酶、细菌碱性磷酸酶、胃蛋白酶等，因为在不影响酶的活性的条件下，适当提高温度，有利于酶的提取。

5.1.3.2 pH 值

溶液的 pH 值对酶的溶解度和稳定性有显著影响。酶分子中含有各种可离解基团，在一定条件下，有的可以离解为阳离子，带正电荷；有的可以离解为阴离子，带负电荷。在某一个特定的 pH 值条件下，酶分子上所带的正、负电荷相等，净电荷为零，此时的 pH 值即为酶的等电点。在等电点时，酶分子的溶解度最小。不同的酶分子有其各自不同的等电点。为了提高酶的溶解度，提取时 pH 值应该避开酶的等电点，以提高酶的溶解度。但是溶液的 pH 值不宜过高或过低，以免引起酶的变性失活。

5.1.3.3 提取液的体积

增加提取液的用量，可以提高酶的提取率。但是过量的提取液，会使酶的浓度降低，对进一步的分离纯化不利。所以提取液的总量一般为原料体积的 3～5 倍，而且最好分几次提取。此外，在酶的提取过程中，含酶原料的颗粒体积越小，则扩散面积越大，扩散速度越快；适当的搅拌可以使提取液中的酶分子迅速离开原料颗粒表面，从而增大两相界面的浓度差，有利于提高扩散速率；适当延长提取时间，可以使更多的酶溶解出来，直至提取液中酶的浓度不再随时间显著增加。

在提取过程中，为了提高酶的稳定性，避免引起酶的变性失活，可适当加入某些保护剂，如酶作用的底物、辅酶、某些抗氧化剂等。

5.2 酶分离的意义与特点

5.2.1 酶分离的原则

酶的分离纯化与制剂是指根据酶的性质特点将其从细胞或其他含酶原料中抽提出来并采用相关技术使其与杂质分离，再根据需求制备成一定形态及纯度酶制品的过程。其中，酶的分离纯化是酶生产过程中的关键环节，也是酶学研究的基础。不同种类或同一种类不同来源的酶，其稳定性或所处杂质环境的不同，决定了其分离纯化所采用的方法和工序不同。一般情况下，原料酶分子所处的环境越复杂，生产纯度要求越高，酶的纯化工序就越复杂，往往需要多种方法协同作用才能完成酶的纯化工作。为得到高纯度、高活力的酶，并减少分离纯化过程中的酶损失，在酶的分离纯化过程中应遵循以下基本原则：

（1）选择合适的产酶原料

为提高酶分离纯化和生产效率，一般应以目的酶含量多的组织或细胞发酵液等为原料，同时综合考虑原料的来源、取材途径、经济等因素。目前，利用动物、植物细胞体外大规模培养技术和微生物工程技术，可以迅速获得大量珍贵的酶原材料。如利用细胞工程技术培养人细胞、昆虫细胞等，可以大量提取珍贵且稀有的酶类；利用微生物工程技术，还可以大量获得原本在正常细胞或组织中含量极低的酶类，如毛壳菌属（*Chaetomium* sp.）的甘露聚糖酶基因转化到毕赤酵母（*Pichia pastoris*）细胞后，重组菌发酵液酶活力高达 50030U/mL，远大于原始菌的产酶水平。

（2）初步分析酶蛋白的性质

在纯化酶之前，一般需要清楚原料中目的酶的主要存在部位、用途及理化性质等，才能确定酶的纯化工艺和方法。如胞内酶需进行细胞破碎才能进行后续的分离纯化，而胞外酶合成之后主要分泌胞外，可以直接或经固液分离后提取、纯化；酶的用途不同，在生产中对其纯度要求也不同，如科研质量检测等用酶对酶纯度要求较高，而普通食品、饲料工业等用酶对酶纯度要求较低；另外，不同酶的理化性质不同，为提高回收率和保持酶的稳定性，纯化时一般需选用合理的纯化方法、条件和工艺。

（3）选择有效的纯化方法

酶的纯化方法有很多，应依据其理化性质选择有效的纯化方法，尽可能减少纯化步骤，缩短蛋白在液相中的滞留时间，提高酶的回收率，减少酶的变性、失活。绝大部分酶都是蛋白质，一般蛋白质的纯化方法均可以用于酶的纯化，但酶蛋白的纯化方法选择余地更大，如可利用酶和底物或抑制剂之间的高度亲和性，选择相应的亲和分离法，快速、有效地将目的酶从原料中分离出来，并且这些物质的存在往往有利于保持酶的稳定性。

（4）减少纯化过程中酶的活力损失

绝大部分酶都是蛋白质，具有分子量大、不稳定等特点，需保持正确的空间构象才能发挥活性。在纯化过程中溶液的温度、pH、离子强度及泡沫等因素均会影响酶蛋白的活性，尤其是从胞内释放后酶活性更易受外界环境影响。其中，溶液的温度、pH 的高低和离子强度的大小直接影响酶蛋白的稳定性和分离的有效性；泡沫形成后，酶蛋白在其表面或界面处易氧化变性；另外，重金属离子、杂蛋白酶等也易造成酶活力损失。因此，在酶分离纯化与保藏过程中应保证酶处于适宜的环境中，从而减少酶的活力损失。减少酶活力损失的方法较多，常用的有：①低温操作（尤其是有机溶剂存在时）。②选择 pH 和离子强度适宜的缓冲液体系。③减少泡沫的形成。④添加金属螯合剂、还原剂、表面活性剂、蛋白酶抑制剂等酶保护剂。

（5）酶活力检测贯穿始终

酶活力检测应贯穿整个纯化过程，并记录各个环节选用的方法和条件，如实反映在抽提、纯化及制剂等环节酶的活力变化，为筛选适当的分离纯化方法和条件等提供依据和数据支持。

5.2.2　酶分离的一般步骤

酶的提取与分离纯化是指将酶从细胞或其他含酶原料中提取出来，再与杂质分开，而获得所要求的酶制品的过程。主要内容包括细胞破碎、酶的提取、离心分离、过滤与膜分离、沉淀分离、色谱分离、电泳分离、萃取分离、浓缩、干燥、结晶等。

5.2.3　酶活力的检测

酶活力的高低是研究酶的特性、进行酶制剂生产及应用时的一项必不可少的指标。无论是在酶的分离提纯过程中还是在对酶的性质研究过程中，都要对酶活力进行大量的测定工作。

5.2.3.1　酶活力

酶活力也称为酶活性，是指酶催化一定化学反应的能力。因此，所谓酶活力的检测，实质上就是测定酶催化某一化学反应的反应速度。检查酶的含量及存在，不能直接用质量或体积来表示，一般常用它催化其一特定反应的能力即酶活力表示。

（1）酶活力单位

酶活力的大小用酶活力单位表示，因此酶活力单位是表示酶量多少的单位。由于在实际工作中，酶活力单位往往与所用的测定方法、反应条件等因素有关，所以，所谓的酶活力都是指在特定的系统和条件下测到的反应速度。同一种酶采用的测定方法不同，酶活力单位也不尽相同。被人们普遍采纳的习惯用法使用起来比较方便。例如，α-淀粉酶可用每小时催化 1g 可溶性淀粉液化所需要的酶量来表示，也可以用每小时催化 1mL 2% 可溶性淀粉液化所需要的酶量作为一个酶单位。但这些表示方法不够严格，每一种酶都有好几种不同的单位，也不便于对酶活力进行比较。为了便于比较，目前酶活力单位已标准化。

1961 年，国际酶学委员会规定：在特定条件下，1min 内转化 1μmol 底物所需的酶量，或是转化底物中 1μmol 的有关基团的酶量为一个国际单位（IU）。同时规定的特定条件为：反应必须在 25℃，在具有最适底物浓度、最适缓冲液离子强度和最适 pH 的系统内进行。这是一个统一的标准，但使用起来不如习惯用法方便。

1972 年，国际酶学委员会推荐了一个新的酶活力国际单位开特（katal），符号为 kat。一个 kat 单位定义为：在最适条件下，1s 能使 1mol 底物转化的酶量，以此类推，有 μkat、nkat、pkat 等。上述两种酶活力单位之间可以换算，即：

$$1kat = 1mol/s = 60mol/min = 60 \times 10^6 \mu mol/min = 6 \times 10^7 IU$$

$$1IU = 1\mu mol/min = \frac{1}{60}\mu mol/s = \frac{1}{60}\mu kat = 16.67nkat$$

虽然酶活力单位有国际统一定义，但实际上在文献中及商品酶制剂中，酶活力单位的定义一直处于相当混乱的状态。国际酶学委员会原来定义的酶单位虽然已经广泛使用，但各自随意制定酶单位的现象仍然很多，特别是在应用研究和酶制剂中，而且即使是同样的酶，甚至用同样的测定方法和同样的单位定义，条件稍有不同，也会使测到的酶活力难以相互比较。因此，在比较各篇文献报道或者不同牌号制剂的某种酶活力时，必须注意它们的单位定义和测定系统及条件。

（2）酶的比活力

酶的比活力（specific activity）是纯度的量度，是指每毫克质量的蛋白质中所含的某种酶的催化活力，一般用单位/毫克蛋白（U/mg）来表示。比活力是酶的生产和酶学研究过程中经常使用的基本数据，可以用来比较每单位质量蛋白的催化能力。比活力也是表示酶制剂纯度的一个重要指标。对同一种酶来说，比活力越高，表示酶越纯。对于不纯的酶，特别是含有大量的盐或其他非蛋白物质的商品酶制剂，单位质量酶制剂中酶活力只能表示单位质量制剂的酶含量，不宜称为比活力，比活力必须测定酶制剂中的蛋白质含量才能确定。

固定化酶的比活力用每克干固定化酶所具有的酶活力单位数表示。在测定固定化酶的比活力时，既可以先用湿固定化酶测定其酶活力，再在一定条件下干燥后称取固定化酶的干重，从而计算出固定化酶的比活力。也可以称取一定量的干固定化酶，让其在一定条件下充分溶胀后，进行酶活力测定，再计算出固定化酶的比活力。对于酶膜、酶管和酶板等固定化酶，其比活力可以用单位面积的酶活力单位（U/cm^2）表示。

（3）酶的转换数

酶的催化常数（k_{cat}），也叫周转数或转换数（turnover number），又称为"摩尔催化活性"，用来表示"催化中心活性"，是指每秒钟或每分钟每个酶分子最多能转换底物的分子数，或指每秒钟或每分钟每摩尔酶最多能转换底物的摩尔数。如果一个酶分子只有一个催化中心，那么"催化中心活性"和"摩尔催化活性"是相等的；如果一个酶分子有 n 个催化中心，那么"催化中心活性"等于"摩尔催化活性"除以 n。

一般来讲，最大反应速度（v_{max}）不是酶的特征常数。但当酶的浓度一定时，且底物浓度远远大于酶的总浓度［E_t］的情况下，对于酶的特定底物而言，其最大反应速度是一定的。酶的转换数相当于一旦底物-酶（ES）中间物形成后，酶将底物转换为产物的效率。在数值上，$k_{cat} = k_2$（k_2 为底物-酶中间物转换为产物的反应速度常数），因

为 $v_{\max}=k_2[\mathrm{E_t}]$，故转换数可以表示为 $k_{\mathrm{cat}}=\dfrac{v_{\max}}{[\mathrm{E_t}]}$。

5.2.3.2　酶活力的测定方法

在一定量的酶和底物存在下，在一个酶促反应开始后，于反应的不同时间测定反应体系中产物生成的量。以产物的浓度对时间作图，可得到图 5-1 所示的酶反应的速度曲线。

从图 5-1 可知，酶反应速度只在最初一段时间内保持恒定，随着反应的继续进行，产物生成量与时间不成比例，酶反应速度逐渐下降。引起这种现象的原因很多，如底物浓度的降低、酶在一定的 pH 及温度下部分失活、产物对酶的抑制、产物浓度增加从而加速了逆反应的进行等。因此，在进行酶活力测定时，要注意反应速度的选择，研究酶反应速度应以酶促反应的初速度为准。这时，上述各种干扰因素尚未起作用，速度保持恒定不变。酶反应的初速度是指反应开始后很短的一段时间内的速度，一般指底物消耗量不超过 5％ 时的反应速度。此时，产物浓度-时间曲线几乎是直线，故可以精确地测得初速度数据（曲线的斜率）。

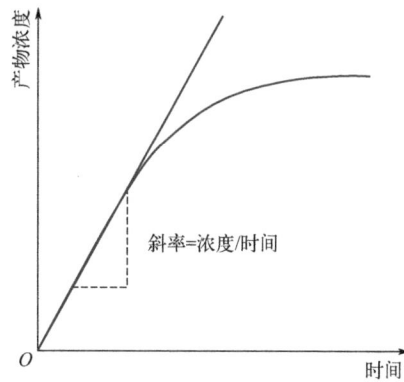
图 5-1　酶反应的速度曲线

测定酶活力，可用物理方法、化学方法、酶分析等方法，即可在适当的条件下把酶和底物混合，测定反应的初速度。常用方法有化学滴定法、比色法、比旋光度法、量气法、电化学法、放射测量法、酶偶联法等。具体选择哪一种方法，要根据底物或产物的物理化学性质而定。

根据测定原理，可以将酶活力的测定方法分为四种：终点法、动力学法、酶偶联法、电化学法。

（1）终点法

终点法亦称为化学反应法。终点法是将酶和底物混合后，让其反应一段时间，然后停止反应，定量测定底物的减少或产物生成的量。在简单的酶反应中，底物减少与产物增加的速度是相等的，但一般以测定产物为宜，因为在测定反应速率时，实验设计规定的底物浓度往往是过量的，反应时底物减少的量只占其总量的一小部分，测定时容易不准确；而产物则是从无到有，只要方法足够灵敏，就可以准确地测定酶活力。

该方法几乎适用于所有酶的活力测定，虽然该方法设备简单易行，但工作量较大。由于取样和终止作用的时间不易准确控制，因此，对于反应速率很快的酶，测定结果往往不够准确。但目前国外已有酶分析仪器，该仪器将不同时间取样、终止反应、加入显色剂、保温、比色或其他测定方法，编排成程序，自动地依次完成，并用电脑分析结果。

（2）动力学法

动力学法不需要取样终止反应，只需将酶和底物混合后间隔一定时间，间断或连续测定酶反应过程中产物、底物或辅酶的变化量，如光密度的增加或减少，就可以直接测定出酶反应的初速率。此法主要应用于氧化还原酶类，常利用 NADH 和 NADPH 在340nm 波长处有特异性光吸收（而 NAD 和 NADP 则没有此光吸收）的性质，用自动记录分光光度计连续测定 340nm 光密度的增加或降低（$\Delta\mathrm{OD}_{340\mathrm{nm}}$），计算出酶反应初速度，即 $\Delta OD_{340nm}/\Delta t$。有时可以用此反应初速率作为酶活力的相对单位。亦可用 NADH 在 340nm 的摩尔吸光系数 $6.22\times10^3 L/(mol \cdot cm)$ 换算成浓度的变化。当光径为 1cm，底物浓度发生 $1\mu mol/mL$ 变化时，光密度变化为 6.22。光密度变化 $\Delta A/6.22=$ 底物浓度变化（Δc）。

这类方法的优点是方便、迅速、准确，一个样品可多次测定，有利于动力学研究。但很多酶反应尚不能用该法测定，且需要有较贵重的仪器。动力学方法中应用最广泛的是分光光度法和荧光法。

（3）酶偶联法

酶偶联法是一种常用方法。该方法是在被测酶反应系统中，加入过量高度专一的"偶联工具酶"，第一个酶反应的产物即为第二个酶反应的底物。这两个酶系统在一起反应，使反应继续进行到某一可直接、连续、准确测定的阶段，即为酶的偶联反应。

$$S \xrightarrow{E_1} P_1 \xrightarrow{E_2} P_2$$

此反应要求以下条件：

① $S \longrightarrow P_1$ 反应很慢，$P_1 \longrightarrow P_2$ 反应很快；

② 偶联工具酶 E_2 必须纯度很高，加入酶量应过量；

③ P_2 有光吸收变化或有荧光变化，可以用分光光度法或荧光法测定。

该方法操作简便，节省样品和时间，可连续测定酶反应过程中光吸收的变化。其缺点是：该方法应用局限于有光吸收的反应，反应条件要求较高，必须有恒温的紫外-可见分光光度计。

（4）电化学法

该方法可以分为离子选择性电极法、微电子电位法、电流法、电量法、极谱法等数种。在此仅介绍离子选择性电极法。

使用离子选择性电极法的条件：在酶促反应中，必须伴有离子浓度或气体（如 O_2、CO_2、NH_3 等）的变化；必须有离子选择性电极。

离子选择性电极的种类及其应用：离子选择性电极法是用离子选择性电极跟踪反应过程中所生成的离子或气体分子的浓度，从而得到反应的初速度。

离子选择性电极的结构和特点：此类电极上有一层敏感的膜，此膜对离子的进入有严格的选择性。例如 NH_4^+ 电极只允许 NH_4^+ 透过膜；H^+ 电极只允许 H^+ 透过膜等。用离子选择性电极测定溶液中某种离子的电极电位，此电极电位（E）与离子浓度（C_i）成正比。

5.2.4 酶纯度的检测

经分离纯化的酶，应设法检验其纯度以决定是否有进一步纯化的必要。习惯上，当把酶提纯到恒定的比活力时，即可认为酶已纯化。不过，还需要对纯化后的酶进行纯度检验。许多分离方法都可用于检验酶的纯度（表 5-1）。应该注意的是，酶分子结构高度复杂，由一种方法检验为均一的酶制剂用另一种方法检验可能结果不一致，若在特定方法下（如电泳、色谱或高效液相色谱 HPLC 等）呈现出单一的区带、斑点或峰，则判定该酶制剂在该检测方法下达到了相应的纯度标准，分别称为电泳纯、色谱纯或 HPLC 纯等。

表 5-1　检验酶纯度的方法

方法	备注
超速离心	当杂质含量较少时(<5%),其信号可能会被目标酶的信号掩盖,使其存在和含量难以准确判断。当存在络合-解离体系时也会出现问题
电泳	必须在多种 pH 值下进行,在单一 pH 值下,两种酶可能一起移动
SDS-电泳	检测与亚基分子质量不同的杂质的一个主要方法。当酶由不同亚基组成时,会出现多条区带
等电聚焦	检测杂质的极灵敏方法,有时当出现表观异质性时,会出现假象
N-末端分析	应该指明只存在单一多肽链,有些酶具有封闭的 N-末端,另一些酶则由二硫键连接的几条肽链组成
免疫技术	高度的专一性,但抗血清制备较为麻烦

5.3　发酵液预处理与固液分离

5.3.1　细胞的收集方法

细胞提取液中含有未破碎的完整细胞、细胞碎片、培养基颗粒等。无论是分离完整细胞、细胞碎片,还是分离包涵体、沉淀物,都需要进行固液分离。固液分离主要有两种方法:离心、过滤。离心是指利用离心机,将需要处理的溶液中固相与液相在离心力作用下分离,实现固液分离的目的;过滤是指利用过滤介质(如滤膜),在外力作用下,溶液中的液体透过介质,固相颗粒及其他物质被截留在介质上,从而实现固液分离。一般来说,不溶物是稀浓度且大而具有刚性的颗粒,可以通过过滤的方式去除;如果物料不易过滤且黏度大、颗粒小,可以选择离心的方式去除。

5.3.2　酶溶液的获取

在经过离心或过滤等预处理后,初步得到了含有完整细胞和细胞碎片的溶液。胞外酶在经过预处理后,可获得含有部分杂质的粗酶溶液,而胞内酶只能获得含有细胞的溶液。胞内酶经过细胞破碎和酶提取后可以获得酶溶液。酶提取时首先应根据酶的结构和溶解性质,选择适当的溶剂。

5.4　酶的纯化方法

5.4.1　常见的酶纯化方法

大多数酶的化学本质是蛋白质,所以适用于蛋白质分离纯化的方法一般也适用于酶的分离纯化。此外,酶是具有催化功能的蛋白质,因此可根据酶与底物、底物结构类似物、辅助因子、抑制剂等的特异亲和力,发展出酶独特的亲和色谱分离技术。所有的分离纯化方法,都是根据被分离物质间不同的物理、化学和生物学性质的差异而设计出来的。用于酶分离纯化的主要方法有:①沉淀法;②色谱分离法;③电泳法;④离心法;⑤过滤与膜分离法等。

5.4.2 沉淀分离

沉淀分离是通过改变某些条件，使溶液中某些溶质的溶解度降低，从而使其从溶液中沉淀析出，达到与其他溶质分离的目的。沉淀分离是酶的分离纯化过程中经常采用的方法，且沉淀分离的方法有很多种，常用的有盐析法、共沉淀法、等电点沉淀法、有机溶剂沉淀法、热处理沉淀法等。

5.4.2.1 盐析法

盐析法是比较古老的方法，但目前仍广泛采用，它是根据酶和杂蛋白在高浓度盐溶液中的溶解度差别进行分离纯化。杂蛋白和酶在水溶液中的溶解度受到溶液中盐浓度的影响。一般在低盐浓度的情况下，蛋白质的溶解度随盐浓度的升高而增加，表现为盐溶（salting in）现象。而当盐浓度升高到一定浓度后，蛋白质的溶解度随着盐浓度的升高反而降低，结果使蛋白质沉淀析出，表现为盐析（salting out）现象。不同的蛋白质盐析所需的盐浓度不同。因此，可以根据在某一浓度的盐溶液中，不同杂蛋白和酶的溶解度各不相同，从而达到彼此分离的目的。盐之所以能够改变蛋白质的溶解度，主要是因为盐在溶液中离解为正离子和负离子。这些离子通过反离子作用改变了杂蛋白和酶分子表面的电荷分布。同时，由于离子的存在，溶液中水的活度受到影响，进而改变了蛋白质分子表面的水化膜。由此可见，杂蛋白和酶在溶液中的溶解度与溶液中的离子强度有密切的关系。

对于含有多种杂蛋白或酶的混合液，可采用分段盐析的方法进行分离纯化。二次盐析法是先采用较低盐浓度除去杂蛋白，再用较高盐浓度进行分离纯化。在蛋白质和酶的盐析中通常采用的中性盐有硫酸铵、硫酸钠、硫酸钾、硫酸镁、氯化钠和磷酸钠等。硫酸铵是最常用的盐，因其在水中溶解度大，且受温度影响小（在25℃时，溶解度为767g/L；在0℃时，溶解度为697g/L），对酶不仅没有害处，而且还起稳定作用，分级效果较好且价廉易得。但用硫酸铵进行盐析时缓冲能力差，且铵离子的存在往往会干扰蛋白质的测定，有时也可采用其他中性盐来进行盐析。添加盐可采用的方法有：①加固体粉末盐；②加饱和盐溶液；③对浓盐溶液进行透析等。一般对大体积样品采用①，对小体积样品采用②或③。通常色谱分离洗脱液蛋白质浓度低（0.01～0.1mg/mL），故采用③方式沉淀蛋白质很方便。硫酸铵沉淀蛋白质的效果与蛋白质的浓度、介质的pH、温度有关。蛋白质浓度越高，pH越接近pI，温度越高，用的盐就越少。由于硫酸铵溶于水中pH值接近5，所以加硫酸铵过程中应考虑样品液pH值的调整。分离某个酶所需的硫酸铵浓度可依据预试验获得。一般选两个浓度，加低浓度盐除去杂蛋白沉淀，再加高浓度盐获得目的酶沉淀。需要注意是，约3.8mol/L的硫酸铵饱和溶液会从空气中吸收水分而改变浓度。

不同的酶由于结构不同，盐析时所需的盐浓度各不相同；同一种酶由于来源不同，盐析时要求的盐浓度也不同；此外，酶的浓度不同、杂质成分不同等也对盐析时所需的盐浓度有显著的影响。在实际应用中，应根据不同情况通过试验来确定所需的盐浓度。由盐析法得到的酶沉淀含有大量的盐分，可用超滤、透析或色谱分离方法等脱盐，使酶进一步纯化。盐析法的优点是简便、安全、重现性好，缺点是分辨率低、纯度提高不显著。

5.4.2.2　共沉淀法

共沉淀法是利用离子型表面活性剂（如十二烷基硫酸钠）、非离子型聚合物（如聚乙二醇等）在一定条件下能与蛋白质直接或间接地形成络合物，使蛋白质沉淀析出，然后再用适当方法使需要的酶溶解出来，除去杂蛋白和沉淀剂，从而达到纯化目的。聚乙二醇（polyethylene glycol，PEG）是水溶性非离子型聚合物，其分子式为 $HO\!\!-\!\!CH_2\!\!-\!\!CH_2\!\!-\!\!O\!\!-\!\!)_n H$，$n > 4$，常记作 PEG-XX，XX 表示平均分子量。用 PEG 分离蛋白质与用硫酸铵一样有效，PEG 无毒、溶解时散热低，形成沉淀的平衡时间短，一般当 PEG 的浓度达到 30% 时，就可以使大部分蛋白质沉淀出来，且 PEG 对蛋白质的活性构象起稳定作用，所以被广泛用作蛋白质分离的有效沉淀剂。

各种型号的 PEG 都可沉淀蛋白质，分子量越高的 PEG 用量越少。PEG 分子量过高，如 PEG-20000，其溶液浓度太大，操作不方便。低分子量 PEG 虽然要较高浓度才能沉淀蛋白质，但其选择性更强。酶分离工作中常用 PEG-4000 和 PEG-6000。对蛋白质的沉淀作用，除与 PEG 的聚合度和浓度有关外，还与蛋白质的分子量和浓度以及介质的 pH、离子强度和温度有关。沉淀分子量大的蛋白质，比沉淀分子量小的蛋白质需用的 PEG 要少。蛋白质浓度高时，沉淀同一比例的蛋白质所需的 PEG 少。一般蛋白质浓度最好控制在 10mg/mL 以下。若蛋白质浓度过高，则会使沉淀的分辨率降低。一般在 30℃ 范围内使用 PEG 沉淀法，20℃ 时其分辨率最高。pH 越接近 pI，则沉淀该蛋白所需的 PEG 越少。

5.4.2.3　等电点沉淀法

已知两性电解质在等电点时溶解度最低，且不同的两性电解质具有不同的等电点。利用这一特性对酶、蛋白质、氨基酸等两性电解质进行分离纯化的方法称为等电点沉淀法。当溶液的 pH 等于溶液中某两性电解质的等电点时，该两性电解质分子的净电荷为零，分子间的静电排斥力消除，其溶解度最低，使分子能聚集在一起而沉淀下来。因此可通过调节介质 pH，把目的酶与杂蛋白分开。但这种沉淀法也受介质离子强度等因素的影响。由于蛋白质在 pI 附近一定范围的 pH 内都可发生沉淀，只是沉淀的程度很不一样，再者相当多的蛋白质 pI 点很靠近，所以该法的分离效果和回收率均不理想，一般只用在酶的粗分离阶段。在酶的沉淀分离中，等电点法经常与盐析法、有机溶剂沉淀法和复合沉淀法等一起使用。

5.4.2.4　有机溶剂沉淀法

利用酶和杂蛋白在有机溶剂中的溶解度不同而使酶与杂蛋白得以分离的方法称为有机溶剂沉淀法。有机溶剂之所以能使酶等物质沉淀析出，主要是由于有机溶剂的存在会使溶液的介电常数降低，从而使溶质分子间的引力增大，互相吸引凝集，使其溶解度降低。此外，有机溶剂可能破坏酶和蛋白质的氢键等副键，使其空间结构发生某些改变，将原来在分子内部的疏水基团暴露于分子表面，形成疏水层，而使酶或蛋白质等沉淀析出，并可能引起酶或蛋白质的变性。常用的有机沉淀剂有乙醇、丙酮、异丙酮、甲醇等。有机溶剂用量一般为酶液体积的 2 倍左右，但使用时还受温度、pH、离子强度的影响，应根据具体情况通过试验来确定。

使用有机溶剂沉淀法有两种方式：其一，用乙醇或丙酮分级沉淀目的酶。其二，若目的酶在有机溶剂中稳定性强，则可采用变性杂蛋白方式，使酶得到初步纯化。有机溶剂析出的酶沉淀，一般比盐析出的沉淀易于离心分离或过滤；由于不含无机盐，故适用于食品工业酶制剂的制备；分辨率比盐析法好，而且有机溶剂易于除去或回收。因此，有机溶剂沉淀法是常用的酶分离纯化的方法。该法的主要缺点是：容易引起酶的变性失活，需在低温条件下操作，并且沉淀后要尽快分离。分离出的酶沉淀可立即用水或缓冲溶液溶解后进一步分离纯化。若不进一步分离纯化，则应尽量减少沉淀中有机溶剂的含量，以免影响酶的活性。

5.4.2.5　热处理沉淀法

热处理沉淀法条件剧烈，目的蛋白需要对热不敏感，否则不能使用。因为大多数蛋白质都易热变性，对一个热稳定酶（如铜锌超氧化物歧化酶、酵母醇脱氢酶等），可以利用这一特性。通过控制温度，可使大量的杂蛋白变性沉淀而被除去，提纯效果很好。热处理操作过程应十分小心，要搅拌良好，防止局部过热；一般用比变性温度高 10℃ 的水浴迅速升温；在变性温度下保持一定时间后，用冰迅速冷却。

5.4.3　膜分离

借助于一定孔径的各种高分子薄膜，将不同大小、不同性状和不同特性的物质颗粒或分子分离的技术，统称为膜分离技术。膜分离技术是建立在高分子材料基础上的新兴边缘学科的高新技术，涉及材料、化工、生物工程、环境工程、医药工程、食品工程、机械工程和系统工程等多种学科。膜分离与其他分离过程相比具有许多优点：一般不发生相变，能耗低；分离效率高，效果好；通常在室温下工作，操作、维护简便，可靠性高；设备体积较小，占地面积少。

膜分离所使用的薄膜主要是由丙烯腈、醋酸纤维素、硝酸纤维素、玻璃纸、尼龙等高分子聚合物制成的高分子膜，有时也可用动物膜和羊皮纸等。膜分离过程中，膜的作用是选择性地让小于其孔径的物质颗粒或分子通过，而把大于其孔径的颗粒截留。故薄膜的孔径有多种规格供使用时选择。

根据物质颗粒或分子通过薄膜的原理和推动力的不同，膜分离可分为以下几大类。

5.4.3.1　加压膜分离

加压膜分离是以薄膜两边的流体静压差为推动力的膜分离技术。在静压差的推动下，小于孔径的物质颗粒穿过膜孔，而大于孔径的颗粒被截留。根据所截留的颗粒大小的不同，加压膜分离可分为微滤、超滤和反渗透三种。

① 微滤　微滤又称为微孔过滤。微滤膜截留的物质颗粒直径为 0.2～2μm，多为对称性多孔膜。微滤主要用于分离细菌、灰尘等光学显微镜可看到的物质颗粒。在没有微滤膜的情况下，可用微孔陶瓷滤筒作为过滤介质。微滤过程所使用的操作压力在 0.1MPa 以下。

② 超滤　超滤又称超过滤，是借助于超滤膜将不同分子量的物质分离的技术。超滤膜孔径为 0.001～0.1pm，一般为非对称性膜。超滤膜截留的颗粒直径为 0.002～0.2pm，相当于分子量 $1 \times 10^3 \sim 5 \times 10^5$ U。超滤主要用于分离病毒和各种生物大分子，在酶工程领域已广泛使用。

超滤膜是由丙烯腈、醋酸纤维素、硝酸纤维素、尼龙等高分子聚合物制成的多孔薄膜。超滤膜一般由两层组成，表层厚度为 0.1～5μm，孔径有多种规格，从 0.002～0.2μm 组成系列产品，使用时可根据需要选择。基层厚度为 200～250μm，强度较高。使用时要将表层面向待超滤的物料溶液。若换错方向，则不但超滤效果不好，而且影响膜的使用寿命。超滤过程中，小分子物质与溶剂（一般是水）分子一同透过膜孔渗出。不同孔径的膜有不同的透过性。膜的透过性一般以流率表示。流率是指每平方厘米的膜每分钟透过的流体的量，以 $mL/(cm^2 \cdot min)$ 表示。超滤时流率一般为 $0.01 \sim 5mL/(cm^2 \cdot min)$。

影响超滤流率的因素主要有以下几方面。

a. 膜孔径的大小：膜孔径的大小是影响流率的主要因素。孔径大，流率也大。

b. 颗粒的性状与大小：溶液中颗粒的性状与大小不同，其超滤流率也不同，一般说来，相对密度小的分子透过性较好，球状分子比相同分子量的纤维状分子透过性好，小分子比大分子的透过性好。

c. 溶液浓度：溶液的浓度越高，超滤流率越小。故此，超滤时溶液浓度不宜太高，在超滤高浓度溶液时，可通过补充溶剂（水）使其稀释，从而提高流率。

d. 操作压力：操作压力对超滤流率的影响比较复杂。一般情况下，压力增加时，超滤的流率增加，但对于一些胶体溶液，当压力高到一定程度后，再增加压力，超滤流率不再增加。对于一般溶质分子而言，压力增加时，其透过性降低。但某些溶质分子可随着压力增加而提高其透过性。超滤时的操作压力一般控制在 $0.1 \sim 0.7MPa$。压力可由压缩气体来维持。

e. 温度和搅拌：超滤一般在常温下进行操作，特别适用于热敏性物质的浓缩与分离。适当提高温度、增加搅拌速度等都有利于提高超滤流率。但温度不能过高，搅拌速度也不能过快，以免引起酶分子变性失活。

超滤技术在酶工程方面的应用，不仅使酶得以分离纯化，还达到酶液浓缩的目的，特别适用于液体酶制剂的生产。但其对超滤膜的要求较高，对于那些需要小分子辅酶的酶的生产不适用。

③ 反渗透　反渗透膜的孔径小于 $0.002\mu m$，被截留的物质分子量小于 1000U，操作压力为 $0.7 \sim 13MPa$。反渗透主要用于分离各种离子和分子量小的有机物，使水选择性通过或气体通过。近年来，微滤、超滤、反渗透已经出现了相互重叠的现象，其中纳滤膜过滤技术就是介于超滤和反渗透之间的一种新型分子级膜分离技术。纳滤膜过滤精度孔径 $0.0005 \sim 0.005\mu m$，切割分子量为 $200 \sim 1000$；截留通过纳滤膜的溶质介于超滤和反渗透之间。

5.4.3.2　电场膜分离

电场膜分离是在半透膜的两侧分别装上正、负极，小分子的带电物质或离子向着与其本身所带电荷相反的电极方向移动，透过半透膜而达到分离的目的。电渗析和离子交换膜电渗析即属于此类。

① 电渗析　用两块半透膜将渗析槽分隔成三个室，两块膜之间的中心室通入待分离的溶液，在两侧的室中装入水或缓冲液并分别装上正、负电极。接通直流电源后，中心室溶液中的阳离子向阴极移动，透过半透膜到达阴极槽，而阴离子则移向阳极槽，从而实现分离。

小分子的带电物质或离子向着与其本身所带电荷相反的电极渗析时要控制好电压和电流强度。渗析开始的一段时间内，由于中心室溶液的离子浓度高，电压可低些，当中心室离子浓度较低时，要适当升高电压。电渗析主要用于酶液或其他溶液的脱盐及其他带电荷的小分子的分离。也可将凝胶电泳后含酶的凝胶切开，置于中心室，经电渗析，使带电荷的酶分子与凝胶分离。

② 离子交换膜电渗析　离子交换膜电渗析的装置与一般电渗析相同，只是以离子交换膜代替一般的半透膜。离子交换膜的选择透过性比一般半透膜强，一方面由于膜的孔径大小不同，离子交换膜只让小于孔径的颗粒透过，而把大于孔径的物质截留；另一方面由于膜上带有某种基团，根据同性电荷相斥、异性电荷相吸的原理，只让带异性电荷的颗粒透过，而把带同性电荷的物质截留。例如，带磺酸基团的阳离子交换膜，在电场中电离为带负电荷的磺酸根基团（R—SO$_3^-$），它吸引并让带正电荷的小分子或阳离子透过，而对阴离子起排斥作用；带季胺基因的阴离子交换膜，在电场中电离为带正电荷的季铵阳离子 [R—N$^+$(NH$_3$)$_3$]，它只吸引并让带负电荷的小分子或阴离子透过，而对阳离子起排斥作用。

5.4.3.3　扩散膜分离

扩散膜分离是利用小分子物质的扩散作用可不断透过半透膜到膜外，大分子被截留而达到分离目的。扩散膜分离主要是指透析。透析膜可用动物膜、羊皮纸、火棉胶或玻璃纸等制成。使用时可做成透析管、透析袋或透析槽等形式。透析时，样品液装在透析袋内，袋外是水或者缓冲液，在一定的温度下，透析一段时间使小分子物质从透析袋内透出到袋外。必要时，袋外的水或缓冲液可以更换，或连续补充水或缓冲液，而同时连续排出渗出液，以提高效果。

透析主要用于酶、蛋白质等生物大分子的分离纯化，从中除去小分子物质，也可用于溶液的脱盐等。透析所需设备简单，操作简便。但其缺点是透析时间长；若透析过程中不更换外部水或缓冲液时，小分子物质的扩散会达到膜内外平衡状态，无法进一步去除；透析结束时，透析袋内的保留液体积较大，浓度较低。

5.4.4　区带离心分离

在酶的提取和分离纯化过程中，细胞的收集、细胞碎片和沉淀的分离以及酶的纯化等往往均要使用离心分离。离心是借助离心机旋转所产生的离心力，使不同大小和不同密度的物质分离的技术。分离时，要根据预分离物质以及杂质的大小、密度和特性的不同，选择适当的离心机、离心方法和离心条件。

5.4.4.1　离心机的种类与用途

离心机多种多样，按分离形式可分为沉降式和过滤式两大类；按操作方式有间歇、连续和半连续之分；按用途有分析用、制备用及分析-制备用之别；按结构特点则有管式、吊篮式、转鼓式和碟式等多种；通常按离心机转速的不同可分为常速（低速）离心机、高速离心机和超速离心机三种。

① 常速离心机　常速离心机又称低速离心机，最大转速在 8000r/min 以内，相对离心力在 $1×10^4$ g 以下。此类离心机在实验室和工业上广泛应用。在酶的分离纯化过程中，常速离心机主要用于分离细胞、细胞碎片和培养基残渣等固形物，也用于粗结晶等较大颗粒的分离。常速离心机的分离形式、操作方式和结构特点多种多样，可根据需要选择使用。

② 高速离心机　高速离心机的转速为 $1×10^4$～$2.5×10^4$r/min，相对离心力达 $1×10^4$～$1×10^5$g。在酶的分离纯化过程中，高速离心机主要用于分离各种沉淀物、细胞碎片和较大的细胞器等。为了防止高速离心过程中温度升高而使酶等生物分子变性失

活，有些高速离心机装设了冷冻装置，即高速冷冻离心机。

③ 超速离心机　超速离心机的最大转速达 $2.5×10^4 \sim 8×10^4 \text{r/min}$，最大相对离心力达 $5×10^5 g$，甚至更高一些，其精密度相当高。为了防止样品液溅出，一般附有离心管帽；为防止温度升高，均有冷冻装置和温度控制系统；为了减少空气阻力和摩擦，设置有真空系统；此外还有一系列安全保护系统、制动系统及各种指示仪表等。

超速离心机按其用途有制备用超速离心机、分析用超速离心机以及分析-制备两用离心机三种。制备用超速离心机主要用于生物大分子、细胞器和病毒等的分离纯化，也可用于酶分子的分离纯化。而分析用超速离心机可用于样品纯度的检测、沉降系数和分子量的测定。为此，分析用超速离心机一般都装有光学检测系统、自动记录仪和数据处理系统等。分析用超速离心机用于样品纯度检测时，是在一定的转速下离心一段时间以后，用光学仪器测出各种颗粒在离心管中的分布情况，通过紫外吸收率或折光率等判断其纯度，若只有一个吸收峰或只显示一个折光率改变，表明样品中只含一种组分，样品纯度很高。若有杂质存在，则显示出含有两种或多种组分的图谱。分析用超速离心机可用于测定物质的沉降系数。沉降系数是指在单位离心力的作用下粒子的沉降速度，以 svedberg 表示，简称为 s，其量值为 S，$1S=1×10^{-13}s$。

5.4.4.2　离心方法的选择

常速和高速离心机由于所分离的颗粒的大小和密度相差较大，只要选择好离心速度和离心时间，就能达到分离效果。若样品中存在两种以上大小和密度不同的颗粒，则采用超速离心机。超速离心技术是分离纯化生物大分子及亚细胞成分的最有用技术之一。在超速离心中，离心方法可分为差速离心、密度梯度离心和等密度梯度离心等。

① 差速离心　采用不同的离心速度和离心时间，使沉降速度不同的各种颗粒分批分离的方法称为差速离心。操作时，采用均匀的悬浮液进行离心，选择好离心力和离心时间，使大颗粒先沉降，取出上清液，在加大离心力的条件下再进行离心，分离较小的颗粒，如此多次离心，使不同沉降速度的颗粒分批分离。差速离心所得到的沉降物是不均一的，含有较多杂质，需经过重新悬浮和再离心若干次，才能获得较好的分离效果。差速离心主要用于分离那些大小和密度差异较大的颗粒，该方法操作简单、方便，但分离效果较差，并使沉降的颗粒受到挤压。

差速离心广泛应用于样品的粗提纯和浓缩，该方法简单、成本低，是提纯工作中必不可少的第一步。它的缺点是仅适用于沉降速度差别在一个或几个数量级的颗粒，对于差别较小的不同颗粒，难以得到满意的分离效果。

② 密度梯度离心　密度梯度离心是样品在密度梯度介质中进行离心，使沉降系数比较接近的物质得以分离的一种区带分离方法。为了使沉降系数较接近的颗粒得以分离，必须配制好适宜的密度梯度系统。密度梯度系统是在溶剂中加入一定的溶质制成的，这种溶质称为梯度介质。梯度介质应有足够大的溶解度，以形成所需的密度，不与分离组分反应，而且不会引起分离组分的凝集、变性或失活。通常用于密度梯度离心的梯度介质有蔗糖、甘油等，使用最多的是蔗糖密度梯度系统。蔗糖密度梯度系统梯度范围是：蔗糖浓度 $5\% \sim 60\%$，密度 $1.02 \sim 1.30 \text{g/cm}^3$。

密度梯度可分为线性梯度、凹形梯度和凸形梯度等。密度梯度离心常用的是线性梯度。离心前，把样品小心地铺放在预先制备好的密度梯度溶液的表面。离心后，不同大小、不同形状且有一定沉降系数差异的颗粒在密度梯度溶液中形成若干条界面清楚的不连续区带。在密度梯度离心过程中，区带的位置和宽度随离心时间的不同而改变。离心时间越长，由于颗粒扩散而使区带越来越宽。为此，适当增大离心力且缩短离心时间，可以减少由扩散而导致的区带扩宽现象。

密度梯度离心法是一种高纯分离技术，它可以分离沉降系数 S 很接近的物质，并可以同时使样品中的几个组分分离，具有很好的分辨力，分离效果好，但技术要求严格。实验已表明，只要是混合物中任一类颗粒有独特的大小和密度，则这类颗粒就一定能用密度梯度离心法与所有其他颗粒分开。在具体实施时，只要注意控制影响分离效果的因素，选择适宜的分离条件，就能以最精确的设计换取最好的离心效果。

③ 等密度梯度离心　当预分离的不同颗粒的密度范围在离心介质的密度梯度范围内时，在离心力作用下，不同浮力密度的物质颗粒或向下沉降或向上漂浮，一直移动到与它们各自浮力密度恰好相等的位置，即等密度点，形成区带。这种方法称为等密度梯度离心或平衡等密度离心。

在密度梯度离心法中，预分离的颗粒并未达到其等密度位置，而等密度梯度离心则要求预分离的颗粒处于密度梯度中的等密度点上。为此，等密度梯度离心所采用的离心介质及其密度梯度范围与密度梯度离心有所不同。等密度梯度离心常用的介质是铯盐，如氯化铯（CsCl）、硫酸铯（Cs_2SO_4）、溴化铯（CsBr）等。也可采用三碘苯的衍生物等作为离心介质。

离心操作时，先把一定浓度的介质溶液与样品液混合均匀，也可将一定重量的结晶铯盐加到一定量的样品液中使之溶解。然后在选用的离心力作用下，经过足够时间的离心分离，铯盐在离心场中沉降，自动形成密度梯度，样品中不同浮力密度的颗粒在其各自的等密度点位置上形成区带。必须注意的是，在采用铯盐等重金属盐作为离心介质时，它们对铝合金的转子有很强的腐蚀性，要防止介质溅到转子上，使用后要将转子仔细清洗和干燥，有条件的最好采用钛合金转子。

当预分离的颗粒的浮力密度已知时，也可不用密度梯度而进行等密度离心。方法是先将样品在适当的离心力作用下离心，使较重的颗粒都沉降除去，然后将含待分离颗粒的上清液悬浮在与其浮力密度相同的介质溶液中，再进行离心，直至所需的颗粒沉降到离心管底。此法只适用于分离某些已知的颗粒。

5.4.5　电泳分离

带电离子在电场中向着与其本身所带电荷相反的电极移动的过程称为电泳。由于酶分子表面电荷的差异，可以用电泳法将不同的酶分子分离开来。电泳法不仅可用于酶的纯化工作，还常用于酶纯度鉴定及理化性质（如 pI、亚基分子量等）测定，特别是在分离微量酶时优于上述许多方法。

众所周知，颗粒在电场中的移动方向取决于它们所带电荷的种类。带正电荷的颗粒向电场的阴极移动，带负电荷的颗粒则向电场的阳极移动，净电荷为零的颗粒在电场中不移动。颗粒在电场中的移动速度主要取决于其本身所带的净电荷量，同时受颗粒形状和颗粒大小的影响。此外，还受到支持体的特性以及电场强度、溶液 pH、离子强度、电渗等外界条件的影响。

电场强度对颗粒的泳动速度起十分重要的作用，电场强度越高，带电颗粒的泳动速度越快。根据电场强度的大小可将电泳分为常压电泳和高压电泳。常压电泳电场强度一般为 2~10V/cm，电压为 100~500V，电泳时间从几十分钟至几十小时，多用于分离带电荷的大分子物质；高压电泳的电场强度为 20~200V/cm，电泳时间从几分钟至几小时，多用于分离带电荷的小分子物质。

溶液的 pH 决定了溶液中带电颗粒的解离程度，亦决定了颗粒所带净电荷的多少。对两性电解质而言，pH 离其等电点越远，则颗粒所带净电荷越多，泳动速度也就越快。反之，颗粒的泳动速度则慢。当溶液的 pH 等于某溶质的等电点时，其净电荷为零，泳动速度也为零。因此，电泳时溶液应选择适宜的 pH，并必须采用缓冲溶液，使其 pH 保持恒定。溶液的离子强度越高，颗粒的泳动速度则越慢，反之则越快。一般电泳溶液的离子强度为 0.02~0.2mol/L 时较为适宜。

在电场中，液体对于固体支持物的相对移动称为电渗。例如在纸电泳中，由于滤纸纤维素上带有一定量的负电荷，而使与滤纸相接触的水分子感应而带有一些正电荷，水分子便向负极移动并带动溶液中的颗粒一起向负极移动。若颗粒本身向负极移动，则其表观泳动速度将比其本来的泳动速度快；若颗粒本身向正极移动，则其表观泳动速度慢于其本来的泳动速度；净电荷为零的颗粒，也会随水向负极移动。此外，缓冲液的黏度以及温度等也对颗粒的泳动速度有一定的影响。

电泳方式各种各样，但其基本原理是相同的。按其使用的支持体的不同，可分为纸电泳、薄层电泳、薄膜电泳、凝胶电泳等。

5.4.5.1　纸电泳

纸电泳是以滤纸为支持物的电泳技术。在电泳过程中，首先要选择纸质均匀、吸附力小的滤纸作为支持物，一般采用色谱分离用滤纸，并根据需要剪裁成一定的形状和尺寸。再根据预分离物质的物理化学性质，从提高电泳速度和分辨率出发，选择一定 pH 和一定离子强度的缓冲液。然后，在滤纸的适当的位置点好样品，平置于电泳槽的适当位置，接通电源，在一定的电压条件下进行电泳。经过适宜的时间后，取出滤纸，进行显色或采用其他方法进行分析鉴定。

5.4.5.2　薄层电泳

薄层电泳是将支持体与缓冲液调制成适当厚度的薄层而进行电泳的技术。常用的支持体有淀粉、纤维素、硅胶、琼脂等，其中以淀粉最常用。这是由于淀粉易于成型、对蛋白质等的吸附少、样品易洗脱、电渗作用低、分离效果好。

5.4.5.3　薄膜电泳

薄膜电泳是以醋酸纤维等高分子物质制成的薄膜为支持物的电泳技术。它具有简单、快速、区带清晰、灵敏度高、易于定量和便于保存的特点，广泛用于各种酶的分离。

醋酸纤维薄膜电泳是以醋酸纤维素膜为支持物的一种电泳方法。醋酸纤维素膜是对纤维素的羟基进行乙酰化而得的，将其溶于有机溶剂（丙酮、氯仿、氯乙烯、醋酸乙酯等）后抹成一均匀薄膜，则成醋酸纤维素膜。它有强渗透性、对分子移动无阻力、操作简便快速、样品用量少、应用范围广、分离清晰、没有吸附现象等优点。

5.4.5.4　凝胶电泳

凝胶电泳是以各种具有网状结构的多孔凝胶作为支持体的电泳技术。凝胶电泳与其他电泳的主要区别在于：凝胶电泳同时具有电泳和分子筛的双重作用，具有很高的分辨率。凝胶电泳的支持体主要有聚丙烯酰胺凝胶和琼脂糖凝胶，最常用的是聚丙烯酰胺凝胶电泳。

聚丙烯酰胺凝胶电泳按其电泳装置和凝胶形状的不同，可分为垂直管型盘状凝胶电泳和垂直板型凝胶电泳。两者的操作原理和方式基本相同，不同的是前者在玻璃管内将凝胶制成圆柱状的凝胶，后者在两块玻璃板之间制成平板状凝胶，可以同时电泳多个样品，便于比较。

聚丙烯酰胺凝胶电泳按凝胶组成系统的不同，可以分成连续凝胶电泳、不连续凝胶电泳、浓度梯度凝胶电泳、十二烷基硫酸钠-凝胶电泳和二维电泳等。

① 连续凝胶电泳　连续凝胶电泳所采用的凝胶是相同的，即采用相同浓度的单体和交联剂用相同 pH 和相同浓度的缓冲液制备成连续均匀的凝胶，然后在同一条件下进行电泳。

聚丙烯酰胺凝胶是以丙烯酰胺（$CH_2\!=\!CH\!-\!CONH_2$）为单体，以 N,N'-亚甲基双丙烯酰胺为交联剂，在催化剂的作用下聚合而成的具有网状结构的多孔凝胶。在聚丙烯酰胺凝胶制备时，丙烯酰胺单体的浓度对凝胶孔径有显著影响，所以必须根据预分离的物质分子量的大小选择适当的丙烯酰胺浓度。交联剂 N,N'-亚甲基双丙烯酰胺的浓度对凝胶孔径也有一定影响。在丙烯酰胺的总浓度不变的条件下，交联剂的浓度占总浓度的 5％时，凝胶孔径最小，交联剂浓度高于或低于 5％时，凝胶孔径都相对变大。一般使用时，交联剂的浓度占总丙烯酰胺浓度的 2％～5％。

② 不连续凝胶电泳　不连续凝胶电泳所使用的凝胶由两层或三层不同孔径、不同 pH 的凝胶层组成。不连续凝胶电泳能使稀样品在电泳过程中浓缩成层后再进入分离胶分离，从而提高分辨能力。

不连续凝胶电泳的凝胶层三层凝胶系统由上至下分别为样品胶、浓缩胶、分离胶。而两层凝胶系统则主要包括浓缩胶和分离胶。

样品胶是包含样品的大孔径凝胶，丙烯酰胺浓度为 2％～5％，在 pH 6.7～6.8 的 Tris-HCl 缓冲液中聚合而成。其目的是防止样品对流损失。有时可用 10％甘油或 5％～20％蔗糖与样品液混合后加样而取代样品胶。

浓缩胶是用于使样品浓缩成层的大孔径凝胶。除了不含有样品以外，其浓度、pH 和聚合方法均与样品胶相同。

分离胶是使样品中各组分电泳分离的孔径较小的凝胶。在 pH 8.8～8.9 的 Tris-HCl 缓冲液中聚合而成，其丙烯酰胺浓度根据预分离样品的组分的分子量大小而决定。在上述连续凝胶电泳中，只使用一层分离胶即可。

当不连续凝胶电泳的多层凝胶重叠在一起组成一个系统，用 pH 8.3 的 Tris-甘氨酸缓冲液作为电极缓冲液，接通直接电源进行电泳时，样品就从样品胶进入浓缩胶，并在浓缩胶中浓缩成薄薄的高浓度样品层，然后进入分离胶进行分离。

③ 浓度梯度凝胶电泳　浓度梯度凝胶电泳所用凝胶的丙烯酰胺浓度由上至下形成由低到高的连续梯度。梯度凝胶内部孔径由上而下逐渐减小。电泳后不同分子量的颗粒停留在与其大小相对应的位置上。故此，浓度梯度凝胶电泳适宜用于测定酶分子的分子量。

④ 十二烷基硫酸钠-凝胶电泳　在聚丙烯酰胺凝胶制备时，加入 1％～2％十二烷基硫酸钠（SDS），制成 SDS-聚丙烯酰胺凝胶。Shapiro 等人发现，在聚丙烯酰胺凝胶中加入一定量的 SDS 以后，蛋白质分子的电泳迁移率主要取决于其分子量大小，而与分

子形状及其所带电荷无关。故此，需要测定某一酶的分子量时，只需比较该酶与已知分子量的标准酶在 SDS-凝胶电泳的迁移率即可。SDS-凝胶电泳可采用垂直管型盘状凝胶电泳，也可用垂直板型凝胶电泳；可采用连续凝胶电泳，也可采用不连续凝胶电泳。

⑤ 二维电泳　二维电泳（two-dimensional electrophoresis，2-DE）由于具有高分辨率和高灵敏度已成为分析复杂蛋白质混合物的基本工具。2-DE 的第一维电泳是等电聚焦电泳（isoelectric focus electrophoresis，IEF），然后通过十二烷基硫酸钠聚丙烯酰胺凝胶电泳（SDS-PAGE）对蛋白质进行第二维电泳。在 IEF 中，蛋白质因等电点不同而被分离；在 SDS-PAGE 中，不同分子量的蛋白质相互间被分离开，再用考马斯亮蓝或银染进行检测，用软件对结果进行分析比对。由于蛋白质的等电点和分子量是两个彼此不相关的重要性质，而 2-DE 同时利用了蛋白质间的这两个性质上的差异分离蛋白质，因此 2-DE 的分离能力非常强大，它甚至能将细胞中的 5000 种蛋白质分离开。

上述五种凝胶电泳系统有各自不同的应用目的，在使用时应根据需要加以选择，然后按各自的方法制备好凝胶。

5.4.6　色谱分离

色谱分离法的分离原理是利用混合物中各组分的物理化学性质（如分子的大小和形状、分子极性、吸附力、分子亲和力和分配系数等）的不同，使各组分在两相中的分布程度不同而达到分离。色谱分离中有两相，一个是固定相，另一个是流动相。当流动相流经固定相时，各组分的移动速度不相同，从而使不同的组分分离纯化。可采用多种色谱分离方法进行酶的分离纯化，生产上常用的酶的纯化方法有：吸附色谱分离、离子交换色谱分离、凝胶色谱分离、亲和色谱分离、聚焦色谱分离等。

5.4.6.1　吸附色谱分离

吸附色谱分离（adsorption chromatography）是以吸附剂为固定相，以缓冲液或有机溶剂为流动相，利用吸附剂对不同物质的吸附力不同，而使混合液中的各组分分离的一种方法。通常用于酶分离纯化的吸附剂有羟基磷灰石、硅藻土、氧化铝、磷酸钙和活性炭等。这些吸附剂一般在低 pH、低离子强度的条件下对酶有较强的吸附作用，而在高 pH、高离子强度的条件下，酶可解吸洗脱出来。例如，枯草杆菌 α-淀粉酶在弱酸性条件下，可吸附在氧化铝上，再用 pH 8～9 的 Na_3PO_3 溶液洗脱。根据要分离的混合溶液，一般应选择吸附选择性好、稳定性强、表面积大、颗粒均匀、成本低廉的吸附剂。吸附剂可以装在吸附柱上进行吸附柱色谱，也可以把吸附剂加到酶液中，吸附后过滤出来，再加进洗脱剂，使酶解吸出来。

吸附色谱分离的设备简单、操作容易、吸附剂来源丰富、价格低廉、有一定的分辨率，是色谱分离中应用得最早且至今仍广泛应用的色谱分离技术。

5.4.6.2　离子交换色谱分离

离子交换色谱分离（ion exchange chromatography）是一种利用离子交换剂上的可解离基团对各种离子的亲和力不同，而使不同物质得以分离的方法。蛋白质或酶都是两性电解质，不同的蛋白质或酶由于其 pI 不同，在同一种 pH 介质中电离状况有所不同，分子所带电荷的种类和数量也就不同，与离子交换剂之间的静电吸附能力亦不同。通过上样吸附和改变离子强度或 pH 解吸洗脱，可使蛋白质依据其静电吸附能力根据由弱到强的顺序而分离开来。

离子交换色谱分离已成功地用于葡萄糖氧化酶、纤维素酶等多种酶的分离纯化。用作离子交换剂基质（matrix）的物质有很多种，如葡聚糖凝胶、琼脂糖凝胶、纤维素、聚丙烯酰胺凝胶等。在酶纯化工作中，前三种基质最常使用。

用于酶纯化的离子交换剂很多，按活性基团的性质不同，离子交换剂可以分为阳离子交换剂和阴离子交换剂。但由于酶具有两性性质，所以既可用阳离子交换剂也可用阴离子交换剂进行酶的分离纯化。当溶液的 pH 大于酶的等电点时，酶分子带负电荷，可用阴离子交换剂进行色谱分离；当 pH 小于酶的等电点时，酶带正电荷，则要采用阳离子交换剂。二乙基氨基乙基（diethyl-aminoethyl，DEAE）基团常用于分离中性或酸性蛋白质。在 pH 值大于 9 时，需用三乙基氨基乙基（triethyl-aminoethyl，TEAE）基团。中性或碱性蛋白质常用羧甲基纤维素色谱分离。pH 值小于 3 时，需用磺酸乙基或磺酸丙基（sulphopropyl，SP）基团。磷酸纤维素（phosphocellulose）更复杂，当 pH 值从 5 升至 9 时，它的电荷数由 1 个变为 2 个。

离子交换剂一般装成交换柱进行色谱分离，但若目的酶与离子交换剂有强烈的吸附力，则可将离子交换剂直接加入待分离的酶液中，轻轻搅拌至少 1h，待交换后，静置使离子交换剂沉淀，倾去上清液，在滤器中对沉淀进行充分洗涤。再将沉淀装入色谱柱，用含高浓度盐的缓冲液进行线性或阶梯式梯度洗脱。

色谱柱大小一般应满足 $1cm^3$ 柱体积/10mg 蛋白质。通常用约为 5 倍柱体积的洗脱液进行线性梯度洗脱。

5.4.6.3　凝胶色谱分离

凝胶色谱分离又称分子筛色谱分离、凝胶过滤或分子排阻色谱分离，是以各种多孔凝胶为固定相，依据分子筛效应，利用溶液中各组分的分子量不同而进行分离的技术。此法具有条件温和、设备简单、操作简便、色谱柱可以反复使用且无须再生处理等优点，已广泛应用于酶的分离纯化。

凝胶是一种具有网状结构的多孔性高分子聚合物。在凝胶色谱分离中使用的凝胶都制成颗粒状，经一定方法处理后装进凝胶色谱柱中使用。当酶液在色谱柱内流过时，酶液中各组分分子在柱内同时进行向下的移动和不定向的分子扩散运动，大分子物质由于分子直径大，难于进入凝胶颗粒的微孔，只能分布在凝胶颗粒的间隙中，随流动相向下移动，所以大分子以较快的速度流过凝胶柱。而小分子物质能进入凝胶颗粒的微孔中，不断地进出于一个个胶粒的微孔内外，这样就使小分子物质向下移动的速度落后于大分子物质，从而使酶液中各组分按分子量从大到小的顺序先后流出色谱柱，达到酶的分离纯化。

交联葡聚糖凝胶、琼脂糖凝胶、聚丙烯酰胺凝胶等多种具有一定孔径的多孔材料，均可作为凝胶过滤色谱分离的固定相。

葡聚糖凝胶是以葡聚糖（葡萄糖通过 α-1,6-糖苷键结合而成的线性高分子）为单体，以 1,2-环氧氯丙烷为交联剂聚合而成的高分子聚合物，商品名为 Sephadex。交联度高的，所采用的葡聚糖单体的分子量较小，凝胶孔径较小，适用于较小分子的分离。交联度低的，所采用的葡聚糖单体的分子量较大，适用于较大分子的分离。葡聚糖凝胶具有良好的化学稳定性和热稳定性，耐碱性强，在 0.20mol/L 的盐酸溶液中放置半年性质不变。干胶在 120℃ 以下加热不受影响。故广泛应用于酶和其他物质的分离纯化。

琼脂糖凝胶的优点是多孔、液体流动性好、取代基团多、对物质的吸附性弱且分离范围较大。但其商品是以湿的状态提供，不能干燥和重新溶胀，且应在 pH 4.5～9.0 范围内使用。Sepharose CL 是用 2,3-二溴丙醇交联 Sepharose 得到的，比 Sepharose 的温度和化学稳定性强，可经高压灭菌而不丧失其色谱分离特性。Ultrogel 是在琼脂糖凝胶颗粒内部聚合丙烯酰胺制备而成。这两种成分相互独立，并未化学连接。这种凝胶机械稳定性好，但流速受到一定限制。

聚丙烯酰胺凝胶是以丙烯酰胺（$CH_2=CH—CONH_2$）为单体，以 N,N'-亚甲基双丙烯酰胺为交联剂聚合而成的高分子聚合物，商品名为 Bio-gel P。聚丙烯酰胺凝胶化学稳定性好，强度高，通过改变单体和交联剂浓度，可使聚合成的凝胶孔径改变，其使用范围是 pH 2.0～11.0。

色谱柱中的凝胶，特别是用天然材料制备的，均应采用抗微生物试剂予以保存。常用的抗微生物试剂有：含 2.5% I_2 的半饱和 KI，0.01%～0.02% 的 Cl_3-C(OH)-$(CH_3)_2$，0.02% NaN_3 等。

5.4.6.4 亲和色谱分离

亲和色谱分离是将配体共价连接到基质上，用此种基质填充成色谱柱，利用配体与对应的生物大分子（目的物）的专一亲和力，将目的物与其他杂质分离的一种分离纯化技术。

众所周知，酶可以与底物、底物结构类似物、辅助因子、抑制剂、变构效应剂等结合，抗原可以与抗体结合，它们之间的结合是专一的和可逆的。这类能专一、可逆地与生物大分子（如酶、抗体、受体等）结合的分子，统称为配体（ligand）。亲和配体连接的固体支持物称为基质或载体。可作载体的物质很多，一般采用琼脂糖凝胶、葡聚糖凝胶、聚丙烯酰胺凝胶、多孔玻璃和纤维素等作为母体。理想载体应该是：①能构成松散的多孔网络，以便大分子能均匀且不受阻碍地进出；②均匀的球形并具有刚性；③化学性质是惰性的；④高度的亲水性；⑤极低的非特异性吸附；⑥必须能功能化，即具有能活化或修饰的功能基团。原则上，亲和色谱可用于任何有专一性亲和力的物质，因此配体的种类是形形色色的。配体须具备两个基本条件：①与被纯化的物质有强的亲和力；②有与基质共价结合的基团。

当用小分子化合物作为配体时，由于空间位阻作用，配体可能难以与配对的大分子亲和，通常在载体与配体之间引入适当长度的连接臂（space arm）。要使不溶性载体与配体偶联或通过连接臂与配体偶联，都必须首先使载体活化，即通过某种方法（如溴化氰法、叠氮法等）使载体引入某一活泼的基团，才能以共价键与配体偶联。

在进行亲和色谱分离前，首先要根据预分离的酶的特性，选择与之配对的分子作为配体，然后根据配体分子的大小及所含基团的特性选择适宜的偶联凝胶作为载体，再在一定条件下，使配体与载体偶联结合，即可作为亲和色谱分离剂使用。亲和色谱分离剂制备好后，装进色谱柱。当酶液流经亲和色谱柱时，酶与其配体结合，留在柱内，而其他杂质不与配体结合，可洗涤流出。然后用洗脱剂将酶洗脱出来，达到分离纯化的目的。洗脱时要选择好洗脱剂及洗脱条件，使原已亲和吸附在配体上的酶不受损害地洗脱下来。在酶的亲和色谱分离过程中，为了防止酶变性失活，并使亲和色谱分离剂免受损害，一般在低温（0～10℃）条件下进行操作。

亲和色谱分离法的突出优点是分辨率高、收率高，而且有时只经亲和色谱分离一步纯化过程就可从酶的粗提液中获得较高纯度的酶。亲和色谱分离不仅可把具有活性的成分与其失活状态的成分分开，亦能从较纯的样品中除去通常方法难以除去的少量杂质。按配体专一性的强弱，可将亲和色谱分离分为特异性配体亲和色谱分离和通用性配体亲和色谱分离两类。前者的配体专一性很强，如免疫亲和色谱分离等。后者的配体专一性相对弱些，如染料配体亲和色谱分离、金属螯合亲和色谱分离等。

亲和色谱分离是一种专一性很强的分离方法，然而实际应用时也会出现一些非特异性的吸附作用。这种非特异性的吸附作用可能来自被分离物质与亲和吸附剂中非配体的相互作用，也可能是因使用连接臂而引进的疏水作用或因偶联而引进的电荷（如溴化氰活化琼脂糖时引进了正电荷）等。因此，在使用亲和色谱分离时，应尽可能地减少或消除各种非特异的效应。

5.5 酶的浓缩、结晶与保存

5.5.1 酶的浓缩

一般来说，发酵液中酶蛋白浓度较低，需要进一步浓缩后才能进行提取。浓缩的作用有两个：一是减少盐析剂的用量，若酶液以有机溶剂沉淀，则可节省大量有机溶剂；二是可以减少压滤后的废水量，从而减轻其对周围环境的污染。常用的浓缩方法有真空浓缩、冷冻浓缩和超滤浓缩。真空浓缩的装置有刮板薄膜蒸发器和升膜式蒸发器，超滤浓缩的装置有管式过滤器和中空式纤维过滤器。澄清的酶液可通过真空蒸发或超滤进行浓缩。为防止酶失活，蒸发的温度要维持在 35℃ 以下。超滤和反渗透是酶工业新近采用的技术。超滤的工作原理是通过液压迫使溶液透过超滤膜，使大分子的酶分子截留在膜腔内，而小分子的水则透过膜到另一侧，达到酶液浓缩的目的。

5.5.2 酶的结晶与干燥

5.5.2.1 酶的结晶

结晶是溶质以晶体形式从溶液中析出的过程。酶的结晶是酶分离纯化的一种手段。它不仅为酶的结构与功能等的研究提供了适宜的样品，而且为较高纯度的酶的获得和应用创造了条件。

酶在结晶之前，酶液必须经过纯化达到一定的纯度，如果酶液纯度太低，则不能进行结晶。通常酶的纯度应在 50% 以上方能进行结晶。总的趋势是酶的纯度越高，越容易进行结晶。但要说明的是，不同的酶对结晶时的纯度要求不同，有些酶在纯度达到 50% 时就可能结晶，而有些酶在纯度很高的条件下也无法析出结晶。所以酶的结晶并非达到绝对纯化，只是达到相当的纯度而已。为了获得更纯的酶，一般要经过多次重结晶。每经过一次重结晶，酶的纯度就有一定的提高，直至恒定为止。

酶在结晶时，酶液应达到一定的浓度，浓度过低则无法析出结晶。一般说来，酶的浓度越高，越容易结晶。但是浓度过高时，会形成许多小晶核，使结晶小，不易长大。所以结晶时酶液浓度应当控制在介稳区，即酶浓度处于稍微过饱和的状态。此外，在结晶过程中还要控制好温度、pH、离子强度等结晶条件，才能得到结构完整、大小均一的晶体。

酶结晶的方法很多，主要的方法如下。

（1）盐析结晶法

盐析结晶法是指在适当的温度和 pH 等条件下，于接近饱和的酶液中缓慢增加某种中性盐的浓度，使酶的溶解度慢慢降低，达到稍微过饱和状态，从而析出酶晶体的过程。盐析结晶通常采用的中性盐是硫酸铵，有时也采用硫酸钠等其他中性盐。盐析结晶时，一般是把饱和盐溶液慢慢滴加到浓酶液中，在稍微呈现混浊时，让其在一定温度条件下放置一段时间，慢慢析出结晶，再缓慢而又均匀地补加少量饱和盐溶液，直至结晶完全。

盐析结晶还可以采用抽提法，即将酶液先经过硫酸铵盐析得到酶的沉淀，再用较高饱和度的冰冷的硫酸铵溶液抽提，使一部分酶溶解，分离得到的上清液在室温下放置一段时间，慢慢析出酶结晶。剩下的沉淀依次用较低饱和度的冰冷的硫酸铵溶液抽提。由于低温时酶在硫酸铵溶液中的溶解度较高，温度升高时酶的溶解度降低，所以用冰冷的硫酸铵溶液抽提后，抽提液在室温下放置时，随着温度的升高，会慢慢析出结晶。抽提时所用的硫酸铵溶液的饱和度应根据该酶在盐析沉淀时的饱和度决定。首次抽提所使用的硫酸铵溶液的饱和度应稍高于酶盐析沉淀时硫酸铵饱和度的上限。例如，某种酶在 $45\%\sim60\%$ 饱和度的硫酸铵溶液中盐析沉淀，则抽提时所使用的硫酸铵饱和度依次为 65%、61%、58%、55%、52%等。

（2）有机溶剂结晶法

有机溶剂结晶法是在接近饱和的酶液中慢慢加入某种有机溶剂，使酶的溶解度降低，析出酶晶体的过程。在有机溶剂结晶的过程中，首先要将经过纯化的酶液浓缩至接近饱和状态，将酶液的 pH 调节到酶稳定性较好的范围，用冰浴将酶液降温至 0℃ 左右；然后，一边搅拌一边慢慢加入有机溶剂，当酶液稍微出现混浊时，将其在冰箱中放置 $1\sim2h$，离心除去沉淀；再将上清液置于冰箱中，让其慢慢析出结晶。常用的有机溶剂有乙醇、丙酮、丁醇、甲醇、异丙醇、甲基戊二醇等，如 L-天冬酰胺酶采用加入甲基戊二醇的方法进行结晶。

有机溶剂结晶法的优点是含盐量少且结晶时间较短，但操作要在低温条件下进行，以免引起酶的变性失活。

（3）透析平衡结晶法

透析平衡结晶法是将酶液装进透析袋，对一定浓度的盐溶液进行透析，使酶液逐步达到过饱和状态而析出结晶的过程。透析平衡结晶之前，酶液需要经过纯化达到一定的纯度，并要浓缩到一定浓度，以减少透析时间。透析平衡结晶可以用于少量样品的结晶，也可以用于大量样品的结晶，是常用的结晶方法之一。

（4）等电点结晶法

等电点结晶法是通过缓慢改变浓酶液的 pH 使其逐渐达到酶的等电点，从而使酶析出结晶的过程。在结晶过程中，调节酶液的 pH 一定要缓慢而且均匀，以免引起局部过酸或者过碱而影响结晶。为了取得较好的结晶效果，可以采用透析平衡等电点结晶法或气相扩散等电点结晶法，使酶液的 pH 慢慢接近其等电点而得到酶的结晶。

透析平衡等电点结晶法是将浓酶液装在透析袋中，对一定 pH 的缓冲溶液进行透析，使酶液的 pH 慢慢改变，逐渐接近酶的等电点，而使酶析出结晶。气相扩散等电点结晶法是将酶液装在容器中，与装有挥发性酸（如乙酸、干冰等）或挥发性碱（如氨水等）的容器一起置于一个较大的密闭容器中，挥发性酸或挥发性碱先挥发到气相中，再慢慢溶解到酶液中，使酶液的 pH 慢慢接近酶的等电点而使酶析出结晶。

除了上述结晶方法以外，还可以采用温度差结晶法、金属离子复合结晶法等方法进行酶的结晶。温度差结晶法是利用酶在不同的温度条件下溶解度不同的特性，通过改变温度使酶的浓度达到过饱和状态而析出结晶。金属离子复合结晶法是在酶液中加进某些金属离子，使其与酶结合生成复合物而析出结晶。

5.5.2.2　酶的干燥

干燥是将固体、半固体或浓缩液中的水分或其他溶剂除去一部分，以获得含水分较少的固体物质的过程。物质经过干燥以后，可以提高产品的稳定性，有利于产品的保存、运输和使用。干燥过程中，溶剂首先从物料的表面蒸发，随后物料内部的水分子扩散到物料表面继续蒸发。因此，干燥速率与蒸发表面积成正比，增大蒸发面积可以显著提高蒸发速率。此外，在不影响物料稳定性的前提下，适当升高温度、降低压力、加快空气流通等都可以提高干燥速度。然而，干燥速度并非越快越好，而是要控制在一定的范围内。因为干燥速度过快时，表面水分会迅速蒸发，可能使物料表面黏结形成一层硬壳，妨碍内部水分子扩散到表面，反而影响蒸发效果。

在固体酶制剂的生产过程中，为了提高酶的稳定性，便于其保存、运输和使用，一般都必须进行干燥。常用的干燥方法有真空干燥、冷冻干燥、喷雾干燥、气流干燥和吸附干燥等。

（1）真空干燥

真空干燥是在与真空系统相连接的密闭干燥器中，一边抽真空一边加热，使酶液在较低的温度条件下蒸发干燥的过程。在真空泵之前需要设置水蒸气凝结收集器，以免汽化产生的水蒸气进入真空泵。酶液真空干燥的温度一般控制在 60℃ 以下。

（2）冷冻干燥

冷冻干燥是一种先将酶液降温到冰点以下，使其冻结成固态，然后在低温下抽真空，使冰直接升华为气体，从而得到干燥的酶制剂的方法。冷冻干燥得到的酶质量较高，结构保持完整，活力损失少，但是成本较高。冷冻干燥特别适用于干燥对热非常敏感且价值较高的酶类。

（3）喷雾干燥

喷雾干燥是通过喷雾装置将酶液喷成直径仅为几十微米的雾滴，分散于热气流中，使水分迅速蒸发，从而得到粉末状的干燥酶制剂。喷雾干燥由于酶液分散成为雾滴，直径小，表面积大，水分蒸发迅速，只需几秒钟就可以达到干燥。在干燥过程中，由于水分迅速蒸发，吸收大量热量，使雾滴及其周围的空气温度比气流进口处的温度低，只要控制好气流进口温度，就可以减少酶在干燥过程中的变性失活。

（4）气流干燥

气流干燥是在常压条件下，利用热气流直接与固体或半固体的物料接触，使物料中的水分蒸发而得到干燥制品的过程。气流干燥设备简单且操作方便，但是干燥时间较长，酶活力损失较大。气流干燥需要控制好气流温度、气流速度和气流流向，同时要经常翻动物料，使之干燥均匀。

（5）吸附干燥

吸附干燥是一种在密闭的容器中用各种干燥剂吸收物料中的水分，达到干燥目的的方法。常用的吸附剂有硅胶、无水氯化钙、氧化钙、无水硫酸钙、五氧化二磷以及各种铝硅酸盐的结晶等，可以根据需要选择使用。

5.5.3　酶的剂型与保存

为适应各种需要，并考虑到经济和应用效果，酶制剂常采用以下四种剂型进行保存。

5.5.3.1　液体酶制剂

液体酶制剂包括稀酶液和浓缩酶液。其制备过程通常是在除去菌体等杂质后，不再纯化而直接制成或加以浓缩。该剂型比较经济，但不稳定，需要添加稳定剂后才能出厂，而且成分复杂，只适用于就近的某些工业部门直接应用。

5.5.3.2　固体粗酶制剂

固体粗酶制剂便于运输和短期保存，成本也不高。固体粗酶制剂有的是发酵液经过杀菌后直接浓缩干燥制成；有的是发酵液滤去菌体后喷雾干燥制成；有的则加有淀粉等填充料；也有的是把发酵液或抽提液除去杂质，并经初步纯化后制成，如用于洗涤剂、药物等生产的酶制剂。用于加工或生产某种产品的制剂，必须去掉其中起干扰作用的杂酶，否则会影响产品质量。

5.5.3.3　纯酶制剂

纯酶制剂包括结晶酶在内，通常用作分析试剂或用作医疗药物，要求有较高的纯度。用作分析工具酶时，除了要求没有干扰作用的杂酶存在外，还要求单位重量的酶制剂中酶活性达到一定数值。用作基因工程的工具酶则要求不含非专一性的核酸酶，或完全不含核酸酶。作为蛋白质结构分析对象的酶必须"绝对地"纯净，而注射用的医用酶则应设法除去热源类物质。

5.5.3.4　固定化酶制剂

获得酶制剂后，进一步的问题是如何提高酶的稳定性，延长其有效期。影响酶的稳定性的因素主要有：温度、pH、缓冲液、酶浓度和氧等。为了保证酶有较高的稳定性，通常将酶制剂固定化，以提高酶的稳定性，延长酶的保存时间。

5.6　典型的酶分离工程工艺及工业应用

5.6.1　淀粉酶的分离工艺

α-淀粉酶广泛分布于动物、植物和微生物中，能够水解淀粉产生糊精、麦芽糖、低聚糖和葡萄糖等，是工业生产中应用最为广泛的酶制剂之一。目前，α-淀粉酶已广泛应用于变性淀粉及淀粉糖、焙烤工业、啤酒酿造、酒精工业、发酵以及纺织等许多行业。

高纯度 α-淀粉酶是一种重要的水解淀粉类酶制剂，可用于研究酶反应机理和测定生化反应平衡常数等。分离纯化 α-淀粉酶的方法很多，一般都是依据酶分子的大小、形状、电荷性质、溶解度、稳定性、专一性结合位点等性质建立的。要得到高纯度 α-淀粉酶，往往需要将各种方法联合使用。盐析沉淀、凝胶过滤色谱分离、离子交换色谱分离、疏水作用色谱分离、亲和色谱分离和电泳等都是蛋白质分离纯化的主要方法。通过超滤、浓缩、脱盐和聚丙烯酰胺垂直板凝胶电泳等方法，对利用基因工程菌生产的重组超耐热耐酸性 α-淀粉酶进行纯化，可以得到电泳纯级的超耐热耐酸 α-淀粉酶。

但上述方法存在的共同问题是，连续操作和规模放大都比较困难。反胶团萃取具有选择性高、正萃与反萃可同时进行、分离与浓缩同步进行、操作简单和易于放大等优点，并能有效防止生物分子变性失活。例如，以 CTAB/正丁醇/异辛烷构成反胶团系统，通过反胶团萃取方式纯化精制 α-淀粉酶。

双水相技术具有处理容量大、能耗低、易连续化操作和工程放大等优点。应用双水相系统聚乙二醇（PEG）/磷酸盐分离纯化 α-淀粉酶时，增加 PEG 浓度有助于酶富集在上相。同样也可用 PEG/磷酸盐双水相体系从发酵液中直接萃取分离低温 α-淀粉酶。双水相技术有着溶液黏度高、分相时间长，易造成界面乳化等缺点，给实际操作带来了很多问题。

为了获得高纯度的 α-淀粉酶，早期人们利用软基质的离子交换色谱和亲和色谱分离纯化 α-淀粉酶的粗酶提取液。但是，软基质色谱介质的机械强度小，受压易变形，分析速度慢，分离效率低，柱寿命短，固定相对 pH、离子强度和压力非常敏感，反复使用时配体碎片容易脱落。由于以上缺点，软基质色谱有逐渐被硬基质色谱取代的趋势。

5.6.2 蛋白酶的分离工艺

蛋白酶是一类能够对蛋白质进行水解的酶，其在生物体内起着重要的调节和催化作用。蛋白酶的分离纯化是研究蛋白酶的功能和特性的基础，也是生物医学研究和工业应用的重要环节之一。蛋白酶的分离纯化的原理主要是基于蛋白酶的特性以及其与其他分子间的相互作用。下面将从多个方面详细讨论蛋白酶的分离纯化原理。

① 选择性沉淀　蛋白酶的分离纯化常常以选择性沉淀为起点。选择性沉淀通过改变蛋白酶溶液的 pH 值、温度和添加特定试剂或溶剂等方法，使蛋白酶发生变性、沉淀或与其他蛋白质结合，利用这些特性差异实现蛋白酶的分离。例如，可以通过调节溶液 pH 值使蛋白酶发生电荷改变，导致其溶液中的部分蛋白酶发生离子态变化而沉淀出来。此外，还可以利用特定的有机溶剂如乙醇、异丙醇或氯仿等，将蛋白酶从溶液中沉淀出来。

② 胶束色谱分离　胶束色谱分离是一种常用的蛋白酶分离纯化方法，其原理是根据蛋白酶与胶束的亲和性差异实现分离。胶束色谱分离常使用表面活性剂如 SDS（十二烷基硫酸钠）或聚乙烯吡咯烷酮（PVP）等形成胶束，利用胶束与蛋白酶形成复合物，通过调节胶束与蛋白酶之间的亲和力，实现蛋白酶的分离。例如，可以通过改变溶液中 SDS 的浓度，控制蛋白酶与 SDS 之间的作用力，从而实现不同蛋白酶的分离。

③ 电泳分离　电泳是一种利用电场将蛋白质分离的方法，通过对蛋白酶溶液进行电泳，可以根据蛋白酶的电荷、大小和形状的差异实现蛋白酶的分离。电泳分离常用的方法有凝胶电泳和等电点聚焦电泳。在凝胶电泳中，蛋白酶在电场中迁移，根据蛋白质的分子量和电荷差异，将蛋白酶从溶液中分离出来。在等电点聚焦电泳中，蛋白酶在具有梯度 pH 值的凝胶中迁移，直到达到等电点位置停止迁移，实现蛋白酶的分离。

④ 亲和色谱分离　亲和色谱分离是一种基于蛋白质与亲和配体之间高度特异性结合作用实现蛋白质的富集和纯化的方法。蛋白酶亲和色谱分离可以利用蛋白酶与特定亲

和配体的结合实现蛋白酶的富集和分离。常见的亲和配体有抗体、亲和柱和亲和分子等。例如，可以制备针对特定蛋白酶的抗体，将其固定在柱上，然后将蛋白酶溶液通过柱中，通过蛋白酶与抗体的特异性结合，将蛋白酶从溶液中分离出来。

⑤ 色谱分离技术　色谱分离技术是一种通过利用分子在固相材料上的亲和力和亲和性差异来实现分离和纯化的方法。常见的色谱分离技术有凝胶色谱分离、离子交换色谱分离、凝胶过滤色谱分离等。这些色谱分离技术可以根据蛋白质的大小、形状、电荷、亲和力等特性，选择合适的固相材料和溶液条件，实现蛋白酶的富集和分离。例如，离子交换色谱分离可以通过蛋白酶与离子交换树脂的亲和力差异，选择性地将蛋白酶从溶液中吸附和洗脱出来，实现蛋白酶的分离纯化。

综上所述，蛋白酶的分离纯化原理可以通过选择性沉淀、胶束色谱分离、电泳分离、亲和色谱分离和色谱分离技术等多种方法来实现。这些方法可以根据蛋白酶的特性和与其他分子间的相互作用差异，选择合适的操作条件，实现蛋白酶的分离纯化。这些方法的选择和组合可以根据具体的实验要求和蛋白酶的特性进行调整，以达到高效纯化的目的。

思考题

1. 细胞破碎的方法主要有哪些？各有何特点？
2. 试述酶提取的主要方法。
3. 写出胞内酶分离纯化的一般过程。
4. 论述离子交换色谱分离、疏水作用色谱分离、凝胶过滤和亲和色谱分离进行酶分离纯化的工作原理及操作过程。
5. 酶结晶的主要方法有哪些？

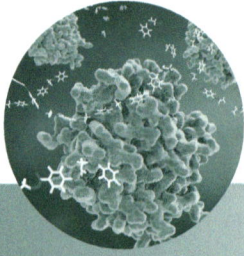

第6章

酶的固定化

6.1 酶固定化技术

固定化酶的研究历史可以追溯到1916年，Nelson和Griffin首次将酵母中提取出来的蔗糖酶吸附在骨炭粉上，并发现吸附后的酶仍然显示出和游离酶相同的催化活性。但是这一发现并没有引起人们的重视，直到1953年，德国Grubhofer和Schleith开始了系统的酶固定化研究，他们采用聚氨基苯乙烯树脂为载体，经重氮化法活化后，分别与羧肽酶、淀粉酶、胃蛋白酶、核糖核酸酶等结合，制成固定化酶，并对其进行了表征。到20世纪60年代，以Katchalski教授为首的以色列魏茨曼科学研究所（Weizmann Institute of Science）对酶的固定化方法以及固定化酶的性质进行了大量的研究，推动了固定化酶技术的发展。1969年，日本的千畑一郎首次将固定化氨基酰化酶应用于工业生产规模中，从DL-氨基酸连续生产L-氨基酸，实现了酶应用史上的一大变革，从而开创了固定化酶应用的新纪元。

6.1.1 酶固定化技术概述

酶的固定化最初是将水溶性酶与水不溶性载体结合起来，获得不溶于水的酶衍生物，所以曾被称作"水不溶酶"或"固相酶"。但是后来人们发现，将酶包埋在凝胶内或置于超滤装置中时，小分子反应底物或产物可以自由地出入，而酶虽然仍处于溶解状态，却被限制在一个有限的空间内不能自由移动，在这种情况下，用"水不溶酶"或"固相酶"的名称就不恰当了。在1971年第一届国际酶工程会议上，正式建议采用"固定化酶"（immobilized enzyme）的名称。并且在该次会议上，将酶粗略分为天然酶和修饰酶两大类，其中固定化酶属于修饰酶的范畴。

从固定化酶的发展来看，所谓的固定化酶，是指经过一定技术处理后，在一定空间内呈闭锁状态存在的酶制剂，能连续地催化反应且反应后的酶制剂可以回收重复使用。不管用何种方法制备的固定化酶，都应该满足上述固定化酶的定义。例如，将一种不能透过高分子化合物的半透膜置入容器内，并加入酶及高分子底物，使之进行酶反应，小分子产物可以连续不断地透过滤膜，而酶因其不能透过滤膜而被截留，可以重复使用，这里的酶实质上是一种固定化的酶。

与游离态酶相比，固定化酶的主要优点是可长期保留在反应器内通过再生反复使用。固定化酶易实现连续化生产；易与产物分离，避免了对产物的污染，简化了产物分离工艺；具有较高的酶浓度，有助于提高反应器的体积产率；大多数固定化酶的稳定性有所提高。

固定化酶的不足之处：酶固定化后，其活力有所下降；增加了固定化酶制备的成本；对大分子或不溶性物较难以适用；反应受到传质速率的限制。

6.1.2　酶的固定化技术比较

固定化酶是指固定在载体上（或者酶之间交联）并在一定的空间范围内进行催化反应的酶。在固定化酶的研究制备过程中，起初都是采用经提取和分离纯化后的酶进行固定。酶固定化技术种类多种多样，主要有吸附、包埋、结合、交联固定化技术和热处理固定化技术等（图 6-1）。随着固定化技术的发展，这些技术除了可以用于固定化酶的制备以外，有些还可以用于细胞及原生质体的固定化。以下简要介绍主要的固定化酶的制备技术。

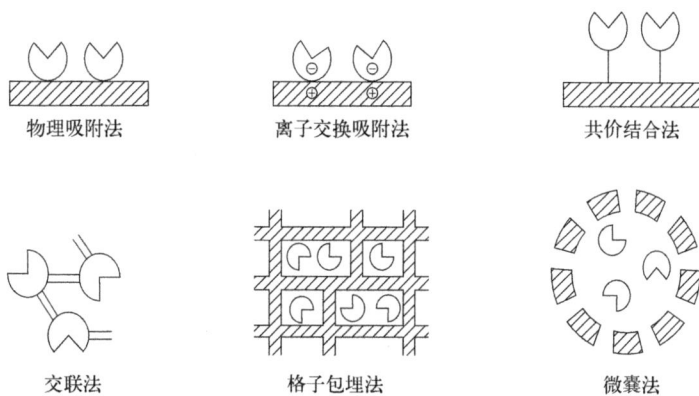

图 6-1　酶的固定化技术

6.1.2.1　吸附固定化技术

吸附法是通过大量的氢键、疏水作用、离子键等非共价相互作用，将酶固定于水不溶载体表面的固定化方法，是酶固定化最简单的一种方法。根据吸附作用力的差异，吸附法可以分为物理吸附法、离子交换吸附法和生物特异性吸附法。

（1）物理吸附法

物理吸附法中酶与载体之间的亲和力主要是范德华力、氢键、疏水作用。常用的载体可以分为有机载体和无机载体两大类。

① 有机载体　有机载体有纤维素、骨胶原、火棉胶、面筋及淀粉等。例如，用纤维素、膨润的玻璃纸或胶棉膜吸附固定化木瓜蛋白酶、碱性磷酸酶、葡萄糖-6-磷酸脱氢酶。

② 无机载体　无机载体有氧化铅、硅皂土、高岭土、微孔玻璃、二氧化钛等。例如，以微孔玻璃为载体吸附固定化米曲霉和枯草杆菌的 α-淀粉酶及黑曲霉的糖化酶，用高浓度的底物进行连续反应，其半衰期分别为 14d、35d、60d。无机载体的吸附容量较低，而且酶容易在使用中出现脱落。

无机吸附剂的吸附容量一般很低，常小于 1mg 蛋白/g 吸附剂，少数情况下，如氧化钛包被的不锈钢粒（直径 $100\sim200\mu m$）吸附产 β-半乳糖苷酶可达 17mg 蛋白/g 吸附剂。有机吸附剂的吸附容量通常高一些，例如，胶棉膜对木瓜蛋白酶、碱性磷酸酶以及葡萄糖-6-磷酸脱氢酶的吸附容量可达 70mg 蛋白/cm^2 膜。无机吸附剂的另一个缺点是常易使某些酶发生吸附变性，而有机吸附剂一般不会产生这种情况。

由于纳米技术的快速发展，近些年逐渐出现以纳米材料作为酶吸附的载体。有机类的纳米材料有聚乙烯醇、聚砜纳米纤维、聚苯乙烯等，无机类的纳米材料有金纳米颗粒、碳纳米管、石墨烯等。纳米材料通常具有比表面积大、生物相容性好等特点，但作为酶固定化载体通常也具有难于分离、易产生团聚等缺点。

物理吸附法制备固定化酶操作简单，可充分利用不同形状的载体，吸附过程可以同时纯化酶，固定化酶在使用过程失活后，载体可以回收再利用。物理吸附法中载体对酶的吸附量与给酶量、吸附时间、pH、表面积及酶的特性密切相关。一般情况下，在一定范围内随着给酶量的增加吸附量也会增加，当增加到一定程度时会出现饱和。

（2）离子交换吸附法

离子交换吸附法是通过离子效应，将酶分子固定到含有离子交换基团的固相载体上的固定化方法。用离子键结合法进行酶固定化，条件温和，操作简便。该方法只需在一定的 pH、温度和离子强度等条件下，将酶液与载体混合搅拌数小时，或者将酶液缓慢地流过处理好的离子交换柱就可使酶结合在离子交换剂上，制备得到固定化酶。常用的载体有阴离子交换介质，如二乙基氨基乙基（DEAE）-纤维素、四乙基氨基乙基（TE-AE）-纤维素、DEAE-葡聚糖凝胶等；阳离子交换介质，如羧甲基（CM）-纤维素、纤维素柠檬酸盐、Amberlite CG-50、IRC-50、IR-200、Dowex-50 等。离子交换剂的吸附容量一般大于物理吸附剂，通常为 $50\sim150$mg 蛋白/g 载体。L-氨基酸生产中利用的米曲霉氨基酰化酶是第一个工业化的固定化酶，其等电点约为 4.1，采用阴离子交换介质 DEAE-Sephadex A-25 进行固定化。具体的固定化过程如下：由于氨基酰化酶在 pH 7.0 的条件下带负电荷，将预先用 pH 7.0、0.1mol/L 磷酸缓冲液平衡的 DEAE-Sephadex A-25 凝胶，在 35℃条件下与一定量的氨基酰化酶水溶液一起搅拌 10h，过滤后，得到 DEAE-Sephadex A-25-酶复合物，再用缓冲液洗去未结合的氨基酰化酶，得到固定化酶，固定化酶可用于乙酰-DL-氨基酸的拆分，实现 L-氨基酸生产。此外，DEAE-纤维素吸附的 α-淀粉酶、蔗糖酶也已做成商品固定化酶。

用离子键结合法制备的固定化酶，活力损失较少。但由于通过离子键结合，结合力较弱，酶与载体的结合不牢固，在 pH 和离子强度等条件改变时，酶容易脱落。所以用离子键结合法制备的固定化酶，在使用时一定要严格控制好 pH、离子强度和温度等操作条件。

（3）生物特异性吸附法

生物特异性吸附法是依据互补生物分子间的亲和作用而将酶间接固定在载体上，利用酶与它的抗体的特异性结合实现酶的固定化。该方法首先将抗体连接在载体上，然后再将抗体和酶进行亲和连接；或者先将一个与抗体结合能力很强的蛋白如蛋白 A 或蛋白 G 固定在载体上，然后将抗体和此蛋白连接，最后将酶与抗体进行亲和连接，实现酶的固定化。例如，羧肽酶 A（CPA）和它的抗体形成复合物的亲和力高，可以利用抗体使羧肽酶 A 定向固定化在载体上。还可以利用糖蛋白糖基实现特异吸附固定化，凝集素是一类糖结合专一性的蛋白质，可以利用该特性及一些酶分子上的特定糖结构来进行固定化。例如，菠萝蛋白酶是一种糖蛋白，利用此糖蛋白对凝集素刀豆球蛋白结合的专一性，可以将菠萝蛋白酶定向固定在溴化氰（CNBr）活化的琼脂糖凝胶 4B（Sepharose 4B）载体上。

提高吸附容量和酶与载体间的吸附力有以下几种途径：

① 控制好吸附与操作条件　包括选择大吸附容量的载体；合理地控制酶量与载体量，适当地提高酶蛋白浓度；将载体进行一定的分散处理；处理好吸附容量与流体力学间的关系；同时在整个吸附与使用过程中使用适宜的 pH、温度和底物浓度以及较低的离子强度。

② 开发新的载体　N-烃基琼脂糖衍生物能强力地吸附等电点处于酸性区的酶，结合牢固程度甚至可经受 1mol/L NaCl 的洗脱，因为这种吸附是借助静电力和疏水键等多种力协同发挥作用的。亲和吸附剂刀豆球蛋白 A（ConA）-葡聚糖能专一性地强力吸附糖蛋白。

③ 根据载体性质对酶进行适当的化学修饰　胰蛋白酶、胰凝乳蛋白酶等可先和丙烯酸与顺丁烯二酸的水溶性共聚物进行共价偶联；淀粉葡萄糖苷酶可先和乙烯与顺丁烯二酸酐的水溶性共聚物进行共价偶联。这样修饰后可得到酶的多聚阴离子衍生物，随后，再用 DEAE-纤维素或 DEAE-葡聚糖进行吸附，其结合力可大大增强，不仅吸附容量显著升高，而且相当稳定，使用寿命也显著延长。如其中的淀粉葡萄糖苷酶连续使用三个星期活性都没有明显改变。

6.1.2.2　共价结合法

酶分子与载体之间以共价键作用而实现结合的固定化方法称为共价结合法。该方法是通过分子表面的功能基团与载体表面的功能基团发生化学反应形成共价键的一种固定化方法，是应用最多的固定化方法之一。

共价结合法中酶与载体的结合非常牢固，一般不会因为底物浓度过高或离子强度过高而发生脱落。但该方法反应条件苛刻、操作复杂，且由于反应比较剧烈，酶易发生高级结构的变化使酶失活，酶活力回收率较低，有时会使酶的底物专一性发生改变。同时，制备步骤也比较烦琐。共价结合法需要酶分子和载体分子提供活性基团参与共价键的形成，因此酶分子的反应基团和载体的选择对于固定化方法的选择有决定性作用。性能优良载体的设计与制备是固定化酶技术的重要研究内容之一。

随着载体材料研究的深入，固定化酶应用的领域也在不断拓展。例如，纳米材料，其具有良好的生物相容性、较大的比表面积、较小的颗粒直径、较低的扩散限制以及高的载酶量等优点，近些年已成为酶固定化的新型载体形式，使固定化酶在生物医学、生物工程等领域的应用得到了扩展。共价结合法中固定化载体的选择直接影响到固定化酶的性质及偶联方法的选择。载体选择除了要考虑固定化酶的特点外，还需要考虑载体的颗粒大小、表面积、亲水性和化学组成等因素。对载体一般有以下基本要求：①一般情况下尽量选择亲水性强的载体，如纤维素、几丁质、壳聚糖、葡聚糖、琼脂糖和聚丙烯酰胺凝胶等。亲水载体在蛋白质结合量和固定化酶活力及其稳定性上都优于疏水载体。②载体结构疏松，表面积大同时有一定的机械强度。③载体必须有在温和条件下与酶共价结合的功能基团。④载体没有或很少有非专一性吸附。⑤载体容易获得，并能反复使用。

酶分子中可以形成共价键的基团主要有游离氨基、游离羧基、半胱氨酸的巯基、组氨酸的咪唑基、酪氨酸的酚基，以及丝氨酸和苏氨酸的羟基等。要使载体与酶形成共价键，必须首先使载体活化，即借助某种方法，在载体上引进一活泼基团。然后此活泼基团再与酶分子上的某一基团反应，形成共价键。应该注意的是，参加和载体共价结合的基团必须不是活性中心的基团，也不是参与维持酶蛋白空间结构的必需基团，否则容易导致酶活损失甚至完全丧失。

使用共价结合法的方法很多，根据酶和载体之间所发生的反应性质，可分为重氮法、叠氮法、溴化氰法和烷基化法等。

（1）重氮法

将含有苯氨基的不溶性载体与亚硝酸反应，生成重氮盐衍生物，使载体引进了活泼的重氮基团，此衍生物与酶蛋白分子中酪氨酸的酚基或组氨酸的咪唑基发生偶联反应，从而制备固定化酶。重氮法中常用的载体除了对氨基苯甲基纤维素外，还有氨基苯甲醚纤维素、氨基苯甲基甲氧基纤维素、氨基苯纤维素、聚氨基聚苯乙烯、共聚氨基酸以及含氨基的离子交换树脂、硅烷-多孔玻璃等。其中，对氨基苯甲基纤维素使用最多，其与亚硝酸反应如下：

$$R-O-CH_2-\!\!\!\!\!\bigcirc\!\!\!\!\!-NH_2 + HNO_2 \xrightarrow{0℃} R-O-CH_2-\!\!\!\!\!\bigcirc\!\!\!\!\!-\overset{+}{N}\!\!\equiv\!\!N + H_2O$$

对氨基苯甲基纤维   苯甲基纤维素的重氮盐衍生物

亚硝酸可由亚硝酸钠和盐酸反应生成：

$$NaNO_2 + HCl \rightleftharpoons HNO_2 + NaCl$$

载体活化后，活泼的重氮基团可与酶分子中的酚基或咪唑基发生偶联反应而制得固定化酶：

$$R-O-CH_2-\!\!\!\!\!\bigcirc\!\!\!\!\!-\overset{+}{N}\!\!\equiv\!\!N + Ⓔ \longrightarrow R-O-CH_2-\!\!\!\!\!\bigcirc\!\!\!\!\!-N\!\!=\!\!N-Ⓔ$$

（2）叠氮法

含有酰肼基团的载体可用亚硝酸活化，生成叠氮化合物。叠氮反应适用于含羟基、羧基、羧甲基等的载体，如羧甲基纤维素、聚糖、聚氨基酸、乙烯-顺丁烯二酸共聚物和 Amberlite 等。叠氮衍生物也和羟基、酚羟基或巯基发生反应。此外，叠氮反应还适用于带酰胺基的载体，如聚丙烯酰胺和聚酰胺等。

（3）溴化氰法

含有羟基的载体，如纤维素、琼脂糖凝胶、葡聚糖凝胶等，可用溴化氰活化生成亚氨基碳酸衍生物：

$$\begin{matrix} R^1-\overset{H}{\underset{H}{C}}-OH \\ R^2-\overset{|}{\underset{|}{C}}-OH \end{matrix} + BrCN \longrightarrow \begin{matrix} R^1-\overset{H}{\underset{H}{C}}-O \\ R^2-\overset{|}{\underset{|}{C}}-O \end{matrix}\!\!C\!\!=\!\!NH + HBr$$

活化载体上的亚氨基碳酸基团在微碱性的条件下，可与酶分子上的氨基发生反应，制备成固定化酶：

$$\begin{matrix} R^1-\overset{H}{\underset{H}{C}}-O \\ R^2-\overset{|}{\underset{|}{C}}-O \end{matrix}\!\!C\!\!=\!\!NH + H_2N-Ⓔ \longrightarrow \begin{matrix} R^1-\overset{H}{\underset{H}{C}}-O-\overset{O}{\overset{\|}{C}}-\overset{H}{\underset{}{N}}-Ⓔ \\ R^2-\overset{|}{\underset{H}{C}}-OH \end{matrix}$$

溴化氰法能在非常温和的条件下与酶蛋白的氨基发生反应，已成为近年来普遍使用的固定化方法，尤其是溴化氰活化的琼脂糖已广泛用于制备固定化酶以及亲和色谱分离的固定化吸附剂。

（4）烷基化法

含羟基的载体可用三氯-均三嗪等多卤代物进行活化，形成含有卤素基团的活化载体：

$$R-OH + HC\underset{N=C}{\overset{N=C}{\underset{Cl}{\overset{Cl}{\bigcirc}}}}N \longrightarrow R-O-C\underset{N=C}{\overset{N=C}{\underset{Cl}{\overset{Cl}{\bigcirc}}}}N + HCl$$

三氯-均三嗪　　　　　活化载体

活化载体上的卤素基团可与酶分子上的氨基、巯基等发生烷基化反应，制备成固定化酶。

下面介绍用溴乙酰溴活化的纤维素与酶的偶联过程。首先将纤维素在二噁烷（dioxane）-溴乙酸中与溴乙酰溴反应，然后用形成的溴乙酰纤维素用于胰蛋白酶、糜蛋白酶和核糖核酸酶的固定化：

$$-OH \xrightarrow[\text{BrCH}_2\text{COOH/二噁烷}]{\text{BrCH}_2\text{COBr}} -OCOCH_2Br \xrightarrow{\text{酶}} -OCOCH_2-酶$$

共价键合法制备的固定化酶，结合很牢固，酶不会脱落，可以连续使用较长时间。但载体活化的操作复杂，比较麻烦，同时由于共价结合时可能影响酶的空间构象从而影响酶的催化活性。现在已有活化载体的商品出售，商品名为偶联凝胶（coupling gel）。偶联凝胶有多种型号，在实际应用时，选择适宜的偶联凝胶，可免去载体活化的步骤而很简便地制备固定化酶。在选择偶联凝胶时，一方面要注意偶联凝胶的特性和使用条件，另一方面，要了解酶的结构特点，避免酶活性中心上的基团被偶联而引起酶失活，也要注意酶在与载体偶联后可能引起酶活性中心的构象变化而影响酶的催化能力。

6.1.2.3　交联法

交联法是一种使用双功能或多功能试剂使酶与酶之间或微生物与微生物细胞之间交联的固定化方法，该法可使酶分子和多功能试剂之间形成共价键，得到三向的交联网架结构。除了酶分子之间发生交联外，还存在着一定的分子内交联。此法与共价键结合法一样也是利用共价键固定酶的，所不同的是交联法不使用载体。参与交联反应的酶蛋白的功能团有 N-末端的氨基、赖氨酸的 ε-氨基、酪氨酸的酚基、半胱氨酸的巯基和组氨酸的咪唑基等。由于酶蛋白的这些功能团参与此反应，所以酶的活性中心结构可能受到影响，而使酶显著失活。

常见的双功能试剂有戊二醛、乙二胺、顺丁烯二酸酐、双偶氮苯等。其中应用最广泛的是戊二醛。戊二醛的两个醛基都可与酶或蛋白质的游离氨基反应，形成席夫（Schiff）碱，而使酶或菌体蛋白交联，制成固定化酶或固定化菌体。使用戊二醛的酶固定化的交联方式如下：

$$m\text{OHC(CH}_2)_3\text{CHO} + n\mathbf{E} \longrightarrow$$

$$\cdots-\underset{H}{C}=N-\mathbf{E}-N=\underset{H}{C}-(CH_2)_3-CH=N-\mathbf{E}-N=CH-\cdots$$

交联法的反应条件比较激烈，固定化的酶活回收率一般较低，但是降低交联剂浓度和缩短反应时间将有利于固定化酶比活力的提高。交联剂一般价格昂贵，单用交联法所得到的固定化酶活力较低，又不易成型，很少单独使用。一般都将其作为其他固定化方法的辅助手段，以达到更好的固定效果。若将此法与吸附法或包埋法联合使用，可以达到加固的良好效果，因此在工业上用途很多。例如，将酶先用凝胶包埋后再用戊二醛交联，或先将酶用硅胶等吸附后再进行交联等。这种固定化方法称为双重固定化法。双重固定化法已在酶和菌体固定化方面广泛采用，可制备出酶活性高、机械强度又好的固定化酶或固定化菌体。

6.1.2.4 包埋法

将酶或含酶微生物包埋在各种多孔载体中，使酶固定化的方法称为包埋法。包埋法是一种不需要化学修饰酶蛋白的氨基酸残基、反应条件温和、很少改变酶结构的固定化方法，是一种比较常用的方法。其基本原理是将单体和酶溶液混合，再借助引发剂进行聚合反应，将酶固定于载体材料的网格中。固定化时保护剂和稳定剂的存在不影响酶的包埋产率。包埋法制备的固定化酶具有吸附容量大、通用性强等特点，还可渗入特定粒子，以增加密度或赋予磁性，因此得到了较为广泛的应用。

包埋法通常采用惰性的载体材料。载体上酶的活性范围很广，它是由结合上去的酶和酶的活力决定的。因此，可以通过调整结合到特定载体上的酶的数量，来调节反应体积和载体之间的平衡。

（1）凝胶包埋法

凝胶包埋法是将酶分子包埋在交联的水不溶凝胶格子中的包埋方法。主要的凝胶包埋法有琼脂凝胶包埋法、海藻酸钙包埋法、聚丙烯酰胺凝胶包埋法、角叉菜胶包埋法、明胶包埋法、光交联树脂包埋法等。

① 聚丙烯酰胺凝胶包埋法　聚丙烯酰胺凝胶包埋法是将一定比例的丙烯酰胺和甲叉双丙烯酰胺溶于水，将一定量的酶液加入上述混合液中，搅拌均匀。随后，加入四甲基乙二胺（TEMED）和过硫酸铵或过硫酸钾，混匀后室温下静置放置，使凝胶聚合完全，再将凝胶切成小块，用生理盐水洗去游离酶即可得到固定化酶。此外，也可以在聚合反应开始时，立即转入疏水性有机溶液中，分散成含酶的珠状凝胶。

聚丙烯酰胺凝胶包埋法的优点是制备过程相对比较简单，酶的活力回收率较高；缺点是酶容易漏失，低分子质量蛋白质表现更为严重，但可以通过增加凝胶的浓度缩小凝胶内部的孔径得到克服。另外，聚丙烯酰胺凝胶包埋法中游离的丙烯酰胺单体具神经毒性，制备成凝胶之后，需清洗干净。

② 海藻酸钙包埋法　海藻酸钠是从海藻中提取获得的藻酸盐，为 D-甘露糖醛酸和古洛糖醛酸的线性共聚物，多价阳离子如 Ca^{2+}、Al^{3+} 可诱导其形成凝胶。海藻酸钙包埋法是一种使用最广、研究最多的包埋固定化方法，它具有固化、成型方便等优点。在海藻酸钠溶液中加入酶液，混合均匀，再加入一定浓度的钙盐溶液后即形成凝胶，但当存在高浓度的 Mg^{2+}、磷酸盐及其他单价金属离子时，形成的海藻酸钙凝胶的结构会受到破坏。此外，由于海藻酸钙凝胶网络的孔隙尺寸太大，酶可能会从网络中泄漏出来，因而，不适于大多数酶的固定化。

③ 琼脂凝胶包埋法　琼脂凝胶包埋法是将一定量的琼脂加到一定体积的水中，加热使之溶解，然后冷却至 48～55℃，加入一定量的酶、细胞或原生质体悬浮液，迅速搅拌均匀后，趁热将混悬液分散在预冷的甲苯或四氯乙烯溶液中，形成球状固定化胶粒，分离后洗净备用。此外，也可将混悬液摊成薄层，待其冷却凝固后，在无菌条件

下，将固定化胶层切成所需的形状。由于琼脂凝胶的机械强度较差，而且氧气、底物和产物的扩散较困难，故其应用受到限制。

④ 角叉菜胶包埋法　角叉菜胶包埋法是将一定量的角叉菜胶悬浮于一定体积的水中，加热溶解并灭菌后，冷却至 35～50℃，与一定量的酶、细胞或原生质体悬浮液混匀，趁热滴到预冷的氯化钾溶液中，或者先滴到冷的植物油中，成型后再置于氯化钾溶液中，制成小球状固定化胶粒。也可按需要制成片状或其他形状。角叉菜胶还可以用钾离子（K^+）以外的其他阳离子，如铵离子（NH_4^+）、钙离子（Ca^{2+}）等，使之凝聚成型。角叉菜胶具有一定的机械强度。若使用浓度较低，强度不够时，可用戊二醛等交联剂再交联处理，进行双重固定化。角叉菜胶包埋法操作简便，对酶、细胞和原生质体无毒害，通透性能较好，是一种良好的固定化载体。自 1977 年以来，在固定化细胞和固定化菌体方面广泛应用。

（2）纤维包埋法

纤维包埋法适用于大规模生产底物，制备时，先把酶溶液在高聚物如醋酸纤维素、聚乙烯等的有机溶剂（二氯甲烷）溶液中进行乳化，然后通过多孔丝头将上述乳化液挤压进入凝结液中，即形成丝状的纤维包埋体，酶即被包埋在纤维束内。该方法对酶有较高的包埋容量，并且对酶包埋牢固。底物通过纤维的孔隙与酶接触，生成的产物扩散出纤维丝。

（3）半透膜包埋法

半透膜包埋法是一种将酶包埋于具有半透性聚合物膜内的固定化方法。半透膜的孔径小于酶分子的直径，可以防止酶与膜外环境直接接触，增加了酶的稳定性。同时，小分子底物能通过膜与酶作用，反应产物经扩散而输出。由于膜孔径的限制，半透膜包埋法只适用于底物和产物都是小分子物质的酶的固定化。

半透膜包埋法制成的固定化酶小球称为微胶囊，其直径一般只有 $1～100\mu m$，表面积与体积之比极大，底物和产物可很快达到扩散平衡。因此，微胶囊包埋法在医学上具有很高的应用价值，如微胶囊法制备的固定化天冬酰胺酶可用于白血病的治疗。微胶囊的制备方法通常有以下几种。

① 界面沉淀法　界面沉淀法是一种利用某些高聚物在水相和有机相的界面上溶解度极低而形成膜，从而将酶包埋的方法。具体操作是将酶液在水不互溶的有机相中乳化，在脂溶性的表面活性剂存在下，乳化形成油包水的微滴，再将溶于有机溶剂的高聚物在搅拌下加入乳化液中，然后加入另一种不能溶解高聚物的有机溶剂。使高聚物在油-水界面上沉淀形成膜，最后移于水相，从而制成固定化酶。高聚物有硝酸纤维素、聚苯乙烯和聚甲基丙烯酸甲酯等。

② 界面聚合法　界面聚合法是一种利用疏水性和亲水性单体在界面上进行聚合，形成半透膜，使酶包埋于半透膜微囊中的方法。该方法制备步骤如下：将酶液与亲水单体（如乙二醇）混合并配制成水溶液，将疏水性单体溶于与水不能混溶的有机溶剂中，将上述两种液体在搅拌条件下混合，加入乳化液进行乳化以形成小液滴，乳化液中的水相和有机相之间的界面上疏水单体与亲水单体之间聚合形成半透膜，再加入非离子型表面活性剂 Tween 20 进行破乳，除去有机溶剂和未聚合的单体，即可实现酶的微胶囊包埋。

③ 液体干燥法　液体干燥法曾用于聚苯乙烯包埋过氧化氢酶、脂肪酶等。它是将

一种聚合物（如乙基纤维素）溶于与水不混溶的有机溶剂（如苯、环己烷或氯仿等）中，加入酶液，加入乳化剂使之乳化，再把它分散于含有保护性胶质如明胶、聚丙烯醇和表面活性剂的水溶液中进行第二次乳化。在不断搅拌下，低温真空除去有机溶剂，即可实现酶的包埋。

④ 脂质体包埋法 脂质体是由人工制备的定向排列的磷脂双分子构成的封闭囊构，广泛用作药物的缓释包裹载体。近年来采用双层脂质体包埋酶，经典的制将脂质溶解在有机溶剂中，然后置于烧瓶中，在30℃恒温水浴中真空旋转蒸发除去有机溶剂，旋转使其在器壁形成一层均匀的薄膜。随后，将酶溶于磷酸盐缓冲液中，加入上述烧瓶中，再加入玻璃球以帮助分散，旋转蒸发直到器壁上的膜完全溶脱而形成均匀的乳白色分散液为止。

包埋法的优点是反应条件温和，一般不需要与酶蛋白的氨基酸残基进行结合反应，很少改变酶的高级结构，而且固定化时保护剂和稳定剂的存在不影响酶的包埋产率，酶活回收率较高，因此该方法可以应用于许多酶、微生物和细胞器的固定化。由于只有小分子可以通过高分子凝胶的网格扩散，并且这种扩散阻力还会导致固定化酶动力学行为的改变，降低酶活力。因此，包埋法的缺点是只适合作用于小分子底物和产物的酶，对那些作用于大分子底物或产物的酶是不适合的。

6.1.3 固定化材料的选择

除分子本身的特性外，载体材料特性也是影响固定化酶活性以及使用寿命的重要因素。载体材料的选择是一个相当复杂的问题，需综合考虑酶的种类、反应介质、反应条件等。不同的载体材料提供了不同的物理化学特性，如孔径大小、亲疏水性等，这些特性在很大程度上影响了酶的固定化效果以及酶的催化活性。在选择合适的载体材料时可以考虑以下因素：①一般来说，载体材料带有能与酶发生反应的官能团，如带有—OH、—COOH、—CHO等反应基团，这可以大大提高载体材料与酶之间的结合力，同时亦可提高固定化酶的操作性和稳定性。②载体材料应具有大的比表面积和多孔结构，因为具有这样结构的载体材料易和酶相交联并可提高固定化率。③载体材料要求是不溶于水的，这不仅可防止酶失活，还可防止酶受到污染。④机械刚性及其稳定性对载体材料是非常重要的性质，由于固定化酶的一个最大的特点是要能重复使用，这就要求载体材料的机械刚性和稳定性都非常好。⑤组成和粒径一般来说，材料的粒径越小，其比表面积就越大，与自由酶固定化程度就越高，固定化率也就越高。⑥对微生物的抵抗性。在长时间的使用中，载体材料必须能防止微生物的降解作用，对微生物抵抗性好的载体材料可以长时间地使用。⑦再使用性对于那些比较昂贵的载体材料尤其重要，如其再使用性能很差，就会提高固定化酶的操作成本。在近几年的研究中，无机材料、金属有机框架（MOF）、磁性纳米材料、聚合物材料等通常被选作载体材料（图6-2）。

6.1.3.1 天然聚合物材料

许多天然聚合物材料（如纤维素、淀粉、琼脂糖、几丁质、壳聚糖等）由于无毒无害且具有良好的生物相容性、生物可降解性、生理惰性、抗菌性等特点备受青睐。其自然来源与生物相容性最大限度地减少了其对酶的结构和特性的负面影响，因此固定的酶能够保持高催化活性。此外，这些材料结构中的反应性官能团（主要是羟基，还有氨基和羰基）使酶和载体之间能够直接反应，并促进其表面的修饰。最重要的是，这些材料

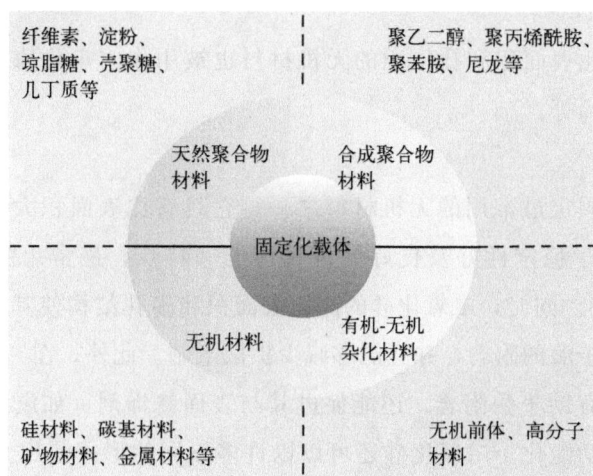

图 6-2　固定化材料

是可再生的，而且来源广泛、价格低廉，从而降低了与固定过程相关的成本。天然聚合物通过吸附和共价结合进行酶的固定，然而，它们具有形成各种几何构型和形成凝胶的倾向，这意味着它们也可以通过包封和包埋进行固定化。纤维素在每个无水葡萄糖单元上都含有三个羟基，通用性强，负载量大，因而被视为理想的载体材料。有研究表明，纤维素固定化酶能够很好地保持酶原有活性，提高酶的稳定性和耐溶剂性。几丁质是继纤维素之后最丰富的天然聚合物，广泛存在于甲壳动物和昆虫的骨骼中，其分子结构中的氨基基团易与蛋白质结合，适合用于酶分子的固定。

6.1.3.2　合成聚合物材料

合成聚合物材料是指通过聚合反应制备得到的一类分子量较大的化合物材料，合成聚合物种类十分丰富，常见的有聚乙二醇、聚丙烯酰胺、聚苯胺、尼龙等，此类材料用作固定化酶的载体可以抵抗微生物的攻击和化学干扰。

合成聚合物材料作为载体材料的最大优点是，可以根据酶的要求和固定化工艺选择制造聚合物链的单体。单体的类型与数量决定了聚合物的化学结构和性质，同时单体的成分对聚合物的溶解度、孔隙度、稳定性和机械性能有强烈影响。聚合物的结构中存在各种化学官能团，包括羰基、羧基、羟基、环氧基、氨基和二醇基团，以及强疏水性烷基。这些基团能有效地促进酶的结合以及聚合物表面的官能化。官能团的类型和数量决定了酶是通过吸附还是通过形成共价键而锚定在载体上，因为在以合成聚合物材料作为载体时，主要发生的是这两种方式的固定。另外，官能团的类型和数量还决定了载体的疏水/亲水特性，进而决定了与酶形成极性或疏水相互作用的能力。通过使用聚合物载体，可以控制载体和酶的间隔长度。较长的间隔可使酶保留较高的构象柔性，而较短的间隔可保护生物分子免于热灭活并减少酶的泄漏。

各种聚合物材料都可以作为有效的载体，并改善固定化酶的性能，如热稳定性和重复使用性。聚合物层在保护酶的活性位点免受反应混合物和工艺条件的不利影响中起着非常重要的作用。然而，具有所需性质和官能团的聚合物的合成通常是耗时且昂贵的过程，虽然聚乙二醇可以用作载体，但研表明其效果远不如聚丙烯酰胺。聚丙烯酰胺吸附在聚乙二醇水凝胶中，不仅可以有效提高其机械强度，而且由于酶分子与聚丙烯酰胺之间共价键的作用，酶的稳定性增强，一周后酶活性依然可以达到初始酶活性的 80%，而聚乙二醇固定化酶两天内就失去了大部分的酶活性。

6.1.3.3 无机材料

一些具有较大比表面积和孔体积的无机材料也被用作固定化酶的载体，如二氧化硅、氧化铝、石墨烯等。

（1）硅材料

二氧化硅是酶固定最常用的无机材料之一。它具有比表面积大（可高达 $1000m^2/g$）、耐热性高、化学稳定性好及良好的机械性能等特点，最常用的二氧化硅材料为 MCM-41 和 SBA-15。同时，二氧化硅的高比表面积和多孔结构使其具有良好的吸附性能。这些特性有利于酶的附着，并且能够减少扩散限制。此外，在二氧化硅表面存在许多羟基基团，不仅有助于酶附着，还能促进其与表面修饰剂（如戊二醛或 3-氨基丙基三乙氧基硅烷）的功能化。二氧化硅还可以以许多不同的形式使用。以溶胶-凝胶二氧化硅、气相二氧化硅、胶体-二氧化硅纳米粒子和硅胶作为载体已固定了许多催化类别的酶，如氧化还原酶、转移酶、水解酶和异构酶。所获得的生物催化体系显示出高的催化活性保留能力以及良好的耐热性和耐 pH 性能。例如，脂肪酶固定在硅胶基质和介孔二氧化硅上分别可以保留 91％和 96％的游离酶活性。

除考虑上述因素外，载体材料的选择通常还需要考虑介孔载体材料和蛋白质的表面性质，吸附剂表面的电荷性质与蛋白质分子必须是相反的，以保证两者可以通过静电力的作用吸附在一起。以介孔二氧化硅作为载体材料，可以通过物理吸附法或者共价结合法实现酶的固定。和物理吸附法相比，共价结合法固定化酶更稳定，能够承受更高的反应温度，缺点是酶的构象可能会发生改变，导致酶活性降低。

（2）碳基材料

在过去的 20 年中，碳基材料因其碳原子之间化学成键方式不同，可构成不同形态的材料，具有不同的物化性能，是目前研究最多、应用最广的无机材料之一。用于充当固定化酶载体的碳材料主要有活性炭、石墨烯等。这些材料的多孔结构发达，具有各种大小和体积的孔以及高比表面积（高达 $1000m^2/g$），这意味着这些材料表面含有许多可以用于酶固定的接触点。高吸附容量、丰富的官能团和极少的细颗粒物质释放使碳基材料适合各种酶的吸附固定。例如，未修饰的木炭载体用于固定淀粉葡糖苷酶。当固定化酶未经任何其他处理用于淀粉水解时，保留了 90％以上的游离酶催化活性。

因为碳基材料中的石墨烯具有独特的特性，如生物降解性、二维结构、高比表面积和孔隙体积以及良好的热稳定性与化学稳定性等，所以其作为酶的载体材料也引起了人们的极大关注。另外，许多不同官能团的存在，如羧基（—COOH）、羟基（—OH）或环氧基团等，可促进酶与载体之间的强相互作用。由于这些特性，脂肪酶或过氧化物酶等可以通过吸附、共价结合或包埋等方法固定在氧化石墨烯（GO）表面。此外，石墨烯基的载体还具有抗氧化特性，可以促进反应混合物中游离自由基的去除，减少酶的失活。

（3）矿物材料

矿物材料也可以用作载体材料，在反应条件下增强酶的稳定性，建立可回收的生物催化系统。它们种类丰富，易于获得，具有很高的生物相容性，可以不经进一步处理和纯化而直接使用，因此价格相对便宜。此外，矿物质表面上存在许多官能团（如—OH、—COOH、$\diagdown C\!=\!O$、—SH、—NH$_2$），可以在酶和载体之间形成共价键，并有助于修饰矿物质。当引入其他官能团时，载体的黏附面积和疏水性增加，而空间位阻可能减小。用作固定化酶载体的矿物主要是黏土材料，如膨润土、埃洛石、高岭石、蒙脱石和海泡石。从理论上讲，属于许多催化类别的酶可以不限制地附着在矿物材料的表面，但实际上最常固定的是脂肪酶、α-淀粉酶、酪氨酸酶和葡萄糖氧化酶。固定在矿物上的酶主要用于环境工程中的废物和废水处理，以及生物传感器中，以提高其线性范围和检测极限。

（4）金属材料

金属材料普遍具有优异的光电传导性、耐热性以及与酶的良好亲和力，酶固定化金属材料主要包括各种金属单质、金属氧化物和金属合金，常见的有 Ag、Pt、Au、Fe_3O_4、TiO_2 等。Krjewska 利用 Au 和巯基之间的静电吸附及共价作用，制备了双酶葡萄糖传感器。

6.1.3.4　有机-无机杂化材料

可以将有机和无机来源的材料组合在一起，以产生固定化酶。杂化复合载体最常用的无机前体包括二氢化硅等无机氧化物（如锌和钛的氧化物）以及矿物、碳材料和磁性纳米粒子。它们可以与合成来源的高分子材料（如聚丙烯腈、聚乙烯亚胺和聚乙烯醇）结合，也可以与生物聚合物（如壳聚糖、木质素和藻酸盐）结合。这些材料主要用于水解酶、氧化还原酶和转移酶的吸附或共价固定。有机-无机杂化材料作为酶的载体材料显示出巨大的潜力。这样的杂化提供了良好的稳定性和机械性能以及对生物分子的亲和力。高稳定性和化学惰性也与无机前体的特征有关。结合酶的良好能力归因于有机成分，因为合成聚合物和生物聚合物在其结构中具有许多能够与生物催化剂的化学基团相互作用的官能团。

6.1.3.5　新型固定化材料

（1）骨架材料

① 金属有机骨架材料　金属有机骨架（metal organic framework，MOF）材料是一类由金属节点和有机配体连接形成的多孔材料，其以刚性的有机基团为配体，单金属或金属簇为配位中心，通过配位键组成具有周期性的网络结构。在传统的无机多孔材料中，常用的是表面吸附、扩散至孔道和原位合成。然而，MOF 的刚性骨架结构具有可定制的超高孔隙率（高达 90% 的自由体积）、高比表面积（超过 $6000m^2/g$）和多用途的骨架组成等优点。MOF 表面携带的众多官能团很可能与酶分子上的基团发生相互作用，这也有利于提高被固定的酶的稳定性。在以 MOF 为载体的众多固定化酶制备方法中，客体分子通常被牢牢限制在其通道或孔笼结构中，有效防止了客体分子的泄漏。

② 共价有机骨架材料　共价有机骨架（covalent organic framework，COF）材料由强有机共价键以周期性排列的方式构建而成，已成为材料研究的新领域。COF 完全由轻元素（即 H、B、C、N 和 O）构成，具有低密度、高比表面积、高孔隙等特点，通过其可定制的组成，可以轻松调整其表面上的官能团，利用 COF 与酶之间的特定相互作用来调节酶的活性。此外，COF 在纳米尺度上提供了连续且狭窄的开放通道，为酶提供了高比表面积界面，并为试剂的快速运输提供了途径。此外，与大多数 MOF 类似物相比，COF 的结构更加坚固。

③ 氢键有机骨架材料　氢键有机骨架（hydrogen-bonded organic framework，HOF）材料是把氢键作为主要的作用力之一来连接具有给-受电子体的有机结构基元，

同时在其他弱相互作用，如 π-π 相互作用、范德华相互作用和偶极-偶极相互作用等的协助之下，自组装而形成的纯有机骨架材料。HOF 通常与极性有机溶剂如 N,N-二甲基甲酰胺（DMF）和二甲基亚砜（OMSO）不相溶，但 Morshedi 等利用聚氨基和聚羧酸盐合成 HOF，它们在水极性溶剂中稳定。随后 Liamg 等制备了由 HOF 封接的固定化材料，拓宽了酶的活性范围。

（2）仿生微囊

微囊是一种具有独特核结构的中空材料，具有比表面积大等特点。其中空的内部可装载多种"货物"或充当密闭空间，而外部半渗透的囊壁可被赋予多种功能。微囊的大小可介于纳米到毫米尺度。基于以上特点，微囊在催化、分离、检测、控制传递等方面具有广泛的应用。为得到高性能和超强的稳定性，微囊应具备半透、强健、灵活并可调控的结构。

传统上，微囊根据囊壁的化学成分可分为有机微囊（主要是聚合物微囊）和无机微囊。有机微囊的囊壁完全由有机部分组成，通常具有多功能性和可调节性，但机械强度差。相比较而言，无机微囊具有良好的物理、化学、机械稳定性，但其刚性和惰性常常限制了它们的广泛应用。杂化微囊集成了有机和无机微囊的优点在催化、分离、药学、生物化学等领域呈现广泛的应用前景。与大部分杂化材料相同，杂化微囊能获得更高的自由度来操纵多种相互作用（氢键、共价键、配位键等），创建多层次结构和集成多种功能。因此，设计与合成具有特定结构和优越性能的杂化微囊将成为一个新兴的研究领域。包括仿生黏合固定化酶催化、仿生矿化固定化酶催化、皮克林乳化固定化酶催化。

（3）纳米凝胶

纳米结构材料的使用使得围绕酶分子的生物相容性微环境的构建成为可能。目前，纳米纤维、纳米多孔材料、碳纳米管、磁性或非磁性纳米颗粒、纳米复合材料、纳米容器、纳米薄片等功能化纳米结构材料已经用于生物催化剂的研究。纳米载体具有高酶载量、高比表面积和显著的生物催化潜力等独特特性，是商业规模的水/非水介质生物催化的理想载体。高比表面积体积比、反应过程中的不溶性、易回收和可重复使用性、对酶的高亲和力和高的酶负载能力等使纳米材料成为酶固定化的重要载体。

① 纳米纤维　在用于纳米催化剂组装的纳米材料中，纳米纤维具有许多独特的特性，比如互连性和较高的孔隙率，这为纳米纤维提供了低传质阻力。纳米纤维的这些关键特性和自组装性能为开发纳米生物催化剂提供了潜力。静电纺丝、熔喷、拉伸、自组装、模板合成、相分离和强制纺丝等几种已报道的方法，可用于生产多种尺度的纳米纤维。除单纤维结构外，静电纺丝还可以产生混合纳米纤维。纳米纤维可以进行修饰或以原始形式使用，以最大程度地减少蛋白质变性和酶活性损失。酶可以通过表面吸附、包埋或共价偶联技术固定在纳米纤维材料上。

② 纳米多孔材料　介孔二氧化硅材料具有可调节的纳米结构和均匀的纳米孔，是固定化酶的理想载体。其介孔/纳米孔结构具有较大的表面积和较强的酶捕获能力，能提供更具有生物相容性的微环境。还可以通过对介孔载体进行表面修饰以提高负载能力。当前已经使用了几种不同的技术来开发各种介孔材料，如 MCM-41、SBA-15、MCF 等。当前已经使用这些材料进行工程设计，以实现不同的固定化要求。在以前的报道中，具有大比表面积和高度有序的纳米孔的介孔二氧化硅材料，即 SBA-15，被广泛用作生物催化载体。

③ 碳纳米管　碳纳米管（CNT）是一种新型载体材料，近年来引起了人们的广泛关注。单壁碳纳米管和多壁碳纳米管由于具有有序的无孔结构、良好的生物相容性、大比表面积以及优异的化学、热、机械和电学性能而被证明是优良的固定化载体。CNT很容易进行表面修饰，从而促进载体与酶之间形成稳定的相互作用。与其他材料相比，CNT在固定的酶和底物之间表现出更强的电子转移能力，因此被广泛用于固定氧化还原酶以进行环境检测和修复。

（4）磁性纳米颗粒固定化酶催化

近年来，纳米颗粒作为固定化酶的重要载体材料得到了广泛关注，因为它们具有较大的比表面积，可以提高酶的负载量，进而提升固定化产率。与其他无机材料相比，纳米颗粒还具有能够减少扩散限制的优势。近几年来，磁性纳米材料逐渐进入人们的视野，成为固定化酶的理想材料。磁性纳米材料是一类具有磁性内核、聚合物外壳的纳米材料。这类纳米材料毒性小，易于改性，酶负载量高，重复使用性好。目前，磁铁矿和磁赤铁矿因无毒、来源广、稳定性高、环境友好、易从反应混合物中回收等优点而被广泛应用。一般来说，磁性纳米颗粒（MNP）由一个被聚合物外壳包围的磁芯组成，可以组成不同的材料，如丙烯酰胺、纤维素、壳聚糖、二氧化硅等。与其他固定化技术和载体相比，酶附着在磁性载体上可以提高底物亲和力，保护所得到的纳米颗粒不受 pH和温度变化的影响。此外，酶分子可以借助外界磁场的作用很好地与反应介质分离，从而有助于酶在较长的贮藏时间内有效保持其活性。

（5）非磁性纳米颗粒固定化酶催化

各种无机材料和一些具有不同物理化学性质的半导电材料被用于制备具有高敏感性与特异性的纳米颗粒。在这些材料中，金纳米颗粒由于出色的生物相容性、化学活性以及电学和光学性能，引起了越来越多研究人员的兴趣，成为一种极具吸引力的载体材料。二氧化钛（TiO_2）具有相对较低的制造成本、良好的化学稳定性和高折射率，也是一种很好的固定化酶的载体材料。

6.1.4　固定化酶性能强化的机制

（1）载体表面特性对酶固定化的影响

蛋白质与载体表面相互作用一方面受蛋白质自身特性的影响，另一方面受载体表面特性的影响。载体表面特性中需要考虑的参数包括表面能量、极电荷和形态。由于表面张力、极性、电荷和湿润度的不同，蛋白质在不同表面的黏附能量也不同，这可以直接用原子力显微镜测量。蛋白质对底物的黏附力强弱规律为：非极性＞极性，高表面张力＞低表面张力，带电荷的＞不带电荷的。Belfor 等人假定非极性表面使蛋白质不稳定，从而促进其构象的重整，引起内部蛋白和表面蛋白很强的相互作用。这一假定就解释了一个相当普遍的实验，该实验发现大多数情况下，在疏水性底物上蛋白质对表面的亲和力增加，而在亲水性底物上蛋白质对表面的亲和力减小。但是糖蛋白的吸附行为是一个例外，糖蛋白的疏水性区域埋藏在多糖的内部。糖蛋白大量吸附在亲水性表面，而在疏水性表面分布很稀疏。

（2）环境条件对酶固定化的影响

温度对蛋白质的吸附具有显著影响。在较高的温度下，蛋白质的平衡状态倾向于更有利于吸附，因为高温可以促进蛋白质内部结构的重组，增加熵，进而驱动蛋白质在载体表面的吸附。此外，随着温度的升高，表面吸附的水分子和盐离子的释放也增加了蛋白质与载体之间的相互作用，进一步增强了蛋白质的吸附。

pH 值是决定蛋白质静电状态的关键因素。当 pH 值与蛋白质的等电点（pI）相等时，蛋白质呈电中性，此时蛋白质与蛋白质之间的静电排斥力最小，从而允许在载体表面形成较高的堆积密度。在低于 pI 的 pH 条件下，蛋白质带正电荷，而在高于 pI 的 pH 条件下，蛋白质带负电荷。这种电荷状态的变化会影响蛋白质与底物之间的静电相互作用，进而影响蛋白质的吸附动力学。

溶液中的离子浓度，也称为离子强度，决定了德拜长度，即电荷在等离子体中能够作用的距离。高离子强度条件下，带电实体间的静电相互作用距离缩短，这会阻碍带电蛋白质或蛋白质结构域吸附到带相反电荷的底物上，但可能加强它们吸附到带相同电荷的底物上。这种静电效应不仅影响吸附动力学，还可能引起蛋白质堆积密度的增加、协同效应的出现或蛋白质与蛋白质之间的排斥暂停。此外，高离子强度还可能增加蛋白质聚合的趋势。

因此，温度、pH 值和离子强度等因素都会通过不同的机制影响蛋白质的吸附行为，包括平衡状态、吸附动力学以及蛋白质与底物之间的相互作用。在固定化酶等应用中，需要综合考虑这些因素，以优化蛋白质的吸附效率和稳定性。

（3）蛋白质特性对酶固定化的影响

蛋白质是由大约 20 种氨基酸单体组成的复杂生物聚合物，其独特的结构和功能使其固定化行为的研究变得复杂。根据蛋白质的特性，如大小、结构稳定性和组成，可以将它们在与界面交互时的行为进行分类。

"硬"蛋白质，如溶菌酶、β-乳球蛋白或 α-糜蛋白酶，由于具有小尺寸和刚性结构，在表面吸附时倾向于保持其原始构象。中等大小的蛋白质，如白蛋白、转铁蛋白和免疫球蛋白，在与表面接触时可能经历构象重整。脂蛋白则因其结构的不稳定性而倾向于与疏水表面结合，并可能经历构象变化。糖蛋白上的亲水性多糖则阻碍其在疏水表面的吸附。

在蛋白质混合物中，吸附行为是一个动态过程，涉及蛋白质的运送、吸附和排斥。小分子蛋白质由于其较快的扩散速度，在早期吸附阶段占据主导地位。然而，由于较大的接触面积和更强的结合力，所以大分子蛋白质在吸附过程中能够排斥其他已吸附的蛋白质，使吸附蛋白质的总质量达到极大值。这种现象被称为富罗曼效应，即高浓度的蛋白质首先吸附在材料表面，但随后可能会被高亲和力的蛋白质所取代。

6.2　固定化酶的表征与强化

酶是生物大分子，在环境修复、生物催化、生物传感器开发、生物医学、食品和化学品生产以及工业应用等方面具有极其重要的意义。然而，使用游离酶进行反应会存在酶成本高、易失活、不稳定和回收难等问题。发展固定化技术是解决这些问题的有效方法。固定化过程使蛋白质结构更加刚性，并具有不同于天然酶的特定化学、生物催化、机械和动力学特性，固定化技术被认为是一种有希望提高稳定性和实现连续操作的方法。因此，酶固定化的一个基本要求是基质应提供生物相容性和惰性环境，即不应干扰蛋白质的天然结构，从而损害其生物活性。

　　酶经过固定化后与自由酶相比性能有所提高，其耐热性、保存时间以及 pH 稳定性都明显增加，由于分配效应，载体表面所带电荷可以缓解酶微环境所受外界环境的影响。彭程等以树脂作为载体，对胰蛋白酶的固定化及其性能进行了研究，结果表明，与自由酶相比，固定化酶的稳定性、储存时间、耐酸碱性均有所提高。陈天通过壳聚糖固定化胰蛋白酶发现，在最优条件下，经戊二醛交联预处理的载体固定化效果较好，固定化酶的酶活回收率可以达到 56%，且 pH 稳定性与热稳定性均有明显改善，刘晶等研究也得出类似结果。由此可见，经固定化后，酶的稳定性有所提高。

6.2.1　固定化酶活力的变化

　　固定化酶不但具有一般酶的特性，而且还可以长期重复使用，具有较高的经济效益。根据实践可知，固定化酶的条件决定了其能够重复使用的次数，因此需要对酶的活力进行批次的测定。

　　酶活力是指酶催化某些反应的能力。酶活力可用一定条件下它催化的某一化学反应的反应速度来表示。为了灵敏起见，通常测定单位时间内产物的生成量。由于酶促反应速度会随时间推移而降低，为正确测得其活力，必须测定反应的初速度。如碱性蛋白酶在碱性条件下可以催化酪蛋白水解生成酪氨酸。酪氨酸为含有酚羟基的氨基酸，可以与福林试剂（磷钨酸与磷钼酸的混合物）发生福林酚反应，再用比色法测定酪氨酸的量。用碱性蛋白酶在单位时间内水解酪蛋白产生的酪氨酸的量来表示酶活力。

　　固定化酶的活力在多数情况下比天然酶低。在同一测定条件下，固定化酶的活力要低于等摩尔原酶的活力的原因可能是：酶分子在固定化过程中，空间构象会有所变化，甚至影响活性中心的氨基酸；固定化后，酶分子空间自由度受到限制（空间位阻效应），会直接影响活性中心对底物的定位作用。内扩散阻力使底物分子与活性中心的接近受阻；包埋时，酶被高分子物质半透膜包围，不能透过膜与酶接近。不过也有个别情况，酶在固定化后反而比原酶的活力提高，原因可能是偶联过程中得到化学修饰，或固定化过程提高了酶的稳定性。

　　通过测定固定化酶在酶解过程中的酶活回收率以及酶解产物的产率、含量和性质，评价固定化酶的应用价值。李秋瑾等通过使用固定化酶水解 N-苯甲酰基-L-精氨酸乙酯盐酸盐（BAEE）的方法测得固定化木瓜蛋白酶的酶活，结果表明，这种方法可以最大程度测得固定化酶活，该条件下单位面积酶膜活性达到 $9.83 \times 10^4 \, \text{U/m}^2$。He 等建立了一种高效酶膜反应器（EMR），用于从小麦胚芽分离蛋白（WGPI）中制备血管紧张素转换酶（ACE）抑制肽，结果表明，与传统的酶催化水解方法相比，连续 EMR 方法可以提高多肽转化率和多肽提取率，多肽提取率提高 36.17%，同时使半数抑制浓度（IC_{50}）显著降低 30.6%，这一研究为固定化酶水解制备多肽提供了有效方法。

6.2.2　固定化酶稳定性的变化

　　酶的稳定性包括酶对各种试剂（包括蛋白质变性剂、抑制剂等）的稳定性、对蛋白酶的稳定性、对热的稳定性、不同 pH 条件下的稳定性、储存稳定性、操作稳定性等。固定化酶的稳定性一般都比游离酶好。固定化酶的稳定性的提高对其实际应用非常有利，尤其是在酶的热稳定性方面，因为酶的热失活发生在高温条件下，高温是导致酶失活最主要的原因之一。稳定性是关系到固定化酶能否实际应用的大问题，在大多数情况下，酶经过固定化后，其稳定性都有所增加，这是十分有利的。

固定化酶热稳定性提高。作为生物催化剂，酶也和普通化学催化剂一样，温度越高，反应速率越快。但是，酶是一种蛋白质，一般对热不稳定。因此，实际上不能在高温条件下进行反应，而固定化酶耐热性提高，使其能够在更高的温度下保持活性。例如，将巨大芽孢杆菌青霉素酰化酶连接到聚丙烯腈纤维载体上，制成固定化青霉素酰化酶，发现固定化酶的热稳定性优于游离酶。固定化酶对各种有机溶剂及酶抑制剂的稳定性也有所提高。提高固定化酶对各种有机溶剂的稳定性，使本来不能在有机溶剂中进行的酶反应成为可能。

此外，固定化酶对不同 pH 条件下的稳定性、蛋白质稳定性、储存稳定性和操作稳定性都有影响。据报道，有些固定化酶经过储藏，可以提高其活性。固定化酶稳定性提高的原因可能有以下几点：①固定化后，酶分子与载体多点连接可以防止酶分子伸展变形；②酶活力的缓慢释放；③抑制酶的自降解，将酶与固态载体结合后，由于酶失去了分子间相互作用的机会，从而抑制了降解。

6.2.3　固定化酶最适温度的变化

酶反应的最适温度（optimum temperature）是酶热稳定性与反应速度综合作用的结果。酶催化反应都存在一个最佳反应温度，在此温度下进行酶的催化反应速度最快，高于或低于此温度，反应速度都会有所减慢。大多数情况下，由于固定化后，酶的热稳定性提高，所以其最适温度也随之提高，这是非常有利的结果。例如，汤亚杰等以交联法用壳聚糖固定胰蛋白酶，发现其最适温度为 80℃，比固定化前提高了 30℃。但是也有的固定化后酶最适温度会降低。

通常温度对酶促反应的影响有两方面，一方面是温度上升使底物能量增加，分子碰撞概率增加，从而使反应速度加快；另一方面是随着温度上升超过某一界限，酶蛋白逐步变性，使活性酶数量减少，从而降低酶的反应速度。酶反应的最适温度就是上述两种效应平衡的结果。因此，固定化酶的最适温度受固定化方法和固定化载体的影响。比如用热缩性的温敏性凝胶固定化酶，其临界温度为 32℃。温度较高时，虽然分子运动速度较快，增加了分子之间碰撞的可能性，但此时由于凝胶呈收缩状态，分子在酶活性中心见面的概率大大降低，反而降低了反应速度，造成固定化酶的最适温度降低。

6.2.4　固定化酶最适 pH 的变化

酶固定化后的最佳反应 pH 会发生不同程度的变化，可能有以下三个方面的原因：a. 酶本身电荷在固定化前后发生变化。b. 载体电荷性质的影响致使固定化酶分子内、外扩散层的氢离子浓度产生差异，如使用带负电荷的载体制备固定化酶时，其最适 pH 较游离酶偏高，这是由于这类载体会吸引溶液中的阳离子，包括 H^+，使其附着在载体表面，结果使固定化酶扩散层 H^+ 浓度比周围的外部溶液高，即偏酸性，这样外部溶液中的 pH 必须向碱性偏移，才能抵消微环境作用，使其表现出酶的最大活力。反之，使用带正电荷的载体，其最适 pH 向酸性偏移。c. 酶催化反应导致固定化酶分子内部形成带电荷的微环境。产物对最适 pH 的影响主要是由于固定化载体成了扩散障碍，使反应产物向外扩散受到一定限制。催化反应产物为酸性（H^+），则最适 pH 比游离酶高（需 OH^- 中和）；反之则偏低，中性则不变。

6.2.5　固定化酶的传质问题

传质过程是物质的传递过程。物质由于浓度差可在一相内传递，也可在相际间传递，即物质由一相向另一相传递。如煤气生产中，焦炉煤气中的粗苯在浓度差作用下溶解到洗油中的过程、氨溶于水中的过程以及水分向空气中蒸发的过程等。传质过程是城市燃气、化工、冶金、医药及轻工工业等生产中的重要过程。它包括吸收、吸附、蒸馏、精馏、萃取及干燥等许多单元操作。固定化酶促反应过程中，需考虑扩散传质与催化反应之间的相互影响，注意外部与内部扩散的不同传质方式。内部扩散与催化反应有时是同时进行的，两者相互影响。外部扩散通常先于反应发生。在分析固定化酶的反应与外部或内部物质传递之间的相互关系学方法不同。

为简化起见，在讨论外部扩散时，忽略固定化酶颗粒内部的扩散问题；讨论内部扩散时，假定固定化酶颗粒外部传质阻力小，颗粒外表处的底物浓度与主体溶液中底物浓度相等。

扩散效应：固定化酶对底物进行催化反应时，底物必须从主体溶液传递到固定化酶内部的催化活性中心处，反应得到的产物必须从酶的催化活性中心传递到主体溶液中。

物质的传递过程有分子扩散和对流扩散两种方式。扩散过程的速率在某些情况下可能会对反应速率产生限制作用，这种现象称为扩散限制效应。由于生物物质在液体中的扩散速率相当缓慢，而酶的催化活性又很高，所以这种扩散限制效应会相当明显。

扩散限制效应有外扩散限制效应和内扩散限制效应。

外扩散是底物从液相主体向固定化酶外表面的一种扩散，或是产物从固定化酶的外表面向液相主体中的扩散。外扩散通常发生在催化反应之前或之后。由于外扩散阻力的存在，使底物或产物在液相主体和固定化酶外表面之间存在浓度梯度。

内扩散是指对有微孔载体的固定化酶，底物从固定化酶外表面扩散到微孔内部的酶催化中心处，或是产物沿相反途径的扩散。对底物来讲，内扩散限制效应与酶催化反应同时进行。

由于扩散限制效应的存在，底物浓度从液相主体到固定化酶外表面，再到内表面依次降低，而产物浓度分布则相反。

（1）外部扩散过程

由于固定化酶颗粒外的液膜厚度远远小于颗粒半径，所以，可以认为液膜层两面的底物浓度同为 $[S]_s$。当底物由液相主体向固定化酶颗粒表面的扩散速率 N_s 正比于传质表面积传质推动力，即式(6-1)：

$$N_s = k_L a([S] - [S]_s) = \frac{r_{max}[S]_s}{K_m + [S]_s} \tag{6-1}$$

式中，k_L 为液膜传质系数；a 为传质比表面积；$[S]$ 为液相主体中的底物浓度；$[S]_s$ 为固定化酶表面处底物浓度。

稳定状态下，传质速率等于酶促反应速率。当反应遵循米氏方程规则时，则 $N_s = k_L a([S] - [S]_s)$。当 $[S]_s \to [S]$ 时，说明主体传递阻力可以忽略。若 $[S] \gg [S]_s$，意味着整个反应速率由外部扩散控制，反应速率可简化为 $k_L a[S]$。若 $[S] - [S]_s$ 的值介于上述两极限值之间时，应考虑传质和反应两方面的影响。

利用 $c' = [S]_s / [S]$，$K = K_m / [S]$，并令 $Da = r_{max} / (k_L a[S])$，将式(6-1)写成无量纲形式，则：

$$Da = \frac{(K + c')(1 - c')}{c'} \tag{6-2}$$

式中，Da（Damkohler number）准数是 c' 的函数，它的物理意义是最大反应速率与最大传质速率之比。

当 Da 准数愈小，固定化酶表面浓度 $[S]_s$ 愈接近于主体浓度 $[S]$，表明最大传质速率愈大于最大反应速率，过程为反应控制；反之，Da 准数愈大，固定化酶表面浓度 $[S]_s$ 愈小，愈趋近于零，表明最大反应速率愈大于最大传质速率，过程为传质控制。

反应控制时，表观动力学接近本征动力学；传质控制时，实际动力学接近扩散动力学。有时为降低外部传质阻力，要求 Da 准数远小于1，这就应使 $k_L a$ 值较大。$k_L a$ 中的 a 值取决于固定化酶颗粒的直径，减小固定化酶颗粒的直径，有助于提高 $k_L a$ 值，但颗粒直径的减少会伴随流动阻力（压力降等）的增加，所以，在实际使用中，要兼顾这两个方面的因素。

（2）内部扩散过程

对于具有大量内孔的球形固定化酶颗粒，其内部是酶促反应的主要场所。底物通过孔口向内扩散，达到不同深度，产物则沿反方向从内部向孔口外部扩散。颗粒内部各处底物和产物的浓度不同，导致各处的反应速率和选择性存在差异。这就是说，在同样的流体主体浓度下，内部各处是不等效的，这就提出了内部传递效率的问题。与外部传递不同，内部传递和反应多数不是串联的过程，而是平行的过程，即底物一边向内扩散，一边进行反应。所以，对于内部扩散过程的效率因子 η_{in}，可定义为单位时间内实际反应效率与按颗粒外表面底物浓度计算而得到的反应效率之比。为获得实际反应速率，需求知内部扩散效率因子 η_{in}，这就要首先确定内部各物质的浓度分布。对于球形固定化酶颗粒来说，令其半径为 R，在距中心为 r 处取一厚度为 dr 的微元壳体，在微元壳体内，底物浓度为 $[S]_r$，稳定状态下，对底物 $[S]$ 进行物料衡算，则单位时间内扩散进入微元壳体的底物的量为：

$$\text{流入量} = 4\pi (r + dr)^2 D_e \left(\frac{d[S]_r}{dr} \right)_{r+dr} \tag{6-3}$$

式中，D_e 为载体内部底物的扩散系数。

Φ 为西勒（Thiele）准数，其物理意义是表面浓度下的反应速率（即以固定化酶外表面处的浓度为基准反应速率）与内部扩散速率之比。

对于各类反应动力学与不同形状的固定化酶，普遍化的 Φ 的定义式为：

$$\Phi = \frac{V_p}{A_p} \frac{-r_s}{\sqrt{2}} \left(\int_0^{s_i} D_e (-r_s) d[S] \right)^{-0.5} \tag{6-4}$$

式中，V_p 为固定化酶颗粒体积；A_p 为固定化酶颗粒外表面积；r_s 为 $[S] = [S]_s$

时的固定化酶反应速率；D_e 为底物的有效扩散速率；[S] 为平衡时的底物浓度；$[S]_s$ 为固定化酶颗粒外表面底物浓度。

式由下列边界条件可直接求解：

$$l = 0 ; \mathrm{d}c_x = 0 \tag{6-5}$$

$$l = 1 ; c_x = 1 \tag{6-6}$$

根据上式，可以求出不同反应动力学与不同形状的固定化酶反应的西勒准数中的计算公式，具体计算见表 6-1。

表 6-1　不同反应动力学与不同形状的固定化酶反应时西勒准数的计算公式

反应动力学	固定化酶形式	西勒准数计算式
零级反应动力学	普通式	$\Phi_0 = \dfrac{V_p}{\sqrt{2} A_p} \sqrt{\dfrac{k_0}{D_c [S]_s}}$
	球形	$\Phi_0 = \dfrac{R}{3\sqrt{2}} \sqrt{\dfrac{k_0}{D_c [S]_s}}$
	片状	$\Phi_0 = \dfrac{L}{\sqrt{2}} \sqrt{\dfrac{k_0}{D_c [S]_s}}$
一级反应动力学	普通式	$\Phi_1 = \dfrac{V_p}{A_p} \sqrt{\dfrac{k_1}{D_e}}$
	球形	$\Phi_1 = \dfrac{R}{3} \sqrt{\dfrac{k_1}{D_e}}$
	片状	$\Phi_1 = L \sqrt{\dfrac{k_1}{D_e}}$
M-M 反应动力学	普通式	$\Phi_m = \dfrac{R}{\sqrt{2} A_p} \sqrt{\dfrac{r_{max}}{D_c [S]_s}} \left(\dfrac{\beta}{1+\beta}\right) \left[1 + \dfrac{1}{\beta} \ln\left(\dfrac{\beta}{1+\beta}\right)\right]^{-\frac{1}{2}}$
	球形	$\Phi_m = \dfrac{R}{3\sqrt{2}} \sqrt{\dfrac{r_{max}}{D_c [S]_s}} \left(\dfrac{\beta}{1+\beta}\right) \left[1 + \dfrac{1}{\beta} \ln\left(\dfrac{\beta}{1+\beta}\right)\right]^{-\frac{1}{2}}$
	片状	$\Phi_m = \dfrac{L}{\sqrt{2}} \sqrt{\dfrac{r_{max}}{D_c [S]_s}} \left(\dfrac{\beta}{1+\beta}\right) \left[1 + \dfrac{1}{\beta} \ln\left(\dfrac{\beta}{1+\beta}\right)\right]^{-\frac{1}{2}}$

对于球形固定化酶颗粒的内部扩散效率因子 η_{in} 可写成：

$$\eta_{in} = \frac{颗粒的实际有效反应速率}{颗粒内无浓度梯度时的反应速率} = \frac{r_{in}}{r_0} \tag{6-7}$$

稳定状态下，球形固定化酶颗粒内的实际有效反应速率应等于从颗粒外表面向微孔内的扩散速率，即：

$$r_{in} = 4\pi R^2 D_e \left(\frac{\mathrm{d}[S]_r}{\mathrm{d}r}\right)_{r=R} \tag{6-8}$$

颗粒内无浓度梯度影响时的反应速率为：

$$r_0 = \frac{4}{3} \pi R^2 \frac{r_{max} [S]_r}{K_m + [S]_s} \tag{6-9}$$

所以，

$$\eta_{in} = \frac{3}{R} \frac{D_e \left(\dfrac{\mathrm{d}[S]}{\mathrm{d}r}\right)_{r=R}}{\dfrac{r_{max} [S]_s}{K_m + [S]_s}} \tag{6-10}$$

引入无量纲参数，上式为：

$$\eta_{in} = \frac{\left(\dfrac{dc_x}{dl}\right)_{l=1}}{3\Phi^2\left(\dfrac{1}{1+\beta}\right)} \qquad (6\text{-}11)$$

因此，η_{in} 效率因子是 Φ 和 β 的函数。

（3）扩散限制效应的判断

上述对固定化酶促反应中外部扩散过程和内部扩散过程动力学的讨论都是基于简化情况进行的分析，实际反应过程都要复杂得多。因此，对于实际固定化酶促反应过程中的扩散限制效应，可以采用以下两种方法进行判断。

① 直接法　如果固定化酶的实际反应速率随溶液的混合程度或溶液通过反应器的流速而改变，说明外部扩散限制效应在起主导作用；如果实际反应速率因酶膜厚度或颗粒的直径而改变，则预计主要是内部扩散限制的影响。

② Eadie-Hoftsee 作图法　在扩散限制效应影响下，这种作图法得到的动力学图形明显偏离线性，其中，外部扩散限制使曲线向上拱起，呈拱形，而内部扩散限制使曲线呈 S 形。

6.3　固定化酶的评价

在固定化酶技术中，载体材料上的活性基团、微环境、载体的形状等因素，可影响载体与酶的亲和力，进而影响固定化酶活力、稳定性、重复使用性及可回收性。同时，这类材料大多具有较大的比表面积、一定的孔径、较好的硬度和机械强度，以及容易进行表面改性或包覆的特点，可通过研究载体材料固定化酶前后的形貌、结构、元素组成及其比表面积和孔径的变化，进一步分析载体材料固定化酶的情况。

固定化酶的评价包括了以下几个方面：①固定化酶的比酶活，比酶活是指每克（毫克）固定化酶所具有的酶活力单位，或以单位面积（cm^2）的酶活力单位表示（酶膜、酶管、酶板）。②操作半衰期是衡量稳定性的指标，指在连续使用的条件下，固定化酶活力下降为最初活力一半所需要的时间（$t_{1/2}$）。固定化酶的操作半衰期是影响其实际应用的重要因素。③偶联效率＝（加入的蛋白量－溶液中残留的蛋白量）/加入的总蛋白量×100%。④活力回收率＝（固定化酶活力/投入的总酶活力）×100%。⑤相对酶活力是指具有相同酶蛋白量的固定化酶活力与游离酶活力的比值。⑥酶载量单位是载体所固定的酶活力（或酶蛋白量）。⑦酶的固定化效率与酶的活力回收率，酶的固定化效率是指酶与载体结合的百分率。酶的活力回收率是指固化酶的总活力与用于固定化酶的总酶活力的百分率。

6.3.1　固定化酶活力

酶活力是指酶催化某些化学反应的能力。酶活力的大小可以用在一定条件下它所催化的某一化学反应的速度来表示。测定酶活力实际就是测定被酶所催化的化学反应的速度。酶促反应的速度可以用单位时间内反应底物的减少量或产物的增加量来表示，为了灵敏起见，通常是测定单位时间内产物的生成量。由于酶促反应速度可随时间的推移而逐渐降低其增加值，所以，为了正确测得酶活力，就必须测定酶促反应的初速度。固定化酶仍然具有酶活力。固定化酶的比酶活为每克（毫克）固定化酶所具有的酶活力单位，或单位面积（cm^2）的酶活力单位表示（酶膜、酶管、酶板）。固定化酶的相对酶活力：具有相同酶蛋白量的固定化酶活力与游离酶活力的比值。

6.3.2　酶的固定化效率及酶的活力回收率测定

固定化酶载量单位是载体所固定的酶活力（或酶蛋白量）。酶的固定化效率是指酶与载体结合的百分率。酶的活力回收率是指固化酶的总活力与用于固定化酶的总酶活力的百分率。

6.3.3　固定化酶的稳定性与半衰期

固定化酶的稳定性主要通过以下指标表征：热稳定性、对蛋白酶的稳定性以及操作稳定性。固定化酶操作稳定性在应用中是一个关键因素，其操作稳定性通常以半衰期表示，其含义是指固定化酶活力下降为初活力一半所经历的连续工作时间。其半衰期可用下式表示：$t_{1/2}=0.693/KD$，其中 KD 为衰减常数，是在时间 t 后，酶活力的残留分数。固定化酶在操作中可以长时间保留活力，半衰期在一个月以上即有工业应用价值。

6.4　固定化酶在工业生产中的应用

固定化生物催化剂作为一种高效的催化剂，在食品、纺织、制药等轻工和化工等领域得到了广泛的应用。表 6-2 中列出了一些固定化酶在工业生产中的应用及其年生产规模。

表 6-2　固定化酶在工业生产中的应用及其年生产规模

酶	催化过程	年生产规模/t
葡萄糖异构酶	生产高果糖浆	10^7
脂肪酶	食用油转酯化	10^5
乳糖酶	乳糖水解	10^5
脂肪酶	生产生物柴油	10^4
青霉素 G 酰化酶	抗生素修饰	10^4
天冬氨酸酶	生产 L-天冬氨酸	10^1
嗜热蛋白酶	合成阿斯巴甜	10^1
脂肪酶	醇和胺的手性拆分	10^3

6.4.1　氨基酰化酶生产氨基酸

氨基酰化酶是世界上第一种工业化生产的固定化酶。1969 年，日本田边制药公司将从米曲霉中提取分离得到的氨基酰化酶，用 DEAE-葡聚糖凝胶为载体通过离子键结合法制成固定化酶，将 L-乙酰氨基酸水解生成 L-氨基酸，用来拆分 DL-乙酰氨基酸，连续生产 L-氨基酸。剩余的 D-乙酰氨基酸经过消旋化，生成 DL-乙酰氨基酸，再进行拆分。生产成本仅为用游离酶生产成本的 60％左右。

6.4.2　固定化葡萄糖异构酶生产果葡糖浆

葡萄糖异构酶可以催化葡萄糖异构转化为甜度较高的同分异构体果糖，生成的葡萄糖与果糖的混合物称为果葡糖浆。早在 20 世纪 50 年代，日本就开发了果葡糖浆的酶法生产工艺，之后该技术传入美国。由于 1958 年古巴革命，其蔗糖出口中止，欧美等国的蔗糖供应严重不足，从而促进了果葡糖浆生产的迅猛发展。

如果以蔗糖的甜度作为 100，则葡萄糖和果糖的甜度分别为 75 和 160。市场上销售的果葡糖浆中果糖的比例有 42％、55％和 90％三种，分别称为 HFCS-42、HFCS-55 和 HFCS-90。其中 HFCS-55 的甜度与蔗糖相当。果葡糖浆被广泛应用于食品添加剂，全球果葡糖浆的年产量高达 1000 万吨。由于果葡糖浆的市场巨大，许多公司开发了各自的固定化葡萄糖异构酶制剂，用于果葡糖浆的生产（表 6-3）。

表 6-3　固定化葡萄糖异构酶产品

产品名	生产厂家	固定化方法	市场销售
Optisweet⑩22	Miles-Kali/Solvay	吸附到 SiO₂ 上，随后用戊二醛交联	否
Takasweet@	Miles Lab/Solvay	聚胺/戊二醛交联细胞，挤压成球	否
Maxazyme⑩GI	Gist-Brocades	交联细胞，包埋于明胶珠中	否
Ketomax GI-100	UOP	戊二醛交联后吸附于聚乙烯亚胺处理的氧化铝上	否
Spezymes	Genencor	交联酶晶体，吸附于球形 DEAD-纤维素阴离子树脂上	否
Sweetase⑩	Denki Kagku-Nagase	热处理的细胞包埋于聚合物珠中	否
Sweetzyme@T	Novozymes A/S	戊二醛交联含有无机载体的整细胞匀浆液	是
GENSWEET@SGI	Genencor/DuPont	吸附于 DEAE-纤维素阴离子树脂	是
GENSWEET@IGI	Genencor/DuPont	聚乙烯亚胺/戊二醛交联混合黏土的整细胞	是

葡萄糖异构酶是世界上生产规模最大的一种固定化酶。此固定化酶在国内外均进行过广泛的研究和应用。1973 年就已用于工业化生产。固定化葡萄糖异构酶的制备可用吸附法、结合法、凝胶包埋法、交联法或双重固定化法等进行固定化。

6.4.3　固定化青霉素 G 酰化酶生产 6-氨基青霉烷酸

青霉素和头孢菌素类化合物是目前临床应用最广泛的抗生素药物，由于细菌耐药性的发展，原有的青霉素和头孢菌素已经不能满足有效治疗感染的需求，通过将青霉素的母核 6-氨基青霉烷酸（6-APA）、头孢菌素 C 的母核 7-氨基头孢霉烯酸（7-ACA）以及头孢菌素 G 的母核 7-氨基脱乙酰氧头孢烷酸（7-ADCA）进行修饰，接上不同的侧链而获得多种广谱抗菌的治疗药物，这一过程统称半合抗工业。

早在 1973 年，固定化青霉素 G 酰化酶已用于工业化生产制造各种半合成青霉素和头孢菌素。使用固定化青霉素 G 酰化酶，通过改变 pH 值等条件，既可以催化青霉素或头孢菌素水解生成 6-APA 或 7-ACA，也可以催化 6-APA 或 7-ACA 与其他的羧酸衍生物进行反应，以合成新的具有不同侧链基团的青霉素或头孢菌素。目前我国抗生素年产量超过 10 万吨，大约 50％的青霉素用做 6-APA 的原料，合成各种半合成抗生素，7-ACA 的年产量超过 8000t。

思考题

1. 固定化酶的方法有哪些？
2. 如何评价固定化酶？具体的指标有哪些？
3. 什么是共价键固定化酶？说出两种共价法固定化酶中载体活化的方法和要点。
4. 酶固定化对酶稳定性有哪些方面的影响？
5. 举例说明固定化酶在工业上的应用。

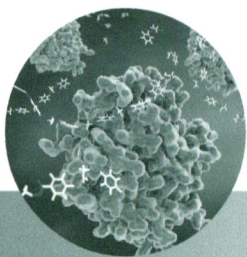

第7章

酶催化

7.1　水相中的酶催化

7.1.1　概述与重要性

水相中酶催化是指酶在水溶液中进行的催化作用。在自然环境中，酶大多存在于水环境中，一些生物大分子如蛋白质、核酸等均能够在水溶液中发挥生物功能，水溶液是这些大分子存在和相互作用的天然介质，是酶催化反应最常用的反应介质。

早在几十年乃至上百年前，人们就已经发现酶可以在水中进行催化反应，且具有显著的优越性。

① 高效性　水相中酶催化反应可以在常温、常压和温和的酸碱条件下高效进行。与非酶催化反应相比，酶催化反应速度高 $10^7 \sim 10^{13}$ 倍。换句话来说，1 个酶分子可以在 1min 内使数百万个底物分子进行转化。

② 专一性　酶与一般的化学催化剂相比具有极其严格的专一性。酶催化的专一性是指对底物有严格的选择性，即一种酶只能作用于一种物质，或一类分子结构相似的物质，促使其进行一定的化学反应，产生一定的反应产物。例如，蛋白酶只能水解蛋白质，脂肪酶只能水解脂肪，而淀粉酶只能作用于淀粉。酶催化的专一性由酶活性中心的结构决定。

7.1.2　水相中酶催化的影响因素

很多因素都能够影响水相中的酶催化反应，其影响因素主要包括：反应底物浓度和种类、酶的浓度、反应温度、酸碱度等。

7.1.2.1　反应底物浓度和种类

反应底物浓度会影响水相中酶催化反应的初始反应速率和反应的最终平衡点。在保持其他条件不变的情况下，将底物浓度对酶催化反应速率的影响作图，结果呈矩形双曲线。底物浓度在一定的范围内时，增加底物浓度可以增加反应速率，反应呈一级反应。随着底物浓度继续增大，反应速率增加的幅度逐渐变小，当底物浓度达到某个特定值时，酶活性中心被底物饱和，反应速率与底物浓度几乎无关，达到最大反应速率不再继续增加，反应呈零级反应。而反应底物种类也同样会影响水相中酶催化反应的速率。易溶于水的化合物容易进行水相中酶催化反应，而一些难溶于水的有机物会大大降低其在水相中酶催化反应的速率。

7.1.2.2　酶的浓度

在保持其他条件不变的情况下，酶的浓度对酶催化反应速率的影响呈直线关系。当反应体系中底物大量存在时，形成产物的量就取决于酶的浓度。酶的浓度越大，则底物转化为产物的量也相应增加。相反，酶的浓度越低，则酶催化反应速率就降低。当体系中所有底物都已经与酶结合生成酶-底物复合物之后，增加酶的浓度对于酶催化反应速率没有影响。

7.1.2.3　反应温度

正如大多数化学反应一样，水相中的酶催化反应也会受到反应温度的影响。在较低的温度条件下，随着温度的升高，分子扩散加速，水相中酶催化反应速率加快，当温度达到一定值后，继续升高反应温度反而会降低反应速率。这是因为大多数酶的本质是蛋白质，高温会使蛋白质变性失活，使得酶活力下降。因此，酶只有在一定温度时才会显示出最大的催化活力，这一温度称为酶的最适温度（optimum temperature）。不同的酶对温度的敏感性也不同，大多数酶在 55～60℃ 时会变性失活，但是也有一些酶具有较高的抗热性，如木瓜蛋白酶、核糖核酸酶、超氧化物歧化酶（SOD）以及生活于温泉中各种嗜热菌体内的酶。

7.1.2.4　酸碱度

水相中酶催化反应的稳定性也会受到 pH 的影响。这是因为在酶分子、底物以及辅中存在许多极性基团，而 pH 的改变会影响这些极性基团的解离状态和带电状态，以影响它们之间的亲和力，进而表现为对酶催化反应速率的影响。在一定 pH 下，水相中酶催化反应具有最大的反应速率，高于或低于此值，酶催化反应速率就会下降，通常将此 pH 称为最适 pH（optimum pH）。在偏离最适 pH 较小程度时，可以通过重新调整 pH 而恢复酶活性使其达到最大值。但是偏离程度较大时，无法通过重新调整 pH 而恢复酶活性，这是因为 pH 较大程度的偏离会导致酶分子的空间构象发生了不可逆的改变，从而导致酶活性降低甚至丧失。

7.1.3　水相中酶催化的应用

水相中酶催化反应因为其高效、专一、反应条件温和等诸多优点，一直以来在多糖、蛋白质、脂类等物质的水解上得到广泛应用，其反应产物也被广泛应用在药物化学、食品化学、食品添加剂等各个行业中。

7.1.3.1　水相酶催化在多糖水解中的应用

多糖酯有着较大的潜在应用价值。但是由于多糖是多羟基物质，对特定位点的羟基进行特异性修饰是有机合成的难题。采用传统的有机合成方法，对多糖糖链上羟基基团进行位置特异性的化学修饰几乎是不可能的。相反，采用酶法合成可以实现区域选择性和立体选择性的酯化，其也已经在纤维素、淀粉、右旋糖酐、环糊精、菊粉等多糖中得到了应用。例如，subtilisin carlsberg 蛋白酶（源自枯草杆菌）在吡啶中催化丙酸乙烯酯，丙烯酸乙烯酯酯化成的纤维素小颗粒可以在水相中被该酶水解；脂肪酶 A12（lipase A12）［源自黑曲霉（*Aspergillus niger*）］是一种能在水相中催化酯合成的水解酶，该酶能够催化羧甲基纤维素（CMC）与乙酸乙烯酯的转酯反应。皱褶假丝酵母（*Candida rugosa*）、pH-印迹的假丝酵母脂肪酶（lipase AY，源自 *Candida rugosa*），在二甲基亚砜（DMSO）中可催化右旋糖酐（dextran）T-40 与葵酸乙烯酯的转酯反应，经过 5d 反应 25h 后，葵酸乙烯酯最高转化率可达到 52%，而在水相中，假丝酵母脂肪酶表现出的活力比在 DMSO 中高 15%。

7.1.3.2 水相酶催化在蛋白质、脂质水解中的应用

水相酶法应用于蛋白质、脂质的制取研究在国内外已有较多报道。一般大豆中油脂含量在 16%～24%，蛋白质含量占 40% 左右，是一种较好的蛋白质原料，也是脂质的主要来源。传统的水剂法提油要对油料进行高温热处理，容易导致蛋白质变性，这不利于对大豆蛋白的利用，也不利于油脂的提取。研究表明，对植物油料如大可可、菜籽、玉米胚芽等采用水相酶法制油，在提取植物油的同时可以得到优质的低变性植物蛋白。例如，利用水相酶法在 pH 值为 6.8、反应温度 49℃、酶解时间 3.0h、加酶量 0.58%的条件下，从冷榨大豆饼中提取油和蛋白质，其中大豆饼的水解度为 7.43；也可以利用水相中酶催化的方法对菜籽进行制油的同时提取蛋白质，其中该工艺提取菜籽油与菜籽蛋白质分别为 69%～90% 和 66%～81%；而碱性蛋白酶（alcalase）也能作用于干法粉碎后的花生酱体系，可同时提取 86% 的花生清油（破乳后总的油脂得率）和 89% 的花生水解蛋白；碱性蛋白酶也能从花生中同时提取油和水解蛋白，通过一步酶解反应可提取 79.32% 的游离油和 71.38% 水解蛋白。对工艺所得的渣和乳状液，进一步选用中性蛋白酶 AS1-398 进行二次酶解时，最终总游离油得率可达 91.98%，总水解蛋白质得率可达 87.21%。

7.2 有机介质中的酶催化

有机相酶催化是指酶在含有一定量水的有机溶剂中进行的催化反应，适用于底物与产物两者或其中之一为疏水性物质的酶催化反应。由于水分子直接或间接地通过氢键、静电作用、疏水键、范德华力等分子力维持着酶分子的催化活性构型，因此，有机相中酶催化含有必需微量水。相较于水相催化，有机相中酶催化具有许多优势，如增大了疏水性底物的溶解度，有利于疏水性底物的反应；可以催化在水中不能进行的反应；减少水参与的副反应以及产物与底物的抑制作用；酶的稳定性提高；由于酶不溶于有机溶剂，通常不需要进行固定化；减少微生物的污染；产物分离容易，酶与产物易回收等。

7.2.1 有机相催化反应体系类型

7.2.1.1 微水介质体系

微水介质体系是由有机溶剂和微量的水组成的反应体系，是在有机介质酶催化中广泛应用的一种反应体系。微量的水主要是酶分子的结合水，它对维持酶分子的空间构象和催化活性至关重要。另外还有一部分水分配在有机溶剂中。由于酶分子不能溶解于疏水有机溶剂，所以酶以冻干粉或固定化酶的形式悬浮于有机介质之中，在悬浮状态下进行催化反应。通常所说的有机介质反应体系主要是指微水介质体系。

7.2.1.2 水溶性有机溶剂组成的均一体系

水溶性有机溶剂组成的均一体系是由水和极性较大的有机溶剂互相混溶组成的反应体系。酶和底物都是以溶解状态存在于均一体系中。由于极性大的有机溶剂对一般酶的催化活性影响较大，所以能在该反应体系中进行催化反应的酶较少。然而该体系近几年来却受到人们极大的关注。这是因为辣根过氧化物酶可以在此均一体系中催化酚类或芳香胺类底物聚合生成聚酚或聚胺类物质。这些聚酚、聚胺类物质在环保黏合剂、导电聚合物和发光聚合物等功能材料的研究开发方面的应用引起了人们极大的兴趣。

7.2.1.3 不溶性有机溶剂组成的两相或多相体系

不溶性有机溶剂组成的两相或多相体系是由水和疏水性较强的有机溶剂组成的两相或多相反应体系。游离酶、亲水性底物或产物溶解于水相，疏水性底物或产物溶解于有机溶剂相。如果采用固定化酶，则以悬浮形式存在于两相的界面。催化反应通常在两相的界面进行。这种体系一般适用于底物和产物两者或其中一种是属于疏水化合物的催化反应。

7.2.1.4 胶束体系

胶束又称为正胶束或正胶团，是在大量水溶液中含有少量与水不相混溶的有机溶剂，加入表面活性剂后形成的水包油的微小液滴。表面活性剂的极性端朝外，非极性端朝内，有机溶剂包在液滴内部。反应时，酶在胶束外面的水溶液中，疏水性的底物或产物在胶束内部。反应在胶束的两相界面中进行。

7.2.1.5 反胶束体系

反胶束又称为反胶团，是指在大量与水不相混溶的有机溶剂中，含有少量的水溶液，加入表面活性剂后形成的油包水的微小液滴。表面活性剂的极性端朝内，非极性端朝外，水溶液包在胶束内部。反应时，酶分子在反胶束内部的水溶液中，疏水性底物或产物在反胶束外部，催化反应在反胶束的两相界面中进行。在反胶束体系中，由于酶分子处于反胶束内部的水溶液中，稳定性较好。反胶束与生物膜有相似之处，适用于处于生物膜表面或与膜结合的酶的结构、催化特性和动力学性质的研究。

7.2.2 酶在有机相中的催化特性

由于有机溶剂的极性与水差别很大，酶的表面结构、活性中心的结合部位和底物性质都会受到一定影响，同时水分子的减少使得酶分子的构象更具有"刚性"。这导致酶在有机介质中表现出与水相介质不同的性质。

7.2.2.1 底物特异性

在有机介质中，由于酶分子活性中心的结合部位与底物之间的结合状态发生某些变化，酶的底物特异性也会发生改变。例如，用有机溶剂取代水介质后，α-糜蛋白酶、枯草杆菌蛋白酶和酯酶的底物特异性发生了显著变化。溶剂对酶底物特异性的影响不仅发生在酶从水相转移到有机相中，在不同有机溶剂中也存在。一般来说，极性较强的有机溶剂中，亲水性的底物易反应；极性较弱的有机溶剂中，疏水性的底物易反应。

7.2.2.2 立体选择性

立体选择性（stereoselctivity）又称为对映体选择性，是指一个反应可能产生几个立体异构体，优先得到其中一个立体异构体，是酶在对称的外消旋化合物中识别一种异构体能力大小的指标。由于介质特性发生改变，在有机介质中酶的立体选择性改变。例如，水溶液中蛋白酶只水解含有 L-氨基酸的蛋白质，而在有机介质中，某些蛋白酶可用 D-氨基酸合成多肽。

7.2.2.3 区域选择性

酶在有机介质中进行的催化反应具有区域选择性（regioseleciviy），即酶能够选择底物分子中某一区域的基团优先进行反应。在二甲基甲酰胺（DMF）溶剂体系中，枯草杆菌蛋白酶催化环糊精酯交换，反应选择性发生在 C2 位仲羟基，而不是通常最易发生的 C6 位伯羟基；在吡啶溶剂体系中，枯草蛋白酶选择性催化曲克卢丁羟乙基伯羟基的酯化；在 2-甲基-2-丁醇体系中，Novozym 435 酶选择性催化柚皮苷葡萄糖基上 C6 位伯羟基的酯交换反应。以肌苷和 2′-脱氧尿苷为原料，利用丙酮中脂肪酶催化产生 5′-O-酰基核苷，猪胰脂肪酶（porcine pancreatic lipase，ppL）催化产生 3′-O-酰基核苷，可以合成可聚合的 3′-O-酰基核苷衍生物和 5′-O-酰基核苷衍生物。

7.2.2.4 化学键选择性

酶在有机介质中进行的催化反应具有化学键选择性，即在同一个底物分子中有两种以上的化学键都可以与酶反应时，酶对其中一种化学键优先进行反应。化学键选择性与酶的来源和有机介质的种类有关。例如，不同来源的脂肪酶催化 6-氨基-1-己醇的酰化反应时，对其中的氨基和羟基具有选择性，毛霉脂肪酸与黑曲霉脂肪酸分别催化生成肽键和酯键。

7.2.2.5 酶的 pH 记忆

有机介质中酶所处的 pH 环境，与酶在冻干或吸附到载体之前所溶解的缓冲液 pH 相同，这种现象称为 pH 记忆（pH imprinting）。这是因为在有机介质中，酶的刚性结构使酶还能保持在水溶液中的电离状态。酶在有机介质中催化反应的最适 pH，通常与酶在水溶液中反应的最适 pH 接近或者相同，可以利用酶的 pH 记忆特性，通过控制缓冲液的 pH，来控制有机介质中酶催化反应的最适 pH。

7.2.2.6 热稳定性

许多酶在有机介质中的热稳定性比在水溶液中更好，如在水溶液中，热处理温度高于 50℃后，脂肪酶催化甘油三酯水解的活力会迅速下降，而在正庚烷中，温度达到 85℃脂肪酶仍表现出较高活性。通常情况下，随着介质中含水量的增加，酶的热稳定性会降低。不同有机溶剂的性质对酶热稳定性也有较大影响。亲水性有机溶剂可能夺去酶必需水而使酶失活，导致酶在疏水性有机溶剂中比亲水性有机溶剂中的热稳定性高。

7.3 非传统介质中的酶催化

7.3.1 超临界流体体系

（1）超临界流体定义及优点

超临界流体（supercritical fluid，SCF）是指某些气体或液体在一定的温度和压力下处于似液非液、似气非气状态时的流体。此时的流体同时具备液体与气体的性质，气相和液相具有相同的密度，该密度也往往介于气体与液体之间。在超临界状态下，随温度、压力的变化，流体的密度也随之变化。超临界流体具备一些常规流体所不具备的性质，因此在科研与生产中得到越来越广泛的应用。

超临界流体作为非水介质，在酶催化反应中具有以下优越性：①非水相催化为非均相反应，常被内外扩散所限制，超临界流体固有的高扩散系数、低黏度和低表面张力能加速传质控制反应。②压力对超临界流体溶解性能的影响十分显著，可凭借压力的变化来改变底物和产物的溶解度，简化产物分离和回收过程。③超临界流体可与其他气体（如氧、氢）混溶，得到任意浓度，使得氧化和氢化反应易于控制。④很多超临界流体的临界温度均小于 $100℃$，不会使产物热分解，温和的温度适合酶反应，甚至可用于含热敏型酶的反应之中。⑤因为超临界流体在常压下是气体，所以不存在反应产物中溶剂残留的问题。

（2）酶催化反应中超临界流体的选择

超临界流体作为酶反应的介质，对酶反应起着重要作用。它能够改变酶的底物专一性、区域选择性和对映体选择性，并能增强酶的热稳定性，同时酶在不同超临界流体中的活性也存在极大的差异，因此，对超临界流体的选择就显得特别重要。通常，超临界流体的选择首先应遵循两个最基本的原则：一是酶在超临界流体中必须具有较高的活性；二是超临界流体的临界温度与酶的最适反应温度接近，因为操作温度通常与临界温度接近，温度过高会引起蛋白质变性，使酶失活。同时，还需要综合考虑如下因素：①临界温度和临界压力在实际生产中是否容易达到。②反应底物在该流体中必须具有较高的溶解度。③超临界流体对底物、产物和酶的惰性，即不与它们发生化学作用。④对食品和医药无毒等。

常用的超临界流体有：CO_2、SO_2、C_2H_4、C_2H_6、C_3H_8、C_4H_{10}、C_5H_{10}、SF_6等，其中 CO_2 最为常见。有人报道 CO_2 是一种优良的介质，主要是因为它具有一些独特的优点，如 CO_2 临界温度（$31.1℃$）足够低，接近酶的最适反应温度；CO_2 的临界压力（$7.4MPa$）在实际工业应用中比较容易达到；CO_2 无毒、不可燃、价格便宜、来源广泛，不存在环境污染问题。因此，超临界 CO_2 中的酶催化在食品和医药工业中具有广泛的应用前景。但也有学者报道，超临界 CO_2 对某些反应并不是一种理想的溶剂，主要是因为在 CO_2 中酶的活性不高以及极性底物的溶解度较低。Almeida 等的研究结果显示，在酯酶催化正丁酸酯的转酯反应中，超临界 CO_2 中的反应速度比超临界乙烷和丙烷中小，他们的解释是 CO_2 的溶剂化效应在高压下较大，并且在 CO_2 中酶反应的活化能较高。Kamat 等也认为，对异丁烯酸甲酯和 2-乙基乙醇间的转酯反应而言，超临界 CO_2 并不是一种良好的溶剂，因为超临界 CO_2 可改变酶周围微环境的 pH 值或与酶表面的氨基形成共价复合物，导致酶的活性降低。于是，有些学者提出，可以通过酶的化学或物理修饰以提高它在超临界 CO_2 中的活性。虽然通过 PEG 修饰以提高酶在有机介质中的活性已有大量的研究，但超临界流体中酶反应的相关研究尚未见报道。同时，CO_2 是一种非极性介质，极性底物在其中的溶解度较低，因而选择适当的助溶剂来增加极性底物在超临界流体中的溶解度也是今后的一个研究方向（表 7-1）。

表 7-1　超临界 CO_2 中的酶催化反应

反应类型	底物	酶	$T/℃$	P/MPa	转化率/%
酯化	油酸＋乙醇	毛霉脂肪酶	40	13.6	95
酯化	油酸＋甘油	毛霉脂肪酶	40	15	83
醇解	乙酸乙酯＋戊醇	毛霉脂肪酶	69	10	

续表

反应类型	底物	酶	T/℃	P/MPa	转化率/%
酯交换	辛酸三甘酯＋油酸甲酯	毛霉脂肪酶	40	10	85
氧化	胆甾醇	胆甾醇氧化酶	35	10	70
酸解	月桂酸三甘酯＋棕榈酸	无根根霉脂肪酶	40	15	75
水解	对硝基苯磷酸酯	碱性磷酸酶	35	10	65

（3）影响超临界流体中酶催化的因素

① 介质水含量　研究表明，超临界条件下的酶催化反应体系中固相（酶及载体）必须含有水，哪怕只是薄薄的一层水分子覆在酶表面，水的存在是为了维持酶的活性及其构象。因此，超临界流体下的酶催化体系必须加入水，然而，水也不是越多越好，如果加入了比较多的水，正如 R.Goddard 等人报道，在超临界 CO_2 中油酸和乙醇的酯化反应中，当水含量达到 15％（质量分数）时，酶活力最高，继续加水则酶活力下降，他们解释为过多的水在酶附近会形成亲水性障碍层，使得酶活力降低。研究者认为主要有 4 个因素影响体系的最佳含水量：所用流体极性；酶载体；酶催化反应的类型；水的添加方式。

② 温度和压力　Matsuda 等人在超临界二氧化碳（SC-CO_2）中通过改变温度和压力从而改变了 3-氟甲基对氯苯基甲醇的立体选择性的酶催化反应，这个结果符合 Eying 关于温度对于物质的立体化学结构影响的理论。Srivastava 研究了温度从 30℃到 75℃ 对于该催化反应的影响。他们的实验结果表明，酯化率由 35℃时的 12％上升到 45℃时的 19％，但是随着温度的持续上升，酯化率却下降，直到 70℃时的 3％。Srivastava 认为这不是酶失活的原因，因为同时这个酶在超临界 CO_2 下十二酸酯的水解反应中，在 65℃下有最高的水解率，在超临界 CO_2 下酶的稳定性还是很好的。

③ 底物及产物含量　Srivastava 在实验中发现，如果底物（乙醇）用量过多的话将会导致酶的催化能力的弱化。R.Goddard 也有同样的观点，他认为当亲水性的底物如乙醇加入的量过多，会改变水在超临界流体中的分配，使得固定化酶中的水分丢失以至酶活减少。Endo Yasushi 认为在超临界流体酯交换反应过程中，如果选择性地把反应产物分离出反应体系中，那么可以提高酯交换率。陈惠晴在超临界 CO_2 中用假丝酵母脂肪酶催化月桂酸和正丁醇反应，她发现当正丁醇浓度小于 100mmol/L 时，反应速率随着浓度的增加而加快，但是正丁醇浓度从 100mmol/L 增加到 400mmol/L 时，反应速率下降了 60％。

④ 夹带剂　有机溶剂在超临界流体中的溶解能力很好；如果是极性有机物在非极性的流体中反应，那么它的溶解度就很小了，会使得反应速度减慢。为此，采取了添加极性夹带剂（乙醇、水等）的方法。Randolph 研究表明乙醇能明显提高酶催化反应速率。Capewell 在 3-羟基酯的酶催化反应中添加了丙酮、癸烷等夹带剂，发现它们对于反应并没有太大的影响，只有癸烷能提高对映体过量值（ee）及转化率。在实际的大生产中，夹带剂的添加将会使得产物的分离变得更加复杂，并且有可能有副产物的生成，因此应根据实际生产选择合适的夹带剂。

7.3.2　离子液体体系

（1）离子液体简介

离子液体又被称为室温熔盐，主要是由有机阳离子和无机或有机阴离子按照一定的配比组成的，在室温的条件下呈现出液态的熔盐体系。相较于传统的有机溶剂和电解质，离子液体的蒸气压较小，不易挥发，因而对环境所造成的影响非常小。此外，离子液体具有较高的热稳定性和化学稳定性，在化学反应过程中能够保持自身性质的稳定。离子液体溶解能力强，能够有效溶解有机物、无机物以及聚合物等多种物质，是一种性能优良的溶剂。离子液体还具有较高并且稳定的电导率和离子迁移率，大多数离子液体的电化学窗口为 4V 左右。通过对离子液体中阴阳离子配比进行科学合理的调节，能够有效提高其对不同无机物、水以及有机物的溶解性，进而为催化反应的顺利进行提供良好的介质环境。

（2）离子液体体系中生物催化特点

相较于传统的有机溶剂，离子液体体系中的生物催化反应具有以下几方面的优势：

① 酶具有更高的活性和稳定性　由于离子液体对各种反应酶具有良好的适应性，所以，反应酶在离子液体中具有良好的稳定性，即使参与多次催化反应也能够保持较高的催化活性，而传统介质中的反应酶比较容易失去活性。

② 离子液体具有良好的可设计性　由于离子液体是由不同种类的离子按照一定的配比混合而成，通过对离子配比进行科学合理的调整，能够直接改变离子液体所具有的性质，例如亲水性和极性，进而为在高极性和低溶解度无法进行彻底反应的物质提供了有利的反应条件。

③ 离子液体不易挥发　由于离子液体的蒸气压较低，反应过程中的生成物能够通过减压蒸馏直接进行有效的分离，而且随着生成物的析出，有利于催化反应的不断进行，因而能够促进反应完全。

④ 离子液体具有良好的新溶剂特性　离子液体能够与有机溶剂和水相进行有效的互溶，并且不溶于超临界 CO_2；因此，可以对生成物进行溶剂萃取，进而实现产物分离的目的，尤其是用超临界 CO_2 萃取分离产物，能够实现零排放的绿色生物合成工艺。

⑤ 有助于提高酶的立体选择性　由于离子液体能够为催化酶提供良好的外部条件，因而，在反应过程中酶具有良好的活性，进而有助于催化反应的顺利进行并提供可靠的保障。

（3）离子液体种类

离子液体（ionic liquids）是由有机阳离子和无机或有机阴离子构成的，在室温或室温附近温度下呈液态的盐类。离子液体的种类繁多，基本上都由含氮有机杂环阳离子和无机阴离子构成（见表 7-2）。

表 7-2　离子液体的种类

阳离子	阴离子
N,N-二烷基咪唑阳离子　　烷基䏲阳离子　　烷基铵阳离子　　*N*-烷基吡啶阳离子	碱性：$[BF_4]^-$，$[PF_6]^-$，NO_3^-，NO_2^-，SO_4^{2-}，CH_3COO^-，$[SbF_6]^-$ 酸性：$[Au_2Cl_7]^-$，$[Cu_2Cl_3]^-$，$[Al_3Cl_{10}]^-$ 中性：Br^-，Cl^-

（4）离子液体在生物催化中的应用

① 蛋白酶催化的反应　嗜热菌蛋白酶是一种性质非常稳定的反应酶，在憎水性离子液体介质中，能够对 Z-天冬酰胺苯丙氨酸甲酯的合成起到良好的催化作用，其产物的收率能够达到 95%。在离子液体中的蛋白酶具有良好的稳定性，其活性与在醋酸乙酯-水体系中的相当，离子液体为蛋白酶催化作用的充分发挥提供了良好的介质环境。相较于有机溶剂乙腈和己烷，在离子液体中的蛋白酶只需要少量的水用以维持其活性，而对于在超临界 CO_2 中进行的反应，蛋白酶对于水的需求量较高。研究表明，在离子液体和有机溶剂中的酯交换反应速率相当。某些蛋白酶在离子液体中的活性虽然仅为醇类液体的 10%～50%，但是在离子液体中的蛋白酶具有更高的稳定性，在催化反应过程中能够始终保持自身性质的稳定，有利于催化反应向正方向不断进行，因此，能够最终获得更高的产物浓度。

② 脂肪酶催化的反应　脂肪酶对有机溶剂具有非常高的耐受性，因而，在有机溶剂中的脂肪酶具有较高的活性，有利于催化反应的进行。根据 Lau 的研究，脂肪酶能够在干燥的离子液体中进行催化酯交换反应、氨解反应以及环氧化反应等，并且还具有较高的产物产率。根据 Nara 的研究，离子液体还有助于保持脂肪酶的反应活性，即便是多次参与反应，脂肪酶仍旧具有较高的反应活性，因此，离子液体和脂肪酶能够循环多次使用。脂肪酶可通过催化水解反应、酯化反应或酯交换反应实现外消旋化合物的动力学拆分。Schofer 通过研究发现，用不同的脂肪酶对 1-苯基乙醇进行动力学拆分，其中的两种脂肪酶失去活性，这是由于不同实验室所制备的离子液体浓度不尽相同所致。但有关离子液体中脂肪酶的研究都表明反应的对映选择性增强，这为目的旋光物的合成提供了新的有效途径。

③ 氧化还原酶催化的反应　氧化还原酶催化的不对称合成是一种重要的合成生物催化合成手性化合物的方法，也是当前最有发展前景的方法之一。在实际氧化还原酶的催化过程中，为了促进催化反应的顺利进行，常常需要配合一种辅酶。由于辅酶的价格较高，为了尽可能减少反应费用，在反应过程中往往需要利用完整的细胞进行催化反应。Howarth 通过将生物试剂的优点和离子液体可循环利用的优点进行有机结合，研制出了用于酮的还原反应制备醇的发面酵母，相较于传统的有机溶剂-水体系，该催化剂在产物的对映选择性上表现出了良好的性质，而且发面酵母只需要进行简单的过滤就能与产物进行有效的分离。

④ 其他酶催化的反应　糖苷酶在离子液体-水体系中具有良好的耐受性，这就为其在离子液体中进行有效的催化反应提供了必要条件。Kaftzik 采用 β-半乳糖苷酶在离子液体中对 N-乙酰乳糖胺进行催化反应，当该催化反应在水中进行时，β-半乳糖苷酶会导致产物进行二级水解，进而影响到产物的生成量，其进行水解的产物占到生成总产物的 70%；而离子液体-水体系则能对产物的二次水解起到良好的抑制作用，避免产物的大量水解，因此，其产物的产率高达 60%，并且糖苷酶在离子液体-水体系中能够保持较高的活性，可以进行循环重复利用，能够有效降低反应成本。

7.3.3　气相介质体系

酶在液体介质（如有机溶剂）中进行催化反应，虽然克服了诸如疏水性底物溶解性差等限制，但是仍然存在气相底物溶解性差、很难参与反应或者反应效率低等问题。因此，研究者开始探索在气相介质中进行酶催化。

气体具有扩散性能好、传质效率高等优点，同时气相中的酶促反应更有利于易挥发性产品生产。在气相介质中酶催化反应除了具有有机介质反应体系的一些优点外，还具有自身一些特点。气相介质中酶以固态形式存在，这种气-固形式的催化与液-固形式的催化体系相比较，生物催化剂的固定化更为简单。在气相催化系统中，不存在液相系统中的酶的解吸附问题，因此，可以使用一些非常简单且温和的方法进行酶的固定化，如吸附固定。

气相催化体系中，大多数情况下底物以气态形式存在，反应体系中一般没有液态溶剂存在，使产物的分离相对比较容易，这是该催化系统的显著优点。但是，因为底物以气态形式存在，所以整个催化系统中，底物的浓度较低，而且只有一些挥发性的物质可以参与反应。为了利用气相介质的优点，克服其存在的缺点，气相介质中的酶催化反应往往采用较高的反应温度和连续流的操作方式。气态底物连续通过固定化酶柱，形成气态产物随气体流出，这种操作形式可以大大提高酶的催化效率，同时也便于自动化生产。这种连续的操作形式同时要求酶在该气相系统中具有较高的稳定性。酶在气相系统中的稳定性与酶在有机介质中有一些共同的规律，即酶分子在气相介质中必须保持其必需水才能维持其催化活性，在一定范围内酶活性随着水活度的增加而增加，但酶的热稳定性下降。

采用酶作为催化剂的气固相反应器已用于单步的生物催化，所用的生物酶包括氢化酶、醇氧化酶、醇脱氢酶、脂肪酶等。氢化酶的天然底物是气态氢。干燥状态的氢化酶可以活化氢分子进行反应，而水质子不参与反应。使用氢化酶不仅可以进行转化、交换反应，而且可以进行可逆的电子载体（细胞色素）的氧化还原反应。固定化醇氧化酶在没有水时，可以在较高温度下氧化甲醇、乙醇蒸气。

7.3.4　深共熔溶剂体系

（1）深共熔溶剂及其特点

Abbott 团队在 2003 年提出了一种新型可持续溶剂——深共熔溶剂（deep eutectic solvents，DESs），该溶剂具有熔点低、两种或多种溶剂组分互相熔融以及常温下为液体的性质。深共熔溶剂各组分按一定摩尔比例加热混合，由于氢键等不同分子间相互作用使得共熔混合物熔点低于单组分熔点，一般低于 $100℃$，并且可以被当作为良好溶剂使用的液体。DESs 物化特性，如极性、疏水性、溶解性及黏度等，可通过改变氢键供体和受体的结构及比例进行调节，故又称为"设计溶剂"（designed solvents）。和离子液体类似，DESs 热稳定性高、蒸气压低，对各种有机物和无机物溶解能力强。和离子液体不同的是，DESs 的合成步骤简单，仅需在一定的温度下将两种组分简单地搅拌混合即可，其收率可达 100%，且无需使用溶剂，零排放。因此，DESs 因易于制备、生物相容性良好、溶解性能好，成为可替代离子液体和传统有机溶剂的新型"绿色溶剂"，在生物催化领域中的应用受到越来越多研究者的关注。

（2）DESs 的结构以及类型

从结构上来说，DESs 是由氢键供体（hydrogen bond donor，HBD）以及氢键受体（hydrogen bond acceptor，HBA）以一定的摩尔比混合加热形成的低共熔混合物。氢键受体一般为季铵盐类及其衍生物，如烟酸（nicotinic acid，NA）、氯化胆碱（choline

Chloride，ChCl）、利多卡因（lidocaine）等；氢键供体主要包括糖、醇、羧酸类化合物，如尿素（urea）、甘油（glycerol）、苯甲酸（benzoic acid）等（图7-1）。

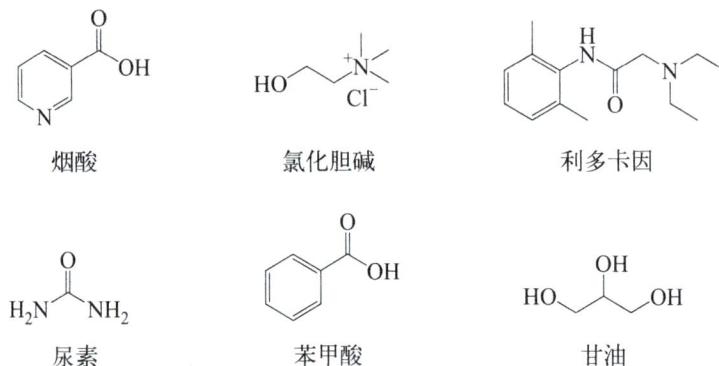

烟酸　　　　　　　氯化胆碱　　　　　　　利多卡因

尿素　　　　　　　苯甲酸　　　　　　　　甘油

图 7-1　深共熔溶剂的可组成成分

2014年，Abbott等提出了DESs的一般公式，将DESs分成四种不同的类型，从组成上看均为两种不同组分制备而成的二元构型，从表7-3可以看出，第Ⅰ类DESs和第Ⅱ类DESs最大的不同在于结合水，这就使得许多水合卤化物盐用作HBD以合成DESs成为可能，所以第Ⅱ种类型的DESs倾向多于第Ⅰ种类型的DESs。第Ⅲ类DESs是目前研究最多的，该类DESs可由酰胺、氨基酸、生物体中常见的醇类、有机酸等形成，因丰富的HBA和HBD来源而应用较为广泛。第Ⅳ种类型的应用研究报道较少。随着DESs溶剂系统的不断发展，其具有的安全性好、成本低、合成步骤简单等诸多优势，使其成为生物催化领域的研究热点。

表 7-3　深共熔溶剂的类型

类型	通式	条件	例子
Ⅰ	$Cat^+ X^-$ $MetCl_m$	Met：Zn，Sn，Fe，Al，Ga，In……	$ChCl+ZnCl_2$
Ⅱ	$Cat^+ X^-$ $MetCl_m \cdot nH_2O$	Met：Cr，Co，Cn，Ni，Fe……	$ChCl+CoCl_2 \cdot 6H_2O$
Ⅲ	$Cat^+ X^-$ R-Z	Z：$CONH_2$，COOH，OH…… R：Substituent group	ChCl+U
Ⅳ	$MetCl_m$ R-Z	Met：Al，Zn…… Z：$CONH_2$，OH R：Substituent group	$ZnCl_2$+U

注：Cat^+—季盐离子（如铵盐、磷盐）；X^-—卤化物阴离子；m，n—分子数目。

（3）深共熔溶剂中的生物催化反应

① 酯交换反应　Kazlauskas等首次证明脂肪酶在 n（氯化胆碱）：n（乙二醇）=1：2，n（氯化胆碱）：n（甘油）=1：2，n（氯化胆碱）：n（尿素）=1：2，n（氯化乙基氨）：n（甘油）=1：1.5 形成的DESs介质中可高效地催化戊酸乙酯和丁醇的转酯反应，南极假丝酵母脂肪酶B（Candida antarctica lipase B，CALB）在 n（氯化胆碱）：n（尿素）=1：2 体系中的反应速度和产率远高于在离子液体或有机溶剂中的相应值。脂肪酶PCL在氯化胆碱/丙三醇形成的DESs中的催化反应效率明显高于有机溶剂，由此开创了继离子液体之后，第二代新型绿色溶剂DESs中生物催化研究的新时代。Zhao等研究了DESs介质（乙酰胆碱/甘油）中脂肪酶Novozym 435催化辛酸/癸酸甘油三酯制备生物柴油，3h内甘油三酯的转化率可高达97%；当在氯化胆碱/甘油（摩尔比为1：2）反应体系中利用脂肪酶Novozym 435催化大豆油制备生物柴油时，发现甘油三酯转化率

在 24h 内达到 88%，并且酶在此反应体系中具有高的操作稳定性，重复使用 4 次其活性仍然没有损失。

② 还原反应 Peng 等研究了 5 种深共熔溶剂（DESs）对从土壤中筛选出来的吉氏库特菌（*kurthia gibsonii* SC0312）催化 2-羟基苯乙酮合成（*R*）-1-苯基-1,2-乙二醇的影响，发现该菌株在手性苯基乙二醇的合成中表现出高度的对映选择性，其中在含有氯化胆碱/1,4-丁二醇的体系中 30mg/mL 的湿细胞可以高效还原 80mmol/L 的 2-羟基苯乙酮，（*R*）-苯基乙二醇的产率达到 80%，光学纯度＞99%。Bubalo 等报道了在水和 DESs 混合溶液中利用面包酵母对乙酰乙酸乙酯立体选择性生物还原为（*R*）-3-羟基丁酸乙酯的实验，当 n（氯化胆碱）：n（甘油）=1：2 在水中的含量大于 80% 时，（*R*）-3-羟基丁酸乙酯有 95% 的收率，产物的对映选择性达到 95%。Ru 等以 n（氯化胆碱）：n（甘油）=1：2、n（氯化胆碱）：n（乙二醇）=1：2、n（氯化胆碱）：n（葡萄糖）=2：1、n（氯化胆碱）：n（果糖）=3：2、n（氯化胆碱）：n（木糖）=2：1、n（氯化胆碱）：n（苹果酸）=1：1、n（氯化胆碱）：n（草酸）=1：1 和 n（氯化胆碱）：n（尿素）=1：2 合成不同类型的 DESs，在 DESs 和水混合液中利用面包酵母生物催化还原乙酰乙酸乙酯，发现 HBD 的类型和 DESs 中的水含量对反应收率影响很大，DESs 中含水量为 w（DESs）：w（H_2O）=50%：50% 时，在含有糖类（葡萄糖、果糖和木糖）或甘油作为 HBD 的 DES 水溶液中，产物产率达到 93%；当氯化胆碱/甘油中的含水质量从 10% 增加到 50% 时，反应产率从 75.5% 增加到 91.3%，由此可以看出提高 DESs 中的含水量有益于还原产物产率的增加。

③ 水解反应 Juneidi 等进行了 DESs-水双相体系中伯克霍尔德菌（*Burkholderia cepacia*）脂肪酶（BCL）水解对硝基苯基棕榈酸酯的研究，发现缓冲液体系中添加 4% 的 DESs 时，酶活性比在磷酸缓冲液、离子液体和甲醇体系中分别提高了 2.6 倍、1.5 倍和 14 倍，说明 DESs 可以提高 BCL 的活性和稳定性；当 DESs 的 V（氯化胆碱）：V（乙二醇）=1：2 的浓度为 40% 时，BCL 活性比未添加 DESs 体系中的提高了 230%。曾朝喜探究了季铵盐双水相体系中脂肪酶催化水解橄榄油的反应，其选择脂肪酶 Ays 作为催化剂，甜菜碱/PEG-600 作为反应体系，测试了 4 个不同组分 [m（甜菜碱）：m（PEG-600）：m（水）=0.8g：1.0g：1.0g、0.9g：0.9g：1.0g、1.0g：0.8g：1.0g、1.1g：0.7g：1.0g] 的 DESs 体系和一个传统的纯水体系 [m（甜菜碱）：m（PEG-600）：m（水）=0g：0g：1.0g] 的水解反应，结果发现橄榄油水解 3h 后，在包含 DESs 的双水相体系中脂肪酸的含量为 91.44%，而在传统体系中脂肪酸为 89.43%，显然 DESs-水双相体系的条件优化可以提高水解反应的效率。

7.3.5 双水相体系

双水相体系是一类新型且具有极大开发价值的酶催化反应介质。双水相体系一般由两种不同的聚合物（一种聚合物与一种亲液盐，或一种离散盐和一种亲液盐）在适当的外部环境诱导下（溶质浓度、环境温度、光照条件、pH 值等）形成。Jahansson 等报道了一种新的双水相体系，该双水相体系由一种高聚物与水组成。该高聚物是由乙烯氧化物与丙烯氧化物随机共聚合后在两端用疏水的十四烷基修饰后得到（HM-EOPO），在水中具有热分离的特性。17～30℃ 的水溶液中，该聚合物的水溶液与水组成两相，上相为 100% 的水，而下相为 5%～9% 的 HM-EOPO 水溶液。

与其他反应体系相比，双水相体系中进行生物转化具有明显的优越性：a. 双水相体系中生物相容性高。双水相体系通常对酶或细胞没有毒性，体系中高聚物对生物分子的结构不但没有破坏，反而有稳定作用，而水-有机溶剂两相体系中有机溶剂往往使生物活性物质变性或者失活。b. 由于双水相体系的界面张力远远低于水-有机溶剂两相体系的界面张力，在水含量高达 80% 的情况下，双水相体系界面张力一般为 $1 \times 10^4 \sim$ 1mN/m，且整个操作过程在室温下进行，生物转化过程和相分离过程非常温和。c. 在双水相生物反应体系中，选择适当的反应条件，使生物催化剂分配在下相，而产物分配在上相，可以实现生物反应-产物分离的耦合。由于产物被萃取入上相消除了产物抑制作用，实现了细胞的高密度生长和生物催化剂活性的长期保持；同时，分配于下相的细胞或酶得以循环使用。此外，通过产物在相间的转移而使平衡向着产物生成的方向移动，提高了反应的转化率。d. 双水相生物反应体系将生物转化与分离耦合，减少了后续的分离单元操作，能耗较小，经济省时，对工业应用尤为有效。正因为双水相体系具有许多优点，已有多类生物反应在双水相体系中进行，包括抗生素、酶、肽、有机酸、表面活性剂等的生物合成和转化。

7.3.6 无溶剂体系

无溶剂体系是指以纯底物作为反应溶剂，没有额外的溶剂加入。在无溶剂体系中，酶直接作用于反应底物，因此无溶剂体系具有如下优点：a. 提高了反应底物浓度和产物浓度；b. 反应速度快；c. 产物收率高；d. 反应体积小；e. 减少了产物分离提纯的步骤，使纯化容易；f. 不用或少用有机溶剂而大大降低了对环境的污染，降低了回收有机溶剂的成本；g. 为反应提供了与传统溶剂不同的新的分子环境，有可能使反应的选择性、转化率得到提高。因此，无溶剂体系是一个极具潜力的清洁反应新技术，并且应当成为选择反应介质时优先加以考虑的方法，值得大力加以研究和提倡。

无溶剂体系也有其固有的缺点，特别是对以前使用有机溶剂较为普遍的固体物质参与的反应，可能会有如下问题：a. 反应能否进行？因为参加反应的分子之间要接近到一个足够小的距离（如<1nm）才可能发生反应，而不同反应物粉末混合时，达到此距离的异种分子对所占的比例很小，因而许多反应无溶剂下不能进行，要研究采用什么方法促进反应的进行；b. 散热问题，有些反应进行时放热多，在无溶剂条件下就存在散热难的问题；c. 分离问题，反应完成后若得到的是固体混合物，进行分离时，有可能又要使用有机溶剂；d. 因反应系统无流动性，组织大规模的自动化水平高的生产较难。

影响无溶剂体系酶促反应的主要因素

① 水的作用　酶维持活性有赖于其活性构象的维持，而酶的活性构象的形成是依赖于各种氢键、疏水键等非共价相互作用。水参与了氢键的形成，而疏水相互作用也只有在有水参与时才能形成。因此水分子与酶分子的活性构象形成有关。水与酶蛋白分子表面的带电部位和部分极性基团的水合可能是酶催化的先决条件。设想在无水条件下，酶分子的带电基团和极性基团相互作用产生一种非活性的封闭结构，加入的水能使酶分子的柔性增大，并通过非共价作用力来维持其催化的活性结构。所谓无溶剂体系并不是绝对无水，一般指水含量低于 0.01% 以下，这也是非水反应体系对水的要求，事实上无溶剂体系也是非水反应体系。M. Kaieda 等研究了在无溶剂体系中，水对米根霉（*Rhizopus oryzae*）脂肪酶催化植物油与甲醇发生酯交换反应的影响：当完全没有水

时，脂肪酶几乎不发生作用，此时它没有活性；在含有 4%～30% 底物的水量时，脂肪酶可以有效地催化反应。因此，在绝对无水的条件下酶促反应是不可能发生的。对不同的酶及不同的反应底物体系，其水的最佳加入量也是不同的，必须结合具体体系实验摸索研究。

② 底物比例的影响　底物比例改变会影响反应的速率和平衡。D. Undurraga 等研究了不同的底物比例情况下的无溶剂酶促反应。实验中，D. Undurraga 等发现底物配比对达到平衡的时间和平衡后得到的 S_I 值 [S_I 即硬脂酸指数（stearate index）] 有很大的影响。在硬脂酸与棕榈油反应中，过量硬脂酸时，S_I 值增加；棕榈油过量时，S_I 值减小。

③ 辅助剂的作用　在无溶剂体系中，特别是固体物质参与的反应，加入一定量的辅助剂，可以加快体系中液相的形成，提高反应速率。体系中加入的辅助剂主要是一些亲水性的含氧有机溶剂，如醇、酮、酯等，它的主要作用是改善体系的性质，而不是作为反应溶剂。辅助剂在反应机理中起着复杂的作用，主要是影响体系中液相的组成和理化性质，其次对酶的活性、产物的结晶也有影响，而且它还与反应的产率有关。尽管辅助剂的种类和数量随反应和酶的不同而变化，但辅助剂的溶解度参数（δ）值在 7.5～10.0 之间，$\lg P$（P 表示一种有机溶剂在正辛醇和水两相溶液中的分配系数）在 -1.5～0.5 之间最好。

④ 反应体系的混合方式　液-固体系中的反应体系的混合程度非常重要，特别是对无溶剂体系反应，目前有试管加超声波处理或振荡、搅拌桨式反应器及流化床反应器三种形式。由于搅拌桨式反应器特别适用于高黏度固液混合物的混合，所以设计有搅拌桨的搅拌式反应器应该有更好的工业应用价值。除了上述几个参数外，与其他所有酶促反应一样，温度、pH 值及酶浓度等因素也影响此类酶促反应。

思考题

1. 有机介质中生物催化的优点有哪些？
2. 典型的生物催化介质系统有哪些？什么是微水有机相系统？
3. 什么是 pH 记忆？
4. 什么是酶反应必需水？什么是水活度？
5. 简述有机介质中酶催化反应的影响因素及其控制。

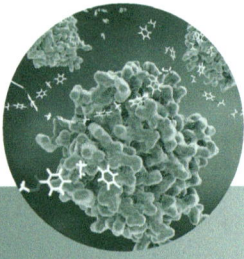

第8章

酶反应器与过程技术

8.1 反应器类型

8.1.1 基本反应器类型及物料平衡

酶反应器是酶催化反应中的核心设备，依据反应的类型、规模和操作方式可以分为多种类型。酶反应器的主要功能是提供适宜的反应环境，使底物与酶高效接触并完成转化反应。因此，反应器类型和设计直接影响反应的效率、产率以及过程的经济性。常见的基本反应器类型包括间歇式反应器、连续流反应器、固定床反应器和流化床反应器等。每种反应器在设计上有不同的特点和应用场景，能够满足不同行业的需求。了解每种反应器的工作原理、优缺点及其物料平衡对酶反应的放大与控制具有重要意义。

8.1.1.1 间歇式反应器

间歇式反应器（batch reactor）是化学工程和生物工程中最为常见的反应器之一，特别适用于小规模、周期性或批次操作的酶催化反应。这类反应器的主要特点是反应物在一个封闭容器内装载，然后经过一段时间的反应，待反应完成后反应产物被移出，再重复此过程。由于间歇式反应器的操作灵活，可以在不改变设备的情况下处理不同的反应，因此在科研实验和小批量生产中应用广泛。

间歇式反应器的主要优势包括：

① 操作灵活　反应条件可以在不同批次中灵活调整，适用于研究和开发阶段，特别是在优化反应条件时。

② 适应性强　可以处理多种类型的反应，包括酶催化的水解、氧化还原和转化反应等。

③ 易于控制　反应的启动和停止均由操作人员控制，便于实时监控和调节反应条件。

然而，间歇式反应器在大规模工业生产中的应用受到一定限制。随着反应规模的扩大，传质和混合问题变得显著。酶催化反应通常依赖底物与酶的充分接触，因此，间歇式反应器在大规模操作时可能会导致混合不均，影响酶活性。此外，酶的稳定性和反应时间的要求也可能难以通过间歇操作来实现。

8.1.1.2　连续流反应器

连续流反应器（continuous flow reactor）是工业化酶催化反应中的重要设备，尤其适合大规模生产。与间歇式反应器不同，连续流反应器通过不断地输入原料和输出产物来维持反应的持续进行，这种操作方式减少了停机时间，提高了反应的生产效率。常见的连续流反应器有两类：管式反应器和连续搅拌釜式反应器（continuous stirred tank reactor，CSTR）。

① 管式反应器　管式反应器中，酶和底物在管道中不断流动，反应物沿着管道前进并逐渐转化为产物。由于流体在管式反应器中是按照一定的流动方向前进的，反应器内的物料平衡可以通过控制流速和管道长度来实现。其主要优点是传质速率高，适合快速反应的系统。通过调节反应器的长度和流速，可以精确控制反应时间，适用于处理大规模生产过程中的酶催化反应。

② 连续搅拌釜式反应器　CSTR 是一种被广泛应用于化学工程和生物工程的反应器，反应器内的物料通过不断搅拌达到均匀混合，底物和酶充分接触，从而保持较高的反应速率。由于物料不断流入和流出，反应器内的物料浓度可以维持在动态平衡状态，反应速率与物料的输入和输出相匹配。CSTR 的设计可以实现大规模的连续生产，特别适合处理需要长时间反应或底物浓度波动较小的酶催化过程。

连续流反应器的优势在于其能够提供较高的生产效率，且操作相对自动化，适合长期连续运行。但在实际操作中，控制物料平衡和反应条件的稳定性仍然是关键问题。例如，管式反应器可能面临底物分布不均的问题，而 CSTR 则可能因搅拌效率不足导致局部传质受限。因此，合理的反应器设计和控制系统对于连续流反应器的成功运行至关重要。

8.1.1.3　固定床反应器

固定床反应器（fixed-bed reactor）广泛应用于固-液、固-气等多相反应中，特别适合酶的固定化技术。固定床反应器通过将酶固定在固体载体上，使底物在流经载体的过程中与酶发生反应。这种设计适用于连续操作，并且酶的回收和重复利用较为方便，有助于降低酶的使用成本。

在固定床反应器中，物料平衡主要体现在反应物与载体表面上固定的酶之间的相互作用中。流体中的底物通过扩散或对流传递到酶的活性位点，并在载体表面完成催化反应。由于固定床反应器具有较大的比表面积，可以有效提高反应速率，但也容易受到传质阻力的限制。特别是在流体流速较低的情况下，底物难以快速到达酶的活性位点，导致反应效率下降。此外，固定床反应器中的酶可能会随着时间的推移而失活，影响反应的长期稳定性。

固定床反应器在食品、制药和环境工程等领域有着广泛的应用。例如，固定化葡萄糖异构酶被用于工业化生产高果糖浆，固定化脂肪酶用于生物柴油合成。然而，固定床反应器的设计需要考虑传质和热质的有效控制，以确保反应的高效进行。

8.1.1.4　流化床反应器

流化床反应器（fluidized-bed reactor）是一种利用流体力学原理实现固体颗粒悬浮的反应器，常用于气-固或液-固反应体系。与固定床反应器相比，流化床反应器中的催化剂颗粒（如固定化酶）可以通过流体的冲击力被悬浮起来，使得底物与酶的接触面积增大，传质效果得到显著改善。

流化床反应器的物料平衡与催化剂颗粒和流体之间的相互作用密切相关。通过调节流体的速度，可以控制颗粒的流化状态，从而达到优化传质和反应速率的目的。流化床反应器适用于处理固体含量较高的体系，特别是在多相反应中有着显著优势。此外，流化床反应器还具有良好的传热性能，有助于避免反应器内的局部过热或冷却不足的情况。

流化床反应器在工业中的应用包括水处理、生物燃料生产和环境治理等领域。例如，流化床反应器可以用于去除废水中的有机污染物，或者在生物燃料的生产过程中提高转化率。尽管流化床反应器具有较高的传质和传热效率，但其设计和操作的复杂性较高，需要对流体动力学有深入的理解才能实现最佳操作效果。

8.1.2 其他反应器类型和结构

除了间歇式反应器、连续流反应器、固定床反应器和流化床反应器等基本类型外，酶工程中的特殊反应器也有着广泛的应用。这些特殊反应器通常结合了先进的传质和分离技术，能够在复杂反应体系中实现更高的效率和更好的控制。常见的特殊反应器类型包括膜反应器和多相流反应器。

8.1.2.1 膜反应器

膜反应器（membrane reactor）是一种结合了膜分离技术与反应过程的先进反应器，它通过将酶与反应物物理分隔开来，同时允许特定分子的选择性透过，从而实现高效的酶催化反应。膜反应器的核心是选择性透过膜，其功能可以是选择性地允许底物通过、阻止产物或杂质通过，或者是用于酶的回收和重复使用。由于膜反应器能够在反应过程中实现实时的分离和纯化，因此广泛应用于酶分离、纯化以及产物回收等领域。

膜反应器在酶催化反应中的主要优点包括：

① 提高反应效率　通过膜的选择性，反应可以在较高的底物浓度下进行，从而提高酶的催化效率。

② 酶的重复利用　固定化酶可以被膜限制在反应器的一侧，减少了酶的流失，延长了酶的使用寿命，提高了过程的经济性。

③ 实现在线分离　膜可以在反应过程中实时分离反应产物，减少副产物的积累，提高反应的选择性和产物的纯度。

尽管膜反应器具有很多优势，但其应用仍然受到一些限制。例如，膜的通透性和选择性可能随时间下降，膜污染和堵塞问题可能导致操作复杂性增加。同时，膜材料的选择和使用条件（如温度、压力等）也需要严格控制，以防止膜失效或损坏。

8.1.2.2 多相流反应器

多相流反应器（multiphase flow reactor）是处理复杂多相反应体系的有效工具，特别适用于气-液-固反应系统。这类反应器在化学工程和生物工程领域中的应用广泛，能够在多种相态（固、液、气）中有效控制反应过程中的传质、传热和物料平衡。

多相流反应器的结构设计通常需要解决以下几个关键问题：

① 相间传质　在多相反应中，不同相之间的传质是反应效率的关键。例如，在气-液-固反应中，气相底物必须通过液相传递至固相催化剂表面才能发生反应。因此，多相流反应器通常配备强化传质的结构设计，如通过搅拌、鼓泡或流化来增加相间接触面积。

② 反应速率控制　由于不同相的扩散速率和反应速率可能存在较大差异，多相流反应器需要通过优化操作条件，平衡各相之间的反应速率，以避免瓶颈效应的产生。

③ 热质平衡　在多相流反应中，反应器内的热量分布和传递必须均匀，否则可能导致局部过热或反应不充分，从而影响产物的质量和反应选择性。为了实现高效的热质平衡，多相流反应器通常配备有完善的控温系统，确保反应在最佳温度范围内进行。

多相流反应器的典型应用是气相发酵和气体转化反应，此外在生物燃料合成、生物降解以及工业废气处理方面也发挥了重要作用。

8.1.3　酶反应器的特性及其限制因素

酶反应器的特性主要体现在传质效率、酶活性稳定性和催化效率等方面。酶作为生物催化剂，其活性、稳定性和反应条件的适应性对于反应器的设计具有重要影响。尽管酶反应器在实际应用中表现出高效、环保和选择性高等优势，但在设计和运行过程中，也面临一些限制因素。以下是影响酶反应器性能的几项关键限制因素：

8.1.3.1　传质阻力

酶催化反应的效率往往受限于底物与酶活性位点之间的传质速率。当底物需要通过液体或固体介质到达酶的活性中心时，传质阻力可能成为限制反应速率的主要瓶颈。特别是在固定床反应器和膜反应器中，底物需要穿过载体或膜才能与固定化酶接触，传质过程中的阻力较大，容易导致反应效率下降。为减小传质阻力，反应器设计中通常采用增加搅拌、增强流体动力学或采用微孔载体等方法。

8.1.3.2　酶失活

酶的稳定性是酶反应器运行中的重要挑战之一。由于酶是一类蛋白质，它们对温度、pH 值、溶剂等反应条件非常敏感。在高温、高压或极端 pH 环境下，酶的结构可能发生变性，导致活性丧失。此外，长时间操作中酶的持续作用可能使其活性逐渐降低，这对连续反应器尤其不利。因此，反应器设计需要考虑如何维持酶的稳定性，例如通过酶的固定化技术来提高其耐受性，或通过反应条件的优化来延长酶的使用寿命。

8.1.3.3　反应物积累

在连续操作或多相流反应器中，未反应底物的积累可能引发副反应或不利产物的生成，从而影响反应的选择性和最终产物的纯度。为避免这一问题，反应器设计应注重底物的供给速率与反应速率的平衡，确保在任何时候反应器内都能保持稳定的反应条件。实时监控和反应器的智能化控制系统可以帮助提高反应的选择性，并减少不利副反应的发生。

通过合理设计酶反应器并考虑这些限制因素，可以在实际操作中优化反应条件，提高反应器的整体效率和经济性。

8.2　反应器放大与控制

在酶工程中，随着反应规模的扩大，反应器的设计和控制变得尤为重要。反应器放大的过程不仅要保持实验室中小规模实验时的反应效果，还须应对大规模操作时出现的新挑战。这包括对反应器中停留时间分布、混合、压降、质量传递等因素的控制。此外，无因次数（即无量纲数）作为反应器放大和控制的核心参数，对于反应器性能的衡量至关重要。以下将详细探讨这些因素及其在反应器放大中的影响。

8.2.1　反应器中的停留时间分布、混合、压降和质量传递

① 停留时间分布（residence time distribution，RTD）　停留时间分布是反应器中反应物颗粒在不同位置停留时间的分布。理想的反应器模型中，反应物的停留时间是均匀的，例如理想的连续搅拌釜式反应器（CSTR）或理想的推流反应器（PFR）。然而，实际操作中的反应器往往表现为非理想流动，存在死区、回流等现象，导致不同反应物粒子的停留时间不同，从而影响反应效率和产品的选择性。

RTD 通常用 $E(t)$ 曲线表示，其定义为：

$$E(t) = \frac{\text{流体在时间 } t \text{ 时离开反应器的概率密度}}{\text{总停留时间分布的积分}} \tag{8-1}$$

RTD 分析通过跟踪流体颗粒的行为来评估反应器内流动的理想程度。通过调整反应器设计，如改变反应器尺寸、流速、进料口设计等，可以对 RTD 进行优化，从而提高反应器的整体性能。对于连续反应器而言，理想的 RTD 能够确保均匀的反应速率和高效的底物转化率。

② 混合　混合对反应物与酶的接触效率起着至关重要的作用。连续搅拌釜式反应器（CSTR）中，搅拌效果决定了底物在反应器中的分布以及酶与底物的接触效率。过低的搅拌速率可能导致混合不均，使传质阻力增加，从而影响反应速率；而过高的搅拌速率则可能引起过大的剪切力，破坏酶的结构和活性。对于搅拌速率的优化，可以通过式（8-2）来确定能量消耗和搅拌效果之间的平衡：

$$\text{功率数}(N_p) = \frac{P}{\rho N^3 D^5} \tag{8-2}$$

式中，P 为功率消耗；ρ 为流体密度；N 为搅拌转速；D 为搅拌桨直径。

③ 压降　压降是流体在通过管式反应器时因摩擦力和阻力产生的压力损失。在管式反应器中，压降不仅影响流体的驱动力，还影响反应物的转化速率。较大的压降可能导致反应器内的流速降低，从而影响反应效率。压降可以通过达西-威斯巴赫方程（Darcy-Weisbach equation）进行计算：

$$\Delta P = f \times \frac{L}{D} \times \frac{\rho v^2}{2} \tag{8-3}$$

式中，ΔP 为压降；f 为摩擦因子；L 为管道长度；D 为管道直径；ρ 为流体密度；v 为流速。

④ 质量传递　质量传递是酶反应器中另一个关键因素。质量传递的速率决定了底物到达酶活性位点的速度，特别是在固定床反应器和膜反应器中，传质过程中的阻力可能成为限制反应速率的主要瓶颈。质量传递的效率通常通过传质系数来衡量，其定义为：

$$J = k_c(C_s - C_b) \tag{8-4}$$

式中，J 为传质通量；k_c 为传质系数；C_s 和 C_b 分别为固体表面和主体流体中的溶质浓度。

通过增加流速、减小粒径、优化搅拌等方式可以提高传质系数，从而减少传质阻

力，提高反应速率。

8.2.2　无量纲数

无量纲数是反应器设计和放大过程中的关键参数。无因次数能够帮助我们理解反应器中的不同力和现象之间的关系，常见的无因次数包括雷诺数、达姆科勒数和佩克莱数。

① 雷诺数（Reynolds number，Re）　是衡量流体流动状态的无因次数，其反映了惯性力与黏性力之间的关系，定义为：

$$Re = \frac{\rho v D}{\mu} \tag{8-5}$$

式中，ρ 为流体密度；v 为流速；D 为管道直径；μ 为流体黏度。

雷诺数较大时，流体呈现湍流状态，传质和混合效果较好；雷诺数较小时，流体呈层流状态，传质效果较差。

③ 达姆科勒数（Damköhler number，Da）　是衡量反应速率与传质速率之间关系的无因次数，其定义为：

$$Da = \frac{k_r C_0^{n-1} d^2}{D} \tag{8-6}$$

式中，k_r 为反应速率常数；C_0 为初始浓度；n 为反应级数；D 为扩散系数；d 为特征长度。

达姆科勒数较大时，传质速率限制反应过程；达姆科勒数较小时，反应质速率限制反应过程。

③ 佩克莱数（Peclet number，Pe）　衡量对流与扩散之间的关系，其定义为：

$$Pe = \frac{v L}{D} \tag{8-7}$$

式中，v 为流体速度；L 为特征长度；D 为扩散系数。

较高的佩克莱数意味着对流占主导地位，较低的佩克莱数则表明扩散占主导地位。

在反应器放大过程中，保持这些无因次数的相对稳定非常重要，通过保持这些无因次数的稳定，可以确保放大后的反应器能够保持实验室中反应条件的良好再现性。

8.2.3　停留时间分布

反应器中的停留时间分布（RTD）反映了反应物颗粒在反应器中不同位置停留时间的分布。通过 RTD 分析，可以判断反应器中流体流动的模式，例如是否存在短路、死区等现象。RTD 通常用脉冲注入法测量，并用 $E(t)$ 曲线表示：

$$E(t) = \frac{C(t)}{\int_0^\infty C(t)\,\mathrm{d}t} \tag{8-8}$$

式中，$E(t)$ 为停留时间分布；$C(t)$ 为在时间 t 时流出反应器的标记物浓度。

E 曲线的形状能够直观反映出反应器内的混合情况和流动模式，理想的推流反应器表现为尖锐的峰值，而完全混合反应器则表现为较为平滑的分布。

通过优化反应器的结构或操作条件，可以调控 RTD，使停留时间分布更加均匀，从而提高反应效率。

8.2.4 搅拌式反应器中的混合

搅拌是连续搅拌釜式反应器（CSTR）中控制混合效果的主要手段。在反应器放大过程中，搅拌设计的合理性直接影响到底物和酶的充分接触。混合效果不仅影响传质速率，还影响反应的均匀性。搅拌设计的关键参数包括搅拌速率、搅拌桨形状以及搅拌桨与反应器容积的比例。

混合效果可以通过混合时间 θ_m 来衡量，其计算公式为：

$$\theta_m = \frac{V}{Q} \tag{8-9}$$

式中，V 为反应器容积；Q 为流体的体积流速。

较短的混合时间表明混合效果较好，较长的混合时间则表明混合不充分。

8.2.5 反应器中的质量传递

质量传递是酶反应器中影响反应速率的重要因素之一。在放大过程中，传质阻力可能会成为反应的速率控制步骤。特别是在固定床反应器和膜反应器中，传质通常通过扩散进行，而扩散阻力的增加会显著降低反应速率。

传质速率可以通过传质系数 k_c 来表征，其计算公式为：

$$J = k_c(C_s - C_b) \tag{8-10}$$

提高质量传递效率的途径包括增加对流速率、优化反应器结构、减少扩散阻力等。

8.2.6 管式反应器中的压降和流化

管式反应器中的流体流动会导致压降，这不仅影响反应的进行，还可能导致设备的能耗增加。通过优化流体动力学设计，可以减小压降并提高反应效率。

8.3 过程技术

过程技术涵盖了从反应器的初步设计到实际操作中的整体优化，其核心在于确保酶反应器在工业生产中具备高效、经济和可持续的特性。在酶反应器中，过程技术不仅限于关注反应器本身的设计和运行参数的优化，还需综合考虑整个生产链，包括原料的供应、产品的提取、能量的有效利用以及副产物的处理等。

原料的供应是过程技术中的首要环节。为确保反应效率的最大化，反应器所需的底物和酶需要以稳定、经济的方式供应。底物的选择不仅影响反应的速度和效率，还影响产品的纯度和副产物的生成。因此，在过程技术中，底物的采购和储存方式必须精心设计，以确保原料供应的稳定性和成本效益。

在酶催化反应的产品提取过程中，如何高效、快速地从反应混合物中分离出目标产物是关键。通常，酶反应的终产物可能和未反应的底物、副产物以及酶本身混合在一起。合适的分离技术，如膜分离、萃取、结晶等，能够在尽可能少的操作步骤中获得高纯度的产品。过程技术强调应尽量减少分离步骤，以降低操作复杂度和成本。

能量利用是另一个重要因素。在工业化酶反应中，温度、压力等操作条件会影响反应速率和能量消耗。优化这些条件不仅可以提高反应效率，还可以减少能耗。例如，通过控制反应温度、合理利用反应放热和反应物的预热等方法，能够大幅度降低能耗，提高能源利用率。

此外，副产物的处理也是过程技术优化的重要组成部分。酶催化反应常伴随着副产物的生成，这些副产物可能影响酶的活性或反应的选择性。如果不及时处理，副产物的积累还可能影响反应器的正常运行。过程技术强调通过有效的分离技术，如吸附或沉淀，将副产物从反应系统中移除，从而保持反应的持续进行并减少环境污染。

现代的过程技术还特别注重绿色工艺，即在生产过程中尽可能减少对环境的负面影响。绿色工艺不仅追求高效生产，还强调降低能耗、减少废物排放和提高资源利用率。例如，通过选择适宜的底物和反应条件，减少废气、废液的产生，或通过废物再利用技术，如废热回收、废液处理等，能够实现更加环保和可持续的生产。

8.4 过程模拟

过程模拟主要是用表示系统内各装置特性的数学模型（物料平衡、热量平衡、热力学平衡和设备设计方程等）以及表示各装置间结合关系的数学式，表示过程系统的特性。

8.4.1 流程模拟

一个工厂流程模拟的对象在十几米至上百米的规模范围内，而其单元过程子系统则为几厘米至几米大小。进一步深入模拟每个单元过程设备的内部传递过程和反应过程，则模拟对象小到毫米至亚微米级。而在计算分子物性或研制新的药品时，需要模拟分子的性能，这时模拟对象可小到纳米级。

8.4.2 单元设备模拟

单元过程的数学模型的详细程度或严格程度应视其应用目的不同而异，至少应区别以下几种不同的情况。

a. 工程放大及设计用数学模型：这是要求最严格的模型，不仅基于机理推导，而且往往要积累相当多中试及工程实践数据加以校验及修正。一旦证明这种模型可靠实用，就可以用它替代试验，直接进行放大设计，因而这种模型价值也最高。

b. 工艺流程筛选用数学模型：这个模型是在概念设计阶段为了比较各种候选工艺流程合理性时做粗略计算用的。这个阶段并不需要深入详细地计算，其结果只要相对正确就够了，因此该模型是一种近似模型。

c. 操作或控制优化用数学模型：这种模型往往是针对性强的专用数学模型。因其专用性强，其准确度可以很高。如果用于实时控制，则往往要求解算时间要快。

8.4.3 过程放大模拟软件

化工模拟系统又称工艺流程模拟系统，指的是一种计算机辅助工艺设计软件。这种软件通过接收有关化工流程的输入信息，进行对过程开发、设计或操作有用的系统分析计算。它是化学工程、化工热力学、系统工程、计算方法以及计算机应用技术的结合产物，是近几十年发展起来的一门新技术。这一技术得到了世界各国重视，已成为化学工程设计、原有工程改造优化的强有力工具，特别是在当今能源紧张、自然资源短缺和市场竞争激烈的背景下，人们对化工流程模拟软件的进展、应用和发展趋势的关注更是与日俱增。应用化工流程模拟软件可以节省过去由试验（小试与中试）探索最佳工艺工况条件所消耗的大量资金、时间和人力，该技术能够使我们从整个系统的角度来认识、分析和预测生产中深层次的问题，进行装置调优、流程剖析和过程综合，从而达到优化生产、节约资源、环境友好和提高经济效益的目的。

8.4.3.1　Aspen Plus 软件的应用

Aspen Plus 是一款功能强大的化工模拟软件包。最初的版本是在 1982 年由麻省理工学院（MIT）为美国能源部编写的。老版本的 Aspen 需要用户自己编写包括完整过程定义的输入文件。改进后的 Aspen Plus 增加了可视化界面，使得软件的运行环境变得更为友好。它能够建立准确的模型，使用严格的、科学的计算方法，进行单元和全过程的计算，用以对现有装置的优化操作和进行新建、改造装置的优化设计。该软件包拥有强大的物性数据库，包括无机物、有机物、强电解质、固体、燃烧物等多种物性参数；具有灵活且便于计算的单元操作模块；提供友好的图形化界面。

Aspen Plus 提供了 3 种过程来进行模拟：除了有内置的单元操作模型外，还有用户自己定义的 Fortran 模块以及设计规定（design-specification）。在整个 Aspen 流程中，除了可以处理物流外，还可以给模块设定功流和热流，既可以模拟质量平衡也可以确保整个系统的能量平衡。并且通过物性分析，Aspen Plus 可以获得物流组分、温度、压力及热负荷参数，从而预测所选模型、物流类型、物性方法的正确性。由于其方便的模块化流程和用户端的良好控制，Aspen Plus 软件尤其适合进行对全系统的综合模拟、计算和分析；较为简单地即可完成流程的改变和模型变更，为系统提高总效率和经济性的优化改良提供了高效的途径。

8.4.3.2　Fluent 软件的应用

计算流体力学（computational fluid dynamics）技术，即 CFD 技术随着计算机技术的推广普及和计算方法的新发展，几十年来取得了蓬勃的进展。由于数值模拟相对于实验研究有很独特的优点，比如成本低、周期短、能获得完整的数据，并且能模拟出实际运行过程中各种所测数据状态，对于设计、改造等商业或实验室应用起到重要的指导作用，故而 CFD 技术得到了越来越多的应用。

Fluent 软件是一款应用于工程领域的 CFD 软件，它能够针对每一种流动的物理问题的特点，采用适宜的数值解法，以期在计算速度、稳定性和精度方面达到最佳。Fluent 软件可以模拟流场、传热和化学反应。其思想实际上就是做很多模块，这样只要判断是哪一种流场和边界就可以拿已有的模型来计算。Fluent 软件推出多种优化的物理模型，如定常和非定常流动、层流（包括各种非牛顿流模型）、紊流（包括最先进的紊流模型）；不可压缩和可压缩流动、传热、化学反应等等。对每一种物理问题的流动特点，Fluent 都有适合它的数值解法，用户可对显式或隐式差分格式进行选择。Fluent 将不同领域的计算软件组合起来，成为 CFD 计算机软件群，软件之间可以方便地进行数值交换，并采用统一的前后处理工具，这就节省了科研工作者在计算方法、编程、前后处理等方面投入的重复、低效的劳动，可以将主要精力和智慧用于物理问题本身的探索上。

在 Fluent 5.0 中，采用 Gambit 的专用前处理软件，使网格可以有多种形状。对二维流动，可以生成三角形和矩形网格；对三维流动，则可以生成四面体、六面体、三角柱和金字塔形等网格；结合具体计算，还可生成混合网格，其自适应功能能对网格进行细分或粗化，或生成不连续网格、可变网格和滑动网格。

8.5　过程优化

优化技术已经渗透到科学、工程和商业的各个领域。在物理学上，科学家们阐述了多种不同的优化原理，用来描述诸如光学、经典力学等方面的自然现象。在统计学上，人们采用各种基本原理，如"最大可能性""最小损失""最小面积"等；在商业上采用"最大利润""最小成本""最大资源利用率""最少劳动"等方法，以提高利润率。对于一个典型的工程问题，某一过程既可以用一些具体的方程来描述，也可以仅通过实验数据来表述。这时就需要一个确定的标准，如最小成本。优化的目的就在于找到使过程达到最佳性能的变量值。在投资和操作成本之间通常会存在一个折中，需要进行基于描述因素构建模型，解析最优解。

在化工过程设计和工厂操作中的典型问题有很多（也许是无限多）求解方法。优化是在各种高效定量分析方法中找到一个最优的方法。计算机及其相关软件的发展使计算变得可行而且更加高效。但是，要通过计算机获取有用的信息，需要：a. 对过程和设计进行临界分析；b. 建立适宜的性能目标（如需要完成的工作是什么）；c. 注意利用以往的经验，这有时也被称作工程评价。

优化可以应用在一个公司的任意层次上，其应用范围包括复杂的组合车间、某个车间内分布的设备、单个装置及某个装置中的子系统，甚至更小的个体。优化问题存在于任何层次上，因而，优化问题可以包括整个公司、某一个车间、一个过程、单个的单元操作、单元操作中的某个装置或者其中的某个中间系统。而其分析的复杂性则包括只能了解大致的特征或者只能检查到瞬间的详情，这依赖于所设定的结果、可供利用的精确数据和进行优化所需的时间。在一个典型的工厂中，优化可用于以下三方面：a. 管理；b. 过程设计和装置规范；c. 车间操作。

8.6　集成化过程工程

集成化过程工程是一种将多个生产步骤进行一体化设计和优化的技术，其目标是通过整合反应、分离、提纯等步骤，简化生产流程，减少能耗，并降低生产成本。对于酶工程而言，集成化过程工程的优势尤为显著。

在传统的生产工艺中，反应、分离和提纯往往是分步进行的，反应完成后，必须通过多种技术手段提取目标产物，再进行后续的精炼和纯化。这种方式虽然有效，但在过程中不可避免地会产生能量损耗、酶失活和副产物积累等问题。集成化过程工程通过将反应与下游的分离步骤紧密结合，可以在反应进行的同时完成部分分离工作，极大提高了生产效率。

例如，酶膜反应器就是集成化过程工程中的一个典型应用。在酶膜反应器中，酶催化反应与膜分离同步进行，反应生成的目标产物在反应过程中即被膜过滤掉，从而避免了副产物或反应物的积累对反应的抑制作用。这种方法不仅能够延长酶的使用寿命，还能够提高反应速率，减少后续分离操作的复杂度。

此外，集成化过程工程还强调自动化控制，即通过智能化的监测和调控系统，对整个生产过程进行实时监控和调整。通过传感器、在线检测仪器等技术，集成化过程工程能够根据实际反应条件及时调整反应器的操作参数，如温度、压力、搅拌速率等，从而实现最优的反应条件和高效的生产。

综上所述，集成化过程工程是提高酶工程中生产效率、降低成本和实现绿色生产的有效途径。在未来，随着技术的进一步发展，集成化过程工程将在酶反应器的工业化应用中发挥更加重要的作用。

思考题

1. 试述酶反应器的主要类型和特点。
2. 选择酶反应器的主要依据有哪些？
3. 简述酶反应器设计的主要内容。
4. 如何控制酶反应器的操作条件？
5. 在酶反应器的操作过程中要注意哪些问题？

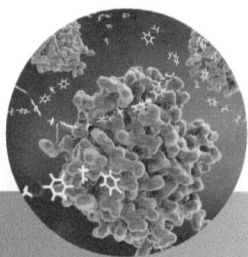

第9章

酶的应用

酶工程的核心内容之一涉及酶的应用，这一过程是在特定环境下利用酶的催化作用生成目标产物、剔除不利成分或提取关键信息。酶催化的优势包括高度专一性、高效催化率以及温和的操作条件等，这些优势使之成为医药产业、食品工业、轻工业、化工产业、能源开发、环境保护、检测技术和材料工程技术等多个领域不可或缺的工具。

在实际工业生产应用中，要依据酶的催化特异性，选择合适的酶和底物，并运用酶反应动力学原理，严谨调控反应条件，以确保酶催化活动达成预期目标。近年来，随着工业生物技术的迅速发展，酶的应用日益普及并呈现出广泛性。这里就酶在几个主要行业中的应用概况做简要介绍。

9.1 酶在医药方面的应用

医药卫生事业的长足发展见证了人类对抗疾病的不懈努力，其中药物的发现与创新起到了核心作用。酶类药物作为药物家族中的独特成员，凭借其特有属性，在医药领域的应用前景日益广阔。

酶在现代医药中的应用主要概括为三方面：一是疾病诊断方面的应用；二是酶在疾病预防与治疗中的应用；三是酶作为生物催化剂在药物制造方面的作用。这些应用不仅深化了我们对疾病的理解，还极大地丰富了治疗手段，推动了医药科学的进步。

9.1.1 酶在疾病诊断方面的应用

疾病治疗成效与前期诊断的精确度密切相关，而酶学诊断作为一种高效手段，在疾病诊断中已经得到了广泛应用。该技术利用酶高效、特异性催化的特点，通过检测体内特定物质的浓度变化或特定酶活性的变化，来实现对疾病的准确判断。酶学疾病诊断已成为一种兼具可靠性、简便性和时效性的高效诊断方式。

酶学诊断技术主要包括两方面应用：一是依据患者体内的酶活性变化情况，对特定疾病进行诊断；二是利用酶的催化性能测定体内关键物质的含量，辅助疾病诊断。

9.1.1.1　根据患者体内酶活性的变化诊断疾病

（1）心肌梗死与心肌酶谱

心肌酶是一类主要存在于心肌细胞中的酶类物质，它们在心肌的代谢途径和电生理活动中扮演着重要角色。当心肌细胞因为损伤或坏死（如心肌梗死）而破裂时，这些原本位于细胞内的酶会释放进入血液循环中，其血液浓度因此显著升高。这一特性使得心肌酶成为检测心肌损伤的有效生物标志物。

心肌酶主要包括以下几种酶：

① 肌酸激酶及其同工酶　肌酸激酶（creatine kinase，CK）通过催化肌酸与磷酸肌酸之间的转化来调节细胞内的能量供应（图 9-1）。CK 能够存在于不同类型的细胞中，形成几种同工酶，这些同工酶因结构上的微小差异而具有不同的组织分布和功能特性。其中，CK-MB 是心肌中特有的肌酸激酶同工酶，虽然也在骨骼肌中少量存在，但由于其在心肌中的浓度远高于骨骼肌，被视为心肌损伤的特异性标志物。它在心肌损伤后的数小时内即可在血液中检测到，因此，CK-MB 的检测对于心肌梗死的早期诊断尤为重要。

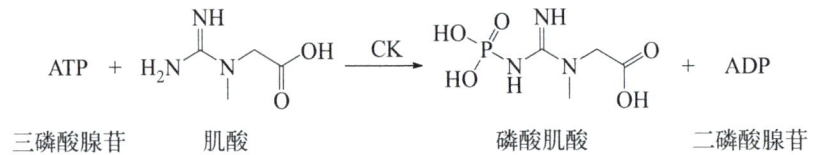

图 9-1　肌酸激酶催化的反应

② 天门冬氨酸氨基转移酶　天门冬氨酸氨基转移酶（aspartate aminotransferase，AST）旧称谷草转氨酶（glutamic-oxaloacetic transaminase，GOT），是一种广泛存在于多种组织细胞内的酶，主要参与氨基酸代谢过程中的氨基转移反应。AST 催化天门冬氨酸和 α-酮戊二酸之间的氨基转移，生成草酰乙酸和 L-谷氨酸，这一反应在氨基酸分解代谢和能量代谢中起关键作用（图 9-2）。AST 主要分布在心肌和肝脏中，当心肌或肝脏遭受损伤或病变时，AST 会从细胞内部释放进入血液，导致血清 AST 水平升高。因此，AST 常被用作评估肝脏功能和心肌损伤的指标之一。

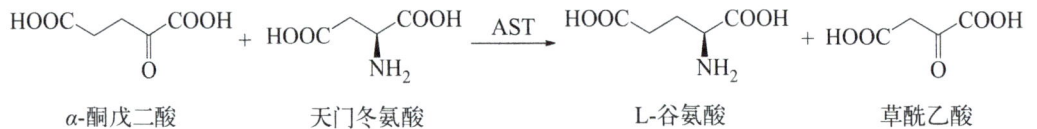

图 9-2　天门冬氨酸氨基转移酶催化的反应

③ 乳酸脱氢酶及其同工酶　乳酸脱氢酶（lactate dehydrogenase，LDH）是一种糖酵解途径中的关键酶，负责催化乳酸与丙酮酸之间的可逆氧化还原反应（图 9-3）。这个酶的存在对于细胞在缺氧条件下通过糖酵解产生能量至关重要，同时该酶也参与正常细胞代谢中的乳酸循环。LDH 广泛分布于人体的多种组织中，包括心肌、肝脏、红细胞、肌肉、肾、脑等。LDH 并非单一的酶，而是由两种不同类型的亚基（M 亚基和 H 亚基）组成的同工酶家族，这些亚基的不同组合形成了五种主要的同工酶形式，分别是

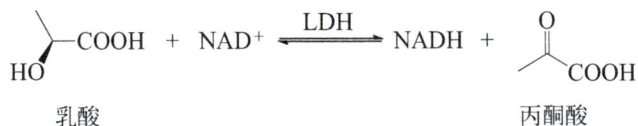

图 9-3　乳酸脱氢酶催化的反应

LDH-1、LDH-2、LDH-3、LDH-4 和 LDH-5。每种同工酶在不同组织中的分布具有特异性，这种组织特异性使得 LDH 同工酶的检测在临床诊断中有重要应用。

LDH-1 主要存在于心肌和红细胞中，同时也少量存在于肝脏和肾脏中。当心肌受损，如发生心肌梗死或心肌炎时，心肌细胞释放的 LDH-1 会增加，导致血液中 LDH-1 的水平上升。因此，检测血清中 LDH-1 的活性可作为诊断心脏问题的辅助指标。

④ α-羟丁酸脱氢酶　α-羟丁酸脱氢酶（α-hydroxybutyrate dehydrogenase，α-HB-DH）是一种在人体多种组织中广泛存在的酶，尤其在心肌组织中的含量尤为丰富，约为肝脏含量的两倍。该酶的主要功能是催化（S）-2-羟基丁酸氧化为 α-酮丁酸的反应，这一过程是酮体代谢途径的一部分（图 9-4）。在临床应用上，α-HBDH 的检测常被用于辅助诊断心肌损伤和某些肝脏疾病。心肌中含有大量的 α-HBDH，当心肌发生损伤或梗死时，该酶会从心肌细胞释放进入血液，导致血清中的 α-HBDH 水平升高。因此，血清 α-HBDH 活性的测定对于诊断心肌梗死、急性心肌炎、活动性风湿性心脏病等具有一定的价值。

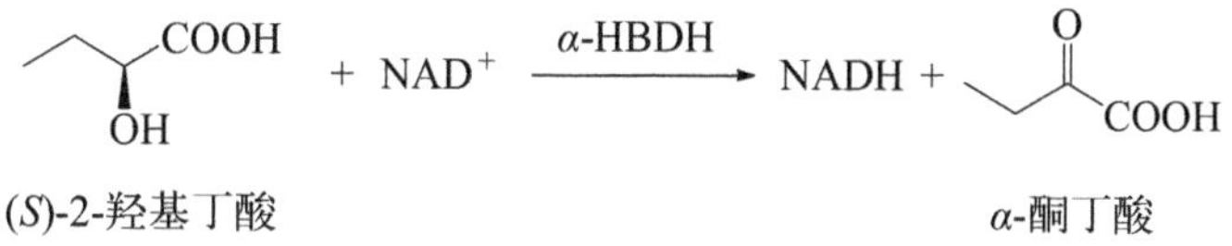

图 9-4　α-羟丁酸脱氢酶催化的反应

（2）肝功能障碍与转氨酶

肝炎、肝硬化等肝脏疾病会导致肝细胞损伤，从而引起血清中丙氨酸转氨酶（alanine aminotransferase，ALT）和天门冬氨酸氨基转移酶（AST）水平上升。因此，通过监测这两种转氨酶的活性，可以评估肝脏功能状态，并辅助诊断肝脏疾病。

丙氨酸转氨酶旧称谷丙转氨酶（glutamic-pyruvate transaminase，GPT），是一种参与氨基酸代谢的酶，主要存在于肝细胞中，同时也少量存在于心肌、肾脏、胰腺等其他组织。ALT 在细胞内负责催化 L-丙氨酸和 α-酮戊二酸之间的转氨基反应，生成 L-谷氨酸和丙酮酸，这一过程是氨基酸代谢和能量产生的关键步骤之一（图 9-5）。

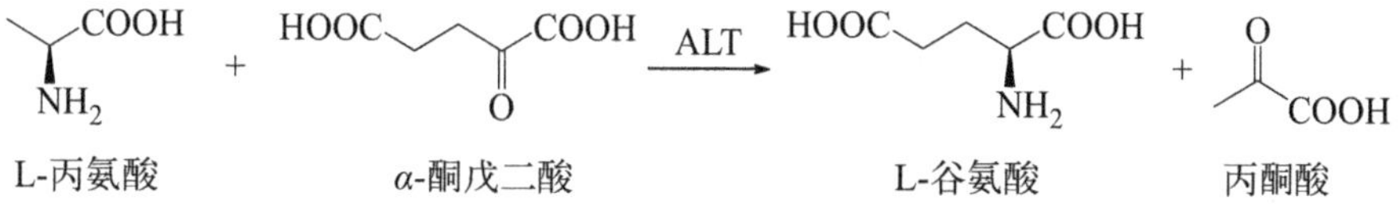

图 9-5　丙氨酸转氨酶催化的反应

在健康状态下，血清中的 ALT 水平很低，因为这种酶主要被限制在肝细胞内部。然而，当肝细胞受到损伤或死亡时，ALT 会从破损的肝细胞中释放进入血液，导致血清中 ALT 活性显著升高。因此，血清 ALT 水平被广泛用作评估肝脏健康状况和检测肝细胞损伤的敏感指标。

AST 虽然在肝细胞中含量也很丰富，但相比于 ALT，AST 在心肌、骨骼肌等其他组织中也存在较高水平。因此，AST 升高不仅提示肝损伤，也可能与心脏疾病、肌肉损伤等相关。在肝脏疾病中，AST 与 ALT 的比值有时会被用来帮助鉴别不同类型的肝病。

（3）胰腺炎与淀粉酶和脂肪酶

血清淀粉酶（serum amylase，AMS）是一种在血液中发现的酶，主要由胰腺产生，但也来源于唾液腺等其他组织。它是消化系统中一种关键的酶，负责帮助分解食物中的淀粉，使其成为更小的糖分子。

脂肪酶（lipase）是一种水解酶，参与体内脂肪的代谢过程，能够将脂肪分解成甘油和脂肪酸，从而促进脂肪的消化和吸收。脂肪酶主要由胰腺产生，但也存在于其他组织如肝脏、肠道和乳腺中。在血液中，脂肪酶的水平通常较低。

急性胰腺炎时，胰腺组织受损导致大量淀粉酶和脂肪酶释放进入血液和尿液中，其活性显著增加。通过测量血清淀粉酶和脂肪酶水平，能够有效诊断胰腺炎。

（4）骨骼疾病与碱性磷酸酶

碱性磷酸酶（alkaline phosphatase，ALP）存在于骨骼、肝脏和肠道等组织中，属于磷酸单酯酶家族，能够催化去除分子上的磷酸基团，参与多种生物化学反应，尤其是在磷酸化和去磷酸化过程中扮演关键角色。

在骨骼中，碱性磷酸酶主要由成骨细胞（负责构建新骨的细胞）产生，对骨骼的生长、重塑和修复过程至关重要。当骨骼经历快速生长或重建时，如在儿童和青少年的生长发育阶段，ALP水平会自然升高。

但是，当存在骨骼疾病（如骨质疏松、佝偻病、软骨病、骨折愈合过程或骨肿瘤）时，血清中的ALP活性会异常增高，因此可用于这些疾病的辅助诊断。

（5）用于疾病检测的其他酶类

葡萄糖磷酸异构酶（glucose phosphate isomerase，GPI）是一种糖代谢途径中的酶，它催化D-葡萄糖-6-磷酸向D-果糖-6-磷酸的转化（图9-6）。GPI广泛存在于各种生物体的细胞中，包括人类的红细胞、肝脏、肌肉和其他组织，对于维持细胞能量供应和代谢平衡起着关键作用。GPI直接缺乏主要与特定的遗传性溶血性疾病相关，GPI的活性变化还可能间接反映其他疾病状态。例如，在某些非血液系统疾病（如类风湿关节炎、急性心肌梗死、肝炎等）情况下，血清中的GPI水平可能会上升，因此GPI有时可以作为这些疾病辅助诊断的生物标志物之一。

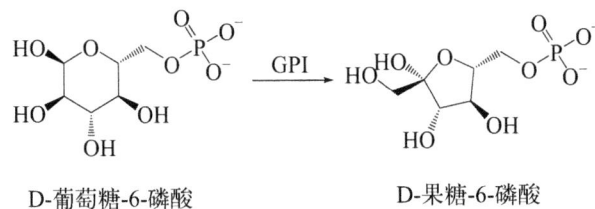

D-葡萄糖-6-磷酸　　　　　　　　D-果糖-6-磷酸

图9-6　葡萄糖磷酸异构酶催化的反应

胆碱酯酶（cholinesterase，ChE）是一类糖蛋白酶，在生物体内参与胆碱能信号传导的调控，主要功能是水解神经递质乙酰胆碱，从而终止或调节神经冲动的传递（图9-7）。有机磷化合物能强烈抑制乙酰胆碱酯酶的活性，导致乙酰胆碱积聚，引发一系列中毒症状。通过检测血清中胆碱酯酶活性是否降低，可以快速诊断有机磷中毒，并评估中毒的严重程度及治疗效果。由于胆碱酯酶主要由肝脏合成，肝功能障碍时，其血清水平通常会下降，因此胆碱酯酶活性检测可用作肝脏功能的监测指标。此外，胆碱酯

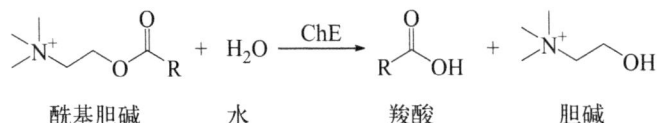

酰基胆碱　　　水　　　　　　　羧酸　　　　　胆碱

图9-7　胆碱酯酶催化的反应

酶活性下降也可能与营养不良、神经系统疾病、糖尿病等相关，可以反映出这些状况下可能存在的代谢或健康问题。

端粒酶（telomerase）是一种核蛋白逆转录酶，由蛋白质和 RNA 模板组成，其主要功能是在真核细胞的染色体末端添加重复的 DNA 序列，以维持或延长端粒的长度。端粒是位于染色体末端的特殊结构，由重复的 DNA 序列和相关蛋白质组成，起到保护染色体免受降解和融合的作用。每次细胞分裂时，由于 DNA 复制机制的限制，端粒会逐渐缩短，这与细胞的生命周期和分裂次数密切相关。端粒酶通过补充这些损失，理论上可以无限期地延长细胞的寿命。端粒酶在正常人体组织中的活性受到严格调控，仅在需要频繁分裂的细胞类型中，如干细胞、生殖细胞和某些免疫细胞中表达。然而，大多数恶性肿瘤细胞为了维持其无限增殖的能力，重新激活了端粒酶的表达。因此，端粒酶活性的检测已成为癌症诊断的一个重要生物标志物。端粒酶活性的升高可以在多种类型的癌症中观察到，包括但不限于卵巢癌、乳腺癌、肺癌、结直肠癌和血液癌症等。

9.1.1.2　用酶测定体液中物质的变化诊断疾病

（1）酶法检测葡萄糖的含量，进行糖尿病诊断

糖尿病是一种慢性代谢性疾病，主要特征是血糖水平升高，这通常是由于胰岛素分泌不足或身体对胰岛素的使用效率降低（胰岛素抵抗），或两者兼有。高血糖长期存在会导致多种健康问题，会影响眼睛、肾脏、心脏、血管、神经等组织和器官，引发一系列并发症，如心脏病、中风、视网膜病变、肾病、神经病变和足部问题等。

酶法检测糖尿病主要依靠血液样本中的葡萄糖测定，常用的方法有两种：葡萄糖氧化酶法（GOD 法）和己糖激酶法（HK 法）。

葡萄糖氧化酶（glucose oxidase，GOD）是一种重要的氧化还原酶，能催化葡萄糖的氧化反应。它是一种含有黄素腺嘌呤二核苷酸的蛋白质，广泛存在于各种微生物和一些植物中。其主要功能是将 β-D-葡萄糖分子氧化成葡萄糖酸，并同时产生过氧化氢（图 9-8）。葡萄糖氧化酶对葡萄糖具有高度专一性，这意味着在复杂的生物样本（如血液）中，它几乎只与葡萄糖反应，而不与其他糖类发生反应，保证了检测的准确性。

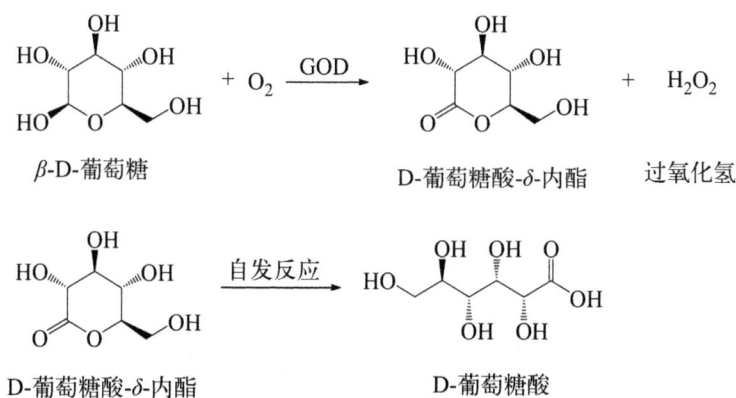

图 9-8　葡萄糖氧化酶催化的反应

己糖激酶（hexokinase，HK）是一种存在于几乎所有活细胞中的酶，尤其在肝脏、肌肉和脑组织中活性较高，是糖酵解途径中的第一个关键酶。它催化葡萄糖分子与腺苷三磷酸（ATP）反应生成葡萄糖-6-磷酸和腺苷二磷酸（ADP）。反应方程式见图 9-9。

与葡萄糖氧化酶相比，己糖激酶对葡萄糖具有更高的专一性，几乎不受其他糖类的干扰。正是由于其极高的特异性和敏感性，己糖激酶法成为实验室诊断中的"金标准"

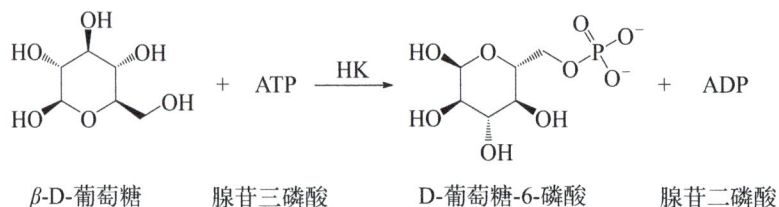

β-D-葡萄糖　　　　腺苷三磷酸　　　　D-葡萄糖-6-磷酸　　　　腺苷二磷酸

图 9-9 己糖激酶催化的反应

之一。由于其极高的亲和力，己糖激酶法可以在很低的葡萄糖浓度下依然保持高效催化，适合于早期糖尿病筛查或对血糖控制要求严格的患者监测。

（2）利用尿素酶测定尿素含量，对肝、肾、胃功能进行诊断

尿素酶（urease）是一种能够催化尿素分解为氨（NH_3）和二氧化碳（CO_2）的酶（图 9-10）。尿素酶广泛存在于多种微生物（如幽门螺杆菌）和植物中，但在正常人体组织中几乎不表达，这使得它成为用于特定检测和诊断的理想目标。

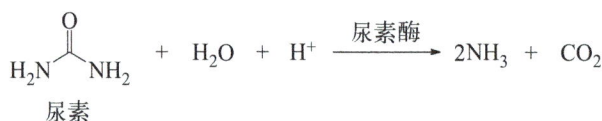

尿素

图 9-10 尿素酶催化的反应

肝脏参与尿素循环，是尿素合成的主要场所。肝脏损伤或功能不全会导致尿素合成障碍，引起血液中尿素水平下降。通过测定血清尿素水平可以评估其肝脏合成功能。肾脏是尿素生成后的主要排泄器官。当肾脏发生病变，如肾小球滤过率下降时，血液中尿素水平会上升。通过检测血液或尿液中的尿素含量，可以间接反映肾脏的排泄功能。尿素酶法因其快速、准确而被广泛应用。

幽门螺杆菌是一种能够感染胃和十二指肠的微需氧革兰氏阴性螺旋状细菌。它是许多胃部疾病（包括慢性胃炎、消化性溃疡、胃淋巴瘤等）的常见病因。幽门螺杆菌能够产生大量的尿素酶。因此，尿素酶试验是诊断幽门螺杆菌感染的一种常用方法。

（3）利用胆固醇氧化酶测定血液中胆固醇的含量，对心血管疾病诊断

胆固醇是人体内一种重要的脂质物质，属于甾醇类化合物。它在肝脏中通过代谢脂肪而合成，同时也是构成细胞膜、合成激素以及胆汁酸的必要原料。血液中的胆固醇主要以脂蛋白复合体的形式存在，包括低密度脂蛋白胆固醇（LDL-C）、高密度脂蛋白胆固醇（HDL-C）以及极低密度脂蛋白胆固醇（VLDL-C）。血液中胆固醇检测通常涉及测量总胆固醇含量以及这些具体脂蛋白的含量，以评估心血管疾病的风险。高 LDL-C 水平与动脉粥样硬化、冠心病、心肌梗死和脑卒中等心血管疾病高度相关。总胆固醇减低可能与肝脏有实质性病变、恶性贫血等情况有关。

胆固醇氧化酶（cholesterol oxidase）是一种催化胆固醇与氧气反应生成胆甾烯酮和过氧化氢的氧化还原酶（图 9-11）。利用胆固醇氧化酶测定胆固醇含量时，可以通过华勃氏呼吸仪或者氧电极测定氧的消耗量，得出胆固醇的含量。华勃氏呼吸仪通过密闭系统中氧气压力或体积的变化来间接反映氧气的消耗量；氧电极则能直接检测溶解氧的浓度，实时监测氧气消耗速率。也可以偶联过氧化物酶，测定反应过程中生成的过氧化氢产物的量，得到胆固醇的含量。

（4）利用谷氨酰胺酶测定脑脊液中谷氨酰胺含量，进行肝硬化、肝昏迷的诊断

谷氨酰胺是在脑组织氨基酸代谢过程中，由游离氨经过谷氨酰胺合成酶催化产生

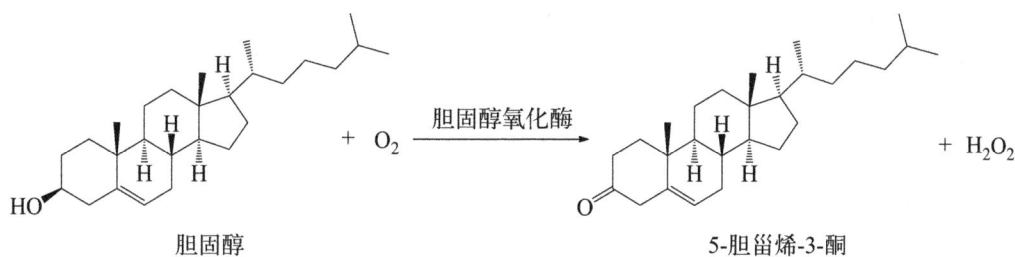

图 9-11　胆固醇氧化酶催化的反应

的。它的含量可间接反映脑内氨的代谢情况。氨对中枢神经系统具有毒性，而谷氨酰胺的合成有助于消除这种毒性。在肝硬化特别是肝昏迷患者中，肝脏合成尿素的能力下降，血氨水平升高，从而导致脑内氨增加，脑脊液中的谷氨酰胺含量会显著升高。因此，测定脑脊液中谷氨酰胺含量对于诊断肝昏迷及评估其疗效和预后有帮助。

脑脊液中的谷氨酰胺可以采用谷氨酰胺酶进行测定。谷氨酰胺酶（glutaminase）是一种能够催化谷氨酰胺水解为谷氨酸和氨的酶（图 9-12）。在临床检测中，通过向样本（如脑脊液）中加入谷氨酰胺酶，可以特异性地水解谷氨酰胺分子。随后，可以通过不同的生化方法，比如颜色反应、荧光法或者高效液相色谱法等，来测定生成的谷氨酸或氨的量，进而推算出原始样本中谷氨酰胺的浓度。

图 9-12　谷氨酰胺酶催化的反应

（5）利用 DNA 聚合酶的基因检测技术

基因检测和筛查是利用现代分子生物学技术来分析个体的遗传物质，以识别特定的基因变异、突变或染色体异常的技术。这些技术在医疗保健、遗传咨询、疾病预防与个性化医疗中扮演着重要角色。基因检测和筛查可以根据目的和应用场景分为几个主要类别：

① 预防性基因检测和筛查　专注于评估个体未来患有某种遗传性疾病的风险。包括检测与疾病相关的基因变异，帮助个人了解自己或后代可能面临的遗传风险，并据此采取相应的预防措施或调整生活方式。

② 诊断性基因检测和筛查　用于确认已表现出症状的个体是否患有特定遗传性疾病，或是在胚胎阶段进行遗传诊断，通过羊水穿刺、绒毛活检或胚胎活检等方法分析染色体结构和数量异常，以及特定基因的异常。

③ 治疗性基因检测和筛查　专注于为已确诊的患者提供个性化治疗方案。这可能涉及药物代谢基因型的检测，以优化药物选择和剂量，或是监测治疗过程中疾病的分子标记变化。

④ 培育性基因检测和筛查　主要用于检测与家族性疾病相关的基因，帮助家庭成员了解自身携带特定遗传变异的情况，尤其是在有遗传性疾病历史的家庭中，可以用于指导生育规划。

在基因检测的过程中，由于目标基因的含量低，难以直接进行检测，必须进行扩增才能进行测序。DNA 聚合酶是一类关键的酶，负责在生物体中复制 DNA 模板，催化脱氧核苷三磷酸分子连接成新的 DNA 链。这些酶具有 $5'{\to}3'$ 的聚合酶活性，它们能够沿着 DNA 模板从 $5'$-端向 $3'$-端合成新的 DNA 链。通过聚合酶链反应（PCR）技术，DNA 聚合酶通过循环的变性、退火、延伸过程，可在短时间内扩增目标 DNA 片段。

9.1.2 酶在疾病预防和治疗方面的应用

酶作为生物催化剂，因其独特的专一性、高效性和较低的毒副作用，在医学领域展现出了巨大的应用潜力，作为药用酶在预防和治疗多种疾病中发挥着重要作用。

9.1.2.1 酶用于消化系统疾病的治疗

消化系统疾病治疗中，消化酶的使用是一个重要方面，尤其是针对那些因胰腺功能不全或手术后消化功能受损的患者。胰腺是生产多种消化酶的主要场所，包括胰蛋白酶、脂肪酶、淀粉酶等，这些酶对食物的正常消化和营养吸收至关重要。在胰腺功能不全（如慢性胰腺炎、胰腺癌、胰腺切除术后）的情况下，体内无法产生足够的消化酶，导致食物不能充分消化，从而引起消化不良、腹胀、脂肪泻等症状。补充消化酶制剂成为治疗消化不良和相关症状的有效手段。

胰酶制剂通常包含多种消化酶，如胰蛋白酶、脂肪酶、淀粉酶和糖化酶等，以模拟胰腺自然分泌的混合物。这些酶不仅可以帮助分解食物中的蛋白质、脂肪和碳水化合物，还可以帮助食物在小肠中被更彻底地分解，从而提高营养物质的吸收效率，缓解因消化不良导致的营养不良、体重下降等症状。此外，胰酶制剂还可有效减轻腹胀、腹泻、腹痛、脂肪泻等消化系统疾病常见的症状，提升患者的生活质量。

特定的消化酶制剂还可以用于治疗特定疾病，比如复方消化酶胶囊（商品名称：达吉）在添加了胃蛋白酶、木瓜酶、淀粉酶、纤维素酶、胰酶、胰脂酶的基础上，还加入了熊去氧胆酸用来增加胆汁酸分泌，用于治疗胆囊炎、胆结石以及胆囊切除后的消化不良症状。

乳糖是一种在哺乳动物乳汁中常见的糖分，由一个葡萄糖分子和一个半乳糖分子组成，它不能直接被人体吸收利用，必须先被乳糖酶分解成葡萄糖和半乳糖这两种单糖，然后才能被小肠吸收进入血液。当婴儿出现乳糖不耐受时，他们的小肠不能充分产生乳糖酶来分解母乳或配方奶中的乳糖，这会导致消化不良、腹胀、腹泻等一系列不适症状。通过补充外源性乳糖酶，可以减轻不适症状。

9.1.2.2 酶用于炎症与感染控制

炎症与感染的控制是创伤治疗与恢复过程中的关键环节，多种生物酶如溶菌酶、蛋白酶、葡聚糖酶、核酸酶等在此过程中扮演了重要角色。这些酶不仅能够促进坏死组织的分解与清除，还有助于抑制或杀灭致病性微生物，从而加速创伤愈合进程，减轻炎症反应，并有效控制局部感染。

溶菌酶是一种天然存在于眼泪、唾液及免疫细胞中的酶，能够直接破坏细菌的细胞壁，对多种细菌具有强大的抗菌作用。应用于伤口处理时，溶菌酶能有效清除创面上的细菌，降低感染风险，同时可以促进创面清洁，有利于组织修复。

蛋白酶的作用主要基于其分解蛋白质的功能。胰蛋白酶是蛋白水解酶的一种，有助于消除创伤部位的坏死组织和异物，减少炎症介质的释放，进而减轻炎症反应。胰凝乳蛋白酶同样是一种强有力的蛋白水解酶，胰凝乳蛋白酶能够进一步分解蛋白质残基，与胰蛋白酶协同作用，加速坏死组织的溶解和排出，同时，它也表现出一定的抗炎和抗菌特性，对控制感染、促进伤口愈合具有积极效果。木瓜蛋白酶源自番木瓜，是一种广泛使用的抗炎酶。它通过分解炎症区域的蛋白质来减少水肿和疼痛，同时还具有一定的抗菌特性，适用于皮肤炎症和轻微感染的辅助治疗。

某些类型的感染，尤其是由念珠菌等真菌引起的感染，会产生大量的 β-葡聚糖，刺激免疫系统引起强烈的炎症反应。葡聚糖酶能分解这些多糖，减少炎症介质的释放，从而控制由真菌感染引起的过度炎症反应。

核酸酶能够分解 DNA 和 RNA，减少病原体产生的核酸引发的免疫刺激，有助于控制因核酸引起的炎症反应，尤其适用于在呼吸道感染的治疗中。

9.1.2.3　酶用于心血管疾病的防治

血栓是由血液成分在血管内异常凝集形成的固体团块，其主要成分包括纤维蛋白、血小板、红细胞和白细胞等。纤维蛋白在血栓形成过程中起着核心作用。纤维蛋白来源于纤维蛋白原，后者是血浆中的一种大分子糖蛋白。在凝血过程中，凝血酶激活纤维蛋白原，使其转变为纤维蛋白单体，随后，这些单体相互交联形成不可溶的纤维蛋白多聚体，构成血栓的网状结构，起到物理性封堵血管裂口的作用。为了防止血栓过度形成或在不需要时继续存在，体内有一套纤维蛋白溶解系统，可以激活纤溶酶原使其成为活性纤溶酶，纤溶酶能降解纤维蛋白，促使血栓溶解，恢复血流通畅。

纤溶酶类药物在心血管疾病的治疗中起着至关重要的作用。尿激酶是一种非特异性的纤溶酶原激活剂。它能够直接激活纤溶酶原转化为纤溶酶，进而溶解血栓。在临床中，尿激酶常用于心肌梗死的紧急溶栓治疗，以及某些类型的脑卒中治疗。

纳豆激酶是一种源自纳豆的酶，具有显著的溶栓特性，特别是对纤维蛋白的溶解能力。纳豆激酶属于丝氨酸蛋白酶家族，它能够专门针对纤维蛋白进行作用，将其分解，从而有助于防止血栓的形成或者溶解已经形成的血栓。

9.1.2.4　酶用于抗肿瘤治疗

L-天冬酰胺酶是最早被成功应用于癌症治疗的酶之一，尤其在治疗急性淋巴细胞白血病（ALL）中展现了显著的疗效。这种治疗方法的原理基于 L-天冬酰胺酶能够降解血液中的 L-天冬酰胺，而 L-天冬酰胺是许多快速分裂的肿瘤细胞（包括 ALL 细胞）生长所必需的氨基酸，因为这些肿瘤细胞缺乏 L-天冬酰胺时的合成能力或其合成效率很低。通过静脉注射 L-天冬酰胺酶，可以有效降低血液中 L-天冬酰胺的浓度，导致依赖外源性 L-天冬酰胺供应的肿瘤细胞因代谢压力而死亡，而正常细胞因为能够自身合成 L-天冬酰胺，受影响较小。这一治疗策略极大地提高了 ALL 患者的生存率，成为标准治疗方案的一部分。尽管 L-天冬酰胺酶疗法取得了显著的成功，但它也伴随着一些副作用，包括过敏反应、肝功能异常、胰腺炎等。因此，在使用 L-天冬酰胺酶治疗时，医生会密切监测患者的状况并采取相应措施来管理这些不良反应。

抗体酶偶联疗法（antibody enzyme conjugates，AEC）是一种新兴的癌症治疗策略，它结合了抗体的特异性靶向能力和酶的催化活性，旨在提高治疗的特异性和有效性，同时减少对正常组织的损害。这种疗法的基本原理类似于已广泛应用的抗体药物偶联物（ADC）技术，但用酶代替了细胞毒性药物。抗体部分被设计成能够特异性识别并结合到肿瘤细胞表面的抗原或受体，这保证了整个偶联物能够准确地定位到肿瘤细胞。接着，具有生物活性的酶与抗体通过共价键或其他稳定连接方式结合，这个酶通常能够催化前药转化为具有细胞毒性或细胞凋亡诱导作用的活性药物。当抗体酶偶联物到达肿瘤部位并结合到肿瘤细胞上后，酶会激活周围被肿瘤细胞摄取的前药，将其转化为活性形式，使其仅在肿瘤微环境中发挥毒性作用。通过这种方式，活性药物仅在肿瘤细胞附近或内部产生，减少了对全身正常组织的毒副作用，实现了精确性的治疗。抗体酶偶联疗法目前仍处于研究和发展阶段，可能是未来个性化医疗和精准肿瘤治疗的一个重要方向。

9.1.2.5 酶替代疗法

酶替代疗法（enzyme replacement therapy，ERT）是一种治疗因特定酶缺陷导致的遗传性代谢性疾病的方法。ERT 的基本原理是通过静脉注射的方式，将实验室制备的功能正常的酶直接输送到患者体内，以替代或补充患者体内缺失或功能不足的酶。这些替代酶可以帮助患者分解并清除积累在细胞内的代谢产物，减轻症状，延缓疾病进程，甚至在某些情况下逆转部分损伤。

常见的应用 ERT 治疗的疾病包括：

① 戈谢病　戈谢病（gaucher disease）是由先天葡萄糖脑苷脂酶（glucocerebrosidase，GC）缺乏引起的罕见的代谢遗传病，当葡萄糖脑苷脂酶缺乏时，葡萄糖脑苷脂会在身体的单核吞噬细胞系统中的巨噬细胞内积累，形成戈谢细胞。这些细胞主要在脾脏、肝脏、骨骼和骨髓中积聚，导致相应的器官功能障碍。酶替代疗法是治疗戈谢病的主要手段，通过定期静脉注射人工合成的 GC 来替代缺失的酶，用来减少细胞内的脂质堆积。

② 法布里病　法布里病（fabry disease）是 α-半乳糖苷酶 A（α-Gal A）的基因突变导致的 X 染色体遗传性多系统溶酶体贮积病。α-半乳糖苷酶 A 负责分解细胞内的一种三己糖基神经酰胺（globotriaosylceramide，Gb3），α-半乳糖苷酶 A 的缺乏，Gb3 会在身体的各种细胞和组织中积累，特别是在血管壁、肾脏、心脏、神经系统和皮肤中，导致健康问题。酶替代疗法是目前针对法布里病的主要治疗手段，例如使用药物 Fabrazyme（agalsidase beta）来替代缺失的 α-半乳糖苷酶 A，帮助分解积累的 Gb3，从而减轻症状、延缓疾病进展，并改善患者生活质量。

③ 庞贝病　庞贝病（pompe disease）也称为糖原贮积症 II 型或酸性 α-葡萄糖苷酶缺乏症，是一种罕见的遗传性溶酶体贮积病。该病由于编码酸性 α-葡萄糖苷酶（GAA）的基因突变，所以身体无法有效分解糖原，特别是在肌肉、心脏、肝脏等组织中，造成这些组织的功能障碍。酶替代疗法是治疗庞贝病的一种有效方法。通过静脉注射重组的人 GAA，可以直接补充患者体内缺失的酶，帮助其分解积累在肌肉和其他组织中的过多的糖原，从而改善症状、减缓疾病进程。

④ 黏多糖贮积症　黏多糖贮积症（mucopolysaccharidosis，MPS）是一组遗传性溶酶体贮积病，涉及多种类型。每种类型都是由不同的酶缺陷导致体内特定类型的黏多糖无法正常分解和排出，进而积聚在身体的各个部位，包括骨骼、关节、器官、眼睛和大脑，引起一系列健康问题。酶替代疗法通过静脉注射补充患者体内缺失的特定酶，帮助患者分解积累的黏多糖，从而减轻症状、延缓疾病进展，改善患者的身体功能和生活质量。

9.1.2.6 酶用于抗衰老和抗氧化

超氧化物歧化酶（SOD）能够将超氧阴离子自由基转化为过氧化氢和其他较不活跃分子，从而减轻自由基对细胞的损害（图 9-13）。通过清除这些有害的活性氧物质，

SOD 有助于保护 DNA、蛋白质和细胞膜免受氧化损伤，减缓衰老过程。

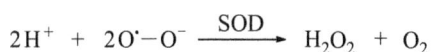

$$2H^+ + 2O^{\cdot}{-}O^- \xrightarrow{\ SOD\ } H_2O_2 + O_2$$

图 9-13　超氧化物歧化酶催化的反应

过氧化氢酶（CAT）负责将过氧化氢进一步分解为水和氧气，是清除氧化应激产生的过氧化氢的关键酶。CAT 与 SOD 协同作用，共同构成了细胞内抗氧化防御体系的重要组成部分。

SOD 可以通过多种方式给予，包括注射、口服和外用，这些不同的给药方式使得 SOD 在临床上的应用更加灵活。SOD 在现有的研究和应用中显示出了良好的安全性，没有发现严重的副作用或抗原性问题，这使得它成为一种理想的候选药物或辅助治疗手段。然而，SOD 的一个主要限制是其在血液中的稳定性较差，半衰期短，这意味着它在体内的有效作用时间有限。

9.1.2.7　酶的解毒作用

有机磷解毒酶能够针对性地降解有机磷农药，它们通过催化有机磷分子中磷酸酯键的水解反应，将其转化为无毒或低毒的产物，从而加速有机磷农药在生物体内的代谢和排出，有效缓解甚至逆转农药中毒的症状。在实际应用中，有机磷降解酶能高效、快速地去除蔬菜瓜果表面的残留农药，同时保持食品原有的品质和色泽，是一种安全高效的解毒手段。对于急性有机磷中毒的治疗，除了使用有机磷解毒酶外，通常还会结合其他支持性治疗措施和特效解毒药物来综合救治。

9.1.3　酶在药物制造方面的应用

酶在药物制造方面的应用是现代生物技术与制药工业的重要组成部分，利用酶的高效性、专一性和在温和条件下工作的特性，可以显著提高药物合成的效率和选择性，同时降低副产物的生成，减少对环境的影响。

9.1.3.1　利用青霉素酰化酶制造半合成抗生素

青霉素酰化酶，也被称为青霉素氨基水解酶或青霉素酰胺酶，是一种在工业和医药领域具有重要应用价值的酶。该酶具有水解作用和酰基转移作用双重催化功能。它既能够催化青霉素 G 或头孢霉素水解，生成 6-氨基青霉烷酸（6-APA）和 7-氨-3-脱乙酰氧基头孢烷酸（7-ADCA），也能够将不同的酰基团转移到 6-APA 或 7-ADCA 上，生成具有新药理特性的半合成青霉素或头孢菌素（图 9-14）。

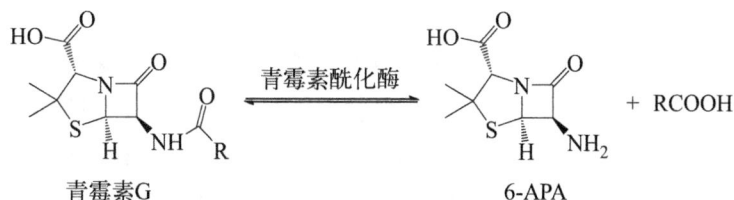

图 9-14　青霉素酰化酶催化的反应

通过青霉素酰化酶催化的反应，可以有效地将 6-APA 与不同的酰基供体结合，进而半合成出一系列具有广泛抗菌谱的 β-内酰胺类抗生素，如氨苄青霉素、羟氨苄青霉素、羧苄青霉素、磺苄青霉素、环己西林、氯唑西林、双氯西林、氟氯西林等（图 9-15）。

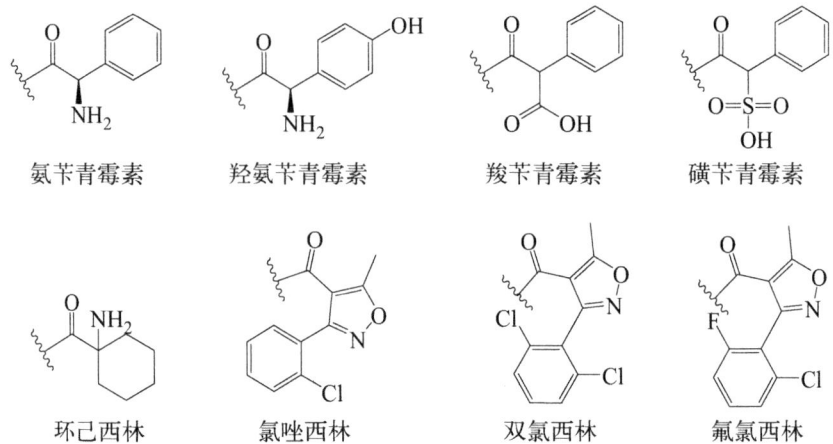

氨苄青霉素　　　羟氨苄青霉素　　　羧苄青霉素　　　磺苄青霉素

环己西林　　　氯唑西林　　　双氯西林　　　氟氯西林

图 9-15　β-内酰胺类抗生素

头孢菌素首先经过水解，由特定的青霉素酰化酶催化，从原始的头孢菌素分子中释放出 7-ADCA（图 9-16）。7-ADCA 作为重要的中间体，在后续的合成步骤中通过与不同的侧链羧酸衍生物偶联，生成具有不同抗菌特性和药代动力学性质的半合成头孢菌素（图 9-17）。如头孢氨苄（cefalexin）、头孢拉定（cefradine）、头孢克洛（cefaclor）、头孢克肟（cefixime）、头孢呋辛酯（cefuroxime axetil）、头孢曲松（ceftriaxone）、头孢地尼（cefdinir）等。

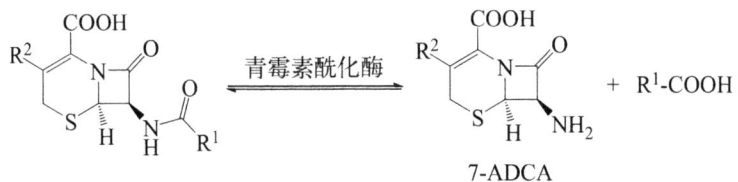

图 9-16　青霉素酰化酶催化的反应

9.1.3.2　酶催化制备手性药物

手性药物是指药物分子中存在一个或多个手性中心，导致该分子存在互为镜像但不能重叠的两种立体异构体，即对映异构体。这两种异构体在化学结构上看似相同，但空间排列不同，如同左手与右手的关系，因此分别被称为左旋体（L-型）和右旋体（D-型）。在生物体内，这两种异构体可能会表现出截然不同的药理活性、代谢途径、毒性和疗效。手性药物的研究与开发是药物化学和制药工业中的一个重要领域，对于提升药物的安全性和有效性具有重要意义。酶工程在开发高效不对称合成用生物催化剂方面发挥了核心作用，通过蛋白质工程方法显著提升了酶的稳定性、底物范围和活性。

（1）酶催化不对称合成

酶催化不对称合成是指利用生物酶作为催化剂，在合成反应过程中引入手性中心，从而以高立体选择性生成单一对映异构体产物的过程（图 9-18）。酶催化的不对称反应类型有多种，主要包括：a. 在 sp^3 杂化原子上的前手性单元进行立体选择性取代，例如 P450 单加氧酶催化的 C—H 键羟基化反应；b. 在 sp^2 杂化碳原子上立体选择性引入亲核试剂，包括烯烃、羰基和亚胺的立体选择性还原，分别由烯烃还原酶、醇脱氢酶和亚胺还原酶催化，以及通过 C-杂原子键形成的立体选择性合成。图 9-18 为转氨酶催化的手性胺合成、酮还原酶催化的手性醇合成；c. 通过失去一个或多个对称元素实现前手性分子的去对称化；d. 手性轴形成反应，即在分子中形成手性轴。

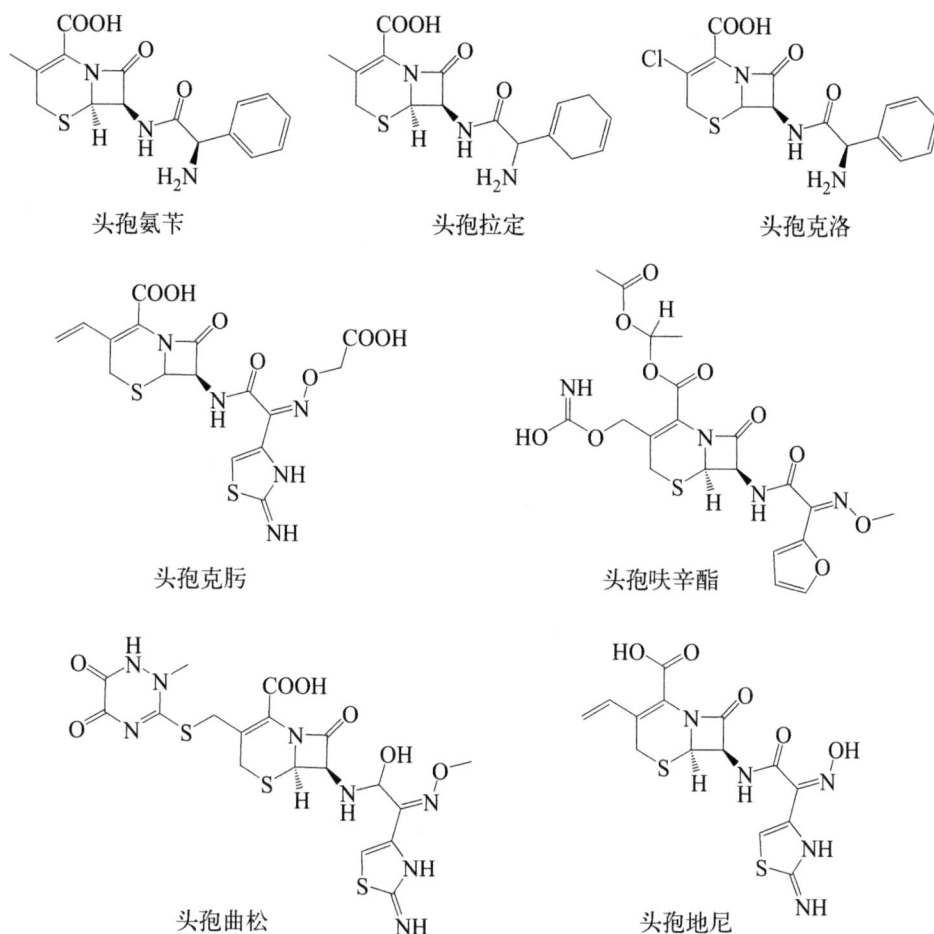

图 9-17　半合成头孢菌素

头孢氨苄　　　　　头孢拉定　　　　　头孢克洛

头孢克肟　　　　　　　头孢呋辛酯

头孢曲松　　　　　　　头孢地尼

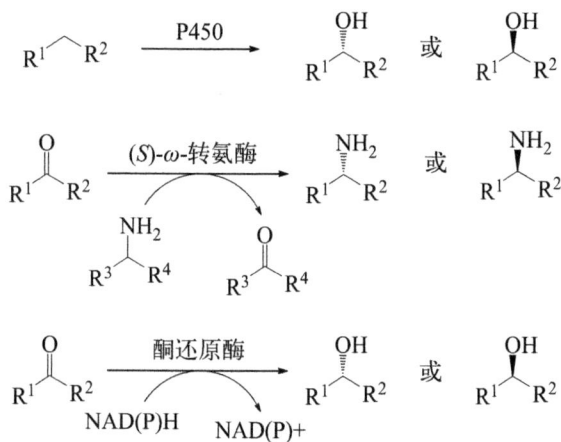

图 9-18　酶催化不对称合成

（2）酶催化动力学拆分

尽管不对称合成是获取立体富集手性产物的有效方法，但是当不对称合成方法过于复杂或需要同时获取两个对映异构体时，在非不对称途径制备的外消旋混合物中进行拆分通常更为实用。基于酶催化的动力学拆分（kinetic resolution，KR）是根据不同立体异构体与酶反应速率的差异进行的。在动力学拆分中最常使用的生物催化剂是水解酶。这些酶利用水进行共价键的裂解，因其具有广泛的底物特异性、无需辅酶以及对高底物负荷的容忍度，而在合成中极具吸引力。根据作用底物的不同，水解酶可以进一步细分为多个亚类。其中，脂酶是最受欢迎的水解酶亚类之一，因其能介导水相和非水相介质中的反应而被视为自然多用途酶。这种在有机溶剂中催化反应的能力促进了非水相酶学的发展，尤其适用于酶催化动力学拆分过程。图示是利用脂肪酶对外消旋的二级醇和羧酸混合物进行拆分的过程（图 9-19）。

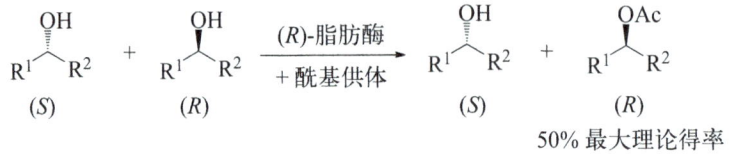

图 9-19　脂肪酶进行动力学拆分

（3）酶催化动态动力学拆分

动态动力学拆分（dynamic kinetic resolution，DKR）是一种通过整合起始物料的即时外消旋化与不对称转化过程，以克服传统动力学拆分 50% 转化极限的技术。实现高效 DKR 策略的关键在于平衡四项关键标准：动态动力学拆分反应必须具有足够的对映选择性；外消旋化和动力学拆分必须能在一锅法体系中兼容；快速的外消旋速率对比慢速反应的对映体拆分速率；避免外消旋催化剂与拆分后产物的任何副反应。DKR 在仲醇、胺和非金属外消旋化中都得到了广泛应用（图 9-20）。

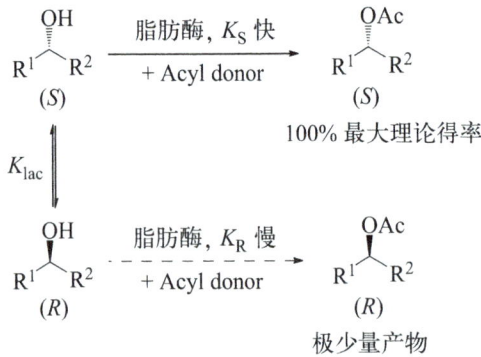

图 9-20　脂肪酶催化动态动力学拆分

（4）酶催化去对称化

去对称化是一种从起始材料的外消旋混合物中通过前手性中间体获得单一手性产物的过程，理论上可以实现对所需手性异构体的 90% 转化，从而克服了传统动力学拆分中存在的 50% 转化率限制。去对称化与动态动力学拆分的不同之处在于，它是通过前手性中间体进行，而不是预先的外消旋化。酶催化的去对称化可以通过两种方式进行：a. 使用两种对映体互补的酶串联工作；b. 使用一种具有对映选择性的氧化还原酶和非选择性的化学氧化剂/还原剂，通过多次氧化还原循环共同实现完全的去对称化。

如图 9-21 所示为利用两种对映体互补的 ω-转氨酶实现生物催化去对称化的过程。该过程在一个反应体系中通过两步级联完成，分别是动力学拆分过程和紧接着的立体选择性转氨反应，同时结合副产物的循环再利用。该设计具有灵活性，可根据 ω-转氨酶添加的顺序来选择性获得任一对映体。例如，通过使用 (R)-ω-转氨酶对外消旋胺混合物进行拆分，保留 (S)-胺并使 (R)-胺转化为中间体酮，随后加入 (S)-ω-转氨酶将其进一步转氨为所需的 (S)-胺。反之，则可以得到 (R)-胺。

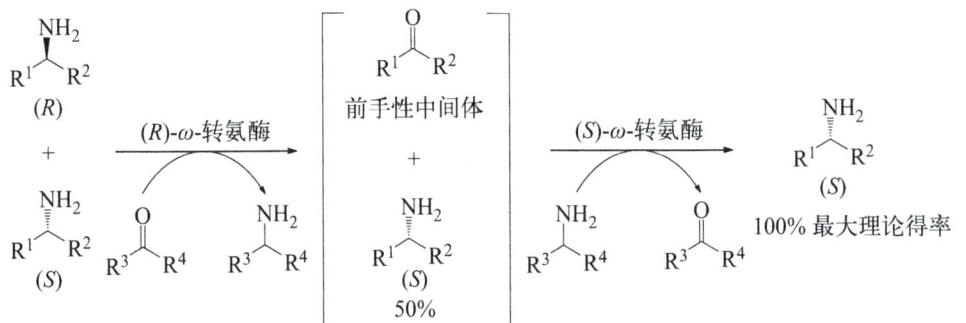

图 9-21　ω-转氨酶催化去对称化

利用酶催化去对称化的另一个例子是单胺氧化酶（monoamine oxidase，MAO）进行的去对称化过程（图 9-22）。通过一系列体外定向进化实验，采用多轮诱变和颜色筛选，研究人员发现并改造出了能通过氧化还原催化循环对手性 α-甲基苄胺进行去对称化

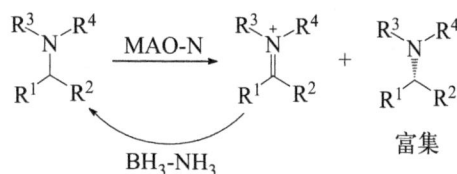

图 9-22　单胺氧化酶催化去对称化

的单胺氧化酶。通过进一步的定向进化方法，单氨氧化酶的底物范围扩展到了脂肪族、芳香族和四氢-β-咔啉（THBC）稠合环系统，同时保持了高对映选择性。改造后的黑曲霉的单胺氧化酶（MAO-N）变体被成功应用于多种生物碱天然产物和药物构建块的外消旋混合物的去对称化。

9.1.3.3　利用 ω-转氨酶制造西格列汀

西格列汀（sitagliptin）是一种常用的口服降糖药，属于二肽基肽酶-4（DPP-4）抑制剂类别，主要用于治疗 2 型糖尿病。西格列汀分子中含有一个手性胺（R 构型）和一个 β-羰基，因此利用酶催化的高效性、高区域选择性和高立体选择性的优势，可以将前西格列汀酮（一种 β-二羰基化合物）一步高效转化为西格列汀（图 9-23）。

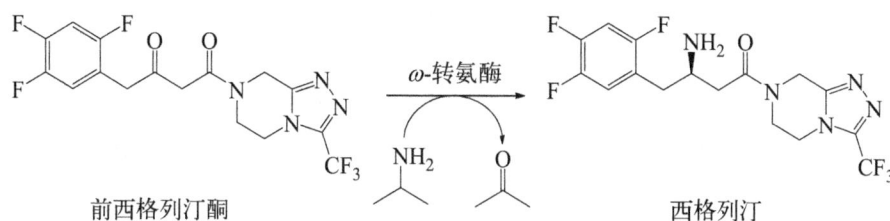

图 9-23　ω-转氨酶制造西格列汀

转氨酶是一类重要的酶，负责催化氨基酸与酮酸之间的氨基转移反应，是氨基酸代谢中的关键酶。转氨酶以磷酸吡哆醛（PLP）作为辅酶，起到氨基传递的作用。在转氨基反应中，转氨酶首先与磷酸吡哆醛结合，形成一个稳定的复合物。随后，一个氨基酸的 α-氨基在酶的催化下转移到磷酸吡哆醛上，生成一个酮酸和磷酸吡哆胺。最后，这个氨基可以被转移到另一个 α-酮酸分子上，生成新的氨基酸和原来的磷酸吡哆醛，完成整个转氨基过程。这一系列反应是可逆的。ω-转氨酶能够催化氨基在氨基酸、烷胺、芳香胺等多种氨基化合物和醛、酮、酮酸等羰基化合物之间的可逆转移。

在大规模制药生产西格列汀的过程中，引入 ω-转氨酶催化步骤代替了先前使用的过渡金属催化步骤，这是生物催化领域的一个重要里程碑。该过程使用了一种工程改造的转氨酶，在药物合成的最终阶段成功实现了手性氨基的引入，取代了最初的铑金属催化的不对称烯胺氢化反应，从而免除了高压（250psi，1psi＝6894.76Pa）氢化、手性铑催化剂所需配体的优化与合成，以及去除贵重且有毒的铑催化剂所需的额外纯化步骤。这一关键生物催化步骤的实施不仅对合成过程有利，降低了成本和废物产生，还提升了产率（增加了 9％～13％）和生产效率［提高了 53％，kg/（L·d）］，同时实现了更高的对映选择性（＞99.5％ ee）。

这一生物催化步骤的引入也是酶工程能力的一大飞跃，背后涉及复杂的工程改造，包括采用"底物拓展"策略、计算机模拟、分子对接研究和定向进化等技术。通过这些手段，最初只能作用于甲基或小环酮的酶（R）-ATA-117 被逐步进化，以对更大、更具

挑战性的前体西格列汀酮展现出活性，这一过程中，先使用了一种类似替代物的截短酮底物进行初步改造。随后，通过定向进化进一步改造该酶，增强了其对工业生产条件的实际适用性和耐受性，改良后的酶变体表现出了增强的稳定性，能够承受有机溶剂（如50%的DMSO、丙酮和异丙胺）、高浓度底物（前西格列汀的浓度可达200g/L）以及高温（超过40℃）的条件。最终优化出的酶变体含有27个突变，针对西格列汀前体的活性提高了四个数量级，同时保持了超过99.5%的高对映体纯度。

9.1.3.4 利用立体选择性羰基还原酶制备手性醇中间体

手性醇是重要的医药中间体与精细化工品，利用立体选择性羰基还原酶催化制备手性醇具有重要的研究与应用价值。羰基还原酶（carbonyl reductase，EC 1.1.1.x）是一类能够催化醇与醛/酮之间双向可逆氧化还原反应的酶。这些酶在生物体内参与多种代谢途径，包括糖代谢、脂肪酸代谢以及类固醇激素的合成和代谢等。它们对于维持生物体内的氧化还原平衡和手性化合物的合成具有重要意义。这类酶通常依赖于NADH或NADPH作为电子供体，作为氢传递体参与催化过程。许多羰基还原酶展现出高度的立体选择性，能够生成单一的立体异构体，这对于制备具有特定手性的药物中间体尤为重要。在制药行业中，羰基还原酶被广泛应用于生产手性醇类药物中间体。以下是利用立体选择性羰基还原酶制备手性醇药物中间体的几个实例。

（1）降血脂药物阿托伐他汀钙

阿托伐他汀钙（atorvastatin calcium）是一种广泛使用的口服处方药物，属于他汀类药物（statins），主要用于治疗高胆固醇血症和混合型血脂异常。阿托伐他汀钙是全球销售额最大的心血管疾病治疗药物，连续9年夺得世界医药市场的销售桂冠，是人类医药史上首个突破千亿美元销售额的单一品种。但阿托伐他汀钙药效基团含有2个手性醇基团，理论上存在着4种手性异构体，导致光学纯阿托伐他汀钙的合成难度极大。浙江工业大学郑裕国院士和王亚军教授团队从野生型遵循Prelog规则（氢原子倾向于从空间上较小的基团的对面，即re-面进攻羰基，得到具有相应立体构型的产物）且立体选择性中等的羰基还原酶出发，通过分析底物结合口袋的形状、电势和疏水性，结合酶的定向进化及晶体结构分析，实现了羰基还原酶的立体选择性翻转，获得了具有工业属性的严格遵循anti-Prelog规则（氢原子或还原剂从理论上预期的相反面，即si-面进攻羰基）的羰基还原酶突变体，该突变体能够高效合成阿托伐他汀钙双手性二醇前体6-氰基-(3R,5R)-二羟基己酸叔丁酯（图9-24）。

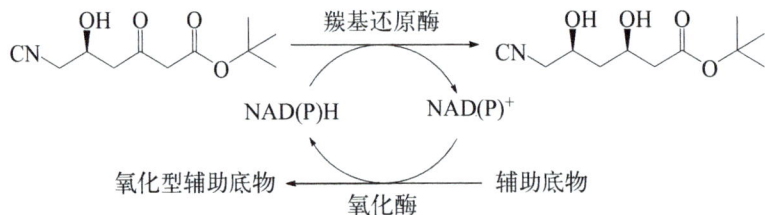

图9-24 羰基还原酶催化合成阿托伐他汀钙中间体

（2）降血脂药物依泽替米贝

依泽替米贝（ezetimibe）也称依折麦布，是一种口服药物，主要用于治疗高胆固醇血症。(4S)-3-[(5S)-5-(4-氟苯基)-5-羟基戊酸]-4-苯基-1,3-唑烷-2-酮[(S)-ET-5]手性中间体的制备是合成依泽替米贝的关键步骤（图9-25）。

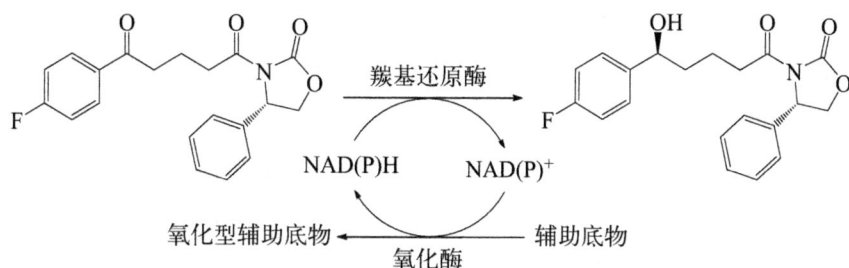

图 9-25　羰基还原酶催化合成依泽替米贝中间体

（3）抑郁症治疗药物度洛西汀

度洛西汀是一种常用的抗抑郁药物，为 5-羟色胺和去甲肾上腺素再摄取的双重抑制剂，该药物不仅可以治疗抑郁症，还可以用于治疗压力性尿失禁、肥胖和糖尿病周围神经病性疼痛，对抑郁症伴发慢性疼痛也有一定的疗效。度洛西汀合成过程中，N,N-双甲基-3-酮-3-(2-噻吩基)-1-丙胺的还原反应是一个关键步骤（图 9-26）。

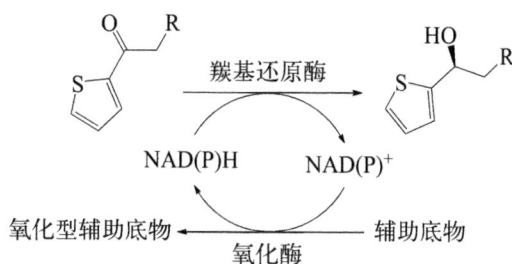

图 9-26　羰基还原酶催化合成度洛西汀中间体

（4）哮喘病治疗药物孟鲁司特钠

孟鲁司特钠（montelukast）是第三代白三烯受体拮抗剂药物，由默克（Merk）公司开发，用于成人及儿童哮喘的预防和长期治疗，具有疗效稳定持久、安全性高、副作用少等突出优势。由 2-[3-[3-[(K)-2-(7-氯-2-喹啉基)乙烯基]苯基]-3-氧代丙基]苯甲酸甲酯(酮酯 M)不对称还原制备 2-[3-(S)-[3-[2-(7-氯-2-喹啉基)乙烯基]苯基]-3-羟基丙基]苯甲酸甲酯[(S)-羟酯]是孟鲁司特合成的关键环节（图 9-27）。

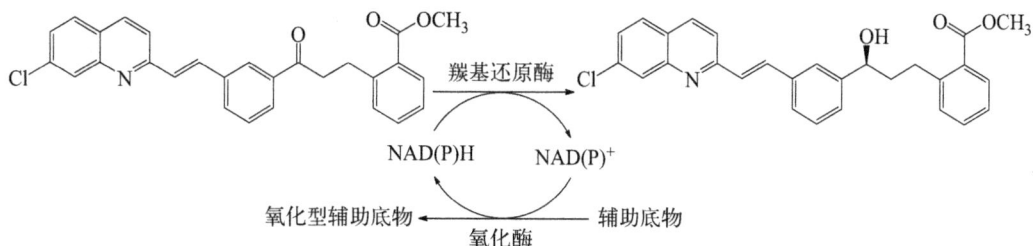

图 9-27　羰基还原酶催化合成孟鲁司特钠

（5）ACE 抑制剂类抗高血压药物

(R)-2-羟基-4-苯基丁酸乙酯是合成重要的抗高血压药物血管紧张素转换酶（angiotensin-converting enzyme，ACE）抑制剂，如贝那普利、赖诺普利和依那普利等的重要手性中间体。羰基还原酶不对称合成(R)-2-羟基-4-苯基丁酸乙酯的技术反应效率高、成本低廉、绿色环保，代表了 ACE 抑制剂类药物合成技术的发展方向（图 9-28）。

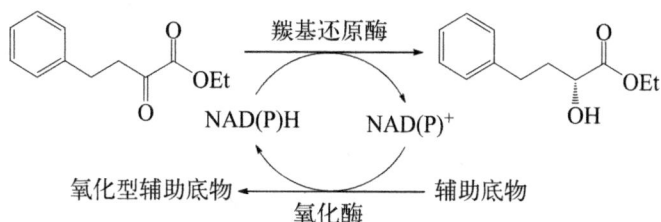

图 9-28　羰基还原酶催化合成 (R)-2-羟基-4-苯基丁酸乙酯

（6）抗凝血药物（S）-氯吡格雷

（S）-氯吡格雷（plavix）是一种选择性血小板凝集抑制剂，由法国赛诺菲公司开发，用于治疗因血栓引起的心肌梗死和缺血性卒中，是目前世界上最畅销的药物之一。在已报道的（S）-氯吡格雷合成途径中，（R）-邻氯扁桃酸甲酯的合成是关键步骤（图 9-29）。

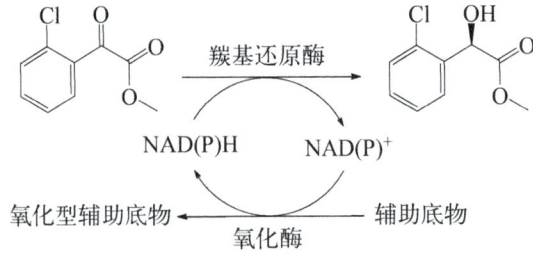

图 9-29　羰基还原酶催化合成（S）-氯吡格雷

因此，在制药行业中，羰基还原酶被广泛应用于生产手性醇类药物中间体（图 9-30）。

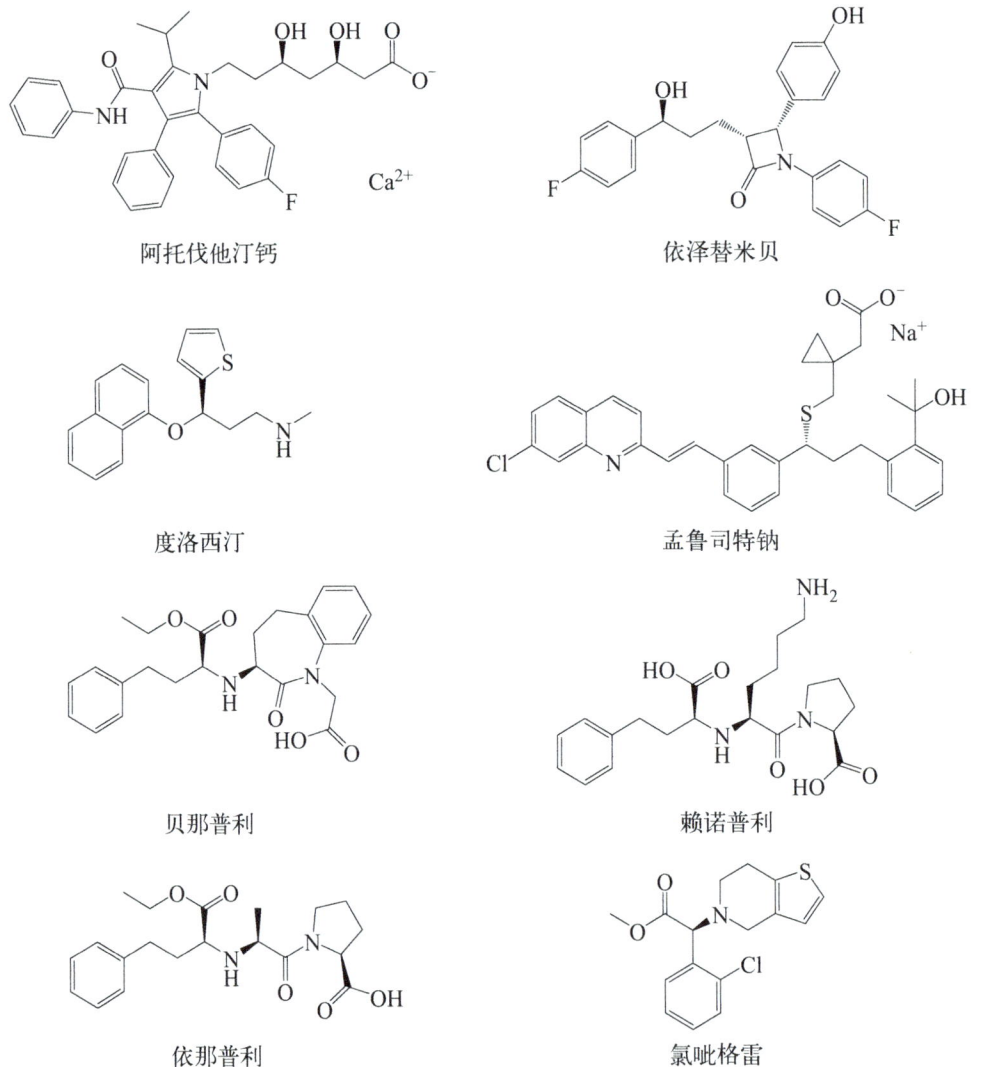

阿托伐他汀钙

依泽替米贝

度洛西汀

孟鲁司特钠

贝那普利

赖诺普利

依那普利

氯吡格雷

图 9-30　含有手性醇的药物

9.1.3.5　水解酶与脂肪酶用于药物合成

水解酶及其亚类——脂肪酶，在工业上是一类重要的酶类别，用于执行外消旋混合物的动力学拆分，从而获得手性纯产物。它们广泛的底物特异性、无需辅因子/辅酶的特点以及能在水性和有机溶剂中工作的能力，使得脂肪酶成为工业中广泛应用的酶。诸如巴斯夫（BASF）这样的公司已将这类酶纳入常规的工业合成过程中，这是生物催化领域的一个里程碑式发展。

脂肪酶（lipase）属于羧基酯水解酶类，其功能主要是催化甘油三酯水解成甘油和脂肪酸。南极假丝酵母脂肪酶 B（*Candida antarctica* lipase B，CALB）是一种常用的工业生物催化剂脂肪酶，因其独特的稳定性和催化特性，在工业生物催化中具有极高的价值。CALB 能够在水相和有机相中高效工作，催化一系列化学反应，包括酯的合成与水解、酯交换、内酯开环聚合、酰胺的水解与合成，以及加成反应等。这种酶具有较强的手性选择性和位置选择性，可以高度专一性地催化生成特定的立体异构体，这对于制备手性纯的化学品，尤其是手性药物特别重要。脂肪酶在制药工业中已经有了广泛的应用，如癫痫治疗药物（普瑞巴林、布瓦西坦、左乙拉西坦、司替戊醇等）、非甾体抗炎药（布洛芬、萘普生、酮咯酸等）、抗抑郁药物（托莫西汀、氟西汀等）、抗菌药物（扁桃酸及其衍生物、莫西沙星等）的关键手性中间体的合成（图 9-31）。

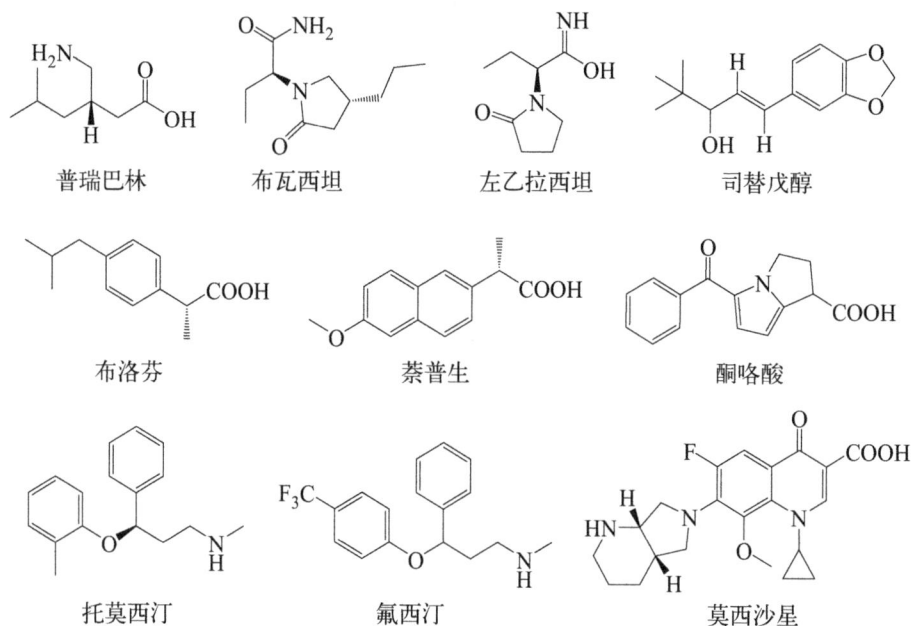

图 9-31　脂肪酶在制药工业中的应用

9.1.3.6　细胞色素 P450 制造甾体类药物

细胞色素 P450 酶（cytochrome P450，CYP450）是一类含有血红素辅基的硫醇盐蛋白酶，属于外部单加氧酶，能够在温和条件下将分子氧的一个氧原子插入底物中，另一个氧原子则被还原为水。由于其还原态复合物在 450nm 波长处有特征性的最大光吸收值，故得名 P450。P450 广泛存在于生物体系中，包括人类、动物、植物、微生物乃至病毒中。P450 参与众多生物过程，如药物和外源性化合物的生物转化、化学致癌物的代谢，以及生理活性化合物（如类固醇、脂肪酸、二十烷酸、脂溶性维生素、胆汁酸）的生物合成。它们还在烷烃、萜烯、芳香化合物的转化以及除草剂和杀虫剂的降解中发挥作用。由于 P450 能够实现非活性炭的特异性氧化，且其催化反应和底物范围极广，被认为是自然界中用途最广泛的生物催化剂之一。这一特性为通过绿色生物技术途径制备那些难以或不易通过化学合成获得的化合物提供了可能性，促进了药物合成的发展。

甾体化合物是一类含有环戊烷多氢菲基本骨架的天然化合物，具有三个环己烷环

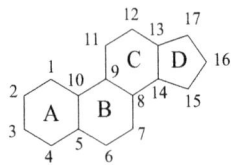

图 9-32 甾体化合物
的核心结构

（环 A、B、C）和一个环戊烷环（环 D）（图 9-32）。它们在 D 环上具有不同的官能团和氧化状态，且通常带有两个角甲基和一个变化的侧链或含氧基团。甾体化合物在自然界中极为常见，从低等真核生物（如酵母和真菌）到植物（如植物甾醇）、昆虫（如蜕皮甾醇）和脊椎动物（如胆固醇、肾上腺激素和性激素）中均有发现。这类化合物因其抗炎、抗癌、抗过敏、避孕等多种生物学特性，在医疗领域有着广泛应用，包括治疗癌症、肥胖、糖尿病、类风湿性关节炎、哮喘、激素代谢综合征、艾滋病及神经退行性疾病等。甾体药物是全球医药市场上的仅次于抗生素的第二大类畅销产品，年产量超过 90 万吨，市场价值超过 900 亿美元。

甾体药物的生理活性受其结构细节的影响，包括与甾烷核心相连的官能团的类型、位置、立体化学及环的氧化状态。例如，糖皮质激素的抗炎活性依赖于特定位置（如 C11 位的羟基）的氧官能团，雄激素性质由特定位置的羟基（如雌激素中的 C3 位和雄激素中的 C17 位羟基）决定，而雌激素效应则与环 A 的芳构化相关。皮质激素是最常用的甾体药物，如糖皮质激素皮质醇，对应激反应、能量调节和免疫系统至关重要。其他如泼尼松龙、倍他米松、地塞米松、甲基强的松龙等也是常见的皮质激素药物。对甾体药物的不同位点的碳进行碳氢活化羟基化，能够极大地影响甾体化合物的生物活性、药代动力学性质（如吸收、分布、代谢和排泄）以及毒理学特性。例如，脱氢表雄酮（DHEA）的 7α-羟基衍生物，相较于 DHEA 本身，表现出增强的生物活性，尤其是在免疫保护和免疫调节方面。通过选择性羟基化，可以转化甾体前体为具有特定药理活性的目标药物。羟基化还可以增加甾体分子的水溶性，从而影响其吸收和分布。在甾体药物的合成中，特定位置的羟基化产物常作为重要的中间体，用于进一步的化学转化，生成具有更复杂结构和特定活性的甾体化合物。

利用微生物发酵技术，表达不同的细胞色素 P450 超家族，然后进行全细胞催化反应或者使用体外酶催化技术，可以实现甾体化合物的不同位点的立体选择性羟基化反应。例如，真菌被广泛用于 C11 位的羟基化反应。利用根霉属将 C11-α 羟基引入甾体核心，利用 CYP11B 家族成员实现 C11-β-羟基化反应。在毕赤酵母中表达 CYP17A，可以将孕酮转化为 17α-羟孕酮。17α-羟孕酮是合成多种激素如皮质酮、氢化可的松等的前体。基于酶工程改造的 $P450_{BM3}$ 突变体的体外酶催化技术，已经成功实现了对诺龙（nandrolone）、雄烯二酮（androstenedione）、宝丹酮（boldenone）的 16α- 和 16β-羟基化反应，以及对炔诺酮（norethindrone）的 16β-羟基化反应（图 9-33）。

9.1.3.7 利用酶级联催化合成莫诺拉韦

莫诺拉韦（molnupiravir）是一种抗病毒药物，主要用于治疗成人伴有进展为重症高风险因素的轻至中度新型冠状病毒感染（COVID-19）患者。莫诺拉韦属于核苷类似物，其作用机制主要是通过与新冠病毒的 RNA 依赖的 RNA 聚合酶结合，诱导病毒在复制过程中产生错误的核苷酸插入，从而导致病毒 RNA 的突变积累，无法正常复制，最终抑制或终止病毒的生命周期。

利用酶级联催化合成莫诺拉韦的反应过程如图 9-34 所示。在 5-S-甲基硫代核糖激酶（MTR kinase）的催化下，5-异丁酰基核糖经历磷酸化反应，其间 ATP 的磷酸基团被转移至底物，生成 1-磷酸化衍生物伴随 ADP 的释放。随后，该 1-磷酸化产物在尿嘧

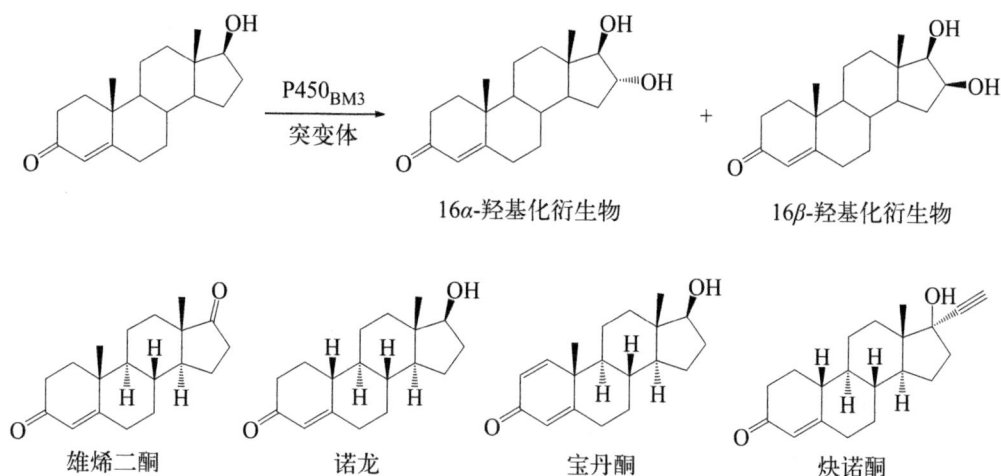

图 9-33　P450 酶催化的反应

啶磷酸化酶（uridine phosphorylase，UP）作用下，经由尿嘧啶基团的置换反应，进一步转化为目标产物，随后经过简单的化学反应即可得到莫诺拉韦。此过程中释放的磷酸基团，在丙酮酸氧化酶（pyruvate oxidase，PO）、过氧化氢酶（catalase）及乙酸激酶（acetate kinase，AcK）的协同作用下，被重定向至丙酮酸与 ADP，完成 ATP 的循环再生，确保了生物合成途径能量的高效利用。与传统的合成路线相比，莫诺拉韦的合成缩短了 70%，收率提高了约 7 倍。

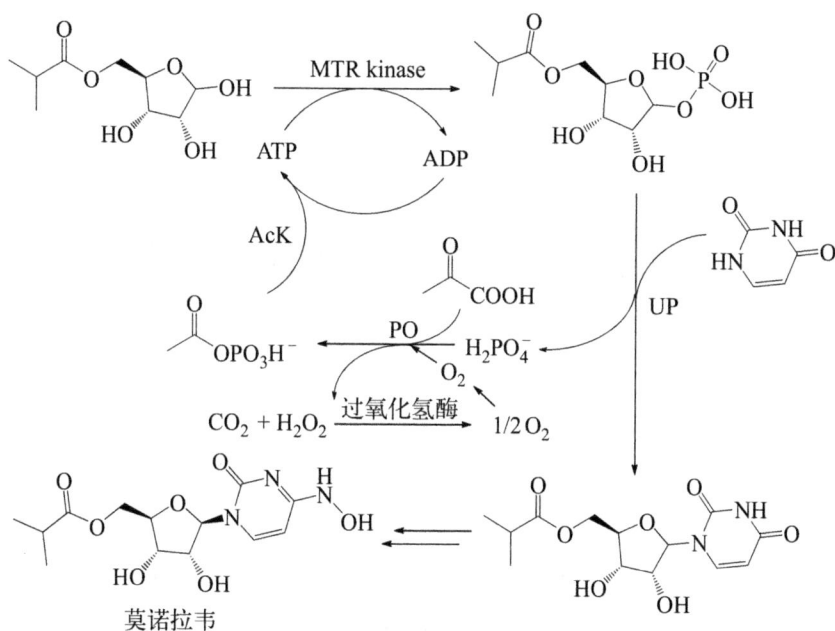

图 9-34　酶级联催化合成莫诺拉韦

9.1.3.8　用于药物合成的其他酶类

Baeyer-Villiger 单加氧酶（Baeyer-Villiger monooxygenases，BVMOs）是一类重要的生物催化剂，属于黄素依赖性单加氧酶家族，以其能够催化典型的 Baeyer-Villiger 氧化反应而得名。这一类型的氧化反应能够将酮类化合物转化为相应的酯或内酯，具有高度的区域选择性和立体选择性。在自然界中，BVMOs 广泛参与微生物代谢产物的合成与降解过程。奥美拉唑是一种常用的质子泵抑制剂，用于减少胃酸分泌，治疗诸如胃溃疡、十二指肠溃疡和胃食管反流病等疾病。埃索美拉唑是奥美拉唑的 S-异构体，它是奥美拉唑中主要具有药理活性的部分。相比于奥美拉唑，埃索美拉唑能提供更强效和更持久的胃酸抑制作用。利用 BVMO 可以将奥美拉唑硫醚特异性地氧化为埃索美拉唑（图 9-35）。

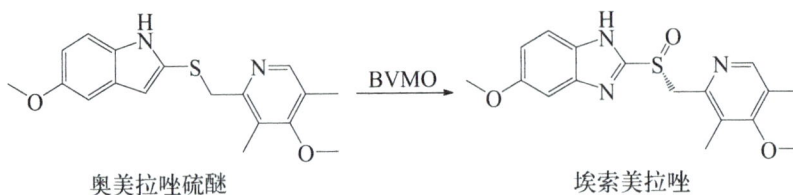

图 9-35 Baeyer-Villiger 单加氧酶催化合成埃索美拉唑

亚胺还原酶（imine reductases，IREDs）是一类依赖于 NAD(P)H 的氧化还原酶，专门催化前手性亚胺到手性胺的氢化反应。其中还原胺酶是 IREDs 的亚家族，这些酶能高效催化酮类化合物与广泛的伯胺和仲胺之间的还原偶联反应。西那卡塞（cinacalcet）是一种钙敏感受体激动剂，通过激活甲状旁腺上的钙敏感受体，增加细胞内钙离子感应，进而减少甲状旁腺激素的分泌。由于其独特的作用机制，西那卡塞被用于治疗多种与钙代谢异常相关的疾病，特别是针对进行血液透析的慢性肾病患者的继发性甲状旁腺功能亢进症。利用亚胺还原酶可以高效地将 (R)-1-(1-萘基)乙胺和 3-(3-三氟甲基苯基)丙醛偶联，得到西那卡塞（图 9-36）。

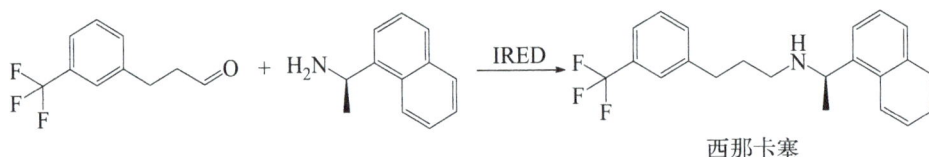

图 9-36 亚胺还原酶催化合成西那卡塞

9.2 酶在食品方面的应用

酶在食品工业中的应用极为广泛，是酶制剂大规模生产的一个核心领域。它们在食品加工的众多环节中扮演着关键角色，例如淀粉转化、蛋白质管理、乳品加工、果汁与饮料生产、面包与烘焙、调味品与发酵产品的制造、保健食品与功能性成分的开发等。酶的应用不仅提高了食品加工的效率和产品的多样性，还促进了食品工业向更自然、更健康方向的发展。随着生物技术的持续进步，酶制剂的种类不断增多，效率不断提高，其在食品工业中的应用潜力仍在不断被发掘和拓展。

9.2.1 酶在食品保鲜方面的应用

酶在食品保鲜方面应用广泛，主要是利用它们的生物催化活性来抑制微生物生长和减缓氧化过程，从而保持食品品质和延长货架期。以下是一些具体应用。

9.2.1.1 葡萄糖氧化酶在食品保鲜中的应用

葡萄糖氧化酶（glucose oxidase，GOD）在食品保鲜领域有着广泛的应用，其主要作用机制是通过催化葡萄糖氧化生成葡萄糖酸和过氧化氢，这两者在食品保存中发挥着重要作用。

葡萄糖氧化酶在食品保鲜中的作用主要体现在以下几个方面：

① 抑制微生物生长　过氧化氢是一种强氧化剂，可以破坏微生物的细胞膜，抑制或杀死细菌、霉菌等，有效减缓食品的腐败过程，延长食品的货架期。

② 除氧保鲜　葡萄糖氧化酶反应消耗氧气，减少包装内的氧含量，从而创造了一个低氧或无氧环境，有利于抑制好氧微生物的生长，适用于各类易氧化食品的保鲜，如肉类、果蔬、烘焙产品等。

③ 调节 pH 值　反应生成的葡萄糖酸能降低食品体系的 pH 值，创造一个更加不利于微生物生长的酸性环境，同时酸味本身也是食品风味的一部分，可作为天然酸味剂使用。

④ 减少美拉德反应　通过去除葡萄糖，减少了食品中发生美拉德反应的可能性，有助于保持食品的色泽和营养成分，尤其对易发生褐变的食品如蛋制品、奶制品等尤为重要。美拉德反应是一种非酶促褐变反应，广泛发生在食品加工、烹饪以及许多生物过程中。美拉德反应涉及羰基化合物（主要是还原糖，如葡萄糖、果糖）与氨基化合物（包括氨基酸、蛋白质中的氨基酸残基）之间的复杂交互作用，最终形成高分子量的棕色乃至黑色物质类黑精。

⑤ 增强包装材料的功能性　葡萄糖氧化酶可整合到智能包装材料中，通过酶的缓慢释放，持续维持包装内部的低氧状态或调节食品微环境，实现主动式保鲜。

9.2.1.2　溶菌酶在食品保鲜中的应用

溶菌酶（lysozyme）是一种天然存在的碱性酶，也称为胞壁质酶（muramidase）或 N-乙酰胞壁质聚糖水解酶（N-acetylmuramide glycanohydrolase）。它具有水解细菌细胞壁中黏多糖的能力，溶菌酶主要是通过切断细菌细胞壁成分肽聚糖中 N-乙酰胞壁酸和 N-乙酰氨基葡萄糖之间的 β-1,4-糖苷键，导致细菌细胞壁结构被破坏，从而使细菌溶解。溶菌酶凭借其天然、高效的抗菌能力，在食品保鲜领域得到了广泛应用，是一种理想的生物防腐剂，有助于提升食品的安全性、延长保质期并维护食品的天然属性。在食品保鲜领域，溶菌酶的应用基于其高效的抗菌特性，具体体现在以下几个方面：

① 天然防腐剂　溶菌酶作为一种天然来源的酶，能有效抑制或杀灭革兰氏阳性菌，特别适合用于那些要求减少化学添加剂使用的食品，如有机食品和婴幼儿食品。

② 延长保质期　在肉制品、水产品、乳制品、果蔬制品、烘焙食品和饮料中添加溶菌酶，可以显著减少或延缓微生物生长，保持食品的新鲜度和营养价值。

③ 保持食品品质　溶菌酶的使用可以减少传统防腐剂可能引起的异味或口味改变，保持食品原有的风味和质地，对于提升食品的整体品质有积极作用。

④ 安全性　鉴于溶菌酶是人体自身也会产生的酶，且其广泛存在于眼泪、唾液、乳汁等体液中，其作为食品添加剂使用被认为是安全的，符合消费者对天然、健康的诉求。

9.2.2　酶在食品生产方面的应用

酶在食品生产方面的应用极为广泛，几乎渗透到了食品工业的每一个环节，从原料处理、加工、改良品质到提高生产效率，酶制剂都发挥着至关重要的作用。以下是一些主要应用领域：

9.2.2.1　酶在淀粉转化中的应用

酶在淀粉转化中的应用是食品工业和相关领域的一项关键技术，主要涉及将淀粉大分子分解为较小的糖分子，进而影响食品的质地、发酵性能、甜度以及保藏性等。以下是在淀粉转化中几种关键酶的应用：

① α-淀粉酶　α-淀粉酶也常被称为液化酶，是一种在自然界广泛存在的酶。它在工业、食品加工以及研究领域具有极其重要的应用价值。α-淀粉酶能够随机水解淀粉和糖原内部的 α-1,4-糖苷键，但不能断裂 α-1,6-糖苷键，这意味着它不能直接作用于淀粉分子的分支点。这一特性使得它能够将大分子的淀粉转化为较小的糊精和低聚糖，显著降低淀粉溶液的黏度。在面包、糖果、饮料等的生产中，α-淀粉酶用于改善面团性质、加速糖化过程、增加食品的溶解性和口感。在酒精发酵前的液化阶段，α-淀粉酶用于将淀粉原料快速转化为可发酵的糖分，提高酒精产量和效率。

② β-淀粉酶　β-淀粉酶，也称为糖化酶或淀粉 β-1,4-麦芽糖苷酶，是一种专门作用于淀粉分子的酶，其负责从非还原性末端开始顺序地水解 α-1,4-糖苷键，每次切割下来两个葡萄糖单元形成一个麦芽糖分子。这个过程会产生麦芽糖和一种被称为 β-极限糊精的产物。β-淀粉酶在自然界中广泛分布，常见于大麦、小麦、甘薯、大豆等植物以及多粘芽孢杆菌、巨大芽孢杆菌等微生物中。β-淀粉酶与 α-淀粉酶一样，也不会断裂 α-1,6-糖苷键，但是其与 α-淀粉酶的随机切割不同，β-淀粉酶仅作用于淀粉链的特定位置。许多 β-淀粉酶具有较好的热稳定性，可以在较高的温度下保持活性。β-淀粉酶的主要水解产物麦芽糖具有甜味，但比葡萄糖的甜度低。经过提纯的 β-淀粉酶制剂通常无异味，适用于要求高品质和纯净度的食品加工。β-淀粉酶在麦芽糖浆、啤酒酿造、面包和糖果制造中作为糖化剂使用，提高食品的甜度和口感，同时控制发酵速度。使用 β-淀粉酶生产的麦芽糖，是一种适合糖尿病患者食用的食品，因为麦芽糖吸收不需要胰岛素。

③ 葡萄糖淀粉酶　葡萄糖淀粉酶，也常被称为葡萄糖苷酶、糖化酶或淀粉葡萄糖苷酶，是一种能够水解淀粉和糖原中 α-1,4-糖苷键和 α-1,6-糖苷键的酶。这种酶能够将直链和支链淀粉彻底分解为葡萄糖，而不像 α-淀粉酶那样只产生糊精或低聚糖。因此，它是实现淀粉完全液化和糖化过程的关键酶之一。葡萄糖淀粉酶水解淀粉，能高效地生成葡萄糖，可以用于生产高纯度葡萄糖浆或结晶葡萄糖，这些产品作为甜味剂广泛应用于食品和饮料行业，以及作为发酵工业的原料。在啤酒、白酒和其他酒精饮料的生产过程中，葡萄糖淀粉酶有助于提高淀粉原料的可发酵性，增加酒精产量。在果汁澄清和葡萄酒生产中，葡萄糖淀粉酶有助于分解果汁中的少量淀粉，避免浑浊，同时在葡萄酒发酵中可以作为辅助酶，提高发酵效率和产品质量。

④ 异淀粉酶　异淀粉酶，也被称为脱支酶或支链淀粉酶，是一类能够水解支链淀粉、糖原以及其他相关多糖链中分支点上的 α-1,6-糖苷键的酶。这类酶的作用是切断多糖分子中的侧链，使得原本复杂的支链结构转变为较短的直链淀粉分子，这一过程对于多糖的降解和后续的代谢至关重要。在生产高麦芽糖浆、高葡萄糖浆、低聚糖和啤酒等产品时，异淀粉酶的这一特性尤其关键，可以提高产率和产品质量。在淀粉基食品（如面制品、烘焙食品、糖果和果冻）的生产中，异淀粉酶通过改变淀粉结构，可以影响食品的黏稠度、凝胶形成和老化特性，从而改善食品的质地和口感。例如，它可以减少面制品的老化，延长其保质期，或使糖果和果冻拥有更理想的透明度和硬度。通过异淀粉酶处理淀粉，可以生产出低分子量的糊精和低聚糖，这些产物可以作为食品中的低热量甜味剂或增稠剂使用，适用于糖尿病患者和追求健康饮食的消费者。

⑤ 转葡萄糖基酶　转葡萄糖基酶，也称为转糖苷酶，是一类催化糖基从一个底物转移到另一个接受体分子上的酶。这类酶在自然界中广泛存在，特别是在微生物和植物中，它们参与多种生物合成途径，如多糖的合成、改造和降解。在食品工业应用中，转葡萄糖基酶可以用来生产低糖或特定类型的糖浆，能够通过改变糖的组成来创造具有特定健康效益（如低血糖反应）的食品。例如，它可以将麦芽糖转换为更长链的低聚糖，这些低聚糖不易被小肠吸收，可以到达大肠作为益生元，促进有益菌群的生长。

9.2.2.2　酶在蛋白质改性中的应用

通过生物酶的催化过程可以改变蛋白质的结构和功能特性，从而提高食品的营养价值、口感、质地和加工性能。以下是几种常见的酶在蛋白质改性中的应用实例：

① 蛋白酶　蛋白酶是一类催化蛋白质或多肽中肽键水解的酶，它们在生物体内和食品工业中发挥着至关重要的作用。蛋白酶的种类繁多，依据它们作用于肽链的特异性位置不同，可以分为内肽酶、外肽酶（包括羧肽酶和氨肽酶）等。这些酶能将大分子的蛋白质分解成较小的肽段甚至是氨基酸，从而影响食品的营养价值、质地、风味和加工特性。

通过添加如木瓜蛋白酶、菠萝蛋白酶等天然来源的蛋白酶，可以分解肌肉组织中的胶原蛋白和肌纤维蛋白，减少肉类的硬度，提高嫩度和口感。此技术广泛应用于牛肉、猪肉和海鲜产品的嫩化处理。

在奶酪生产过程中，特定的蛋白酶（如凝乳酶）能够促使牛奶中的酪蛋白凝固，控制奶酪的结构形成和成熟过程中的蛋白质分解，影响奶酪的质地、风味和成熟速度。

蛋白酶可以部分降解面团中的面筋蛋白，使面团更加柔软，能够改善烘焙产品的质地和加工性能。这对于制作松软的蛋糕、饼干等产品尤为重要。

在果汁加工中，蛋白酶能够水解果汁中的蛋白质，减少沉淀和浑浊，提高产品的透明度和稳定性，简化后续的过滤和澄清步骤。

特定的蛋白酶处理可以调节蛋白质的乳化和起泡能力，这对于生产冰激凌、乳制品和饮料等产品至关重要，可以改善产品的稳定性和口感。

② 转谷氨酰胺酶　转谷氨酰胺酶（transglutaminase，TG），又称为谷氨酰胺转氨酶，是一种催化蛋白质分子间或分子内形成共价交联的酶。TG 酶通过催化赖氨酸残基的 ε-氨基与谷氨酸残基的 γ-羧基之间的交联反应，实现蛋白质分子的交联，从而改变和改善蛋白质的结构和功能特性。

TG 酶可以用于模拟肉制品的重组，如重组肉块、火腿、香肠等，通过催化不同肉块间的蛋白质交联，增强产品的质地和连贯性，减少盐分和添加剂的使用，能够生产出低盐、高质感的肉类产品。在海鲜加工中，TG 酶同样能增强制品的质地和切片性。

在奶酪制造中，TG 酶可以改善奶酪的凝胶结构，增强其质地和切片性，同时减少加工过程中的损耗。它还可以用于酸奶等发酵乳制品，提高产品的黏稠度和稳定性。

TG 酶能够改善面团的弹性和延展性，增强面制品的结构，适用于面条、面包、比萨饼皮等的制作，可以提高其加工性能和最终产品的质量。

在豆腐和植物基肉制品的生产中，TG 酶能够增加蛋白质间的交联，改善产品的质地和口感，使其更接近于真实的肉类。

TG 酶可以显著提高鱼丸、鱼糕等鱼糜制品的凝胶强度和弹性，改善其口感和保水性。

9.2.2.3 酶在果胶降解中的作用

果胶是一种多糖物质，自然存在于许多水果和蔬菜的细胞壁中，尤其是柑橘类水果、苹果、桃子等。它是一种酸性多糖，主要由 α-1,4-连接的多聚半乳糖醛酸构成，有时还包含鼠李糖等其他单糖。

果胶酶是一类专门针对果胶质进行催化降解的酶，主要包括以下几种类型：聚半乳糖醛酸酶、果胶裂解酶、果胶酯酶和果胶甲基酯酶等。聚半乳糖醛酸酶能够切断果胶分子中的 α-1,4-糖苷键，导致果胶分子的降解，特别是针对聚半乳糖醛酸主链。这个过程会降低果胶的分子量，从而减少其黏度，有助于提高果汁的流动性及澄清度。果胶裂解酶通过 β-消除反应作用于果胶分子，产生不饱和端的寡糖和多糖片段。这种酶特别适用于需要避免产生还原糖的场合，因为它不会生成带有自由醛基的末端。果胶酯酶的主要作用是去除果胶分子中甲氧基的酯化基团，从而暴露更多的糖苷键给其他果胶酶作用。这个脱酯化过程增加了果胶的亲水性，使得果胶更易被水解，同时也影响到果胶的凝胶化特性。果胶甲基酯酶的作用类似于果胶酯酶，主要也是催化果胶分子中甲氧基的去除，但它作用的具体位点或机制可能有所差异。

通过果胶酶的催化作用，能够有效分解果胶分子，将其降解为小分子的半乳糖醛酸和其他简单糖，从而达到以下应用效果：

① 果汁澄清　通过添加果胶酶，可以破坏果汁中果胶的结构，降低其黏度，促进悬浮颗粒的沉降，加速果汁的自然澄清过程。这对于生产清澈透明、稳定性好的果汁产品至关重要。

② 提高出汁率　果胶酶能分解果蔬细胞壁中的果胶物质，减少细胞间的黏性，使得压榨或提取过程中更容易释放汁液，从而显著提高出汁效率和产量。

③ 改善质地和风味　果胶酶的使用可以促进果蔬汁中可溶性固形物的释放，包括风味物质和营养成分，使得最终产品味道更浓郁，口感更佳。

④ 生物活性物质提取　在提取水果和蔬菜中的生物活性物质，如抗氧化剂、维生素等时，果胶酶有助于破坏细胞壁结构，提高提取效率。

⑤ 酿酒工艺　在葡萄酒酿造中，果胶酶的应用有助于提高葡萄汁的澄清度，加速发酵过程，同时可以提升酒体的香气和色泽。

⑥ 其他食品加工　果胶酶还用于茶和咖啡的发酵过程，能够加速果胶物质的降解，减少速溶茶的泡沫，以及在柑橘皮油提取中提高提取率。

9.2.2.4 酶在乳糖水解中的作用

乳糖是一种二糖，常见于哺乳动物的乳汁中，由一分子葡萄糖和一分子半乳糖通过 β-1,4-糖苷键连接而成。它是哺乳动物幼崽主要的能量来源之一，尤其对婴儿早期生长发育至关重要。乳糖在自然界中的主要功能是提供能量，并促进钙、镁等矿物质的吸收。

乳糖酶是一种在人体内特别是小肠中起关键作用的消化酶。它的主要功能是分解乳糖。乳糖酶通过催化乳糖分子中的 β-1,4-糖苷键的水解反应，将其分解为易于吸收的葡萄糖和半乳糖分子。对婴幼儿而言，乳糖酶的活性尤其重要，因为乳糖是他们主要的能量来源。然而，随着年龄的增长，许多人的乳糖酶活性会逐渐降低，导致乳糖不耐受现象，即无法有效消化乳糖，进而引发腹胀、腹泻等消化不良症状。

在食品工业中，乳糖酶的应用主要集中在乳制品加工领域，旨在通过乳糖的预处理水解来改善产品特性和扩大消费群体。具体作用包括：

① 解决乳糖不耐受问题　通过预先添加乳糖酶对乳制品进行处理，可以将乳糖预先分解，生产出低乳糖或无乳糖产品，适合乳糖不耐受人群消费。

② 改善产品的质地和口感　乳糖在低温下容易结晶，从而导致乳制品（如冰激凌、酸奶）质地粗糙。乳糖水解可以减少结晶现象，使产品更加细腻顺滑。

③ 提高甜度和溶解性　乳糖的甜度低于其分解产物葡萄糖和半乳糖。水解后，产品甜度增加，溶解性增强，有利于改善风味和加工性能。

④ 延长产品保质期　乳糖的结晶可能影响乳制品的稳定性和保存性。用乳糖酶处理后可以减少这种影响，有助于延长产品货架寿命。

9.2.2.5　酶在油脂改性中的应用

油脂是由甘油和不同类型的脂肪酸通过酯化反应形成的天然高分子化合物，通常分为植物油脂和动物油脂两大类。植物油脂来源于各种植物种子，如大豆油、花生油、葵花籽油、橄榄油等，通常含有较多的不饱和脂肪酸。动物油脂来源于动物，如牛油、猪油、鱼油等，可能含有更多饱和脂肪酸。食品工业中的油脂是极其重要的原料之一，它们在各类食品的加工、制作及最终产品的品质、口感和营养价值中扮演着核心角色。

脂肪酶的正式名称为三酰基甘油水解酶，属于羧基酯水解酶类，脂肪酶能够催化甘油三酯的水解反应，将其逐步分解成甘油和脂肪酸。食品工业中，油脂改性是一个重要的过程，旨在通过化学或酶催化的方法改变油脂的物理和化学性质，以满足特定的食品加工需求或提升产品特性。在食品工业中，脂肪酶在油脂改性方面的作用主要体现在以下几个方面：

① 结构化油脂的生产　通过脂肪酶的催化作用，可以有选择性地水解和重排甘油三酯分子中的脂肪酸链，从而生产出具有特定熔点、结晶特性和稳定性的结构化油脂。例如，可以制得模拟人乳脂的结构，改善婴儿配方奶粉的脂肪吸收率问题。

② 油脂改性以提升功能性　脂肪酶可以用于调整食用油的脂肪酸组成，比如降低饱和脂肪酸含量，增加不饱和脂肪酸比例，从而改善油脂的营养价值和健康属性。

③ 提高油脂品质和稳定性　在油脂精炼过程中，脂肪酶可以帮助去除不良气味和色泽，提高油脂的感官质量。同时，通过控制脂肪酸链的分布，可以增强油脂的氧化稳定性，延长食品的货架期。

④ 特定风味的生成　在奶酪制造、酱料加工等领域，脂肪酶不仅有助于脱脂，还能通过催化脂肪的有限水解产生具有特殊风味的游离脂肪酸和其他风味化合物，从而提升食品的风味特征。

9.2.2.6　酶在纤维素降解中的应用

膳食纤维是一个广泛的概念，它涵盖了多种不能被人体小肠消化酶所分解的植物来源的碳水化合物，包括纤维素、半纤维素、果胶、木质素等。这些成分主要来源于植物的细胞壁和其他结构部分。纤维素是膳食纤维中最主要的组成部分，是自然界中分布最广泛的多糖，由大量葡萄糖单元通过 β-1,4-糖苷键相连而成。它构成了植物细胞壁的主要成分，赋予了植物结构强度和稳定性。由于人体缺乏分解纤维素所需的酶，纤维素在人体内基本不被消化吸收，但纤维素对维护肠道健康、促进肠道蠕动等方面起着重要作用。

食品工业中的纤维素降解主要是为了提高其可消化性和利用率，尤其是在动物饲料、生物燃料生产以及某些特定的食品加工过程中。比如，在酒精发酵过程中加入纤维素酶以分解纤维素，可以增加原料中可发酵糖的比例，从而提升酒精产量和质量。在动物饲料加工中，通过纤维素酶处理，可以提高纤维素的消化率，增加饲料的能量价值，改善动物的营养吸收。

纤维素降解中涉及的主要酶类包括：

① 外切 β-葡聚糖酶　外切 β-葡聚糖酶作用于纤维素链的末端，从非还原端开始逐步切割下来纤维二糖单位，从而松解纤维素的结晶结构，为其他酶提供更多的攻击位点。

② 内切 β-葡聚糖酶　内切 β-葡聚糖酶能够在纤维素链内部随机切割 β-1,4-糖苷键，从而产生纤维寡糖（如纤维二糖、纤维三糖等）。

③ β-葡萄糖苷酶　β-葡萄糖苷酶负责将上述产生的纤维寡糖进一步分解成单糖葡萄糖。这是纤维素降解过程中的最后一步。

9.2.2.7　酶在酚类化合物降解中的应用

酚类化合物在食品加工中会产生一些不利的影响，例如某些酚类化合物能与食品中的蛋白质、维生素或其他营养成分结合，形成不溶性复合物，影响这些营养成分的吸收和利用。酚类物质自身或其氧化产物可能产生令人不愉快的气味和颜色，影响食品的感官质量。某些人群可能对酚类化合物敏感，摄入含高量酚类的食物后，可能出现过敏反应。在酿酒中，酚类过多可能导致酒体过于涩口，影响口感。

在食品加工过程中，需要控制酚类化合物的含量。漆酶可以氧化酚类物质，在食品加工中的应用可以有效改善或解决酚类化合物带来的不利影响。漆酶能够选择性地氧化食品原料中的酚类化合物，促进其聚合或形成沉淀，从而减少食品中的游离酚含量，改善食品色泽、风味和稳定性。例如，在果汁和茶饮料的澄清过程中，漆酶可以有效减少浑浊，提升产品透明度。

9.2.3　酶在食品添加剂生产方面的应用

食品添加剂是特意在食品生产、加工、包装、运输或储存过程中加入的少量物质，旨在改善食品的品质、色泽、风味、组织结构或保存性质。它们可以是化学合成的或天然来源的物质。食品添加剂的使用需遵循国家及国际的安全标准和法规，确保不会对消费者的健康造成危害。

酶在食品添加剂生产方面的应用是多方面的，利用酶的高效性和专一性催化特性，可以生产出多种天然、安全且功能性的食品添加剂，这些添加剂有助于改善食品的口感、延长保质期、增加营养价值或增强食品的外观和风味。以下是酶在食品添加剂生产中的一些具体应用实例。

9.2.3.1　酶在增稠剂和稳定剂生产中的应用

增稠剂和稳定剂是食品添加剂的重要组成部分，它们在食品制造过程中发挥着增强质感、稳定配方、改善外观和延长货架期的关键作用。增稠剂的主要作用是增加食品的黏稠度，使食品体系维持均匀且稳定的悬浮状态或乳浊状态，甚至形成凝胶。这不仅能够改善食品的口感和质感，如使酸奶更加浓稠，还能帮助食品在加工过程中保持成分的均匀分布，如在沙拉酱中的应用。稳定剂的功能与增稠剂相似，但更侧重于防止食品成分的分离，如防止油水分离，以及保持食品结构的稳定，尤其是在经过冷冻、加热或长期储存后。稳定剂有助于维持食品的均匀性和一致性，如在冰激凌中使用可以防止冰晶过大，或在果汁中使用保持果肉的均匀悬浮。

酶作为一种高效的生物催化剂，其在增稠剂和稳定剂的生产中应用广泛，主要体现在以下几个方面：

① 淀粉衍生物的生产　通过使用不同类型的淀粉酶，可以将淀粉转化为不同类型的糖类和糊精，用作增稠剂。例如，低黏度的糊精适用于需要轻微增稠效果的饮料，而高黏度的糊精则用于需要更强增稠效果的产品，如布丁和果酱。

② 果胶的改性　果胶酶能够降解和改性果胶，这种改性果胶可用于生产果酱、果冻和酸奶等食品中，作为增稠剂和稳定剂，改善产品的口感和结构。

③ 纤维素和半纤维素的转化　纤维素酶和半纤维素酶可以将植物材料中的纤维素和半纤维素部分降解为短链糖或寡糖，这些产物可以用作食品中的增稠剂，尤其是在需要增加纤维含量的健康食品中。

④ 海藻多糖的利用　通过特定的酶处理海藻，如卡拉胶、琼脂和海藻酸盐，可以生产出具有特定凝胶特性和稳定性的增稠剂，海藻多糖广泛应用于果冻、冰激凌、烘焙品和乳制品中。

⑤ 定制化解决方案　酶工程允许对酶的特性和活性进行精确调控，使得生产出的增稠剂和稳定剂能够更好地满足特定食品加工条件和最终产品需求，如耐高温、耐酸碱、耐剪切等特性。

9.2.3.2　酶在甜味剂制备中的应用

食品甜味剂在现代食品工业中扮演着极其重要的角色，它们的使用改善了食品的味道，满足广泛人群对于甜食的喜好，特别是那些需要或选择减少糖分摄入的消费者。许多人工甜味剂和部分天然甜味剂几乎不含热量或热量极低，这有助于控制总的能量摄入，对于预防肥胖和相关代谢疾病具有积极作用。

通过酶的催化作用可以生成多种类型的甜味剂，以下是一些具体例子：

① 赤藓糖醇的生产　赤藓糖醇是一种天然存在的四碳糖醇，具有甜味但热量极低，不易被人体吸收，因此常作为食品和饮料中的低热量甜味剂使用（图 9-37）。它不会引起血糖波动，适合糖尿病患者食用，同时赤藓糖醇不被口腔细菌发酵，也不会导致蛀牙。微生物发酵法是目前工业化生产赤藓糖醇的主要方法。可通过发酵法生产赤藓糖醇的工业菌株，以耐高渗酵母为主，包括假丝酵母属（*Candida*）、球拟酵母属（*Torulopsis*）、毛孢子菌属（*Trichosporum*）、三角酵母属（*Trigonopsis*）、毕赤酵母属（*Pichia*）、小丛梗孢属（*Moniliella*）、担子菌属（*Basidiomycetes*）、圆酵母属（*Torula*）和亚罗酵母属（*Yarrowia*）等菌属。微生物发酵生产赤藓糖醇的过程通常以富含淀粉的物质，如小麦、玉米等谷物为原料。这些原料经过预处理后，使用酶进行液化和糖化，可以将复杂的淀粉分解成葡萄糖。然后酵母菌再将高浓度的葡萄糖转化为赤藓糖醇。

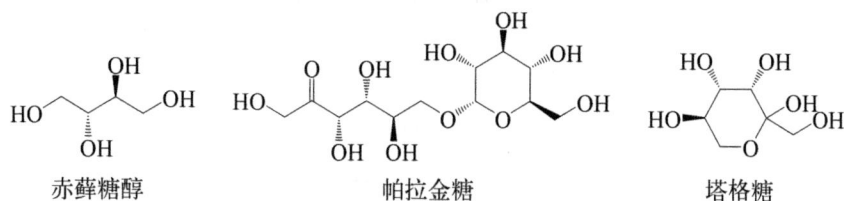

赤藓糖醇　　　　　　帕拉金糖　　　　　　塔格糖

图 9-37　低热量甜味剂

② 异麦芽酮糖的生产 异麦芽酮糖，也称为帕拉金糖，是一种天然存在于少量食物如甘蔗和蜂蜜中的糖类。它的甜度约为蔗糖的 $40\%\sim60\%$，具有低血糖指数、不易致龋齿的特性，因此异麦芽酮糖被视为一种健康甜味剂。利用酶生产异麦芽酮糖的过程主要依赖于蔗糖异构酶。这种酶能够催化蔗糖分子的结构变化，将 α-1,2-糖苷键转变为 α-1,6-糖苷键，从而将蔗糖异构成异麦芽酮糖。这一过程是一种高效的生物催化反应，具有高度的选择性和环保性。

③ 塔格糖的生产 塔格糖是一种天然存在的六碳己酮糖，是果糖的一种差向异构体，甜度约为蔗糖的 92%，但其能量值却远低于蔗糖，约为蔗糖的 $1/3$，因此被视为一种低热量的甜味剂。塔格糖不仅具有低血糖反应、不易致龋齿的特性，还表现出一定的生理益处，如改善肠道菌群、抑制高血糖等，这使得它在食品、医药和化妆品行业有着广泛的应用前景。

塔格糖的生物合成通常以乳糖为起始原料。通过乳糖酶水解乳糖，得到半乳糖。然后再利用差向异构酶将半乳糖转化为塔格糖。

④ 单葡萄糖醛酸基甘草皂苷的生产 甘草皂苷是一种天然来源的高强度甜味剂，其甜度大约是蔗糖的 $170\sim200$ 倍，而且具有很低的热量，这使得它们成为潜在的健康甜味剂选项。甘草皂苷在食品工业和医药领域有着广泛应用。然而，由于甘草皂苷本身的结构特点，它也可能在体内引起一些副作用，如影响电解质平衡。

通过使用 β-葡萄糖醛酸苷酶，可以特异性地水解甘草皂苷分子中一个或两个葡萄糖醛酸基团，生成单葡萄糖醛酸基甘草皂苷或甘草次酸。通过 β-葡萄糖醛酸苷酶的作用，可以去除甘草皂苷末端的一个 β-D-葡萄糖醛酸残基，得到单葡萄糖醛酸基的甘草皂苷，其甜度约为蔗糖甜度的 900 倍，比甘草皂苷的甜度提高 $5\sim6$ 倍。通过上述转化过程，旨在改善甘草皂苷的生物利用度、降低潜在副作用，并可能增强其特定的生物活性。

9.2.3.3 酶在乳化剂生产中的应用

食品工业中的乳化剂是一类重要的食品添加剂，它们在多种食品加工过程中发挥着关键作用。乳化剂的基本功能是降低两种不相容液体（如水和油）之间的表面张力，从而使它们能够形成稳定且均匀分散的混合物，即乳状液。乳化剂分子通常具有双重亲和性，一部分（亲水基）能与水结合，另一部分（亲油基）则能与油结合，这种结构让它们能够在油水界面聚集，形成一层保护膜，阻止油滴聚集并上升到水面，从而维持乳状液的稳定。

利用脂肪酶的作用，可以将甘油三酯水解生成甘油单酯（单甘酯）。甘油单酯因其同时具有亲水和疏水的结构特性，是一种非常有效的乳化剂，能够稳定水包油或油包水型的乳浊液，广泛应用于食品行业。

磷脂酶可以被作用于磷脂，如大豆磷脂，通过选择性水解生成不同的磷脂衍生物，这些衍生物具有优异的乳化性能，适用于各种食品配方中，如乳制品、烘焙食品和饮料。

9.2.3.4 酶在酸味剂生产中的应用

以赋予食品酸味为主要目的的食品添加剂称为酸味剂。酸味剂的主要功能是赋予食品特定的酸味，进而达到提升食品风味、增进消费者食欲的目的。酸味剂能够平衡食品中的甜味、咸味等其他基本味觉，使食品风味更加丰富和谐。酸味剂的添加还有助于人体对某些矿物质，尤其是钙和铁的吸收。酸味剂通过降低食品的 pH 值，创造了一个不利于多数病原微生物生长的环境，从而延长食品的保质期，防止食品腐败。

常见的酸味剂包括有机酸如柠檬酸、苹果酸、乳酸等。目前广泛采用酶法生产的酸味剂主要有乳酸和苹果酸。

通过微生物发酵过程，特别是使用能够高效产生乳酸的乳酸菌，可以在适宜条件下进行乳酸的大规模生产。乳酸脱氢酶在此过程中发挥着关键作用。

利用反应分离耦合技术，直接使用苹果酸酶或马来酸水合酶将马来酸转化为 D-苹果酸。富马酸在富马酸酶的作用下经过脱羧反应转化为 L-苹果酸，是生产 L-苹果酸的一种重要方法。此外，L-苹果酸还可以用延胡索酸（反丁烯二酸）为底物，通过延胡索酸酶的催化作用，水合生成 L-苹果酸（图 9-38）。

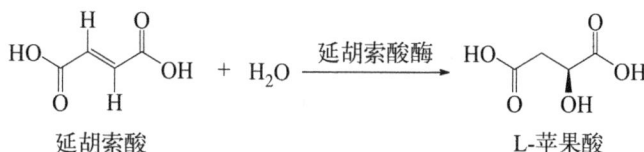

图 9-38　延胡索酸酶催化合成 L-苹果酸

9.2.3.5　酶在食品鲜味剂生产中的应用

食品鲜味剂也常被称为风味增强剂或增味剂，是一类用于提升或增强食品原有风味的添加剂。它们通过作用于人类的味觉感受器，来增加食物的美味度和口感层次。鲜味是一种基本的味觉感受，通常与肉类、海鲜、香菇和发酵食品等食材相关联，给人以丰富、满足的滋味体验。主要的鲜味剂包括味精、核苷酸及其衍生物、肽和氨基酸等。

（1）L-氨基酸的酶法生产

L-氨基酸是构成蛋白质的基本单元，自然界中的蛋白质几乎完全由 L-氨基酸组成。在这些氨基酸中，L-谷氨酸和 L-天冬氨酸等特定的氨基酸因其独特的鲜味特性，被广泛用作食品工业中的增味剂或风味增强剂。通过酶催化生产 L-氨基酸类增味剂是现代食品工业中一个高效且特异的方法，它不仅提高了生产效率，还增强了产物的纯度和特定功能性。通过蛋白酶催化蛋白质水解生成 L-氨基酸混合液，再从中分离得到鲜味氨基酸。

利用 α-酮戊二酸和氨作为底物，在 NAD(P)H 的存在下，谷氨酸脱氢酶催化还原反应生成 L-谷氨酸，这是一种重要的氨基酸增味剂前体。

转氨酶可以催化特定酮酸（如 α-酮戊二酸）与另一种氨基酸之间的氨基转移，生成新的氨基酸和原来的酮酸对应的氨基酸。这种方法可以根据需求选择不同的酮酸和氨基酸底物，定向合成特定的 L-氨基酸。

谷氨酸合酶催化 α-酮戊二酸与谷氨酰胺反应，生成 L-谷氨酸。

天冬氨酸酶能够催化延胡索酸（也称为反丁烯二酸）与氨反应生成 L-天冬氨酸。

（2）呈味核苷酸的酶法生产

呈味核苷酸，尤其是肌苷酸（IMP）和鸟苷酸（GMP），是食品行业中常用的增味剂，能够显著增强食物的鲜味。

通过 5′-磷酸二酯酶的作用，催化 RNA 中的磷酸二酯键水解，从而释放出单核苷酸，包括腺苷酸（AMP）、鸟苷酸（GMP）、尿苷酸（UMP）和胞苷酸（CMP）。AMP 在腺苷酸脱氨酶的作用下，生成肌苷酸（IMP）。GMP 和 IMP 是高效食品增味剂，一般以鸟苷酸二钠和肌苷酸二钠的形式使用。由于呈味核苷酸与谷氨酸钠的呈味效果具有叠加效应，即两者混合使用时，鲜味大大增强，所以核苷酸类食品增味剂在使用时通常与谷氨酸钠混合使用，即在味精中加入 5%～9% 的呈味核苷酸。

9.2.3.6 酶在色素生产中的应用

色素是给予物质颜色的化合物，在食品工业中，色素主要用于改善和增强食品的外观，使其更具吸引力，同时也可以用来区分不同口味或品种的产品。食品色素根据来源和性质，可以分为天然色素、合成色素和无机色素几大类。色素可以为碳酸饮料、果汁、茶饮等提供醒目的颜色，增加视觉吸引力。色素也可以为糖果、果冻、蛋糕、冰激凌等赋予丰富多彩的颜色，增加节日或主题感。在罐头、冷冻食品、即食产品中，色素用于恢复或增强加工过程中可能丧失的自然颜色。

多数天然色素成分在细胞内的含量远远高于在细胞间隙中的含量，因此破坏细胞壁是促进天然色素提取的关键。例如，葡萄皮是天然红色素的重要来源。使用果胶酶和纤维素酶，可以有效分解葡萄皮中的细胞壁结构，促进色素的释放，提高色素的提取效率和稳定性。花青素是一类广泛存在于蓝莓、黑枸杞等水果中的水溶性色素，具有良好的抗氧化性和颜色变化特性。使用果胶酶、半乳糖苷酶等可以帮助研究者从植物原料中高效提取花青素，并通过酶促转化生产不同色调的花青素衍生物，丰富食品的色彩种类。叶绿素赋予了许多绿色植物鲜明的颜色，但在食品加工过程中易氧化变色。通过添加抗氧化酶如超氧化物歧化酶（SOD）和过氧化氢酶（CAT），可以有效清除自由基，减缓叶绿素的氧化过程，保持食品的绿色鲜艳。

9.3 酶在轻工、化工方面的应用

酶在轻工业和化学工业方面有多种用途。概括起来主要有三个方面的用途：用酶进行原料处理；用酶生产各种轻工业、化学工业产品；用酶增强产品的使用效果。现简单介绍如下。

9.3.1 酶在原料处理方面的应用

酶在轻工业原料处理中扮演着极其重要的角色，它们通过生物催化机制，为原料预处理提供了一种高效、环保且经济的方法。以下是酶在轻工业原料处理中的一些典型应用案例，这些应用不仅能够加速处理流程，还能提升最终产品的质量和生产效率。

9.3.1.1 发酵原料的处理

发酵工业大多数以淀粉为主要原料。然而，除了霉菌以外，许多微生物由于本身缺乏淀粉酶系，无法直接利用淀粉进行发酵。故此，必须先经过原料处理，将淀粉转化为可发酵的单糖或二糖才能利用。

首先使用 α-淀粉酶，在较高温度下将淀粉分子的长链内部 α-1,4-糖苷键部分断裂，形成较短的糊精链，这一过程称为液化。液化后的产物仍然是相对较大的分子，还不能够直接被大多数微生物发酵利用。接着，在较低温度下加入糖化酶，这些酶能够继续作用于糊精，特别是 α-1,4-糖苷键与 α-1,6-糖苷键，将其进一步水解成葡萄糖。葡萄糖是最常见的可发酵单糖，能被大多数微生物直接吸收利用进行发酵，可用于生产酒精、有机酸、酶制剂、生物燃料等多种产品。

对含纤维素的原料，如农业废弃物、林业残留物等，其利用的关键在于纤维素复合体的作用，纤维素复合体包括内切葡聚糖酶、外切葡聚糖酶，以及木聚糖酶等。这些酶协同工作，能够逐步将结构复杂的纤维素分解为纤维二糖，最终进一步转化为葡萄糖，为发酵提供碳源。

对于富含戊聚糖（如木聚糖、阿拉伯聚糖）的植物原料，可以通过特定的戊聚糖酶（如木聚糖酶、阿拉伯聚糖酶）进行处理，这些酶能够将这些多糖水解为戊糖（如木糖、阿拉伯糖），这些戊糖也是潜在的发酵底物，可以用于生产特殊化学品或作为生物能源的来源。

9.3.1.2 纺织原料的处理

纺织原料的处理是一个复杂而精细的过程，旨在改善纤维的性质，提升纺织品的质量和加工性能。

（1）上浆处理

上浆是为了增加纱线或织物的强度、平滑度和耐磨性，便于后续的纺织加工（如织造、印花、染色等）。传统的上浆材料包括淀粉、动物胶、聚乙烯醇等。其中，淀粉是最常用的上浆材料之一，因为它来源广泛、价格低廉且易于处理。使用 α-淀粉酶处理淀粉，可以控制其黏度，使得浆料易于施加且分布均匀，不会堵塞织机针眼，同时在后续退浆过程中更容易去除。

（2）退浆处理

织物在完成织造、印花或染色前，需要去除上浆时使用的浆料，这一过程称为退浆。使用 α-淀粉酶退浆可以高效水解淀粉浆料，减少化学退浆剂的使用，可以降低环境污染，同时保护织物不受损伤，保持其原有的物理性能。对于使用动物胶作为浆料的情况，则需使用蛋白酶来分解胶体，实现退浆。

（3）纤维表面处理

纤维原料，尤其是天然纤维（如棉、麻等），表面常带有短绒、杂乱纤维等，影响纺织品的外观和手感。通过使用纤维素酶，特别是纤维素酶中的纤维表面处理酶，可以精确地去除这些短纤维，使纤维表面变得平滑、光洁，提高其光泽度，同时改善织物的手感和穿着舒适性。此外，纤维素酶还能轻微改变纤维表面的物理结构，增强纤维之间的咬合力，从而提高纺织品的强度和耐用性。

9.3.1.3 制浆、造纸原料的处理

造纸原料的纤维中含有大量木质素，若不除去则会导致纸变成黄褐色，强度下降，严重影响纸的质量。通常采用碱法制浆除去木质素，这一过程会造成严重的环境污染。木质素酶、木聚糖酶和半纤维素酶等酶的应用，在改进造纸工艺、提高纸张质量及减轻环境污染方面发挥了重要作用。

木质素是构成植物细胞壁的成分之一，它与纤维素和半纤维素紧密结合，给予植物结构支持和防水特性。传统碱法制浆过程中虽能部分去除木质素，但效率有限且会产生大量污染物。

木质素降解酶的引入，可以通过生物降解途径有效分解木质素，减少对强碱和高温的依赖，这不仅提高了纸浆的白度和纯度，还显著降低了环境污染。木质素分子结构中含有的酚羟基可通过漆酶催化氧化而形成自由基，进而引发木质素的降解。漆酶能够选

择性地氧化木质素结构中的酚基团，而对纤维素的损伤较小，这极大提高了脱木质素的效率和选择性。

木聚糖酶和半纤维素酶能够选择性地降解木聚糖和半纤维素，减少这些物质在漂白过程中形成的副产物，从而降低对传统氯化漂白剂的依赖。使用这些酶进行生物漂白，不仅可以避免二噁英等有害物质的产生，减少对环境的污染，同时还能保护纤维结构，提高纸张的强度和光泽度，延长纸张的使用寿命。

再生纸生产过程中，去除原纸上的油墨、胶黏剂等杂质是一大挑战。传统方法往往使用化学脱墨剂，成本高且可能对环境造成负担。纤维素酶能温和地分解纤维间的一些杂质和纤维表面的残留物，提高脱墨效率，同时减少化学药品的使用，降低生产成本，减轻对环境的影响，使得再生纸的光洁度和整体质量得到提升。

9.3.1.4 生丝的脱胶处理

天然蚕丝的主要成分是不溶于水的有光泽的丝蛋白。丝蛋白的表面有一层丝胶包裹着，丝胶的存在会影响蚕丝的光泽度、强度以及后续纺织加工的性能。在缫丝过程中，必须进行脱胶处理，即将表面的丝胶除去，以提高蚕丝的质量。采用胰蛋白酶、木瓜蛋白酶或微生物蛋白酶处理，可在比较温和的条件下催化丝胶蛋白水解，进行生丝脱胶，从而使生丝的质量显著提高。

胰蛋白酶来源于动物胰脏，是一种高效的丝胶蛋白水解酶，能在适宜的温度和 pH 条件下选择性地分解丝胶蛋白，而不损伤丝蛋白，从而保持蚕丝的天然光泽和强度。

木瓜蛋白酶源自木瓜果实，是一种广泛应用的天然蛋白酶，因其温和的性质和良好的水解效率，特别适合用于丝绸的脱胶处理。木瓜蛋白酶能有效去除丝胶，同时对丝纤维的损伤较小，保证了丝绸的细腻质地和柔韧性。

从微生物中筛选出的高效蛋白酶也被用于丝绸脱胶。这些酶具有反应条件温和、专一性强、易于调控等优点，能够在保护丝纤维结构的同时高效去除丝胶，进一步提升丝绸的质量。

9.3.1.5 羊毛的除垢处理

羊毛纤维表面覆盖着一层由蛋白质组成的鳞片层，这些鳞片层中包含的蛋白质聚合体即所谓的"鳞垢"，它们可能会影响染料的渗透和固色，导致染色不均或颜色浅淡。因此，羊毛在进行染色之前进行有效的预处理是非常关键的步骤，以确保染料能够均匀渗透并牢固地附着在羊毛纤维上。

使用蛋白酶对羊毛进行预处理，如枯草杆菌蛋白酶或其他特定的蛋白酶，是一种常见且有效的方法。这些酶具有高度针对性，能够催化羊毛纤维表面鳞片层中的蛋白质发生水解，从而减弱鳞片间的连接，使得鳞片结构变得较为松散。通过去除或减弱鳞垢，染料能够更容易地渗透到羊毛纤维的内部，从而提高羊毛的吸收能力和着色均匀性，使得其颜色更加鲜艳、饱满。此外，蛋白酶处理还有助于改善羊毛的触感，因为去除部分鳞片后，羊毛纤维变得更为柔软，提升了纺织品的舒适度。适当的酶处理可以在去除鳞垢的同时，尽量保持羊毛的自然光泽和弹性等特性，从而维护羊毛制品的高品质。

9.3.1.6 皮革的脱毛处理

皮革是由牛、羊、猪等动物的皮，经过脱毛处理后鞣制而成。传统的脱毛方法是采用石灰和硫酸钠溶液浸渍，不仅时间长、劳动强度大，还会对环境造成严重污染。现在普遍采用酶法脱毛处理，使用微生物（如细菌、霉菌、放线菌）产生的碱性或中性蛋白酶，这些酶能高效且专一地水解毛囊周围连接毛与真皮的蛋白质结构，促使毛发易于脱落。

脱毛之后，为了进一步清洁和软化皮革，会加入适量的蛋白酶和脂肪酶。蛋白酶继续作用于皮革表面和内部的剩余蛋白质，去除杂质，同时有助于改善皮革的均匀性和柔软度。脂肪酶则针对皮革中的油脂进行分解，有效去除皮脂和生产过程中可能沾染的其他油脂，防止皮革发霉、变质，同时也让皮革更加柔软、光滑，提升了皮革的质感和耐久性。

9.3.1.7　烟草原料的处理

烟草原料的处理是烟草制品生产中一个精细且关键的过程，旨在改善烟叶的物理特性、化学组成及感官品质。

使用纤维素酶、半纤维素酶和果胶酶处理烟叶，可以降解烟叶中的结构性多糖，如纤维素、半纤维素和果胶质。纤维素酶和半纤维素酶能帮助软化烟叶，改善其物理特性，如提高填充能力，使烟丝更易加工和包装。果胶酶则有助于提高烟叶的提取率，使烟叶中的可溶性物质更易于被提取出来，从而增强烟草的香气和味道。此外，通过减少木质素含量，可以使烟叶燃烧更加完全，减少有害物质的产生。蔗糖转化酶可以参与烟草中糖分的转化，增加烟叶中的还原糖含量，这对于提高烟草的甜味和香气有重要作用。糖的转化还能促进美拉德反应等非酶褐变过程，进一步丰富烟草的香气。α-淀粉酶能够分解淀粉为较小的糖分子，这不仅增加了烟叶的甜度，也为微生物发酵提供了更多底物，有助于香气物质的生成。蛋白酶的使用则可以降解烟叶中的蛋白质，减少烟气中的刺激性成分，如氨和挥发性碱，从而使烟气更加柔和、口感更佳。同时，蛋白质的适当降解也有助于改善烟叶的色泽和燃烧性能。

9.3.1.8　甜菜糖蜜的处理

甜菜是一种制糖原料，甜菜中含有 $0.05\% \sim 0.15\%$（相当于蔗糖含量的 1% 左右）的棉子糖。棉子糖的存在会影响蔗糖结晶，从而影响蔗糖的收得率。

通过添加蜜二糖酶，可以催化棉子糖水解为半乳糖和蔗糖。这一转化过程有助于增加糖液中可结晶蔗糖的比例，从而提升蔗糖产品的产量和质量。糖蜜是一种浓稠、深色的糖液副产品，主要来源于甘蔗或甜菜在制糖过程中的浓缩和结晶工序。当甘蔗或甜菜被压榨并提取出初始糖液后，通过加热蒸发水分并结晶出糖，剩余的液体部分即为糖蜜。采用蜜二糖酶对甜菜糖蜜进行处理，可以以回收糖蜜中的蔗糖。

9.3.1.9　植物油的脱胶处理

植物油在精炼之前，除了甘油二酯以外，还含有游离脂肪酸、磷脂、蜡质等杂质，需要通过精炼除去。在植物油的精炼过程中，脱胶是关键步骤之一，旨在去除油中的磷脂等胶溶性杂质，这些杂质不仅会影响油的品质，比如造成油浑浊和不稳定，还会在后续的加工和储存过程中引起问题，如加速油脂的氧化、影响风味和色泽，甚至堵塞管道和设备。

使用磷脂酶对植物油进行脱胶是一种高效且针对性强的方法。磷脂酶能够特异性地作用于磷脂分子上的酯键，将其转化为更易被水解或分离的形式，比如溶血磷脂（图 9-39）。这个转化过程增加了磷脂的亲水性，使其能更好地与水相混合而从油相中分离出去。这种方法相比传统的化学脱胶方法（如使用热碱溶液处理）更为温和，可能对油脂的品质保持更有利，减少了对油脂中其他有益成分的破坏。

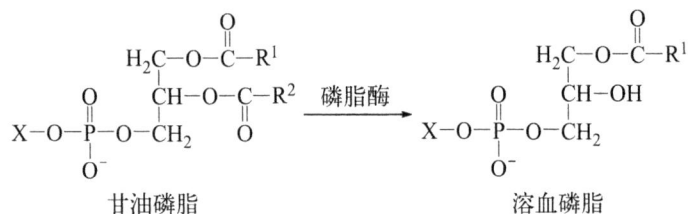

图 9-39 磷脂酶催化的反应

9.3.1.10 酶在纺织印染加工中的应用

过氧化氢酶是一种存在于所有好氧微生物和动、植物细胞内的氧化还原酶，能够催化 H_2O_2 分解为 H_2O 和 O_2。过氧化氢酶在纺织印染行业中主要应用于双氧水漂白后的生物除氧和氧漂废水处理。通过做成固定化酶以提高其在印染生产中的稳定性。

过氧化物酶属于氧化还原酶，广泛存在于动、植物及微生物中，是以过氧化氢或烷基过氧化物作为电子受体来催化氧化一系列底物。过氧化物酶在纺织印染方面主要应用于合成染料的脱色和印染废水的处理等。例如，固定化木素过氧化物酶对酸性大红 BS 的脱色率在 60% 以上；共同固定的木素过氧化物酶和葡萄糖氧化酶对染料的脱色速率在 1min 内可达 90% 左右。

溶菌酶存在于动植物、微生物及噬菌体中。它是一种专门作用于微生物细胞壁的水解酶，具有抗病毒、止血、消肿、镇痛及加快组织修复等功能。溶菌酶固定化后可用于产业用纺织品和抗菌功能纺织品的开发。例如，采用吸附法和戊二醛交联法将溶菌酶固定在羊毛织物上，可以赋予羊毛纤维优良的抗菌效果。

漆酶是一种含多个铜离子的多酚氧化酶。漆酶能催化许多芳香族化合物的降解，根据漆酶对染料降解的原理，在纺织染整方面主要用于印染废水的脱色、染色织物上浮色的生物酶洗、牛仔服装的仿旧整理和棉织物的生物漂白。

脂肪酶能催化天然底物油脂（甘油三酯）水解，生成脂肪酸、甘油和甘油单酯或二酯。脂肪酶具有很重要的工业应用价值，目前在纺织工业中主要用于羊毛、丝绸纤维上的油脂和棉纤维蜡质的去除以及涤纶纤维性能的改善等。

纤维素酶是一类能够降解纤维素生成葡萄糖的多组分酶的总称。近年来，纤维素酶在纺织行业中应用取得了快速的进展，如利用纤维素酶去除织物表面的绒毛、光洁织物表面、抗起毛起球、使织物柔软蓬松、提高织物的悬垂度、改善织物光泽及进行牛仔服装水洗等。但纤维素酶易失活，为提高其使用效率，通常对其进行固定化操作。

9.3.2 酶在轻工、化工产品制造方面的应用

利用酶的催化作用，可将原料转变为所需的轻工、化工产品，也可利用酶的催化作用除去某些不需要的物质从而得到所需的产品。

9.3.2.1 酶法生产手性氨基酸

手性氨基酸在医药、食品、化妆品、农业及饲料工业中应用广泛。它们的重要应用促使了光学纯氨基酸合成方法的发展。在众多手性氨基酸制备方法中，酶促不对称合成作为一种独特且极具潜力的策略脱颖而出。

手性氨基酸的生物催化合成主要有微生物发酵、外消旋体的酶促动力学拆分及前手性底物的酶促不对称合成三种策略。对于多数基于蛋白质的氨基酸，如 L-谷氨酸、L-

赖氨酸和 L-苏氨酸，发酵是最优选的生产方式。由于氨基酸产物范围广泛，外消旋体的动力学拆分和酶促不对称合成被视为非蛋白源氨基酸制备的实用策略。

在酶促动力学拆分过程中，两种对映体与手性生物催化剂的反应速率不同，从而获得较低反应活性对映体的立体富集样品。动力学拆分虽受限于 50％ 的理论产率上限，但结合重排技术可实现理论上 90％ 的产率。已有多类酶，如脂肪酶（lipase）、酰基转移酶（acylase）、酰胺酶（amidase）、腈水解酶（nitrilase）以及海因酶（hydantoinase）等，被用于通过动力学拆分生产多种手性氨基酸。

酶促不对称合成手性氨基酸是通过手性生物催化剂，将前手性起始原料直接一步转化为单一立体异构体，具有高原子经济性和反应步骤简洁的优势。酶促不对称合成手性氨基酸遵循四条主要途径：a. 酮酸的不对称还原胺化；b. 氨基团向酮酸的不对称转移；c. 氨对 α,β-不饱和酸的选择性加成；d. 氨基酸与醛的羟醛缩合（aldol condensation）。

下面就酶催化合成手性氨基酸做简要介绍。

（1）酮酸的不对称还原胺化

酶催化的前手性酮酸不对称还原胺化是生产手性 α-氨基酸的一种高效策略。这一生物催化过程包含两个酶促步骤：还原胺化和辅助因子再生。还原胺化步骤由氨基酸脱氢酶（amino acid dehydrogenases，AADHs）催化，使用辅助因子 NAD(P)H 作为还原剂，氨作为氨基供体。辅助因子的还原形式 NAD(P)H 在此过程中同时转换为 NAD-(P)$^+$（图 9-40）。鉴于辅助因子成本较高，将还原胺化与第二步酶促辅因子再生耦合至关重要，这样辅助因子的氧化形式 NAD(P)$^+$ 就可被转换回 NAD(P)H。

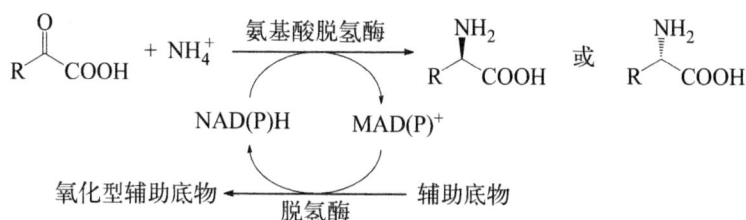

图 9-40　氨基酸脱氢酶催化合成的反应

① 氨基酸脱氢酶制备脂肪族手性 α-氨基酸　氨基酸脱氢酶催化酮酸与氨不对称还原胺化生成手性 α-氨基酸，同时也催化相反的反应，即 α-氨基酸的氧化脱氨作用。在生物体内，AADHs 的代谢功能是平衡 α-氨基酸和酮酸的合成。尽管 AADHs 催化的反应是可逆的，但反应平衡倾向于胺化。因此，使用氨作为氨基供体，从相应的 α-酮酸不对称合成手性氨基酸在热力学上是有利的。目前大多数已知的 AADHs 具有 L-选择性，而 D-选择性的 AADHs 较为罕见。AADHs 通常展现出明显的底物特异性。例如，谷氨酸脱氢酶（GluDHs）优先选择谷氨酸作为底物而非其他氨基酸；亮氨酸脱氢酶（LeuDHs）仅催化脂肪族氨基酸的氧化脱氨；而苯丙氨酸脱氢酶（phenylalanine dehydrogenases，PheDHs）对芳香族氨基酸表现出显著的偏好。

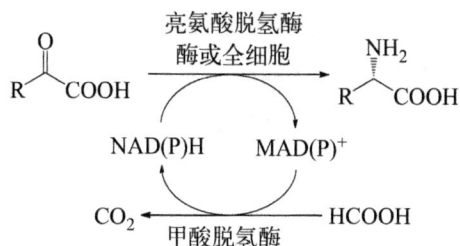

亮氨酸脱氢酶（LeuDHs）对多种 α-酮酸具有活性，尤其是直链、支链和脂环结构的酮酸，而不作用于芳香族底物（图 9-41）。LeuDHs 最早从蜡状芽孢杆菌中被发现，随

图 9-41　亮氨酸脱氢酶催化的反应

后在多种微生物中被找到并被纯化、表征，包括一些极端环境微生物的 LeuDH。所有已知的 LeuDHs 依赖于 NAD，且底物谱相似。LeuDHs 在不对称合成中的一个重要应用是生产 L-叔亮氨酸，这是多种重要药物如抗病毒和抗艾滋病（HIV）药物的关键前体。除了 L-叔亮氨酸，还通过纯化的 LeuDHs 或全细胞催化剂制备了其他多种 L-氨基酸，并且其中多种氨基酸已经成功应用于工业规模生产（图 9-42）。

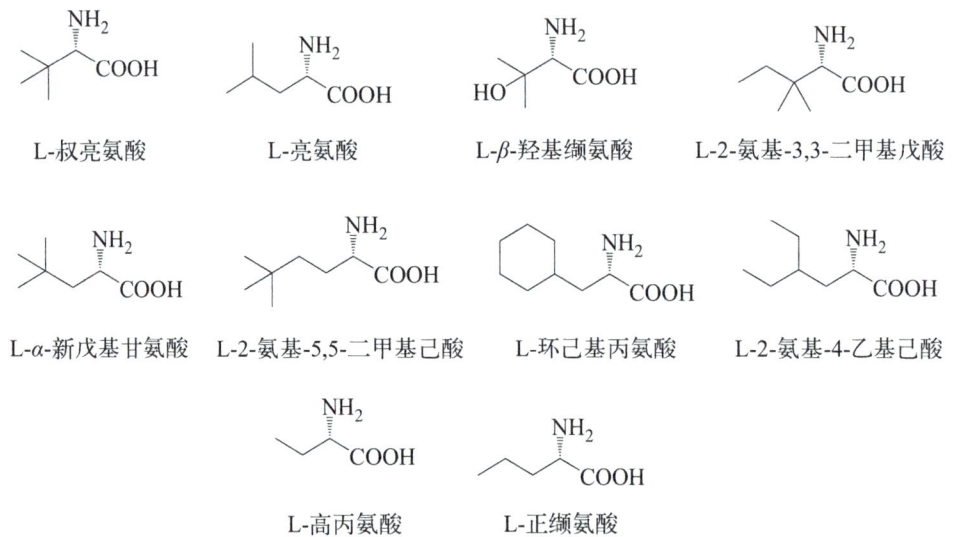

L-叔亮氨酸　　L-亮氨酸　　L-β-羟基缬氨酸　　L-2-氨基-3,3-二甲基戊酸

L-α-新戊基甘氨酸　L-2-氨基-5,5-二甲基己酸　L-环己基丙氨酸　L-2-氨基-4-乙基己酸

L-高丙氨酸　　L-正缬氨酸

图 9-42　亮氨酸脱氢酶催化合成其他氨基酸

② 苯丙氨酸脱氢酶制备 L-构型的芳香族氨基酸　苯丙氨酸脱氢酶适用于含有芳香族氨基酸侧链的氨基酸的合成（图 9-43）。与 LeuDHs 类似，通过加入 PheDHs 和辅酶循环系统，可以合成多种 L-构型的芳香族氨基酸。

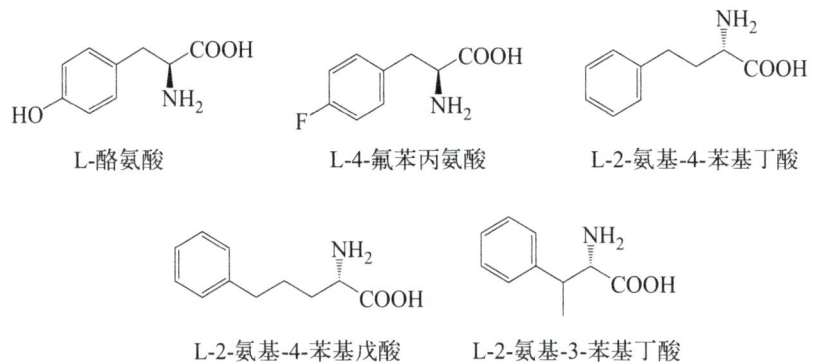

L-酪氨酸　　L-4-氟苯丙氨酸　　L-2-氨基-4-苯基丁酸

L-2-氨基-4-苯基戊酸　　L-2-氨基-3-苯基丁酸

图 9-43　苯丙氨酸脱氢酶催化合成的氨基酸

③ D-氨基酸脱氢酶制备 D-氨基酸　D-氨基酸是一种人工合成的非天然氨基酸，广泛用于药物和高值化学品的合成。D-氨基酸因其作为制药和精细化学品生产中的关键成分或构建模块的重要性日益增加而备受关注。

L-选择性氨基酸脱氢酶（LAADHs）已广泛应用于从相应的 2-酮酸不对称合成 L-氨基酸。理论上，使用 D-氨基酸脱氢酶（DAADHs）催化 2-酮酸还原胺化生成相应的 D-氨基酸应该是可行的。然而，DAADHs 在自然界中并不普遍存在。目前，用于 D-氨基酸合成的 DAADHs 大多数都是通过定向进化改造而来的。一个著名的例子是内消旋-二氨基庚二酸脱氢酶（meso-diaminopimelate dehydrogenase，meso-DAPDH），能够可逆催化 2-酮酸和游离氨合成 D-氨基酸（图 9-44）。通过对多种来源的 meso-DAPDH 的筛选和改造，显著提升了其稳定性和热稳定性，极大地改变了其底物特异性，使之能更高效地催化多种 D-氨基酸的合成，包括重要的 D-支链氨基酸及其稳定同位素标记化合物的制备。通过蛋白质工程改造的 DAADH 已成功应用于大规模生产具有高光学纯度的药物中间体，如 (R)-5,5,5-三氟诺瓦林，这展示了其在工业生产中的实际应用价值。

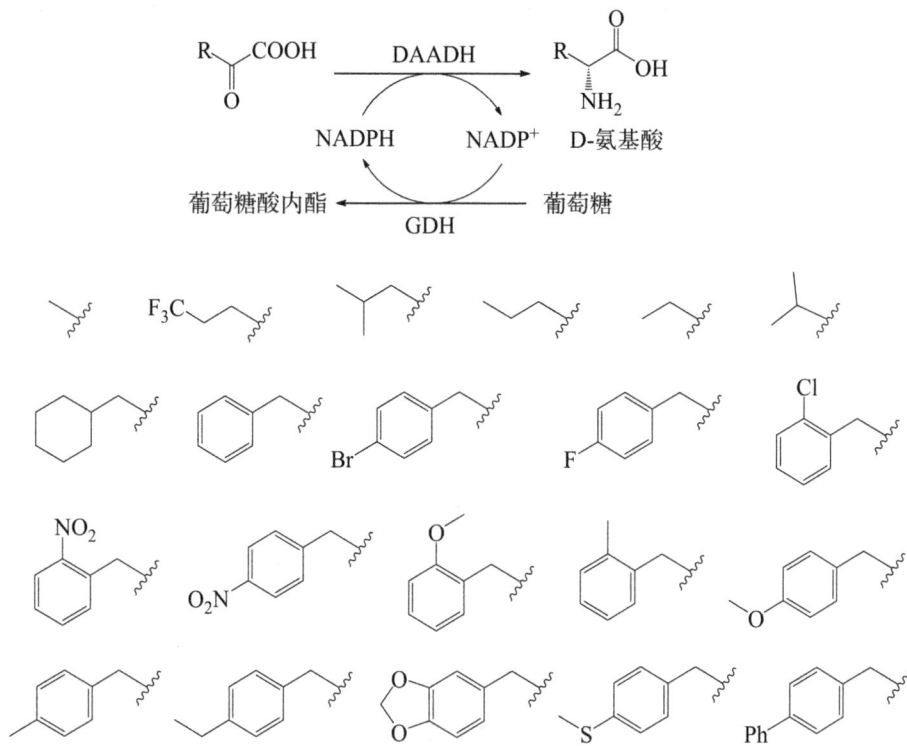

图 9-44 内消旋-二氨基庚二酸脱氢酶催化的反应及合成产物

（2）氨基基团到酮酸的不对称转移

将氨基供体的氨基转移到氨基受体羰基碳原子上的过程在所有生物体的氮代谢中发挥着重要作用。催化这一反应的酶称为氨基转移酶或转氨酶，它们广泛存在于自然界中，并且大多数依赖于吡哆醛-5′-磷酸（PLP）作为辅因子。这些酶在种类和数量上都非常丰富，数据库记录显示了成千上万的序列和数百个结构信息。由于它们在转化中的特异性和效率，部分氨基转移酶被视为合成手性氨基酸的高效生物催化剂，具有极大的应用潜力。

氨基转移酶根据不同的分类体系被划分为多个组别。基于催化的反应类型和底物特异性建立的氨基转移酶分类系统最初在 20 世纪 80 年代构建。氨基转移酶被分为两大类：① α-氨基酸氨基转移酶（α-ATs），在存在 α-位羧酸基团的情况下催化酮或胺功能团的转氨基作用；② ω-氨基酸氨基转移酶（ω-TAs），将氨基从不携带羧基的碳原子上转移。α-AT 和 ω-TA 都是 PLP 依赖性的酶（表 9-1）。

表 9-1 氨基转移酶

EC 编号	酶名称	缩写	主要底物
2.6.1.1	天门冬氨酸氨基转移酶	AspAT	L-天冬氨酸
2.6.1.21	D-氨基酸氨基转移酶	DAT	D-氨基酸
2.6.1.42	支链氨基酸氨基转移酶	BCAT	支链氨基酸
2.6.1.57	芳香族氨基酸氨基转移酶	AroAT	L-芳香族氨基酸
2.6.1.X	ω-转氨酶	ω-TA	酮、酮酸

① α-氨基转移酶制备手性氨基酸 α-ATs，包括 AroAT、AspAT、BCAT 和 DAT，由于其广泛的底物特异性和无需额外辅因子的特点，是不对称合成手性氨基酸的重要生物催化剂。然而，由于 α-ATs 的反应平衡通常接近于 1，这种催化反应的可逆性质常常导致低转化率，从而在反应介质中存在 α-酮酸和氨基酸，阻碍了产物的有效回收。因此，在合成过程中需要将平衡向产物方向移动。此外，副产物酮酸的抑制作用也阻碍了有效转化。通过氨基供体循环、副产物酮酸的降解和产物沉淀等方法，可以移动平衡并绕过副产物抑制。

氨基供体循环方法通常利用还原胺化法将副产物酮酸转化为氨基供体，从而实现平衡的移动。这通过将 α-AT 与多种酶偶联实现。将 α-AT 与鸟氨酸 δ-氨基转移酶（ornithine-δ-aminotransferase，OAT）偶联，L-谷氨酸-γ-半醛自发循环形成 1-吡咯啉-5-羧酸，强烈促进了从 α-酮戊二酸生成 L-谷氨酸，这一过程推动了 L-叔亮氨酸的合成，其产率从 31% 提高到 73%。OAT 的偶联反应也被用于 L-高丙氨酸的合成，产率从 50% 提高到 92%（图 9-45）。

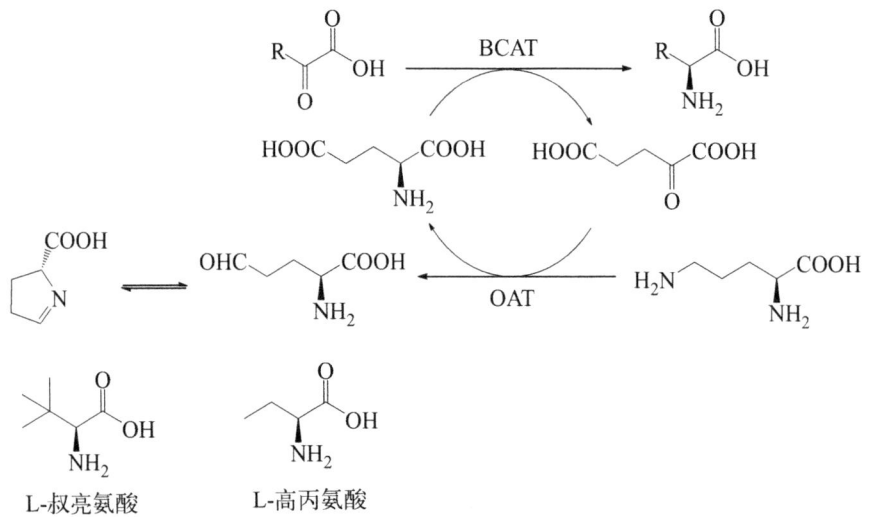

图 9-45 α-氨基转移酶制备手性氨基酸（1）

实现氨基供体循环的另外一种方法是将 α-AT 与 AspTA 和丙酮酸脱羧酶（pyruvate decarboxylase，PDC）进行偶联。利用 AspTA 将氨基转移到酮酸中间体，实现氨基供体的循环。同时，利用 PDC 将丙酮酸脱羧生成乙醛，从而推动平衡的移动。通过这种耦合体系，同样也实现了 L-叔亮氨酸的高效生产，此外还实现了 L-6-羟基正亮氨酸、L-3-羟基金刚烷基甘氨酸以及 L-草铵膦的高效合成（图 9-46）。

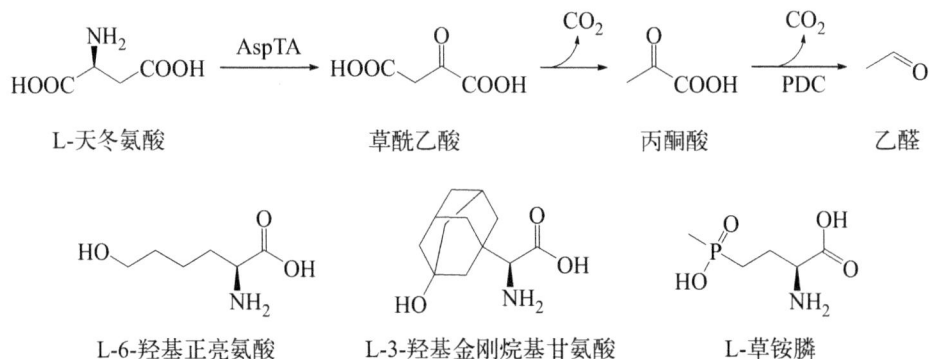

图 9-46 α-氨基转移酶制备手性氨基酸（2）

实现氨基供体循环的另外一种方法是将 α-AT 与 ω-TA 耦合,通过同时执行能量有利的 ω-TA 反应来改变平衡状态。此反应策略的关键在于寻找一个合适的氨基酸穿梭底物,它应对特定的 BCAT 是活性氨基酸供体,且其生成的酮酸应对 ω-TA 而言是活性氨基酸受体。L-高丙氨酸是满足这一条件的适宜的底物,其能在大肠杆菌的 BCAT 与奥氏拟杆菌的 ω-TA 间穿梭。ω-TA 使用异丙胺作为氨基供体,因其脱氨基产物(丙酮)易挥发而便于移除。但这种方法并不适用于其他 ω-TA,因为异丙胺对多数 ω-TA 而言不是一个好的底物。通常选用 ω-TA,以苯乙胺和甲基苯乙胺为氨基供体,在两相反应系统进行耦合反应。通过这种方法,实现了多种氨基酸的高效合成(图 9-47)。

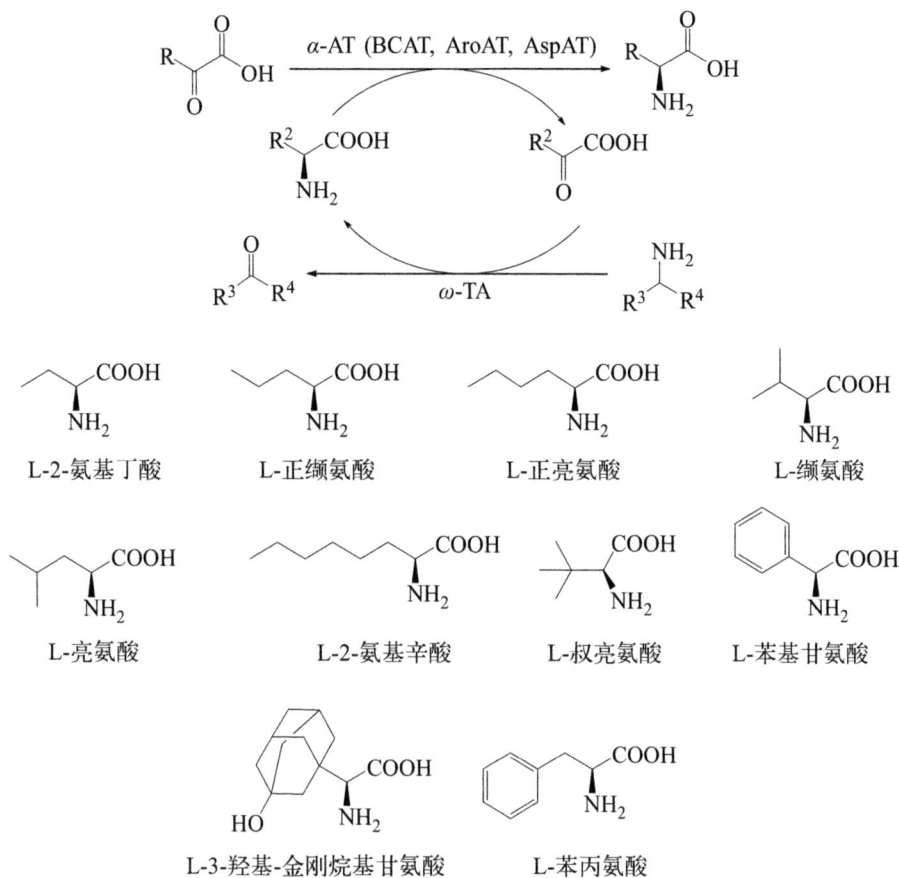

图 9-47 α-氨基转移酶制备手性氨基酸(3)

实现反应平衡移动、提高转氨酶转化效率的另一种方法是使副产物酮酸降解,消除其对反应平衡的抑制作用。代谢副产物酮酸的分解是推动反应平衡向有利于目标产物方向移动的重要策略。例如,采用 *Enterobacter* sp. BK2K-1 来源的 AroAT 参与非蛋白源氨基酸,如(2S)-2-氨基-4-氧代-4-苯基丁酸和(3E,2S)-2-氨基-4-苯基丁烯酸的不对称合成时,由氨基酸供体 L-天冬氨酸产生的副产物草酰乙酸会自发发生脱羧反应转化为丙酮酸。同时,引入磷酸烯醇式丙酮酸羧激酶(PEP kinase)来分解草酰乙酸,可以显著提高大肠杆菌的 L-苯丙氨酸的产量。类似的方法也可以用于提高 L-2-奈丙氨酸的产量(图 9-48)。

某些氨基酸相较于其对应的酮酸表现出较低的溶解度,产物与底物间的溶解性差异大,导致反应平衡转变。利用此性质,无需耦合反应即可简单地使反应平衡朝产物形成方向偏移。已有报道采用此方法制备了 3-(2-萘基)-L-丙氨酸、L-苯基丁氨酸和 L-苯甘氨酸(图 9-49)。

225

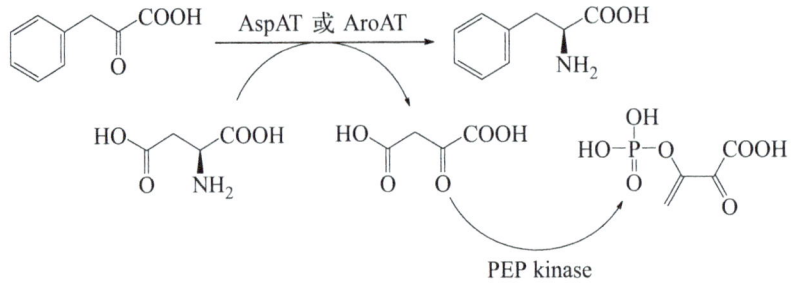

图 9-48　α-氨基转移酶制备手性氨基酸（4）

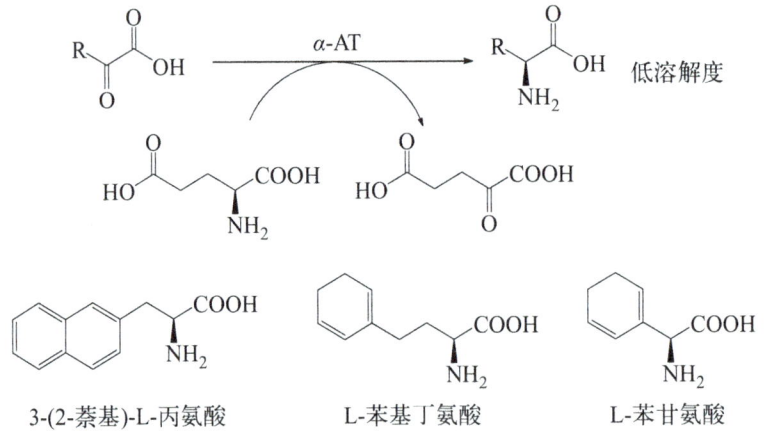

3-(2-萘基)-L-丙氨酸　　　　　L-苯基丁氨酸　　　　　L-苯甘氨酸

图 9-49　α-氨基转移酶制备手性氨基酸（5）

　　② ω-转氨酶制备手性氨基酸　ω-转氨酶是一类依赖于磷酸吡哆醛（PLP）的酶，能够催化初级胺（即氨基供体）的脱氨基反应，并伴随酮或醛（即氨基受体）的胺化反应。与 α-氨基酸转移酶相比，ω-转氨酶不仅限于 α-氨基酸和 α-酮酸，还可以将氨基从供体转移到受体的羰基部分。由于 ω-转氨酶催化的特定胺与酮酸反应具有能量优势，它们不仅是调整 α-氨基酸转移酶催化平衡的有力辅助工具，也是不对称合成光学纯氨基酸的高效生物催化剂。利用工程化的 ω-转氨酶可以实现 L-型或者 D-型的光学纯氨基酸的合成（图 9-50）。以及从前手性酮化合物合成 β-氨基酸和 γ-氨基酸。

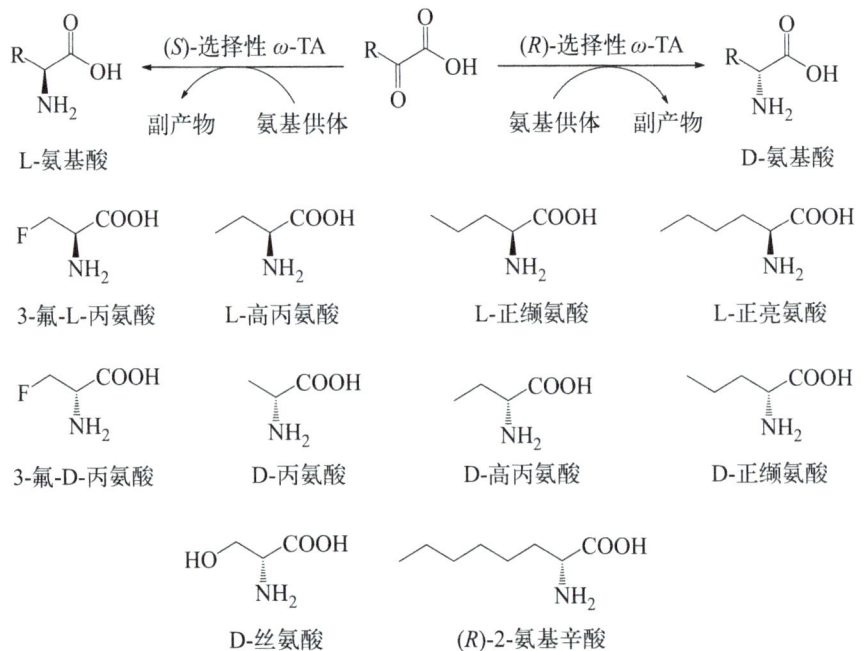

L-氨基酸　　　　　　　　　　　　　　　　　　　　　　　D-氨基酸

3-氟-L-丙氨酸　　　L-高丙氨酸　　　L-正缬氨酸　　　L-正亮氨酸

3-氟-D-丙氨酸　　　D-丙氨酸　　　D-高丙氨酸　　　D-正缬氨酸

D-丝氨酸　　　　　(R)-2-氨基辛酸

图 9-50　ω-转氨酶制备手性氨基酸（1）

光学纯的 β-氨基酸和 γ-氨基酸是肽类似物及众多药理学上重要化合物的关键构建块（图 9-51）。如前文（酶在药物制造方面的应用）所述，降糖药西格列汀中就含有一个 β-氨基酸结构。利用酯酶或者腈水解酶的催化作用，将相应的酯类或者腈类前体物水解，得到 β-酮酸中间体，然后在立体选择性 ω-转氨酶的作用下，可以得到手性纯 β-氨基酸化合物。目前，利用该酶催化系统已经制备了很多含有苯环及其衍生物手性的 β-氨基酸。

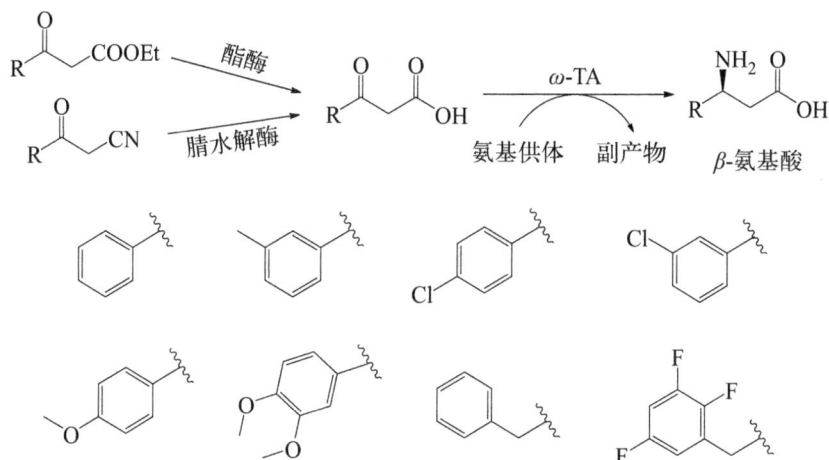

图 9-51 ω-转氨酶制备手性氨基酸（2）

利用 ω-转氨酶进行 γ-氨基酸的不对称合成也已经成功实现。在此方法中，以（S）-甲基苄胺作为氨基供体（图 9-52）。为了避免苯乙酮对产物的抑制作用，采用了与异辛烷构成的两相反应体系，这在多数情况下可以得到更高的转化率。

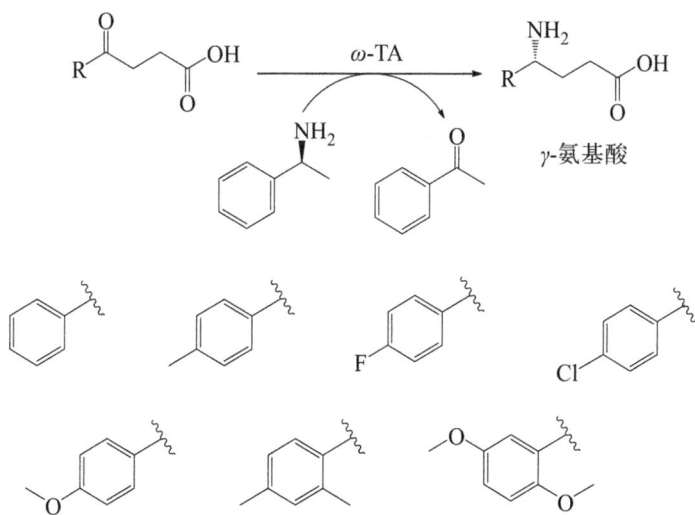

图 9-52 ω-转氨酶制备手性氨基酸（3）

（3）氨对 α,β-不饱和酸的不对称加成反应制备手性氨基酸

催化氨基加成到 α,β-不饱和酸上的酶主要有两种：氨基裂合酶（ammonia lyase）和氨基变位酶（aminomutases）。目前，已发现多种氨基裂合酶，它们之间在结构和催化机制上存在明显差异，分属于不同的超家族。其中，苯丙氨酸氨基裂合酶（phenylal-anine ammonia lyases，PALs）、甲基天冬氨酸氨基裂合酶（methylaspartate ammonia lyases，MALs）和天冬氨酸氨基裂合酶（aspartate ammonia lyases，DALs）等具有潜在的合成与工业应用价值。

① 利用苯丙氨酸氨基裂合酶制备手性氨基酸　Ⅰ类裂合酶类似家族的成员，包括 PALs 和苯丙氨酸氨基变位酶（phenylalanine aminomutases，PAMs），其在自然界中分布广泛。通过利用这一家族的生物催化剂，已经实现从相应的丙烯酸衍生物制得一系列手性氨基酸，包括 α-苯丙氨酸衍生物和 β-苯丙氨酸衍生物的对映异构体（图 9-53）。

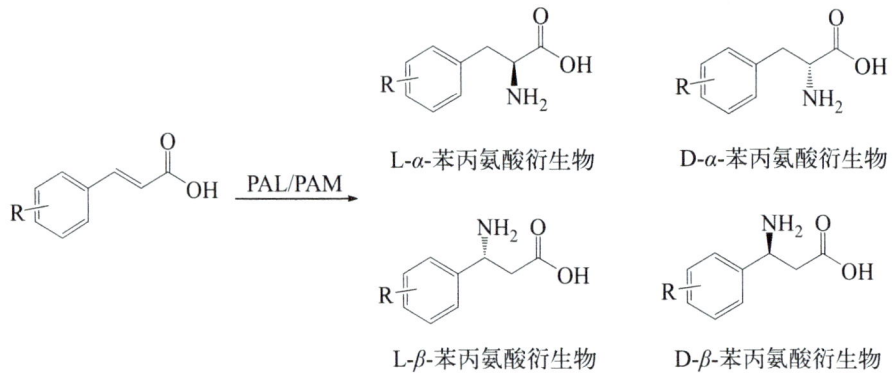

图 9-53　苯丙氨酸氨基裂合酶制备手性氨基酸（1）

利用苯丙氨酸裂解酶（AvPAL），以氨基甲酸铵为氨基供体制备手性纯卤代苯丙氨酸，其时空产率超过 200g/(L·d)，完全可以满足工业生产的需求（图 9-54）。

图 9-54　苯丙氨酸裂解酶制备手性氨基酸

苯丙氨酸氨基裂合酶（PALs）催化 L-苯丙氨酸非氧化性脱氨生成肉桂酸，而其逆反应也被用于从取代的肉桂酸合成新型 L-苯丙氨酸类似物。PALs 在工业上最早用于 L-苯丙氨酸的合成。随后，更多由 PALs 合成的手性氨基酸及苯丙氨酸衍生物被报道。PALs 在工业合成应用中受到了极大的关注。目前已经开发了多条整合了 PALs 的合成路线（图 9-55）。

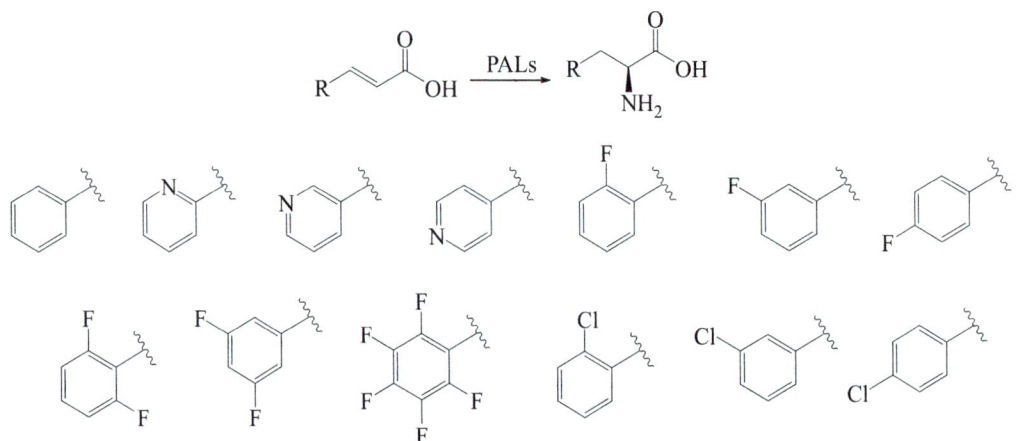

图 9-55　苯丙氨酸氨基裂合酶制备手性氨基酸（2）

② 利用苯丙氨酸氨基变位酶制备手性氨基酸　苯丙氨酸氨基变位酶（PAMs）参与芳香族 α-氨基酸和 β-氨基酸之间的异构化过程，能够催化取代肉桂酸与氨的加成反应，从而生成手性氨基酸。例如，天然存在的 TcPAM 催化（S）-α-苯丙氨酸与（R）-β-苯丙氨酸之间的相互转换，在抗癌药物紫杉醇的生物合成过程中起着关键作用。PAMs 能够

高度立体选择性地催化氨加成到取代的（*E*）-肉桂酸上，因此可以用于制备光学纯的 α-氨基酸和 β-氨基酸（图 9-56）。

图 9-56　苯丙氨酸氨基变位酶制备手性氨基酸

③ 利用天冬氨酸氨基裂合酶制备手性氨基酸　天冬氨酸氨基裂合酶（aspartate ammonia lyases，DALs）在微生物的氮代谢中发挥关键作用，催化 L-天冬氨酸与延胡索酸之间的可逆转化。这类酶具有高度特异性，已从多种生物体中分离得到。DALs 属于天冬氨酸氨基裂合酶/延胡索酸酶超家族，家族成员具有相似的活性位点结构，共享相同的三级和四级结构。

DALs 具有高度特异性的特点，主要用来生产 L-天冬氨酸。通常采用固定化细胞或者固定化酶的方法生产 L-天冬氨酸。此外，还可以将 DAL 与其他酶催化剂串联，制备不同的氨基酸。例如，将 DALs 与 L-天冬氨酸-β-脱羧酶串联，可以连续生产制备 L-丙氨酸。将 DALs 和转氨酶的共固定化，利用串联反应可以制备 L-苯丙氨酸。

④ 用甲基天冬氨酸氨基裂合酶制备手性氨基酸　甲基天冬氨酸氨基裂合酶（methylaspartate ammonia lyases，MALs）催化中康酸与氨的可逆加成反应，生成 L-苏型-3-甲基天冬氨酸和 L-赤型-3-甲基天冬氨酸（图 9-57）。

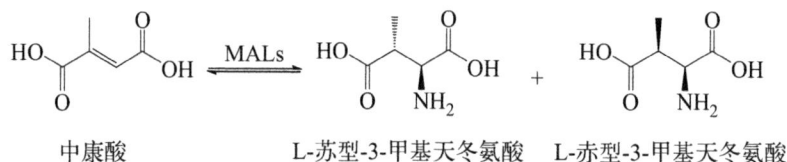

图 9-57　甲基天冬氨酸氨基裂合酶制备手性氨基酸（1）

MALs 的早期应用主要是用来合成少量的天冬氨酸的简单衍生物，如 3-溴天冬氨酸、（2*R*,3*S*）-3-氯天冬氨酸。之后，工程化改造的 CtMAL 可以用于多种取代胺和取代富马酸不对称合成天冬氨酸衍生物。在众多的突变体中，突变体 Q73A 展现出广泛的亲核试剂范围，包括结构多样的线状和环状烷基胺；而突变体 L384A 则展现出宽广的亲电试剂范围，涵盖 C2 位置带有烷基、芳基、烷氧基、芳氧基、烷硫基和芳硫基取代基的富马酸酯衍生物（图 9-58）。

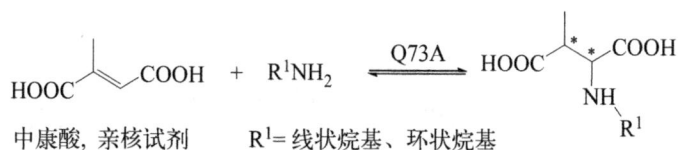

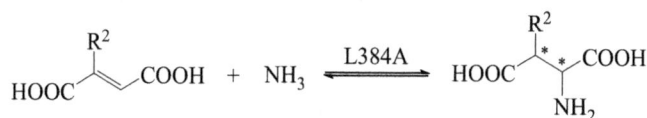

中康酸，亲核试剂　　R¹= 线状烷基、环状烷基

富马酸衍生物，亲电试剂

R²= 烷基、芳基、烷氧基、芳氧基、烷硫基和芳硫基

图 9-58　甲基天冬氨酸氨基裂合酶制备手性氨基酸（2）

（4）氨基酸与醛的羟醛缩合反应制备手性氨基酸

羟醛缩合反应是一种立体选择性构筑碳-碳键的有效方法。利用氨基酸与醛的羟醛缩合反应，可以合成手性 β-羟基-α-氨基酸，这是一种重要的手性砌块。目前常用的催化羟醛缩合反应的酶有苏氨酸羟醛缩合酶（threonine aldolases，ThrAs）、L-丝氨酸羟甲基转移酶（L-serine hydroxymethyl transferase，SHMT）、α-甲基丝氨酸羟甲基转移酶（α-methylserine hydroxymethyl transferase，MSHMT）和 α-甲基丝氨酸羟醛缩合酶（α-methylserine aldolase，MSA）等。

① 利用苏氨酸羟醛缩合酶制备手性氨基酸　苏氨酸羟醛缩合酶（threonine aldolases，ThrAs）催化苏氨酸的可逆裂解反应，生成甘氨酸和乙醛。ThrAs 同样能催化甘氨酸对多种脂肪醛和芳香醛的立体选择性加成反应，生成手性 β-羟基-α-氨基酸。此羟醛缩合反应能够产生明确的立体化学结构，ThrAs 已成为有机合成中极具价值的工具酶。其催化产物包含两个新的立体中心，因此可以通过 ThrAs 从单一的醛前体物获得四种具有互补立体化学的产物。根据在 α-碳上的立体选择性不同，ThrAs 被分为 L-选择性苏氨酸羟醛缩合酶（L-ThrA）和 D-选择性苏氨酸羟醛缩合酶（D-ThrA）。具有立体选择性的 ThrAs 在微生物中分布广泛。对于目前已知的具有立体选择性的 ThrAs，当利用甘氨酸作为氨基供体时，其对除了 α,β-不饱和醛以外的各种醛受体都表现出了广泛的底物耐受性，可以催化合成一系列的手性 β-羟基-α-氨基酸（图 9-59）。

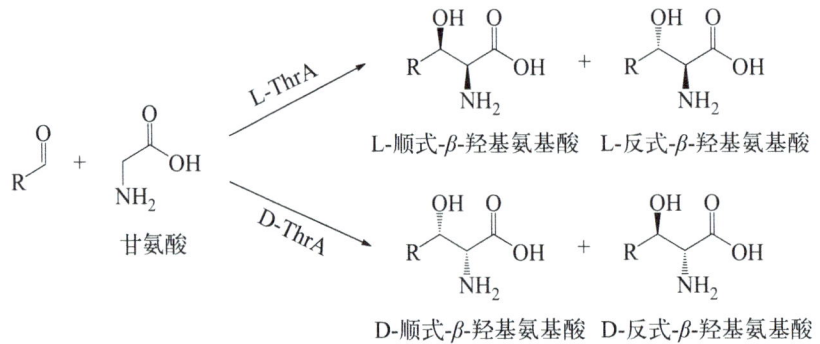

图 9-59　利用苏氨酸羟醛缩合酶制备手性氨基酸

天然存在的 ThrAs 中，除了能够裂解苏氨酸以外，还存在着能够催化外消旋 α-甲基苏氨酸裂解成 D-丙氨酸和乙醛的酶。以这一类酶为催化剂，利用 D-丙氨酸、D-丝氨酸或 D-半胱氨酸作为供体，成功合成了系列 L-和 D-α-烷基丝氨酸衍生物，且产物的 α-碳原子具有极好的对映特异性（图 9-60）。

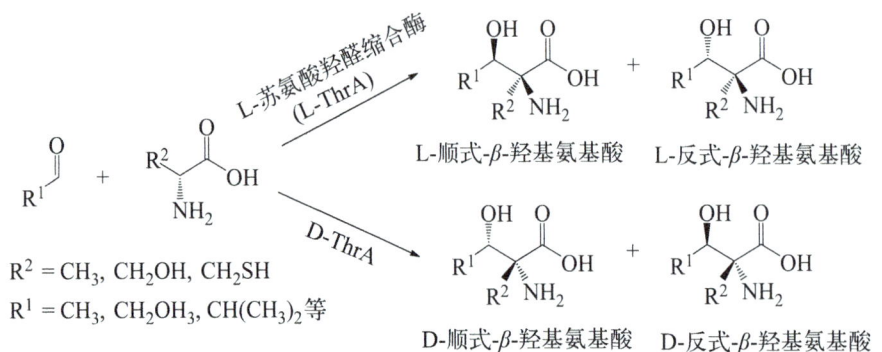

图 9-60　利用苏氨酸羟醛缩合酶制备手性氨基酸

② 利用丝氨酸羟甲基转移酶和 α-甲基丝氨酸羟甲基转移酶制备手性氨基酸　α-甲基丝氨酸羟甲基转移酶（α-methylserine hydroxymethyl transferase，MSHMT）在四氢叶酸存在下，以磷酸吡哆醛（PLP）为辅因子，催化 α-甲基-L-丝氨酸与 D-丙氨酸之间的相互转换。利用这种 MSHMT，以 D-丙氨酸为供体，通过全细胞催化剂使甲醛立体选择性地转化为 α-甲基-L-丝氨酸（图 9-61）。MSHMT 催化的反应存在一个缺点，即四氢叶酸相对不稳定且成本较高，因此在工业上应用并不实际。

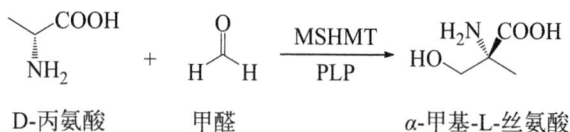

图 9-61　α-甲基丝氨酸羟甲基转移酶制备手性氨基酸

相比之下，α-甲基丝氨酸羟醛缩合酶（α-methylserine aldolase，MSA）不需要四氢叶酸的存在，仅以 PLP 为辅因子，就可以催化 α-甲基-L-丝氨酸与 L-丙氨酸之间的相互转化（图 9-62）。因此，MSA 更适合用于工业化生产 α-甲基-L-丝氨酸和 α-乙基-L-丝氨酸。

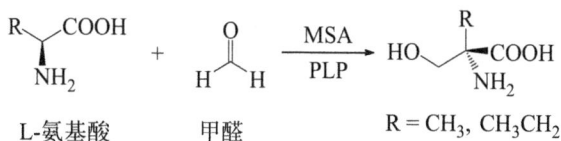

图 9-62　α-甲基丝氨酸羟醛缩合酶制备手性氨基酸

③ 利用 L-丝氨酸羟甲基转移酶制备手性氨基酸　L-丝氨酸羟甲基转移酶（SHMTs）可以归类为一种特定的 L-异苏氨酸羟醛缩合酶，其作为一种立体互补的生物催化剂，用于合成 β-羟基-α,ω-二氨基酸衍生物（图 9-63）。SHMTs 在催化甘氨酸与醛的立体选择性加成反应中展现出良好的立体选择性。其突变体能催化 D-丙氨酸和 D-丝氨酸与包括芳香族、脂肪族、含羟基和含氮在内的广泛受体醛进行加成，实现了一系列结构多样的 α,α-二烷基-α-氨基酸的立体选择性合成。

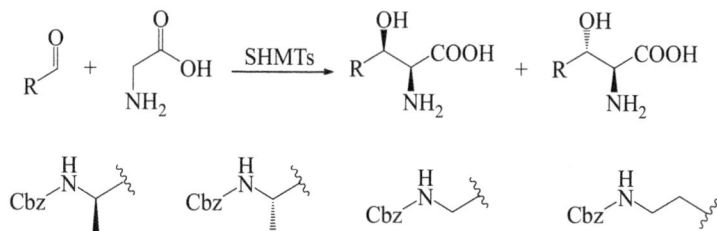

图 9-63　L-丝氨酸羟甲基转移酶制备手性氨基酸

（5）利用酶法拆分制备手性氨基酸

① L-氨基酸酰胺酶拆分外消旋酰基氨基酸生产 L-氨基酸　氨基酸酰胺酶是一类能够催化氨基酸酰胺水解反应的酶，将氨基酸酰胺分解为对应的氨基酸和酰基化合物。部分氨基酸酰胺酶表现出对特定立体异构体的选择性，如 L-氨基酸酰胺酶仅催化 L-构型氨基酸酰胺的水解。

在生产 L-氨基酸时，首先将外消旋混合的氨基酸转化为相应的 N-酰化衍生物，然后使用 L-氨基酸酰胺酶将 L-型的 N-酰基氨基酸选择性水解，释放出 L-氨基酸和有机酸，而 D 型的 N-酰化氨基酸则保持稳定（图 9-64）。余下的 N-酰基-D-氨基酸经化学消旋再生成 DL-酰基氨基酸，重新进行不对称水解。如此反复进行，可将通过化学合成方法得到的 DL-酰基氨基酸几乎都变成 L-氨基酸。

图 9-64　氨基酸酰胺酶生产 L-氨基酸

② 用己内酰胺水解酶生产 L-赖氨酸　该方法由 L-α-氨基-ε-己内酰胺水解酶与 α-氨基-ε-己内酰胺消旋酶联合作用，将 DL-α-氨基-ε-己内酰胺转化为 L-赖氨酸。

该方法所用的原料 DL-α-氨基-ε-己内酰胺（DL-ACL）是由合成尼龙的副产品环己烯通过化学合成法得到的。原料中的 L-α-氨基-ε-己内酰胺经 L-α-氨基-ε-己内酰胺水解酶作用生成 L-赖氨酸（图 9-65）。余下的 D-α-氨基-ε-己内酰胺在消旋酶的作用下变为 DL-型，再把其中的 L-型水解为 L-赖氨酸。如此重复进行，可把原料几乎都变成 L-赖氨酸。

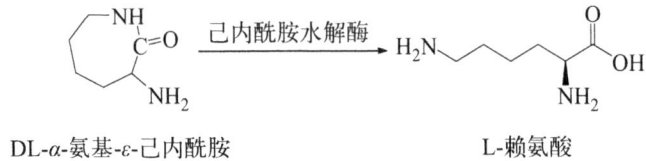

图 9-65　己内酰胺水解酶生产 L-赖氨酸

(6) 酶催化制备手性氨基酸的其他方法

① 用 L-天冬氨酸-4-脱羧酶生产 L-丙氨酸　L-天冬氨酸-4-脱羧酶（aspartate 4-decarboxylase，EC 4.1.1.12）能够催化 L-天冬氨酸脱去其第 4 位羧基，生成 L-丙氨酸。工业上已采用固定化的假单胞菌来源的 L-天冬氨酸-4-脱羧酶连续生产 L-丙氨酸（图 9-66）。

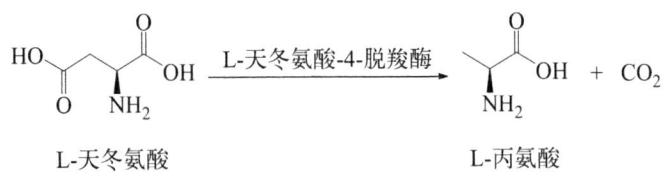

图 9-66　L-天冬氨酸-4-脱羧酶生产 L-丙氨酸

② 用噻唑啉羧酸水解酶合成 L-半胱氨酸　将化学合成的 DL-2-氨基噻唑啉-4-羧酸中的 L-2-氨基噻唑啉-4-羧酸经噻唑啉羧酸水解酶作用生成 L-半胱氨酸。余下的 D-2-氨基噻唑啉-4-羧酸再经消旋酶作用变为 DL-型。反复进行，不断生成 L-半胱氨酸（图 9-67）。

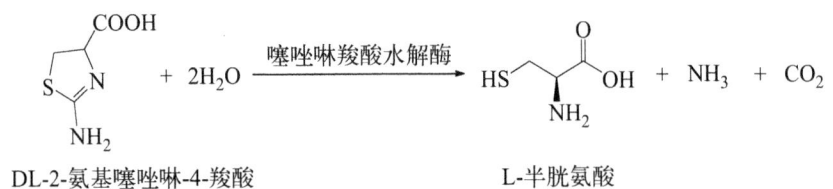

图 9-67　噻唑啉羧酸水解酶合成 L-半胱氨酸

9.3.2.2　酶法生产有机酸

有机酸是指一些具有酸性的有机化合物。最常见的有机酸是羧酸，其酸性源于羧基。磺酸、亚磺酸、硫代羧酸等也属于有机酸（图 9-68）。有机酸是一类重要的生物制造产品，其中含有一个或两个羧酸官能团的四碳有机酸，如丁二酸（琥珀酸）、反丁烯二酸（富马酸、延胡索酸）、2-羟基丁二酸（苹果酸）、2,3-二羟基丁二酸（酒石酸），是重要的平台化学品，已经被广泛应用于食品、制药、化妆品、洗涤剂、聚合物和纺织等领域。

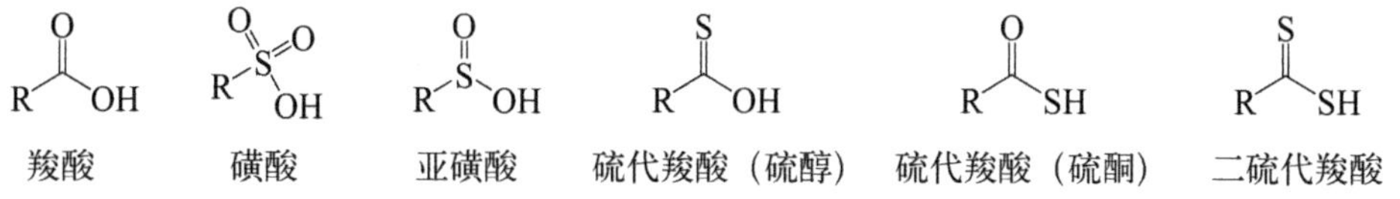

| 羧酸 | 磺酸 | 亚磺酸 | 硫代羧酸（硫醇） | 硫代羧酸（硫酮） | 二硫代羧酸 |

图 9-68　有机酸

（1）用延胡索酸水合酶生产 L-苹果酸

延胡索酸水合酶（fumarate hydratase，FH），也被通俗地称为富马酸酶（fumarase）或延胡索酸酶，是参与三羧酸循环的一个关键酶，在细胞内能够催化延胡索酸可逆转变为 L-苹果酸（图 9-69）。使用延胡索酸酶生产 L-苹果酸是一种常见的生物技术方法，工业上已采用固定化黄色短杆菌或产氨短杆菌的延胡索酸酶连续生产 L-苹果酸。

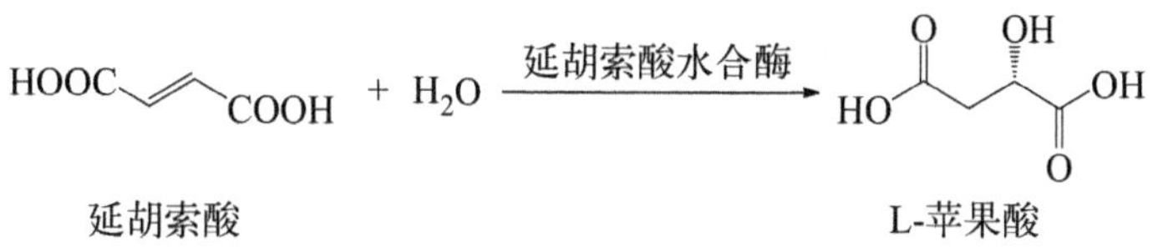

图 9-69　延胡索酸水合酶生产 L-苹果酸

（2）用顺式环氧琥珀酸水解酶制备酒石酸

酒石酸，化学名为 2,3-二羟基丁二酸，是一种在自然界中广泛存在的有机酸。酒石酸因其分子中含有两个不对称碳原子，存在三种立体异构体形式：右旋型（D 型）、左旋型（L 型）以及内消旋型。酒石酸的 L（＋）型和 D（－）型两种对映体，是很多精细化学品和药物合成的手性前体元件。自然界中的酒石酸以 L（＋）型为主，而 D（－）型酒石酸在自然界中较少存在。酒石酸在水中易溶，表现出酸性特征，可作为食品中的酸味剂和抗氧化剂，有助于提升食品的风味和延长保质期。在饮料工业中，酒石酸是最常用的酸味剂之一，能够提供爽口的酸味并帮助调节饮料的 pH 值。酒石酸在医药、化工、纺织、皮革等多个领域也有广泛应用。在制药行业，它可用作药物的稳定剂、缓冲剂或作为活性成分参与某些药物的合成。它还是生产抗氧化剂、防腐剂、照相化学品、洗涤剂、纺织助剂和某些金属表面处理剂的重要原料。同时，由于其良好的络合能力，酒石酸也可用于金属离子的分离和提纯过程。

传统上，L（＋）酒石酸是葡萄酒产业的副产品，其产量受到自然资源和季节的影响。微生物来源的顺式环氧琥珀酸水解酶（cis-epoxysuccinate hydrolase，CESH）能催化顺式环氧琥珀酸（ESH）水解为酒石酸，可用于制备高对映体纯度的手性酒石酸，是目前工业生产手性酒石酸的主要方法之一。根据 CESH 不同的酶学性质，可以将 ESH 立体特异性地水解为不同构型的酒石酸。CESH（L）能催化 ESH 生成 L（＋）-酒石酸，而 CESH（D）则能催化 ESH 生成 D（－）-酒石酸（图 9-70）。在 L（＋）酒石酸生产中，通常使用全细胞催化剂或固定化方法来改善 CESH(L) 的稳定性。

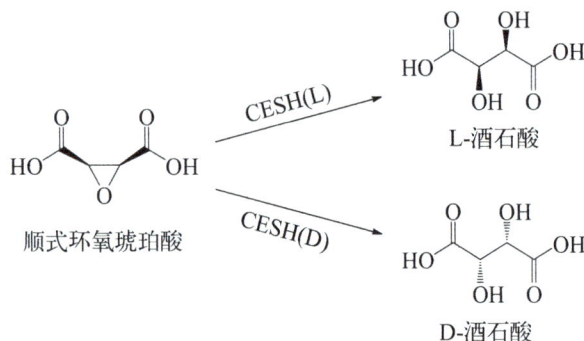

图 9-70　顺式环氧琥珀酸水解酶制备酒石酸

9.3.2.3　酶法制造化工原料

利用酶催化条件温和的特点，可以实现化工原料的常温常压生产，下面举例说明。

（1）用腈水合酶生产酰胺类化合物

腈水合酶（nitrile hydratase，NHase）是一种金属酶，能够催化腈类化合物通过水合作用转化成更有利用价值的酰胺类化合物。NHase 在工业上被用于生产烟酰胺、丙烯酰胺等重要化学品（图 9-71）。烟酰胺属于维生素 B 族成员，在食品、化妆品和医药行业有着广泛应用。丙烯酰胺及其聚合物作为高效的絮凝剂和凝结剂，在污水处理、土壤结构改善、石油开采中的驱油剂和增稠剂、造纸和纺织业中具有广泛应用。

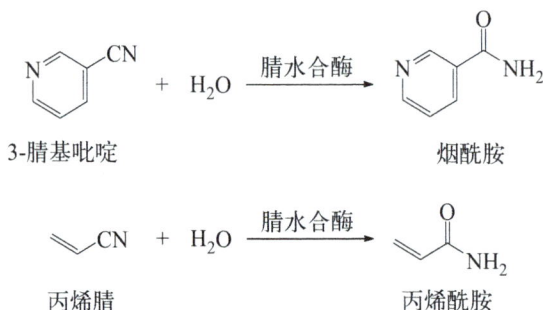

图 9-71　腈水合酶生产酰胺类化合物

腈水合酶还可以催化己二腈水合，生成 5-氰基戊酰胺（图 9-72）。

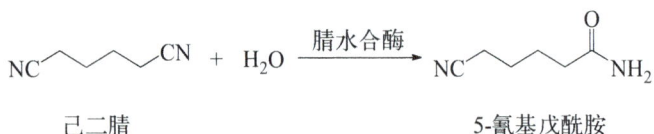

图 9-72　腈水合酶生产 5-氰基戊酰胺

（2）利用酶级联催化反应生产肌醇

肌醇（inositol），即维生素 B_8，是一种环己六醇，广泛应用于医药、化工、食品等方面。目前，基于多酶协同反应制备肌醇的方法已经应用于工业生产。已开发了多条多酶协同催化线路。例如，由淀粉合成肌醇的多酶协同催化反应，淀粉在 α-葡聚糖磷酸化酶（α-glucan phosphorylase，αGP）的作用下水解成葡萄糖-1-磷酸，然后在磷酸葡萄糖变位酶（phosphoglucomutase，PGM）的作用下异构化为葡萄糖-6-磷酸，随后在肌醇-1-磷酸合成酶（inositol 1-phosphate synthase，IPS）的作用下转变为肌醇-1-磷酸，最后在肌醇单磷酸酶（inositol monophosphatase，IMP）的作用下去磷酸化生成最终产物肌醇（图 9-73）。除了淀粉以外，还能够以葡萄糖为底物，经多步协同的酶催化反应合成肌醇。葡萄糖在多聚磷酸葡萄糖激酶（polyphosphate glucokinase，PPGK）的作用下转化为葡萄糖-1-磷酸，然后在 IPS 和 IMP 的顺序催化作用下，转化成肌醇。

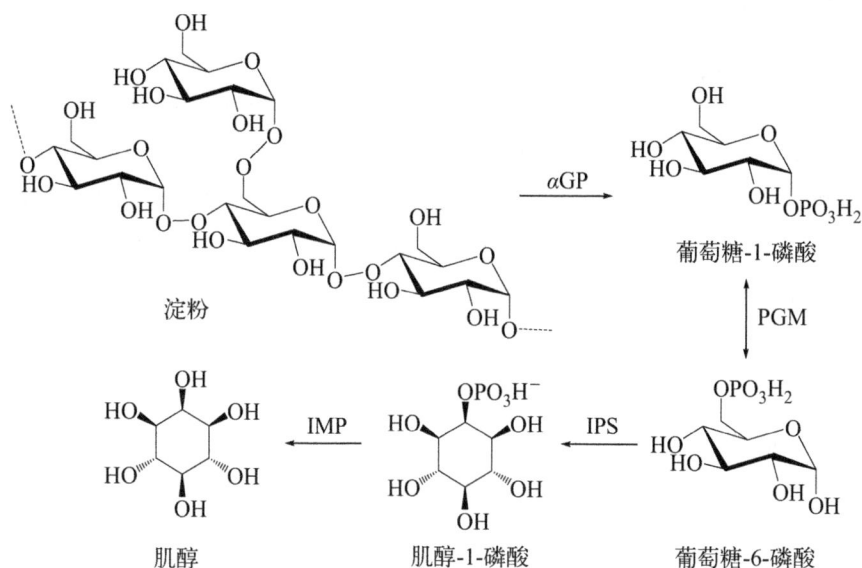

图 9-73　酶级联催化反应生产肌醇

9.3.2.4　加酶增强产品的使用效果

（1）加酶洗涤剂

加酶洗涤剂是一种含有酶制剂的现代化洗涤产品，与传统的非加酶洗涤剂相比，加酶洗涤剂在去污效能和应用范围上都有显著提升。在洗涤剂中添加适当的酶可以缩短洗涤时间，提高洗涤效果。根据洗涤对象的不同，所添加的酶也不完全一样。

加酶洗涤剂中最广泛且最大量使用的酶是碱性蛋白酶。该酶在较高 pH 值下仍能保持较高活性，非常适合用于去除衣物上的蛋白质污渍。蛋白酶的添加量一般为洗涤剂的 $0.1\% \sim 1\%$。除了碱性蛋白酶，其他类型的酶如淀粉酶、脂肪酶、果胶酶和纤维素酶等，也被广泛应用于不同类型的洗涤剂中，以应对多样化的清洁需求。例如，脂肪酶能有效分解油脂；淀粉酶针对淀粉类污渍；果胶酶可以帮助去除某些特定的植物性污渍；纤维素酶则可以改善织物手感的和外观。

（2）加酶牙膏、牙粉和漱口水

加酶牙膏、牙粉和漱口水是现代口腔卫生产品中的一大创新类别，通过在传统配方中添加特定的酶，来增强清洁能力和保护效果。加酶口腔护理产品通过酶的生物降解作用，不仅能有效清除口腔内的污渍和残留物，减少牙菌斑和牙结石的形成，还有助于维持口腔微生态平衡，预防口腔疾病，如龋齿和牙周病。

在牙膏、牙粉和漱口水等口腔护理产品中，加入蛋白酶、淀粉酶和脂肪酶等，可以帮助清除口腔内的污渍和残留物，维护牙齿的洁白，减少口腔异味。在口腔护理产品中加入右旋糖酐酶，能够帮助分解右旋糖酐等多糖物质，这些物质是牙菌斑形成的关键成分之一。右旋糖酐酶的添加对预防龋齿也有显著功效。

（3）加酶饲料

加酶饲料是指在饲料生产过程中添加了酶制剂的饲料产品。在家禽、家畜的饲料中添加淀粉酶、蛋白酶、植酸酶、纤维素酶和半纤维素酶等酶制剂，可以增加饲料的可消化性，促进家禽和家畜的生长，并提高家禽的产卵率等。

对于幼龄或体质较弱的动物，其体内的蛋白酶、淀粉酶、脂肪酶等活性较弱，必须在饲料中给予适当补充，以帮助这些动物更好地消化吸收碳水化合物和蛋白质等营养物质，从而促进其生长发育，提升其健康水平。

饲料中的非淀粉多糖（如纤维素、果胶、木聚糖、β-葡聚糖等），是动物饲料中难以消化的成分，因为家禽、家畜体内缺乏分解这些多糖的酶系。在饲料中适量添加纤维素酶、果胶酶、木聚糖酶、β-葡聚糖酶等，可以将这些非淀粉多糖水解，使其更容易被动物消化吸收，从而提高饲料的利用率和转化率，发挥促进家禽、家畜生长的作用。

饲料中的磷，70%左右以植酸（肌醇六磷酸）形式存在，由于大多数单胃动物体内的植酸酶活性很低，所以大多数植酸磷无法被有效利用。植酸酶能将植酸分解为肌醇和无机磷酸盐。植酸酶的添加解决了单胃动物对饲料中植酸磷利用不足的问题，显著提高了磷的利用率，同时减少了磷排放对环境的污染。

（4）加酶护肤用品

在护肤用品中添加适当的酶，利用生物酶的天然催化特性，可以为皮肤提供更温和、高效的护理方案。

超氧化物歧化酶（superoxide dismutase，SOD）是一种强效的抗氧化酶，能够清除人体内过量的超氧自由基，这些自由基是导致皮肤老化、色斑形成和皮肤损伤的主要原因之一。通过在护肤品中添加 SOD，可以有效抵御外界环境对皮肤造成的氧化压力，延缓皮肤衰老过程，保护皮肤免受损伤，同时提亮肤色，减少色素沉着。

溶菌酶具有天然的抗菌特性，能够破坏细菌的细胞壁。在护肤品中加入溶菌酶，可以帮助维持皮肤表面的微生态平衡，减少细菌感染和炎症反应，对于易发痤疮或其他由细菌引起的皮肤问题具有辅助治疗作用，能够使皮肤保持清洁健康。

在去角质产品中，加入蛋白酶，如木瓜蛋白酶、菠萝蛋白酶等，可以温和地去除皮肤表面的角质层死皮细胞，促进肌肤更新。

9.4　酶在环境保护、"双碳"中的应用

人类的生存与发展无法脱离自然环境的滋养，而今地球生态环境因多种复杂因素的叠加影响，正经历前所未有的退化，环境保护与生态平衡的恢复已成为全球性的紧迫议题。"双碳"目标（即碳达峰与碳中和）的提出，为缓解气候变化提供了战略导向。在此背景下，酶工程作为生物技术的重要分支，以其独特的绿色催化特性，在环境保护与"双碳"目标推进中扮演着越来越重要的角色，为构建可持续发展的未来贡献了科技力量。随着酶工程技术的不断进步与创新，其在减缓气候变化、促进资源循环利用方面的应用前景将更加广阔。

9.4.1　酶在环境监测方面的应用

环境监测是了解环境情况、掌握环境质量变化、进行环境保护的一个重要环节。酶在环境监测方面的应用越来越广泛，已经在农药污染的监测、重金属污染的监测、微生物污染的监测等方面取得重要成果，现举例介绍如下。

9.4.1.1　利用酶检测有机磷农药污染

过去几十年来，农药的广泛应用有效抵御了病虫害的侵袭，显著推动了农作物产量的提升。然而，这一进程同时也带来了严重的环境问题，尤其是有机磷农药的过度使用，有机磷农药不仅对非目标生物有毒性，还可能渗透到土壤和水源中，影响生态平衡和人类健康。

（1）胆碱酯酶

胆碱酯酶（ChE）在生物体内催化胆碱酯的水解过程，生成胆碱和有机酸。有机磷化合物能特异性地结合并抑制胆碱酯酶活性，严重扰乱神经信号传递，这是有机磷中毒的关键机理。鉴于此，监测胆碱酯酶活性变化成为快速筛查和定量分析环境中及食品中有机磷农药残留的有效策略。当前，常见的检测酶有乙酰胆碱酯酶（AChE）、丁酰胆碱酯酶（BChE）以及类似 AChE 功能的酯酶-2（esterase-2）。

（2）胆碱氧化酶

胆碱氧化酶（CHO）催化胆碱、氧气和水发生反应，生成甜菜碱和过氧化氢。将胆碱氧化酶与胆碱酯酶联合使用，组成双酶级联催化体系，可以将有机磷化合物转化为过氧化氢。通过检测过氧化氢的信号变化，可以检测环境中的有机磷化合物。与仅使用单一酶的生物传感器相比，这种双酶级联催化体系因具备双重信号放大的特点，从而可以提高检测的灵敏度。

（3）酪氨酸酶

酪氨酸酶是一种含铜的氧化酶，存在于多种生物体中，在皮肤色素沉着及农产品收获加工后的褐变过程中起到核心作用。酪氨酸酶既可以催化黑色素的合成，也可以催化酚类物质氧化形成褐色的邻醌类化合物，导致食物的非酶促褐变。邻醌具有荧光淬灭效用，即能够降低荧光团的荧光强度。当环境中存在有机磷化合物时，这些化合物对酪氨酸酶的活性具有抑制作用，导致邻醌的合成受阻，从而使荧光信号得以恢复，形成了酪氨酸酶介导的生物传感中检测有机磷化合物的基础。相比于基于胆碱酯酶的生物传感器，酪氨酸酶介导的传感策略展现出更强的抗有机溶剂和高温的能力，这为其在特定环境条件下的应用提供了优势。

（4）其他酶

除上述提及的几种酶之外，科研人员还揭示了若干其他酶类，如脲酶、酸性磷酸酶及胰蛋白酶等，它们的活性同样也能被有机磷化合物所抑制。借助对这些酶活性变化的检测，可以有效地实现对有机磷化合物的定性识别与定量分析。展望未来，随着生物科技的不断进步，我们有理由期待更多针对有机磷农药的创新性酶检测技术的涌现，这将进一步提升检测的精确度、灵敏度及适用范围，为环境保护与食品安全监控提供强有力的科学工具。

9.4.1.2　利用酶监测重金属污染

重金属污染是指环境中重金属元素（如铅、汞、镉、铬等）的浓度超过自然背景水平，达到足以对生态系统和人类健康造成有害影响的程度。这些重金属元素往往来源于工业排放、矿产开采、农药使用、汽车尾气排放、电子废物处理不当等多种人为活动。重金属污染监测是环境保护和人类健康保障的基础，对促进环境管理和可持续发展具有重要的作用。

生物酶法监测重金属污染主要基于重金属对特定酶活性的抑制作用，通过检测酶活性的变化来判断环境中重金属的存在及其浓度。重金属离子能与酶分子中的活性位点或必需基团（尤其是含巯基、咪唑基的氨基酸残基）发生配位结合，导致酶的立体结构改变，从而抑制酶的催化活性。酶活性的降低程度与重金属的浓度成正比，据此可估算重金属污染水平。例如，汞、镉、铅对脲酶活性具有显著的抑制作用，因此，脲酶抑制法常用于检测水和土壤中的汞、镉、铅污染。研究表明，土壤中的过氧化氢酶、纤维素酶、蔗糖酶和中性磷酸酶的活性与铅、铜、锌、钒、镍、镉六种重金属含量呈显著负相关，能够反映土壤中重金属的实际污染程度。

乳酸脱氢酶同工酶也常用作重金属的检测。乳酸脱氢酶有 5 种同工酶，它们分别是 LDH1 至 LDH5，这 5 种同工酶具有不同的结构和特性。通过检测甲鱼血清乳酸同工酶（SLDH）的活性变化，可以检测水中重金属污染的情况及其危害程度。镉和铅的存在可以使 SLDH5 活性升高；汞污染使 SLDH1 活性升高；铜的存在则引起 SLDH4 的活性降低。

9.4.1.3 通过 β-葡聚糖苷酸酶监测大肠杆菌污染

β-葡萄糖苷酸酶（GUS）是一种在多种细菌中自然存在的酶，特别是在大肠杆菌中较为典型。由于其在大肠杆菌中的普遍存在性和活性，GUS 已成为监测大肠杆菌污染的一个常用生物标记物。4-甲基香豆素基-β-D-葡聚糖苷酸（4-MUG）是一种人工合成的荧光底物，能被大肠杆菌的 GUS 特异性识别并水解，释放出荧光产物 4-甲基香豆素。由此可以监测水或者食品中是否有大肠杆菌污染。

9.4.1.4 利用亚硝酸还原酶检测水中亚硝酸盐浓度

亚硝酸还原酶能够催化亚硝酸盐还原为一氧化氮，此过程需要电子供体辅助，并伴随电子转移。通过电化学传感技术，可监测此反应中电流变化以测定亚硝酸盐浓度。将亚硝酸还原酶固定化并集成于电极，构建的传感器能直接、高效检测水样中的亚硝酸盐含量。

9.4.2 酶在废水处理方面的应用

不同的废水，含有各种不同的物质，要根据所含物质的不同，采用不同的酶进行处理。

面对富含淀粉、蛋白质、脂肪等复合有机物的废水，既可采用常规的有氧或厌氧微生物处理策略，也可通过固定化特定酶（如淀粉酶、蛋白酶及脂肪酶）针对性地促进有机物质的高效降解，优化处理效率。

针对含有硝酸盐、亚硝酸盐的地下或表层废水，采用固定化的硝酸还原酶、亚硝酸还原酶及一氧化氮还原酶序列，可有效驱动氮化合物的逐步还原，直至转化为无害的氮气，从而实现水质净化。

在处理富含纤维素的废水，尤其是造纸业排放的废水中，纤维素酶发挥关键作用，它能将复杂的纤维素分解为简单的葡萄糖单元，显著增强废水的生物可降解特性，加速有机物的分解过程。

作为一种氧化还原酶，漆酶可以有效处理各种工业废水，如含氯酚类废水、纸浆和造纸工业废水、染料和印刷行业废水、橄榄油工厂废水、乙醇发酵废水、城市废水和受污染的土壤。漆酶所能够降解的有毒污染化合物有氯酚类、多环芳香烃类、三硝基甲苯、杀虫剂、杀菌剂和除草剂、激素类化合物、土壤中有毒物质等。

此外，木质素过氧化物酶、辣根过氧化物酶等过氧化物酶家族成员，因其能催化氧化多种复杂有机物如酚类、染料分子，特别适用于高有机负荷及深度着色废水的处理，能有效改善水质，展现其独特的环境治理价值。

9.4.3　酶在可生物降解材料开发方面的应用

目前，应用于各个领域的高分子材料，大多数是生物不可降解或不可完全降解的材料。这些高分子材料被使用以后，就成为固体废弃物，对环境造成严重的影响。研究和开发可生物降解材料，已经成为当今国内外的重要课题。其中，利用酶的催化作用合成可生物降解材料，已经成为可生物降解的高分子材料开发的重要途径。

利用酶在有机介质中的催化作用合成的可生物降解材料主要有：利用脂肪酶在有机介质中催化合成聚酯类物质、聚糖酯类物质；利用蛋白酶或脂肪酶合成多肽类或聚酰胺类物质等。

9.4.4　酶在生物能源生产中的应用

生物质资源广泛多样，涵盖了农业残留物，例如玉米秸秆与稻草，林业副产品如树皮、锯末，城市固体废弃物，以及专为能源目的培育的作物。这些原料富含纤维素、半纤维素及木质素等复杂的多聚糖结构，是制备生物燃料的宝贵原料库。

纤维素酶、木聚糖酶、甘露聚糖酶和阿拉伯聚糖酶等能高效裂解生物质，释放出葡萄糖及其他单糖，形成可供发酵的糖液。随后，借助酿酒酵母等微生物的发酵作用，这些单糖被转化为乙醇、生物油等清洁能源，作为化石燃料的环保替代品，有效削减了碳排放量。此外，生物燃料的生命周期碳足迹显著减小，得益于其从生长到燃烧过程中对二氧化碳的自然循环利用。

9.4.5　酶在二氧化碳固定与转化中的应用

二氧化碳固定是指将大气中的二氧化碳转化为更稳定或更复杂的化合物的过程，这一过程在自然界中主要通过光合作用完成，而在工业和生物技术领域，则涉及各种化学和生物化学方法。二氧化碳固定对缓解全球气候变化至关重要，因为它有助于减少大气中导致温室效应的二氧化碳浓度。

酶在二氧化碳固定与转化中的应用是现代生物技术的一个重要分支，它利用酶的高效催化特性，可以将大气中的 CO_2 转化为有用的有机化合物，如生物燃料、化学品、生物塑料等。

目前，已知的关键的天然碳固定途径有六条，每条途径均依赖特定酶的催化作用：

① 卡尔文循环　卡尔文循环是光合作用的核心过程，在叶绿体内进行，依靠 1,5-二磷酸核酮糖羧化酶/加氧酶（rubisco）将 CO_2 与核酮糖-1,5-二磷酸反应，生成 3-磷酸甘油酸，进而转化为葡萄糖等有机物。

② 还原性 TCA 循环　还原性 TCA 循环也叫逆向 TCA 循环，在光合绿硫细菌及某些厌氧菌中发现，利用光能和硫作为能量源，其核心酶包括 2-氧戊二酸合成酶和异柠檬酸脱氢酶，可以实现 CO_2 的固定。

③ WL 途径（Wood-Ljungdahl）　WL 途径常见于产乙酸的厌氧微生物，利用氢气

作为能源，通过二氧化碳还原酶和乙酰辅酶 A 合成酶的协同作用，直接将两个 CO_2 分子（或 CO_2 与 CO 组合）转化为乙酰辅酶 A，并伴随 ATP 和 NAD(P)H 的消耗。

④ 3-羟基丙酸双循环　3-羟基丙酸双循环存在于特定古菌和光合细菌中，借助乙酰基辅酶 A 羧化酶和丙酰辅酶 A 羧化酶，实现 CO_2 向丙酮酸等有机产物的转变。

⑤ 3-羟基丙酸/4-羟基丁酸循环　3-羟基丙酸/4-羟基丁酸循环是特定光合细菌中的一种高效 CO_2 固定机制，同样利用乙酰辅酶 A 羧化酶和丙酰辅酶 A 羧化酶，促进乙酰辅酶 A 的形成。

⑥ 二羧酸/4-羟基丁酸循环　二羧酸/4-羟基丁酸循环在极端环境下的古菌中被观察到，通过丙酮酸合酶和磷酸烯醇式丙酮酸羧化酶的作用，同样指向乙酰辅酶 A 的合成。

为了克服自然固碳过程的效率限制，科研人员已开发出多种创新的人工固碳途径，以下是四个典型实例：

（1）CETCH 循环（cyano-bacterial entner-doudoroff transformylating cycle）

CETCH 循环是一种精细设计的生物化学循环系统，整合了 17 种不同酶，这些酶源自动物、植物及微生物三大生命领域的 9 种生物体。CETCH 循环利用光能，其核心为巴豆酰辅酶 A 羧化酶/还原酶，该酶能有效地将光能转化为化学能，驱动二氧化碳转化为乙醛酸。

（2）人工淀粉合成途径（ASAP 途径）

ASAP 途径由中国科学院天津工业生物技术研究所开发，这项技术突破性地展示了在无细胞系统中，利用化学催化与生物催化相结合的方法，直将二氧化碳高效转化为淀粉的能力。该系统利用氢气作为驱动力，每分钟每毫克催化剂可固定 22nmol CO_2 生成淀粉，速率是传统玉米光合作用产生淀粉的 8.5 倍。此技术不仅理论意义重大，还为实现"碳达峰""碳中和"目标提供了新途径，通过工业方式减少对传统农业资源的依赖，包括土地、淡水资源和化肥农药。

（3）POAP 循环

POAP 循环由中国科学院微生物研究所设计，是依据生化反应热力学与动力学原理优化所得，该循环是目前验证为最简化的人工固碳循环途径。该循环仅含四步酶促转化，分别由丙酮酸羧化酶、草酰乙酸乙酰基水解酶、乙酸-CoA 连接酶和丙酮酸合酶催化。其中，丙酮酸合酶和丙酮酸羧化酶催化的步骤负责固碳。每完成一个循环即可将两分子 CO_2 转化为一分子草酸，同时消耗两分子 ATP 和一分子还原力。

（4）THETA 循环

THETA 循环是一项人工设计的酶促反应步循环系统，它构成了一个包含 17 步骤酶促反应的高效体系，专门用于捕获大气中的 CO_2 并将其转化为关键的代谢中间体——乙酰辅酶 A。该循环地融合了当前最高效的两种 CO_2 固定酶：巴豆酰辅酶 A 羧化酶/还原酶与磷酸烯醇丙酮酸羧化酶，这两种酶协同工作，在单一连续的代谢通路中直接将 CO_2 转化为乙酰辅酶 A，其捕获速率远超植物光合作用中常用的 Rubisco 酶。同时，已经在大肠杆菌中分别实现了组成整个循环的 3 个模块，这标志着在活体细胞中实现合成 CO_2 固定途径迈出了重要一步。

9.4.6　酶在工业过程绿色化中的应用

酶技术在推动工业领域的绿色变革中发挥着重要作用，尤其在催化合成的生态优化及废水处理与资源回收两大方面展现显著优势。在化工、制药、纺织等行业中，酶作为生物催化媒介正逐步替代传统化学催化剂，这一变革不仅大幅度提升了反应选择性，还显著减少了能耗和副产物，有效减少了碳排放，为工业生产模式的可持续性转型奠定了坚实基础。

与此同时，在面对工业废水这一环境污染顽疾时，酶技术以其独特的高效能与生态友好性，成为破解废水治理难题的新曙光。通过精密设计的酶促反应，不仅能够高效分解废水中复杂的有机污染物，还实现了宝贵资源的循环再利用，这一策略在减少环境污染的同时，也最大限度地降低了对新资源的索取与能源消耗，为构建循环经济体系提供了强有力的技术支撑。

9.4.7　酶在农业与食品行业的减碳策略

酶技术在农业与食品行业中扮演着关键角色，尤其在推动减碳策略方面展现出显著效果。酶制剂通过其生物催化效能，为农业与食品行业提供了环保、高效的解决方案，促进了生产效率与食品安全，同时维护了环境质量。

在水产养殖领域，酶制剂的应用显著提升了资源利用效率与环境可持续性。植酸酶通过释放饲料中束缚的磷，增强了磷的生物可利用性，并促进了蛋白质的高效消化。蛋白酶不仅优化了蛋白质的分解过程，还促进了水生生物的健康生长，增强了其疾病抵抗力，同时减少了废弃物积累。碳水化合物相关酶（淀粉酶、几丁质酶、纤维素酶）、脂肪酶和脲酶等协同工作，不仅可以提高能量和脂质的利用效率，加速鱼类的生长速度，还通过分解有机废物改善了水质，减少了氨、亚硝酸盐和硝酸盐等有害物质的积累，有效抑制了病原体生长。纤维素酶可以将不可消化纤维转化为可吸收状态，而脂肪酶和脲酶对脂肪代谢和氮循环的贡献，共同促进了水产动物的健康成长和养殖环境的持续清洁。

在肉类加工方面，低温酶解技术作为一种革新策略，利用酶在较低温度下处理肉类，具有嫩化肉质、提升风味和营养价值，同时增强加工效率的作用。该技术通过减少热处理带来的肉质损害，保留了更多的自然风味和营养成分，并降低了能源消耗。木瓜蛋白酶和菠萝蛋白酶在低温条件下，可以分解肌肉纤维中的胶原蛋白和肌球蛋白，实现了牛肉、猪肉等肉品的柔嫩与风味并存。

9.5　酶在材料领域的应用

酶作为生物催化剂具有高效、特异性和温和的特性，能在生物体内加速化学反应。在材料科学领域，酶可用于多种材料的合成、改性和降解。

9.5.1　酶在材料合成中的应用

酶促聚合是利用酶作为催化剂来介导单体之间的聚合反应，从而构建高分子材料的过程。酶促聚合为高分子材料的合成开辟了一条全新的、环境友好的途径，是高效合成功能高分子材料的有效方法，对于促进化学和材料工业向绿色和清洁化方向发展具有重要的意义。与传统的化学聚合相比，酶促聚合具有如下优势：

① 反应条件温和　酶促聚合反应可以在较温和的温度和压力下进行，可以减少能耗，同时避免了剧烈条件下可能产生的副产物。

② 高度立体和区位选择性　酶催化剂具有极高的底物专一性，能够促进特定化学键的形成，得到结构明确、立体规整性好的聚合物。

③ 高转化效率　酶对底物的专一识别和高效催化，能极大提高单体转化率，减少副产物的生成。

④ 催化剂的回收与再利用　酶催化剂在反应后可回收并重复使用，有助于降低生产成本。

⑤ 广泛的介质适应性　酶促聚合可在多种介质中进行，包括无溶剂、水相、有机相以及多相界面上，增加了应用灵活性。

⑥ 特定反应类型的催化能力　例如，能够催化金属催化剂难以实现的大环内酯类单体的开环聚合。

⑦ 聚合物结构的精准调控　便于在聚合物末端进行结构控制，利于进一步的聚合物修饰和改性。

目前，氧化还原酶、水解酶、转移酶均成功应用于聚合反应，其中氧化还原酶用于催化芳香族化合物的氧化聚合和烯烃的自由基聚合，水解酶用于制备多糖（如淀粉衍生物）、聚碳酸酯和聚硫酯等材料，转移酶被用来制备多糖和聚酯。

9.5.1.1　脂肪酶介导的聚合反应用于材料合成

脂肪酶（lipase）是一类水解酯键或类酯键（羧酯键、硫酯键、酰胺键）的酶类，其主要生理功能包括参与脂质代谢、信号传导以及维持生物膜结构的完整性。脂肪酶作为一类重要的水解酶，不仅在生物体内发挥着关键作用，而且在工业应用上也展现出了极高的价值，特别是在精细化学品和生物材料的合成中。脂肪酶不仅能够催化甘油酯类的水解和合成，还能够用于催化酯交换反应、表面活性剂及聚合物的合成等。脂肪酶催化的聚合反应包括开环聚合反应和缩聚反应两大类。

（1）脂肪酶催化的开环聚合反应

脂肪酶催化的开环聚合（ring opening polymerization，ROP）反应是一种利用脂肪酶作为生物催化剂，促进环状单体开环形成线性或支链聚合物的聚合反应（图 9-74）。这类反应在制备具有特殊性能的高分子材料，特别是生物可降解和生物相容性聚合物方面展现出巨大潜力。酶促开环聚合反应具有如下优势：

内酯单体的开环聚合

图 9-74　脂肪酶催化的开环聚合反应（1）

a. 开环增长机理不涉及小分子的离去副产物；b. 生成的聚合物具有更高的分子量和更加均匀的分子量分布；c. 酶促 ROP 可以通过对引发剂和终止剂的控制来制备末端官能化的聚合物；d. 酶促 ROP 还能通过调整单体混合比例和反应条件，实现多种单体的共聚以及一定程度上的序列控制，从而赋予聚合物以更复杂的结构和更多样的物理化学性质。

环状内酯单体容易获得，其 ROP 产物具有良好的生物可降解性，因此环状内酯的酶促开环聚合反应研究最为普遍，是酶促开环聚合反应的代表类型。利用脂肪酶，已经实现了对多种非取代内酯的开环聚合反应（图 9-75）。

内酯单体的非取代内酯的开环聚合

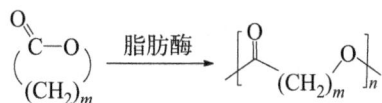

$m = 2$ (4元环): β-丙内酯　　$m = 6$ (8元环): 7-庚内酯
$m = 4$ (6元环): δ-戊内酯　　$m = 14$ (16元环): 环十五内酯
$m = 5$ (7元环): ε-己内酯　　$m = 15$ (17元环): 16-十六内酯

图 9-75　脂肪酶催化的开环聚合反应（2）

对于 5 元环内酯 γ-丁内酯，因其较高的热力学稳定性，使得直接进行开环聚合较为困难。利用酶促聚合 γ-丁内酯可以获得数均分子量为 800g/mol 左右的寡聚物。利用脂肪酶催化乳酸-O-羧酸酐（lacOCA）开环聚合，可以合成数均分子量为 38400g/mol 的聚合物（图 9-76）。

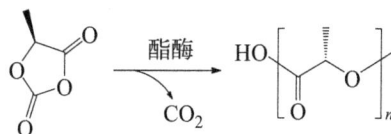

图 9-76　酯酶催化的开环聚合反应

对于含取代基的环状内酯的酶促聚合反应也已经实现，以 β-丙内酯为例，其 α-碳原子的甲基取代，以及 β-碳原子的甲基取代、苄酯或丙基酯取代形成的单体衍生物，均可以实现酯酶催化的开环聚合反应，产物主要为线性聚合物，伴有少量的环状寡聚物。含有取代基的其他内酯，以及含有氧或氮杂环的内酯单体，也成功实现了酶促开环聚合反应（图 9-77）。

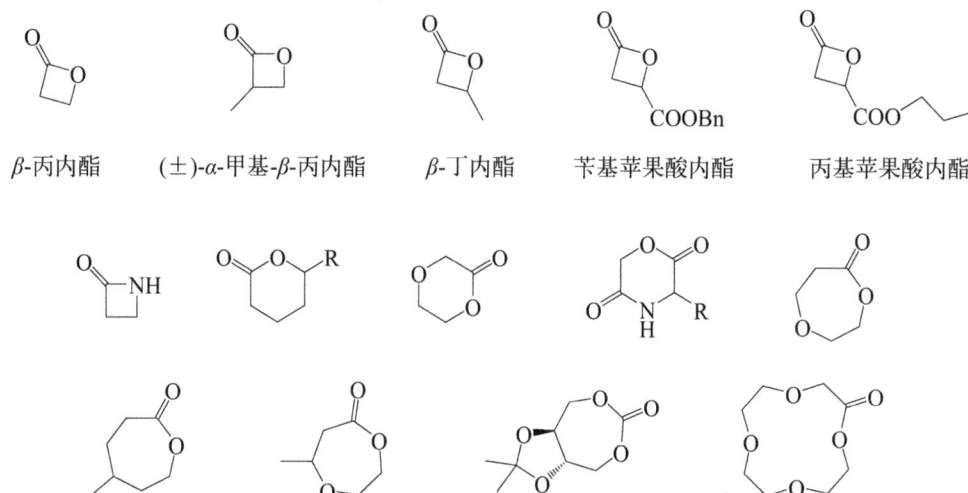

β-丙内酯　　（±）-α-甲基-β-丙内酯　　β-丁内酯　　苄基苹果酸内酯　　丙基苹果酸内酯

图 9-77　内酯类化合物

（2）脂肪酶催化的促缩聚反应

酶促缩聚反应是一种利用酶催化单体间缩合形成聚合物的方法。缩聚反应是最常见的一种合成聚合物的方法，它可以方便地控制聚合物主链的结构，以此对聚合物进行改性。与开环聚合反应相比，酶促缩聚反应在单体的合成及选择范围上具有明显的优势。然而，酶促缩聚反应与水解反应之间存在竞争关系，限制了聚合物分子量的增长。在不改变聚合反应平衡的条件下，反应需要较长的时间和较大的酶用量。对反应条件进行优化，如抽真空、添加带水剂、使用分子筛等方式，不断去除小分子，可以提高聚酯产物的分子量。

酶促缩聚反应依据单体类型可以分为羟基酸/酯型（A-B 型单体）的自缩聚反应以及二元酸/酯和二元醇（AA-BB 型单体）的缩聚反应（图 9-78）。A-B 型单体是指末尾两端的基团互不相同且可以互相反应的单体。由于是自缩聚反应，无需像共缩聚那样需要考虑多个单体的比例。脂肪酶能够有效催化多种不同链长羟基酸/酯底物的缩聚反应，如 6-羟基己酸、9-羟基癸酸、16-羟基十六烷酸、18-羟基十八烷酸、3-羟基丙酸甲酯等。AA-BB 型缩聚反应根据单体及反应类型的差异，可以分为酯化和转酯缩聚两类。该类酶促聚合反应所制备的材料，由于结构与和性能的可调控性，成功应用于药物/基因的可控递送与释放，如碳酸二乙酯与 1,8-辛二醇/三(羟甲基)乙烷、癸二酰氯和 N-甲基二乙醇胺、L-谷氨酸二甲酯盐酸盐与 2,2-(二羟甲基)丙基-三丁基溴化鳞/1,4-丁二醇等。

含羟基羧酸（酯）自缩聚反应：

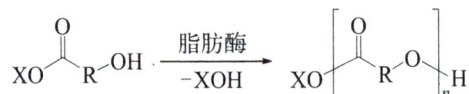

二元羧酸/酯与二元醇的缩聚反应：

图 9-78 脂肪酶促缩聚反应

饱和脂肪族聚酯是分子结构中除了酯键外不再含有其他不饱和键的聚酯。通过采用不同的多元酸和多元醇可以合成不同类型、不同特性的饱和聚酯。利用直连结构的多元酸与多元醇反应，得到的线性结构的热塑性树脂，具有良好的柔韧性，用于生活中的各种塑料，例如，由 1,4-丁二酸与 1,4-丁二醇缩聚而成的聚丁二酸丁二醇酯（PBS）。采用含有苯环的多元酸与多元醇反应，得到的含有苯环结构的聚酯，如聚对苯二甲酸乙二醇酯（PET）。苯环的刚性特征赋予聚酯硬度，苯环的稳定结构特征赋予其耐化学性，这类聚酯可作为强度很高的纤维产品应用于军工等领域。Novozym 435 是最常用的催化饱和聚酯合成的酶，反应温度通常在 70～90℃，可以在有机溶剂或无溶剂的条件下进行反应。目前，脂肪酶已成功用于以下底物的缩聚反应：己二酸/聚壬二酸酐/L-苹果酸与 1,8-辛二醇、癸二酸/己二酸与 1,8-辛烷二醇/1,6-己二醇、丁二酸二乙酯/癸二酸二乙酯与 1,4-丁二醇、己二酸二乙烯酯与甘油等。

不饱和脂肪族聚酯分子内不仅含有酯基，还含有可修饰的不饱和非芳族键，如碳碳双键。不饱和脂肪族聚酯不仅具有优良的耐腐蚀性、耐热性、良好的工艺性和成型性，还具有优良的生物相容性、可降解性和可吸收性，广泛应用于生物医用材料、产品包装等领域。不饱和聚酯中的双键使得聚酯具有交联性，双键在高温有氧条件下可以打开，交联后可以有效提高产品的黏合度。目前，酶促不饱和脂肪族聚酯的合成主要集中在衣康酸和二元醇的缩聚反应。

衣康酸也被称为甲叉琥珀酸、亚甲基丁二酸等，是一种不饱和二元有机酸，它含不饱和双键，具有活泼的化学性质，既可进行自身缩合，也能与其他单体聚合（图 9-79）。利用化学方法对衣康酸/酯进行缩合时，需要加入阻聚剂对衣康酸的碳碳双键进行保护，以防止双键在高温下发生自聚。酶促缩聚反应条件温和，反应温度往往为 70℃，在此温度下，衣康酸的双键很少发生自由基聚合，因此酶催化法是保护双键的有效途径。由于衣康酸在醇溶液中溶解度较低，脂肪酶对衣康酸底物的亲和性往往较低，因此在酶促缩聚

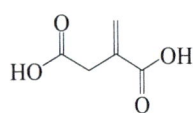

图 9-79 衣康酸

反应中通常以衣康酸二酯单体与二元醇聚合。除了衣康酸以外，其他长链不饱和脂肪酸，如油酸、亚油酸等，也实现了与甘油、季戊四醇等多元醇的酶促缩聚反应，合成了高支化聚酯材料，可以作为黏合剂和薄膜的成分使用。

9.5.1.2 酶促可逆失活自由基聚合

烯烃的自由基聚合是合成高分子材料中的一个极为重要的过程，其产物，如聚乙烯、聚丙烯等，构成了全球塑料生产的主体，占据了工业聚合物大约 40%～50% 的比例。这些材料在包装、汽车制造、建筑、家电等多个行业得到广泛应用。然而，传统自由基聚合由于其慢引发、速终止的特点，存在一些固有的局限性，比如难以精确控制产物的分子量及其分布、链末端功能化困难，以及在聚合过程中容易发生链转移和双基终止，从而影响产物的性能一致性。精确控制聚合物的分子量、分散度和拓扑结构对提高材料的性能起着决定性的作用。为解决传统自由基聚合的缺陷，通过可逆失活自由基聚合（reversible deactivation radical polymerization，RDRP）技术，可以控制活性链和休眠链之间的平衡，使每条聚合物链几乎同步增长，同时通过降低自由基浓度来减弱双基终止和不可逆的链转移。其中，可逆加成-断裂链转移聚合（reversible addition-frag-mentation chain transfer polymerization，RAFT）和原子转移自由基聚合（atom trans-fer radical polymerization，ATRP）是两种最有代表性的 RDRP 技术。酶促 RDRP 技术具有温和、高效、耐氧等优势，正得到快速的发展。

（1）酶在 RAFT 聚合中的除氧功能

可逆失活自由基聚合与传统自由基聚合一样，聚合过程中生成的自由基容易被溶解在体系中的氧气淬灭。氧气的存在可以与自由基迅速反应，导致自由基失去活性，这不仅会减缓或终止聚合反应，还可能影响产物的分子量、分子量分布和终端官能团的完整性，从而限制材料的设计和性能调控。为了避免这一问题，通常需要在聚合前对系统进行除氧处理，传统处理方法包括惰性气体吹扫、冷冻解冻泵循环技术等。烦琐的物理除氧步骤限制了 RDRP 研发的效率，增加了操作成本。

酶催化除氧技术在 RAFT 聚合中的应用极大地拓展了可控自由基聚合的适用范围和条件，克服了传统方法中对氧气敏感的局限性。葡萄糖氧化酶（GOx）在有氧条件下能专一性地催化 β-D-葡萄糖生成葡萄糖酸和过氧化氢。GOx 具有出色的除氧能力，在热引发 RAFT 聚合的过程中，即使在敞口反应瓶中，仅需加入 $0.1\sim0.25\mu mol/L$ 的 GOx 就能保证聚合顺利进行。同时，GOx 还具有较高的温度和有机溶剂耐受性，在添加 80% 的正丁醇或乙腈的 PBS 中，在 45℃ 下聚合 150min 之后，酶的活性几乎没有降低。通过固定化技术，还可以进一步增强 GOx 的稳定性和耐受性。鉴于其出色的除氧能力和耐受性，GOx 成为酶促 RDRP 中最常用的除氧酶。

除了使用 GOx 除氧之外，其他氧化酶如吡喃糖氧化酶（P2Ox）和甲酸氧化酶（FOx）在 RAFT 聚合中也得到了部分应用。多样化的酶可以适应更广泛和更具挑战性的聚合条件。例如，催化葡萄糖除氧生成的 2-脱氢-D-葡萄糖具有更强的抗水解能力，不会降低溶液的 pH 值。FOx 的底物甲酸仅有 1 个碳原子，更加具有原子经济性，FOx 催化甲酸氧化产生的二氧化碳很容易从聚合体系中排出，不会造成废料的积累。

（2）酶引发的 RAFT 聚合

酶催化除氧的 RAFT 聚合中，酶的作用是用来除氧，而不涉及产生引发物种，因此，还需要其他的引发方式，如加热、光照等产生自由基引发物。利用酶催化产生自由基引发物种的方法也已经成功实现。目前用于酶促 RAFT 聚合的酶有辣根过氧化物酶（horseradish peroxidase，HRP）和光酶两种。

HRP 能够催化过氧化氢或烷基过氧化物与酚、苯胺和 β-二酮等底物的氧化反应，生成自由基，从而引发自由基聚合。由于自由基容易被氧气淬灭，同传统的自由基聚合过程一样，HRP 引发的 RAFT 需要严格的无氧环境。通过级联酶催化系统（如 GOx-HRP、P2Ox-HRP、FOx-HRP）结合了除氧与引发功能，提高了系统的效率和实用性。

光酶催化的 RAFT 聚合结合了光催化剂的光响应特性和酶的高催化效率及选择性，为合成复杂聚合物结构提供了新的策略。光酶能够在其结构中的辅因子（如黄素腺嘌呤二核苷酸，FAD）吸收光能后激活，转化为更活泼的还原态，从而参与自由基的生成。天然存在的光酶有原叶绿素氧化还原酶、DNA 光解酶和脂肪酸光脱羧酶等。此外，研究人员还发展出了人工改造或者人工设计的光酶。例如，将改造过的黄素蛋白（GOx 和 P2Ox）转化为光酶，成功合成了几类目前在 RDRP 领域具有挑战的聚合物，如基于非共轭单体的超高分子量聚合物和星形聚合物。光酶催化的独特之处在于其利用光能激活辅因子 FAD，并通过酶的自然除氧能力维持低氧环境，从而连续、稳定地供应引发自由基，这一特性使其适合于多种聚合类型，包括异相聚合。

（3）酶在 ATRP 聚合中的除氧功能

ATRP 通过可逆失活建立活性链与休眠链之间的平衡，原则上适用于 RAFT 体系的氧化酶都可以被用来去除 ATRP 体系中的氧气。通过酶的催化作用去除体系中的氧气，可以优化 ATRP 反应条件，提高聚合反应的控制性和效率。但要注意，在 ATRP 体系中，氧化酶除氧产生的过氧化氢可以氧化 Cu(I)，通过类芬顿反应产生羟基自由基，这反而会干扰正常的 ATRP 链增长过程。为了解决过氧化氢的负面影响，丙酮酸钠作为一种牺牲试剂被引入，它能与过氧化氢反应生成无害的水和二氧化碳，从而避免羟基自由基的产生，保证了 ATRP 反应的顺利进行。为此，将 GOx 与过氧化氢酶（HRP）级联起来形成一个闭环系统，在这个系统中，HRP 利用 GOx 产生的过氧化氢将乙酰丙酮氧化，生成的乙酰丙酮自由基随后还原 Cu(II) 为 Cu(I)，这样不仅消除了过氧化氢的副作用，还实现了以氧气作为驱动力的创新 ATRP 策略。这个系统展示了一种环境响应性聚合的新模式，即通过调控氧气浓度来控制聚合的起始和停止。

（4）酶促 ATRP 反应

传统的 ATRP 依赖于使用过渡金属（如 Cu 和 Fe）络合物作为催化剂来实现聚合物链-卤化物的可逆失活。金属酶由于其固有的金属催化中心，为 ATRP 提供了一种天然的催化剂替代品。

目前，被用来催化 ATRP 反应的酶包括 HRP、血红蛋白、漆酶、过氧化氢酶等。与传统的过渡金属配合物不同，这些酶的金属中心被紧密封装在蛋白质结构内部，大大降低了金属离子泄露的风险，提升了产物的纯净度和生物兼容性。

漆酶催化的 ATRP 是一个典型例子，特别是在处理对传统金属催化剂敏感的单体，如 N-乙烯基咪唑（NVIm）时，展现出了显著优势。通过漆酶的催化，不仅解决了金属离子与聚合物链或单体竞争结合的问题，还通过简单纯化步骤即可从最终产物中移除酶，确保了聚合物产品的高质量。这为合成具有特定功能的高分子材料（如在生物医学领域有应用潜力的聚合物）开辟了新路径。

通过设计具有过氧化物酶活性的蛋白或人工酶分子［如次铁血红素六肽（DhHP-6）组装体及血红素接枝的金属有机框架材料］，能够高效催化 ATRP 反应。这些人工酶分子结合了催化效率与生态友好性，展示了酶催化 ATRP 在绿色化学和环境修复领域的广阔应用前景。

9.5.2　酶在材料改性中的应用

正如本章第三节中所述（详见 9.3.1 酶在原料处理方面的应用），酶在纺织原料的处理、造纸原料的处理、生丝的脱胶处理、羊毛的除垢处理、皮革的脱毛处理等方面发挥了重要作用。这些处理过程大多数是基于酶的降解功能，如酶促淀粉、短纤维、木质素、丝胶、蛋白质、油脂等的降解，来去除妨害材料性能的表面杂质或内部干扰因素，进而改进材料的性能。

材料改性是指通过物理、化学、机械等手段改变材料的微观结构、组成或表面特性，从而改善或赋予材料新的性能，以满足特定应用需求的过程。这一技术广泛应用于塑料、金属、陶瓷、复合材料等多种材料体系，旨在提升材料的综合性能、降低成本，或实现特定的功能性要求。

9.5.2.1　漆酶在木材改性中的应用

漆酶（EC 1.9.3.2）正式名称为对二元酚氧化酶，是一种含铜的多酚氧化酶。漆酶能够氧化多酚和相关有机物质，同时利用分子氧作为电子受体，将其还原为水，这一特性使得漆酶成为一种环境友好型的催化剂。漆酶催化氧化的底物范围相当广泛，基本上，只要底物是具有相似于儿茶酚型的邻、对二酚就能够被漆酶催化。目前所有的漆酶应用原理都是利用漆酶的氧化还原特性氧化有毒的芳香族化合物。漆酶已被广泛应用于纸浆造纸、污水处理、食品加工、有机合成等行业，此外漆酶在环境修复、服装行业、毒品检测和生物传感器方面也有相应的研究报道。

木质素分子结构中含有的酚羟基可通过漆酶催化氧化而形成自由基，进而引发木质素的降解、聚合或接枝反应。酶技术已用于赋予木质纤维素基材抗菌性、紫外线耐候稳定性和阻燃性。

将没食子酸辛酯和月桂基没食子酸酯氧化接枝到桉树木贴面上，可以增加其疏水性。通过漆酶催化方法将氟苯酚共价接枝到欧洲山毛榉单板上，可以赋予单板疏水性。利用漆酶将十八烷胺表面接枝到木质纤维素亚麻材料上，亚麻纤维的表面疏水性得到显著增强。

具有抗真菌和抗菌特性的植物提取物也可接枝到木材表面，通过酶促接枝提取物到木材上可以减少流失，增强其固定生物防腐剂的能力。在木材中，漆酶可以将碘离子氧化为单质碘，实现木材的碘化，增强木材表面对微生物的抵抗力。未漂白的亚麻纤维在存在丁香醛、醋酸丁香酚和对香豆酸等酚类化合物的条件下，经漆酶处理后，可以增强其对微生物的抵抗力。

9.5.2.2　辣根过氧化物酶在纺织品材料改性中的应用

辣根过氧化物酶（HRP，EC 1.11.1.7）是一种从辣根中获得的氧化还原酶，可以催化富含电子的芳香族化合物（包括苯酚和苯胺）的氧化反应，形成自由基，从而进一步聚合。此外，HRP 还可以以巯基作为底物，催化生成巯基或二硫化物，用于巯基-烯聚合。巯基-烯点击化学反应是巯基与各种不饱和官能团（如碳碳双键，马来酰亚胺、丙烯酸酯和降冰片烯）的反应，该反应可以应用到材料改性上面。HRP 催化苯丙烯酰胺和木质素在黄麻纤维表面的自由基共聚反应，提高了其吸湿性和润湿性。用 HRP/过氧化氢系统活化羊毛纤维中的酪氨酸，然后将壳聚糖接枝到活化的羊毛织物上，可以赋予羊毛防毡缩和抗菌性能。通过 HRP/过氧化氢系统将含有双碳键的亲水性化合物甲氧基聚(乙二醇)甲基丙烯酸酯接枝到羊毛纤维上，改善了羊毛织物的防毡缩性能，通水赋予织物更好的亲水能力，改善了材料的染色性能，提高了穿着舒适度。

9.5.3 酶传感器与智能材料

9.5.3.1 酶传感器

酶电极是最常见的一类酶传感器，其中酶被固定在电极表面。当目标底物与酶发生特异性反应时，会产生或消耗可被电极检测的物质，进而转化为电信号输出。酶电极是利用固定化的酶作为识别和催化元件，用电化学电极作为信号转换器，通过捕捉目标物与敏感基元之间的反应所产生的与目标物浓度成比例关系的可测信号，实现对目标物定量测定的一种分析仪器。酶电极的发展经历了三个主要阶段。

第一代酶传感器是以葡萄糖酶电极为代表的经典酶生物传感器，这类传感器依赖自然存在的电子受体，如溶解氧，作为电子传递的中介。葡萄糖在葡萄糖氧化酶的作用下，消耗氧气，生成葡萄糖酸和过氧化氢，然后用电极检测氧的消耗或过氧化氢的积累浓度，来推测葡萄糖的浓度。氧电极原理为：氧气穿过基质膜在 Pt 阴极上被还原，其电流值与氧气浓度成正比。过氧化氢检测原理与此类似，其在 Pb 阳极上被氧化，产生阳极电流，电流值与其浓度成正比。第一代传感器检测结果受限于溶解氧浓度，且易受 pH、温度、氧气分压等环境因素影响，可能导致响应迟缓或不准确。

第二代酶电极也被称为介体酶电极，是在第一代酶电极的基础上引入了人工电子媒介体，以替代氧作为电子传递载体。目前第二代酶传感器中的媒介体主要采用的是含过渡金属的化合物、配合物或者含大 π 键的化合物，它们分别依靠过渡金属价态的变化和大 π 键中双键的打开与再形成来进行电子传递和氧化还原作用。介体酶电极降低了对溶解氧的依赖，减少了背景干扰，显著提高了灵敏度和稳定性。

第三代电化学酶传感器是无酶介体传感器，其特点是追求酶与电极直接电子转移，避免了媒介体的使用，力求实现更直接、快速的信号转换。这种电化学酶传感器简化了传感器结构，减少了对外源性媒介体的需求，理论上可提高响应速度和降低检测限。但是，由于一般酶的分子量均较大，它们的活性部位都深藏在酶的内部，很难直接与电极表面发生电子交换运输。未来需要先进的纳米技术和材料科学进展来设计电极表面，以促进有效的电子传递。目前，辣根过氧化物酶、葡萄糖氧化酶、醌氨酸酶、细胞色素 C 过氧化物酶、超氧化物歧化酶、黄嘌呤氧化酶、微过氧化物酶等能在合适的电板上进行直接电催化。

除了酶电极，酶传感器还有其他类型的信号转换器，如酶场效应管传感器、酶热敏电阻传感器、光纤酶传感器、压电酶传感器等。

酶场效应管传感器利用场效应管的电导特性变化来检测酶催化的反应。酶被固定在场效应管的栅极上，酶促反应的产物或底物浓度变化会影响场效应管的电荷状态，从而改变其电导率，以此作为信号输出。酶热敏电阻传感器利用酶催化的化学反应产生的热量变化来影响热敏电阻的电阻值。热敏电阻的阻值随温度变化而变化，通过测量电阻值即可推算出因酶反应产生的热量变化，进而反映底物的浓度。光纤酶传感器是将酶固定在光纤的末端或表面，酶反应导致的荧光、吸光或散射光的变化被光纤捕捉，转换为电信号输出。压电酶传感器通过捕捉酶催化反应引起的机械应力或质量变化，转化为压电材料的电荷变化，从而检测目标分子。

酶传感器在临床上的应用极为广泛，它们能够提供快速、准确且特异性的生化分析，对于疾病诊断、治疗监测及健康状态评估等方面具有重要作用。酶传感器用于临床上测定尿素、葡萄糖、乳酸、天门冬酰胺等生化指标。

9.5.3.2　酶响应性抗菌材料

细菌感染是全球最紧迫的公共卫生安全威胁之一，而细菌耐药性的不断升级促使人们需要合理利用抗菌剂。因此，以精准、高效的方式应对细菌感染尤为重要。开发具备特异性响应细菌存在而启动抗菌功能的材料是精准抗击细菌感染的有效途径之一。基于细菌自身分泌酶的智能抗菌材料设计正是这样一种策略，它通过模拟细菌感染过程中的生理行为，在识别到特定细菌酶信号时激活抗菌系统，以实现对细菌感染的精准打击。

（1）透明质酸酶响应性抗菌材料

透明质酸酶（hyaluronidase）是一种能够催化透明质酸水解的酶，透明质酸是一种广泛存在于动物组织细胞外基质中的多糖，尤其在皮肤、关节滑液、眼睛的玻璃体中含量丰富，具有维持组织结构、保持水分和润滑等功能。细菌感染时，某些细菌会分泌透明质酸酶来分解细胞间质中的透明质酸，从而促进细菌的扩散，增强细菌的致病性。透明质酸酶是细菌感染的一个重要标志。设计响应透明质酸酶的智能抗菌材料，是实现精准抗菌的有效方法，下面举例说明。

过渡金属离子如银离子（Ag^+）和铜离子（Cu^{2+}）具有高效的抗菌性能和较低的耐药性诱导风险。这些金属离子能够通过多种机制发挥杀菌作用，如破坏细菌的细胞壁和细胞膜、与细菌体内的蛋白质和 DNA 发生反应从而干扰其正常生理功能，以及催化产生具有强氧化性的自由基导致细菌死亡。然而不可控释放导致的潜在毒性问题，这些金属离子难以在生物体内应用。研究人员将卟啉基金属有机框架纳米颗粒包裹银离子，并在外层涂覆透明质酸作为响应层，从而得到了透明质酸酶响应性抗菌材料。在正常组织中，该纳米颗粒保持生物惰性和低细胞毒性；在病灶处，细菌分泌的透明质酸酶的作用下，透明质酸层被降解，触发银离子的释放，从而实现酶响应性可控杀菌。

基于超薄石墨烯量子点（GQDs）并负载一氧化碳（CO）的多功能纳米材料具有优异的光热转换效率和良好的生物相容性，可通过物理方式刺穿细菌的细胞膜，破坏其结构，同时在光照激发下，产生大量的活性氧物种，与一氧化碳共同作用，协同杀死细菌。在 GQDs 表面涂覆透明质酸层，当纳米粒子在细菌感染处富集后，细菌分泌的透明质酸酶使得纳米材料的最外层发生酶促降解，暴露出杀菌组分，实现透明质酸酶响应的精准抗菌作用。

木犀草素是一种群体感应抑制剂，与抗生素协同使用可以提高抗生素杀灭生物被膜内细菌的效率。将木犀草素和氨苄青霉素负载到具有光动力效应的中空氮化碳纳米球中，并在外层涂覆透明质酸，可以实现木犀草素和氨苄青霉素的精准释放。

传统抗菌涂层在长期使用中面临的细菌堆积和生物被膜形成的问题。通过智能响应机制实现抗菌涂层的自我更新，可以保持其持续高效的抗菌活性。以两性离子作为主要组分，并以透明质酸作为交联组分，将抗生素庆大霉素通过形成希夫碱键偶联到透明质酸组分上。两性离子材料能够在涂层表面形成一层高亲水性的保护层，排斥细菌的黏附，减少细菌初始的定植数量。少量黏附的细菌产生的酸性微环境会触发庆大霉素的释放，从而杀死细菌。与此同时，细菌代谢旺盛时分泌的透明质酸酶可以降解透明质酸，这不仅释放了之前被杀死的细菌残骸，避免了死细菌积累，还使涂层表面得以更新，为下一轮的抗菌防御做好准备。这种动态响应机制确保了涂层的长期有效性。

微针贴片技术具有微创、无痛和便于使用等优点，在生物医学领域得到了广泛的研究。以透明质酸为基础的智能型贴片，代表了药物递送系统的一项重大进展。利用细菌分泌的透明质酸酶作为触发器，使得微针贴片中的载药能够在感染部位精准响应释放。当细菌存在并活跃时，透明质酸酶能够特异性酶解透明质酸基质（如甲基丙烯酰化透明质酸），触发药物或功能性分子的释放，这不仅针对性强，还能减少非目标区域的副作用。通过负载特定的功能物质，如那些能够促进免疫调节、血管生成和肉芽组织形成的分子，这种微针贴片能够加速糖尿病伤口等难愈合伤口的修复过程。

（2）脂肪酶响应性抗菌材料

脂肪酶响应性抗菌材料的设计与透明质酸酶响应性抗菌材料的设计思路类似，这类材料基于细菌感染时分泌的脂肪酶，将脂肪酶敏感的化学结构集成到材料表面或结构中，当细菌感染发生时，细菌自身的脂肪酶会触发这些结构的降解，进而释放抗菌剂或改变材料表面性质，以杀死或抑制细菌生长。下面举例说明。

载药纳米脂质体是一种利用纳米尺度的脂质体来封装药物分子的递送系统，是由磷脂和其他辅助脂质如胆固醇构成的双分子层囊泡。通过在脂质体表面偶联特定的配体，载药纳米脂质体可以被靶向特定的细胞或组织，实现精准的药物递送。红紫素 18（purpurin 18）是叶绿素的衍生物，属于二氢卟啉类化合物，可用于光动力疗法，同时也可以作为声敏剂用于声动力疗法。将红紫素 18 封装到含麦芽六糖成分的纳米脂质体中，得到了一种基于声动力学的酶响应性诊疗平台。这种具有高度靶向性的载药纳米脂质体能够精准定位到细菌感染处，感染处细菌分泌的脂肪酶触发载体释放红紫素 18，在超声波的辅助下，可同时实现感染处的原位可视化和抗菌治疗。

植入式医疗敷料的抗菌性能对于预防手术后感染、促进伤口愈合和减少并发症至关重要。聚（ε-己内酯）是一种半结晶性、可生物降解的热塑性聚酯，它的重复单元由 ε-己内酯经开环聚合反应而成，具有较好的生物相容性和稳定性。通过在聚（ε-己内酯）的两端连接上具有高效杀菌作用的季铵基团，可以制备三嵌段共聚物。该共聚物在四氢呋喃溶液中，可自组装成胶束，并可以负载到明胶海绵中制备敷料。当植入细菌感染部位时，感染处高含量的脂肪酶会水解聚（ε-己内酯），从而释放季铵盐组分来杀死细菌。

唑类抗真菌药物，如氟康唑、伊曲康唑和伏立康唑等，具有广泛的抗菌谱和相对较低的毒性，是治疗真菌感染的一线药物。然而，随着这些药物的广泛使用，真菌耐药性问题日益严重，导致治疗失败率上升。因此，提高药物的靶向性和有效性，减少耐药性的发生具有重要意义。研究人员将光疗试剂二酮吡咯并吡咯（DPP）化合物和抗真菌药物氟康唑负载到聚乙二醇-聚己内酯为核心的纳米载体上，得到脂肪酶响应性抗菌材料。在细菌感染处，聚己内酯可以响应微环境中高表达的脂肪酶而发生水解，释放出 DPP 和氟康唑，在激光照射下，用于协同光动力/光热/化疗治疗唑类耐药真菌感染。

（3）蛋白酶响应性抗菌材料

明胶酶是基质金属蛋白酶家族的一种，能够将明胶水解成肽和氨基酸。多种细菌和真菌都能够通过分泌明胶酶来入侵机体。基于此，可以设计明胶酶相应的抗菌材料。如钌络合物功能化的硒纳米粒子（Ru-Se NPs）具有一定的杀菌功能，将该纳米离子负载到明胶纳米粒子中，并涂上天然红细胞膜，便得到了明胶酶响应的抗菌材料。当该纳米粒子递送到感染区域后，细菌分泌的外毒素被红细胞膜吸收，纳米载体被细菌分泌的明胶酶特异性降解，释放出的 Ru-Se NPs 可以协同杀死细菌，并可以实时体内成像，达到诊疗一体化的效果。

铜绿假单胞菌是导致细菌性角膜炎的常见致病菌之一，能产生多种酶类和毒素，破坏角膜组织，引发严重的炎症反应和角膜组织的坏死。在铜绿假单胞菌感染的过程中，会过表达一种基质金属蛋白酶（MMPs）。在此基础上，响应 MMPs 的抗菌材料已经被开发出来，用于治疗细菌性角膜炎。利用 β-环糊精和金刚烷之间的主客体相互作用，将光敏剂二氢卟吩 e6（Chlorin e6，Ce6）和 MMPs 敏感肽 YGRKKKRRQRRR-GPL-GVRG-EEEEEE 结合到纳米载体中。当纳米粒子到达角膜感染部位后，过度表达的 MMPs 会切断 GPLGVRG 肽，使得阳离子肽链暴露于感染部位，并促进纳米粒子在生物被膜中的渗透和积累，最终提高光敏剂 Ce6 的光动力杀菌效果。

9.5.3.3　酶响应型肽水凝胶

聚合物型刺激响应水凝胶（smart responsive hydrogels，SRHs）在现代药物制剂中扮演着重要的角色，是材料科学与药物递送技术结合的前沿领域。这些智能水凝胶能够根据外界刺激，如 pH 值、温度、光照、特定酶的浓度、电场或磁场等，改变其物理性质，比如溶胀度、孔隙率或者降解速率，从而实现对药物释放的精确控制。其中，酶响应性水凝胶是指在酶的催化作用下，水凝胶会发生形成、破坏、动态转换等相变。目前已经开发了包括谷氨酰胺转氨酶、激酶、磷酸酶、赖氨酸氧化酶、蛋白酶、酯酶、β-内酰胺酶、基质金属蛋白酶等酶响应型肽水凝胶。

（1）酶响应型肽水凝胶的形成

酶通过催化作用能够诱导相应材料在原位形成水凝胶。能催化多肽水凝胶原位形成的酶有谷氨酰胺转氨酶、激酶、磷酸酶、赖氨酸氧化酶、蛋白酶、酯酶、β-内酰胺酶、基质金属蛋白酶、枯草杆菌蛋白酶等（图 9-80）。其中，谷氨酰胺转氨酶催化游离氨基与 γ-碳酰胺之间形成新的酰胺键，可用于共价化合物的生成；磷酸酶催化底物去磷酸化，使底物疏水性增强；赖氨酸氧化酶催化伯氨基氧化成醛基，进一步反应形成希夫碱，可降低赖氨酸侧链所带电荷；枯草杆菌蛋白酶裂解酯键，增加前体的溶解度；基质金属蛋白酶通过降解特定氨基酸序列，释放自组装基元，进而引起水凝胶的形成。

谷氨酰胺转氨酶能催化蛋白质的游离氨基与 γ-碳酰胺之间发生共价交联，形成分子间或分子内聚合物，同时将氨基脱去。

激酶是可以从高能供体分子转移磷酸基团到底物上的一类酶，磷酸酶可催化除去底物上的磷酸基，增强底物的疏水性，而在水环境中，疏水性底物可通过非共价相互作用自组装成三维网络结构并形成水凝胶。

赖氨酸氧化酶可催化赖氨酸的伯氨基氧化成活泼的醛基，并进一步交联形成席夫碱。

蛋白酶通常情况下催化肽键的水解反应，在特定条件下也能够催化酯键或酰胺键的水解反应。例如用枯草杆菌蛋白酶可以催化 9-芴基甲氧基羰基保护的氨基酸甲酯（Fmoc-L2-OMe）的酯键裂解，形成含游离羧基的 Fmoc-L2，增加了其溶解度，进而其可以自组装形成水凝胶。

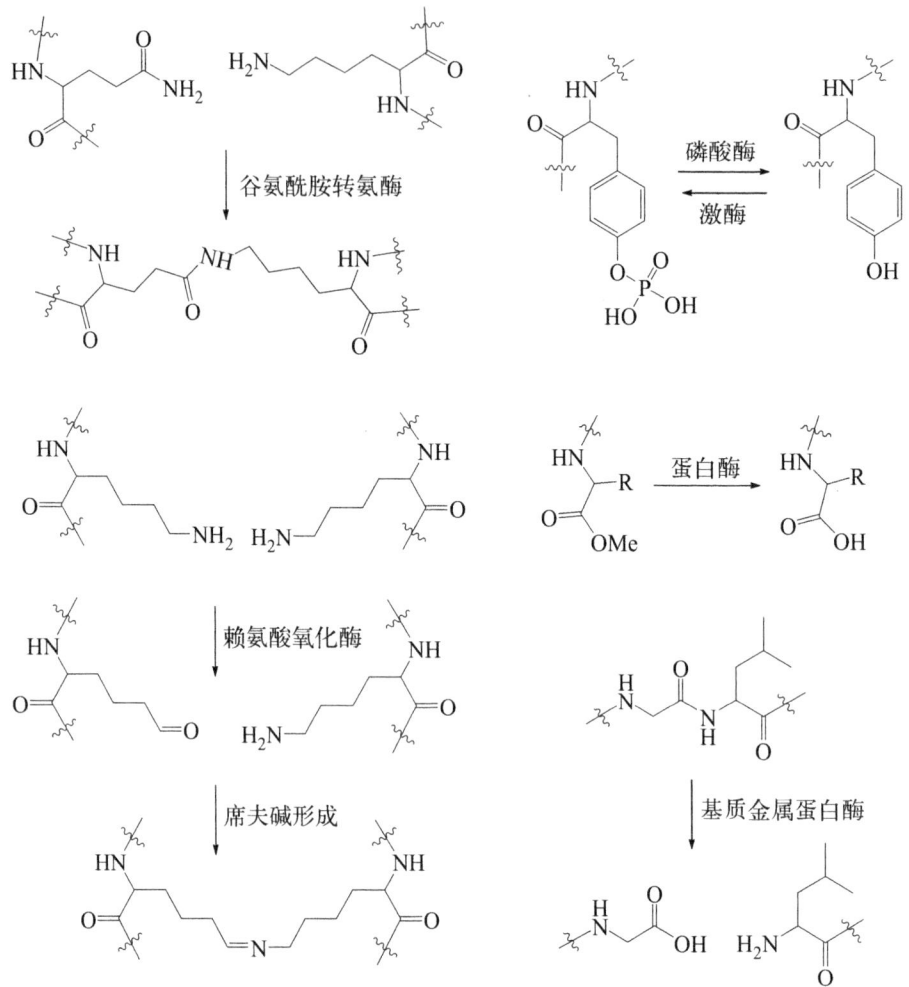

图 9-80　酶响应型肽水凝胶的形成

酯酶通常用于脂肪酸酯的水解，但部分酯酶也可以催化氨基酸酯的酯水解反应，从而用于酶促诱导自主装水凝胶的形成。

β-内酰胺酶诱导催化抗生素分子中的 β-内酰胺环的断裂。内酰胺环打开后，凝胶基元被释放并自组装，进一步形成纳米纤维和水凝胶。β-内酰胺酶可以在细胞内诱导超分子水凝胶的形成，这一特性可以应用于内酰胺酶的检测，或者杀死特定的细菌。

基质金属蛋白酶（matrix metalloproteinase，MMP）以金属离子作为辅酶，可以降解特定的氨基酸序列。例如，基质金属蛋白酶 MMP-2 可特异性降解肽序列 GTA-GLIGQ 的甘氨酸与亮氨酸之间的连接位点，该肽暴露于 MMP-2 时，水凝胶并没有被直接破坏，而是缓慢坍塌，表现为胶束的增加与纤维的缩短。短肽序列 FFFFCGLDD，在 pH 6.0 时形成水凝胶，升高 pH 值至 7.4 时水凝胶破坏。GLDD 是 MMP-9 的作用位点，在加入 MMP-9 后，肽分子酶促降解脱去 LDD，导致较小的自组装肽基元 FFFFCG 释放，并再次形成水凝胶。

（2）酶响应型肽水凝胶的破坏

激酶催化底物磷酸化，增强其亲水性，从而导致水凝胶破坏；枯草杆菌蛋白酶裂解酯键，也可降解水凝胶；酯酶催化酯键断裂，也可用于破坏囊泡。此外，基质金属蛋白酶能够降解特定氨基酸序列，使凝胶因子破坏，也可用于水凝胶的坍塌。

（3）酶响应型肽水凝胶的动态转换

磷酸酶/激酶系统可催化肽、聚合物等的去磷酸化和磷酸化作用，引起凝胶因子亲疏水性的改变；枯草杆菌蛋白酶/嗜热菌蛋白酶系统可用于酶响应材料的水解和反水解，引起分子结构的改变，此系统已成功用于溶胶-凝胶之间的状态转换。

（4）酶响应型肽水凝胶的应用

肽水凝胶在临床应用时具有毒性低、生物相容性好、易降解等优势。基于肽纳米材料作为自组装基元形成的水凝胶，可执行各种功能，如模仿细胞的三维环境，或在生物医学应用中作为可注射支架。

酶响应型肽水凝胶可以用于控制药物的释放。将一些特异性酶切位点引入作为凝胶基元的肽序列中，在该酶催化下可促使肽段断裂，从而导致凝胶坍塌，可携带药物治疗释放特异性酶的病变细胞。例如，含肽分子的自组装体作为药物载体包埋阿霉素，在胰酶的触发下释放药物，能够在低浓度下杀死人宫颈癌 HeLa 细胞。

某些酶响应型肽水凝胶自身就有抗肿瘤作用。例如，Fmoc-葡萄糖胺-6-磷酸在碱性磷酸酶的作用下去磷酸化形成纳米纤维，同时伴随凝胶的形成，可以抑制释放碱性磷酸酶的人骨肉瘤细胞 SaOs-2 的生长，而小鼠成软骨细胞 ATDC5 不产生碱性磷酸酶，不能诱导凝胶的生成，细胞可正常生长。某些多肽形成的水凝胶还具有抗菌功能。例如富含精氨酸的肽序列 PEP6R（VKVRVRVRVDPPTRVRVRVKV）自组装形成的水凝胶，可有效杀灭在菌金黄色葡萄球菌、大肠杆菌、铜绿假单胞菌等。

思考题

1. 举例说明酶在疾病诊断、疾病治疗和药物制造方面的应用。

2. 酶在食品保鲜和食品生产方面有哪些重要应用？

3. 举例说明酶在轻工、化工生产中的应用。

4. 举例说明酶在环境保护和"双碳"方面的应用及其意义。

5. 酶在材料领域有哪些重要用途？

参考文献

[1] Cornish-bowden A. One hundred years of Michaelis-Menten kinetics[J]. Perspectives in Science, 2015 (4): 3-9.

[2] Bornscheuer U T, Huisman G W, Kazlauskas R J, et al. Engineering the third wave of biocatalysis[J]. Nature, 2012, 485 (7397): 185-194.

[3] Choi J M, Han S S, Kim H S. Industrial applications of enzyme biocatalysis: Current status and future aspects [J]. Biotechnology advances, 2015, 33 (7): 1443-1454.

[4] Mate D M, Alcalde M. Laccase engineering: From rational design to directed evolution[J]. Biotechnology advances, 2015, 33 (1): 25-40.

[5] Jin L, Yang X, Sheng Y, et al. The second conserved motif in bacterial laccase regulates catalysis and robustness[J]. Applied microbiology and biotechnology, 2018, 102: 4039-4048.

[6] Cao H, Gao G, Gu Y, et al. Trp358 is a key residue for the multiple catalytic activities of multifunctional amylase OPMA-N from Bacillus sp. ZW2531-1[J]. Applied microbiology and biotechnology, 2014, 98: 2101-2111.

[7] Wang Y, Zhang Y, Ha Y. Crystal structure of a rhomboid family intramembrane protease[J]. Nature, 2006, 444 (7116): 179-180.

[8] Noor E, Flamholz A, Liebermeister W, et al. A note on the kinetics of enzyme action: A decomposition that highlights thermodynamic effects[J]. FEBS letters, 2013, 587 (17): 2772-2777.

[9] Cornish-bowden A. One hundred years of Michaelis-Menten kinetics[J]. Perspectives in Science, 2015, 4: 3-9.

[10] Boeker E A. Integrated rate equations for enzyme-catalysed first-order and second-order reactions[J]. Biochemical Journal, 1984, 223 (1): 15.

[11] Boeker E A. Integrated rate equations for irreversible enzyme-catalysed first-order and second-order reactions [J]. Biochemical Journal, 1985, 226 (1): 29.

[12] Reetz M T. Laboratory evolution of stereoselective enzymes: A prolific source of catalysts for asymmetric reactions[J]. Angewandte Chemie International Edition, 2011, 50 (1): 138-174.

[13] Lee, J H, Lee S H, Yim S S, et al. Quantified high-throughput screening of Escherichia coli producing poly (3-hydroxybutyrate) based on FACS[J]. Applied biochemistry and biotechnology, 2013, 170: 1767-1779.

[14] Williams G J, Domann S, Nelson A, et al. Modifying the stereochemistry of an enzyme-catalyzed reaction by directed evolution[J]. Proceedings of the National Academy of Sciences, 2003, 100 (6): 3143-3148.

[15] Truppo M D, Escalettes F, Turner N J. Rapid determination of both the activity and enantioselectivity of ketoreductases[J]. Angewandte Chemie-International Edition, 2008, 47 (14): 2639-2641.

[16] Ukibe K, Katsuragi T, Tani Y, et al. Efficient screening for astaxanthin-overproducing mutants of the yeast Xanthophyllomyces dendrorhous by flow cytometry[J]. FEMS microbiology letters, 2008, 286 (2): 241-248.

[17] Mahr R, Gatgens C, Gatgens J, et al. Biosensor-driven adaptive laboratory evolution of l-valine production in Corynebacterium glutamicum[J]. Metabolic engineering, 2015, 32: 184-194.

[18] Agresti J J, Antipov E, Abate A R, et al. Ultrahigh-throughput screening in drop-based microfluidics for directed evolution[J]. Proceedings of the National Academy of Sciences, 2010, 107 (9): 4004-4009.

[19] Simair A A, Qureshi A S, Simair S P, et al. An integrated bioprocess for xylanase production from agriculture waste under open non-sterilized conditions: Biofabrication as fermentation tool[J]. Journal of Cleaner Production, 2018, 193: 194-205.

[20] Sahnoun M, Kriaa M, Elgharbi F, et al. Aspergillus oryzae S2 alpha-amylase production under solid state fermentation: Optimization of culture conditions[J]. International Journal of Biological Macromolecules, 2015, 75: 73-80.

[21] Liang C, Fioroni M, Rodriguez-Ropero F, et al. Directed evolution of a thermophilic endoglucanase (Cel5A) into highly active Cel5A variants with an expanded temperature profile[J]. Journal of Biotechnology, 2011, 154 (1): 46-53.

[22] Souza A R, Araujo G C, Zanphorlin L M, et al. Engineering increased thermostability in the GH-10 endo-1,4-β-xylanase from Thermoascus aurantiacus CBMAI 756[J]. International Journal of Biological Macromolecules, 2016, 93: 20-26.

[23] Cheng Y S, Chen C C, Huang C H, et al. Structural analysis of a glycoside hydrolase family 11 xylanase from Neocallimastix patriciarum: Insights into themolecular basis of a thermophilic enzyme[J]. Journal of Biological Chemistry, 2014, 289 (16): 11020-11028.

[24] Liu T, Wang Y, Luo X, et al. Enhancing protein stability with extended disulfide bonds[J]. Proceedings of the National Academy of Sciences, 2016, 113 (21): 5910-5915.

[25] Brustad E M, Arnold F H. Optimizing non-natural protein function with directed evolution[J]. Current opinion in chemical biology, 2011, 15 (2): 201-210.

[26] Romero P A, Arnold F H. Exploring protein fitness landscapes by directed evolution[J]. Nature reviews Molecular cell biology, 2009, 10 (12): 866-876.

[27] Nadar S S, Pawar R G, Rathod V K. Recent advances in enzyme extraction strategies: A comprehensive review[J]. International journal of biological macromolecules, 2017, 101: 931-957.

[28] 于殿宇, 马莺, 刘晶, 等. 高碘酸钠氧化法固定化磷脂酶 A_1 的研究[J]. 食品工业科技, 2012, 33 (7): 188-190.

[29] Li D, Ackaah-gyasi A N, Simpson K B. Immobilization of bovine trypsin onto controlled pore glass[J]. Journal of Food Biochemistry, 2014, 38 (2): 184-195.

[30] 魏利娜. 碳酸酐酶在聚合物微孔膜表面的固定化[D]. 北京: 北京理工大学, 2016.

[31] 李秋瑾, 赵芷芪, 袁亚梅, 等. 离子液体再生纤维素膜固定化木瓜蛋白酶的制备及在羊毛纤维修饰中的应用[J]. 高等学校化学学报, 2015, 36 (12): 2590-2597.

[32] He R, Xing H, Wang Z, et al. Establishment of an enzymatic membrane reactor for angiotensin-converting enzyme inhibitory peptides preparation from wheat germ protein isolates[J]. Journal of Food Process Engineering, 2016, 39 (3): 296-305.

[33] Ansari A S, Husain Q. Potential applications of enzymes immobilized on/in nano materials: A review[J]. Biotechnology Advances, 2012, 30 (3): 512-523.

[34] Garlet B T, Weber T C, Klaic R, et al. Carbon nanotubes as supports for inulinase immobilization[J]. Molecules, 2014, 19 (9): 14615-14624.

[35] Yan X, Wang X, Zhao P, et al. Xylanase immobilized nanoporous gold as a highly active and stable biocatalyst[J]. Microporous and Mesoporous Materials, 2012, 161: 1-6.

[36] Mohamad R N, Buang A N, Mahat A N, et al. A facile enzymatic synthesis of geranyl propionate by physically adsorbed Candida rugosa lipase onto multi-walled carbon nanotubes[J]. Enzyme and Microbial Technology, 2015, 72: 49-55.

[37] Boncel S, Zniszczoł A, Szymańska K, et al. Alkaline lipase from Pseudomonas fluorescens non-covalently immobilised on pristine versus oxidised multi-wall carbon nanotubes as efficient and recyclable catalytic systems in the synthesis of Solketal esters[J]. Enzyme and Microbial Technology, 2013, 53 (4): 263-270.

[38] 张树江, 高恩丽, 夏黎明. 固定化漆酶对二氯酚的脱氯作用[J]. 化工学报, 2006 (2): 359-362.

[39] Salehpour M, Saadati Z, Asadi L. Potential application of Al and Si doped carbon nanotubes for metronidazole detection: A theoretical study[J]. Computational and Theoretical Chemistry, 2022, 1209: 113573.

[40] Pedrosa A V, Paliwal S, Balasubramanian S, et al. Enhanced stability of enzyme organophosphate hydrolase interfaced on the carbon nanotubes[J]. Colloids and Surfaces B: Biointerfaces, 2010, 77 (1): 69-74.

[41] Qiu H, Li Y, Ji G, et al. Immobilization of lignin peroxidase on nanoporous gold: Enzymatic properties and in situ release of H_2O_2 by co-immobilized glucose oxidase[J]. Bioresource Technology, 2009, 100 (17): 3837-3842.

[42] 马宁, 李云强, 黄达伟. 高分子微球固定化脂肪酶的合成研究[J]. 南阳理工学院学报, 2010 (2): 5.

[43] 余靓, 刘飞, 侯仰龙, 等. 磁性纳米材料: 化学合成、功能化与生物医学应用[J]. 生物化学与生物物理进展,

2013，40 (10)：903-917.

[44] Wang X Y，Jiang X P，Li Y，et al. Preparation Fe$_3$O$_4$@chitosan magnetic particles for covalent immobilization of lipase from Thermomyces lanuginosus[J]. International Journal of Biological Macromolecules，2015，75：44-50.

[45] Liu Y，Jia S，Wu Q，et al. Studies of Fe$_3$O$_4$-chitosan nanoparticles prepared by co-precipitation under the magnetic field for lipase immobilization[J]. Catalysis Communications，2011，12 (8)：717-720.

[46] Zhang W，Qiu J，Feng H，et al. Increase in stability of cellulase immobilized on functionalized magnetic nano-spheres[J]. Journal of Magnetism & Magnetic Materials，2015，375：117-123.

[47] Zhao H，Baker G A，Holmes S. New eutectic ionic liquids for lipase activation and enzymatic preparation of biodiesel[J]. Organic & Biomolecular Chemistry，2011，9 (6)：1908-1916.

[48] Peng F，Ou X Y，Zhao Y，et al. Highly selective resolution of racemic 1-phenyl-1，2-ethanediol by a novel strain Kurthia gibsonii SC0312[J]. Letters in Applied Microbiology，2019，68 (5)：446-454.

[49] Bubalo M C，Mazur M，Radoevi K，et al. Baker's yeast-mediated asymmetric reduction of ethyl 3-oxobutanoate in deep eutectic solvents[J]. Process biochemistry，2015，50 (11)：1788-1792.

[50] Juneidi I，Hayyan M，Hashim M A，et al. Pure and aqueous deep eutectic solvents for a lipase-catalysed hydrolysis reaction[J]. Biochemical Engineering Journal，2017，117：129-138.

[51] 郭勇. 酶工程[M]. 3 版. 北京：科学出版社，2009.

[52] 魏东芝. 酶工程[J]. 北京：高等教育出版社，2020.

[53] 袁勤生. 酶与酶工程[M]. 2 版. 上海：华东理工大学出版社，2012.

[54] 周晓云. 酶学原理与酶工程[M]. 北京：中国轻工业出版社，2005.